# 건축디자인론

허 병 이

Architecture

Form & Space

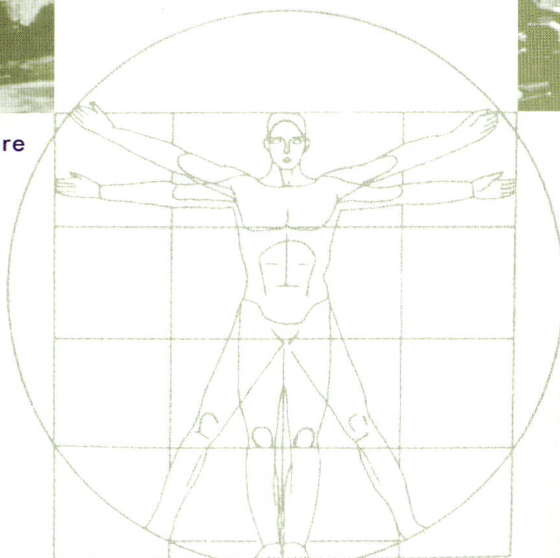

Design & Beauty

Factors & Principles

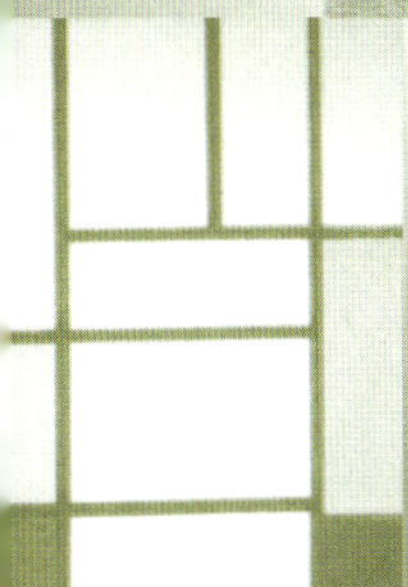

기문당

# 머리말

'현대사회를 디자인의 혁명시대'라고도 한다. 오늘날 산업의 발달 및 사회의 변화로 인하여 디자인은 산업디자인, 시각디자인, 환경디자인, 공예디자인 등 여러 영역으로 확산되어 발전되고 있으며 그 중요성이 날로 증대되어 왔다. 향후에도 소득수준이 높아지고 생활의 질적 향상 및 개성의 강조에 대한 욕구의 증대에 따라 디자인에 관한 관심은 지속될 것이다.

건축이란 인간과 그들의 모든 행위 및 활동을 수용할 기능적, 구조적, 미적 공간을 구성하는 일이라고 할 수 있다. 그래서 흔히 건축의 3대 요소를 기능, 구조, 미라고 하는데 이는 편리성, 안전성, 아름다움을 의미한다. 따라서 건축은 예술분야에 속한다. 회화, 조각, 음악, 시 등의 분야에서 아름다움을 추구하듯이 건축에서도 미를 추구해야 한다. 예술은 미적 가치성과 창의성이 있어야 한다. 또한 건축은 예술과 공학의 결합체로서 복합적 존재이다.

혹자는 건축이 갖는 인위적 3대 요소로서 예술적 Design 요소, 공학적 Engineering 요소 및 사회 · 경제적 Planning 요소를 말한다. 즉, 건축에는 예술성과 공학성 외에도 사회 및 경제적 인자도 중요하게 작용된다는 의미이다. 이와 같이 하나의 건축물에는 여러 학문적 요소가 관련된다. 그러므로 대학에서의 건축(공)학과는 학교의 실정에 따라 건축대학, 공과대학, 예술대학, 조형대학 등에 소속되기도 하며 학제도 매우 다양하다. 그만큼 건축이라는 학문이 복합적임을 의미한다.

그동안 건축의장론, 즉 건축디자인론을 다루는 서적들은 극히 주관적으로 치우쳐 지나치게 난해하거나 그 반대로 평이한 내용을 담고 있는 경우가 많아 건축학도들에게 큰 도움을 주지 못하였다. 이에, 저자는 대학에서 오랫동안 강의한 경험을 살려 보다 객관적이고 다양한 건축디자인(의장) 관련 이론 및 풍부한 디자인 사례들을 내용으로 담아 이해하기 쉽고 배우기 용이하도록 구성하였다.

제1장 건축개론에서는 건축에 관한 기초적인 내용과 건축의 목적을 살펴보고, 인간과 건축 및 환경과의 관계와 건축을 규정하는 요소, 그리고 건축의 학문적 위치 등에 관하여 논하였다. 이어서 제2장 미의 기초이론에서는 미학을 바탕으로 한 미에 관한 이론적 내용과 예술에 관한 내용으로서 미의 개념, 미와 예술과의 관계, 미의식, 미의 가치 그리고 미를 창출하는 과정 등에 대하여 살펴보았다.

또한 제3장에서는 미를 구성하는 요소, 제4장에서는 미를 구성하는 원리의 유형에 대하여 각각 심층적으로 살펴보았다. 즉, 미의 구성요소 및 구성원리에 관한 것들을 각각 분류하고, 요소 및 원리의 하나하나에 대하여 이론적으로 고찰함은 물론, 이와 관련된 그림과 사진을 통하여 이해하기 쉽도록 구성하였다.

그리고 제5장 디자인의 기초에서는 오늘날 중요하게 인식되고 있는 디자인에 관한 일반적인 내용으로서 디자인의 의의, 디자인의 조건, 디자인의 역사, 디자인의 분야 등에 관하여 살펴본 후, 건축디자인에 관한 내용을 서술하였다. 마지막으로 제6장 디자인의 진행에서는 디자인 방법론과 디자인 유형 및 형태의 도출방법 등의 내용으로 구성하여 알기 쉽게 서술하였다.

본서에는 학생들이 쉽게 이해하도록 하기 위하여 되도록 많은 디자인의 사례를 사진으로 제시하고 있다. 그간 저자가 해외 건축기행 및 국내건축 현장답사를 통하여 얻은 사진 외에도 많은 분들의 사진 및 자료에 의존하였다. 그분들의 노고에 감사드리며 인용과정에서 혹시 참고문헌에 누락되거나 확인이 안 된 부분에 대해서는 추후 확인을 거쳐 게재할 것을 약속드리며 널리 양해를 구하는 바이다.

건축학도들이 본서를 통하여 건축디자인에 관한 이론을 익히고 건축디자인에 대한 센스와 안목을 높여 건축문화의 발전과 창달에 조금이라도 도움이 되기를 바라는 마음 간절하다. 끝으로, 이 책이 완성되기까지 자료수집 및 원고정리에 도움을 주신 주변의 많은 분들과 출판을 위하여 애쓰신 기문당 강해작 사장님 및 임직원 여러분께 감사를 드립니다.

2011년 2월

연구실에서, 저자

# 차 례

제 1 장

# 건축 개론

# 1. 서론

## 1.1 삶의 장소

모든 생명체는 삶을 영위할 장소, 즉 집이나 일정한 공간이 필요하다. 사람이 아닌 동물들도 본능적으로 훌륭한 집을 짓고 산다. 예를 들면, 새들은 나무나 바위 위에 그들의 보금자리를 짓고 살며, 벌이나 개미 등도 각각 집을 짓고 산다. 거미나 누에고치 같은 벌레도 독특한 집을 짓고 살며, 달팽이나 소라와 같은 동물은 등에 집을 지니고 이동하며 살고 있다. 너무나 신비스러운 일이 아닐 수 없다.

**그림 1.1** 아담과 이브
최초의 인류. 그들은 어디에서 살았을까?

인간 역시 태초부터 삶을 영위할 장소가 필요하였다. 그곳은 외부의 위협으로부터 자신을 보호할 은신처 Shelter의 성격이었다. 즉, 호랑이나 사자 등의 맹수와 비나 눈, 바람, 추위, 더위, 태풍 등의 자연으로부터 자신을 보호할 수 있는 곳이었다.

처음에 그들은 동굴에서 생활을 영위하다가 나무, 흙, 돌, 갈대, 짚 등의 주변 재료를 이용하여 집을 짓기 시작하였다. 원시인들도 그 지역의 재료의 제한성과 기후에 맞게 주위 환경과 조화로운 훌륭한 집을 짓고 살았다.

생산되는 재료는 각 지역마다 크게 다르다. 그리스 · 로마에서는 화강석, 대리석 등의 양질의 석재가 생산되어 고대건축을 꽃피웠지만, 중앙아시아 등의 일부 지역은 점토를 이용하여 벽돌을 만들어 집을 지었으며, 동남아시아 등의 열대지역에서는 주변에서 손쉽게 구할 수 있는 야자수, 대나무 등으로 집을 지었으며, 우리나라의 경우는 다행히도 나무, 돌, 짚, 흙 등의 다양한 재료를 구할 수 있었다.

## 1.2 지역과 건축

북극지역 같은 곳은 온통 주변에 눈과 얼음밖에 없는 척박한 환경이지만 에스키모인들은 이글루 Igloo라는 훌륭한 집을 지어 삶을 영위하였다. 이글루는 눈을 압축시켜 눈 벽돌을 만들어 먼저 그 형태를 만든 후, 표면은 얼음으로 덮어 집을 짓는다고 한다. 내면은 동물의 털이나 가죽으로 둘러싸고, 고래나 물개 등의 동물의 기름을 사용한 램프로 실내에 난방 겸 조명을 한다. 돔Dome의 형태는 압축력에 의해 구조적으로 안정되어 강풍에도 견딜 수 있는 구조이다. 이와 같은 집을 2~3시간이면 완성하였는데, 그 지역의 특성에 맞는 훌륭한 방한건축이라고 할 수 있다.

서부아시아, 멕시코, 아프리카 일부 등의 지역에서는 토담집, 즉 흙벽돌집을 짓고 살았는데, 그 지역들의 기후조건은 낮에는 뜨거운 열기가 있고 밤에는 싸늘한 찬 공기여서 일교차가 매우 크다. 그러므로 그곳의 집들은 출입구를 작게 만들어 한낮의 태양 열기를 차단하고 밤에는 열손실을 방지하였다. 그리고 주변의 땅이 넓음에도 불구하고 밀집하여 집들을 배치함으로써 상호 열기를 차단하고, 집 주위에 시원한 그늘을 형성하여 생활공간으로 활용하였다. 따라서 낮에는 흙벽돌이 열을 차단 및 비축하고 싸늘한 밤이나 새벽에는 축열한 것을 복사하여 따뜻하게 해주는 그들만의 훌륭한 방서건축을 짓고 살았던 것이다.

사우디아라비아 등의 무더운 사막지역의 사람들이 매우 더운 날씨에도 남자들은 두꺼운 직물인 터번을, 여자들은 차도르를 두르고 다니는 이유는 인체의 온도보다 더 뜨거운 열기를 막기 위함이다. 혹자는 그 이유를 코란에 "여자는 눈만 남기고 천으로 두르라"고 하였으므로 종교 때문으로 보지만 종교 이전에 기후조건 때문일 것이다. 우리는 날씨가 더우면 부채를

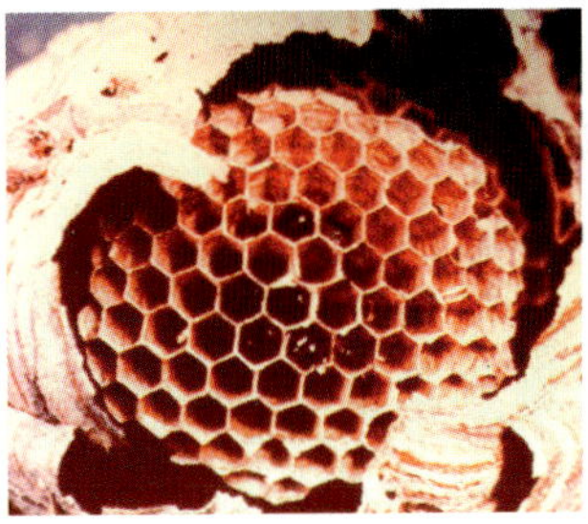

**그림 1.2** 벌집

**그림 1.3** 처마밑의 제비집

**그림 1.4** 소라의 집(껍질)

**그림 1.5** 미개인들의 주거

**그림 1.6** 건초지붕 및 흙벽집(인도)

흔들어 바람이 피부 주위의 더운 공기를 내쫓음으로써 시원함을 느낀다. 그러나 매우 더운 사막에서는 부채로 부치면 오히려 더 더울 것이다. 이는 인체의 온도보다 바깥 온도가 더 높기 때문이다.

동남아나 아프리카의 일부 지역과 같은 열대의 밀림지역에서는 기후조건이 온 · 습도가 매우 높고 무더우며 소나기가 자주 오고 직사광선이 뜨겁다. 이와 같은 지역에서는 원두막 형태의 집을 짓고 산다. 높은 온도 때문에 벽체는 필요 없고, 잦은 소나기와 직사광선에 대비하여 지붕과 기둥이 있으며, 높은 습도와 밀림 때문에 바람에 접하려고 원두막처럼 집을 높게 짓는다. 그 지역의 온도, 습도, 비, 바람 등에 대비한 훌륭한 건축인 것이다.

건축을 전공하지 않은 원시인들도 그 지역의 제한된 재료와 기후조건에 맞는 최적의 훌륭한 집을 지어 왔다. 오늘날 건축을 전공한 우리들이 주변과 조화되지 않는 건축행위를 하는 경우가 많은데 이는 반성해야 할 일이다.

한편, 건축학 및 인류학 교수인 아모스 라포포트Amos Rapoport는 "건조환경은 여러 가지의 목적을 갖는다"고 하였다. 즉, 자연의 힘이나 절대적인 사람 또는 동물로부터, 초자연적인 힘으로부터 사람들과 그들의 활동, 재산 등을 보호하는 것, 장소를 설정하고 세속적이며 위험스러운 세상에 인간적인 안전한 영역을 만드는 것, 사회적 주체성을 강조하고 신분을 알리

그림 1.7 그리스의 파르테논 신전, BC 479년

그림 1.8 로마의 콜로세움, AD 80년

그림 1.9 흙벽돌 건축

그림 1.10 초가지붕의 돌담집

는 것 등에 있다. 따라서 기후, 기술, 재료와 경제성보다 더 중요한 것으로 사회문화적인 인자를 고려하면서 더 넓은 시각을 가질 때 건축의 기원이 가장 잘 이해된다. 어떠한 상황에서도 건물의 형태를 가장 잘 알게 되는 것은 이들 요소들 간의 상호작용을 통해서이다. 한 가지 설명만으로는 만족할 수 없다. 왜냐하면 소박한 주거일지라도 건물은 제도적인 것이며 기본적인 문화현상이다.

그림 1.11 목조 건축

## 2. 건축의 목적

인간의 모든 행위에는 목적이 있다. 동물의 행위도 마찬가지이다. 가을철 제비가 머나먼 강남을 목표로 하여 힘들게 날아가는 것은 생존을 위함이며, 한여름에 개미가 열심히 일하는 것은 춥고 기나긴 겨울철에 먹을 양식을 구하기 위함이다. 건축에도 지향해야 할 목적이 있으므로 이를 알고서 접근해야 한다.

건축은 그 자체의 아름다움뿐만 아니라 그것을 구축하는 구조와 재료, 내부공간을 어떻게 유용하게 사용할 수 있으며, 그 공간에서 심리적 안정감과 경외감 등을 얻을 수 있는가에 예술성이 달려 있는 것이다. 건축이 추구하는 기본적인 목표는 이미 BC 25년경 로마시대의 건축가 비트루비우스 Vitruvius가 건축십서 De Archtectura에서 "건축은 편리함(用, Utilitas), 견고함(强, Firmitas), 아름다움(美, Venustas)의 원리가 계속 유지되도록 하지 않으면 안 된다"라고 하였다. 이후 르네상스 시대의 알베르티(Leon Battista Alberti, 1404~1472, 이탈리아)와 신고전주의 시대 프랑수아 블롱델(Jacques Francois Blondel, 1705~1774)을 거쳐, 건축구조가인 네르비(Pier Luigi Nerbi, 1891~1979, 이탈리아)에 이르기까지 건축의 3부론적 구성요소로서 기능 function, 구조 structure, 미 Beauty의 한계 내에서 상호관련을 맺으며 발전되어 왔다.

그림 1.12 모든 행위는 목적이 있고, 그것에는 길이 있다.

건축을 예술로 보는 견해, 기술로 보는 견해,

그리고 그 중간으로 보는 견해가 있어 서로 다른 정의들이 있다. 그러나 건축이란 인간의 효용요구에 의해 인간에 의해서 인위적인 공간을 형성하는 일련의 과정이며, 인간의 육체적·정신적 생활을 쾌적하고 안락하게 영위할 수 있는 장소를 마련해 준다는 원칙에는 변함이 없다.

다시 말하자면, 건축의 목적은 인간의 생활이 가능하게 하기 위한 쾌적한 공간을 얻는 것이다. 그리고 일정한 공간을 확보하기 위한 수단으로는 구조체가 있어야 한다. 따라서 건축의 본질은 공간과 구조체의 유기적 통일체라고 할 수 있다. 이와 같은 건축의 목적을 충족하고 본질을 성립하게 하기 위한 건축의 계획 및 설계의 원리는 가치성, 안전성, 보건성, 효율성, 심리성, 예술성, 경제성, 사회성 등이라고 할 수 있다. 이상의 추구해야 할 여러 원리를 충족시킬 수 있는 창조적 행위의 종합이 건축인 것이며 인간활동의 터라고 할 수 있다.

## 2.1 가치성

그림 1.13 로마시대의 각종 유물, AD 50~300년

모든 사물은 각각 고유의 존재 가치성이 있다. 그러지 않으면 내버려질 것이다. 예를 들면 안경은 시력의 보정 및 보호를 위하여, 책은 지식의 보존 및 전달을 위하여 존재한다. 그림이나 조각 또는 골동품 등은 사용적인 가치는 없지만 미적 가치 또는 희소성의 가치 등이 존재한다. 담배나 커피 등은 건강에는 좋지 않지만 기호를 충족시킨다는 기호품으로서의 가치가 있으므로 우리 주위에 존재하는 것이다.

건축의 가치는 재산적 가치, 사용적 가치, 기호적 가치, 상징적 가치, 사회적 가치, 경제적 가치, 역사적 가

그림 1.14 콘스탄티누스의 기념문, 로마, AD 81년

그림 1.15 페르시아 유적, BC 518~460년

치, 시대적 가치, 인습적 가치, 기념적 가치 등이 있는 것이다. 이것들은 단일적으로 또는 복합적으로 하나의 건축물에 존재한다. 예를 들면, 주택은 사용적·재산적·기호적 가치 등이 존재하고, 경복궁이나 덕수궁 또는 남대문 등과 같은 건축물은 과거에는 사용적 가치가 있었지만 오늘날은 역사적·시대적 등의 가치가 존재한다. 그리고 독립문이나 첨성대 또는 탑과 같은 건축물들은 과거에나 오늘날에나 사용적 가치는 거의 없지만 시대적·기념적 가치 등이 존재한다. 그러므로 역사적 유물은 오늘날에는 사용적 가치가 없어도 역사적·시대적·기념적 등의 가치를 지니기 때문에 해마다 많은 예산을 들여 보존하고 있는 것이다.

**그림 1.16** 첨성대

오늘날 신축되는 우리 주위의 많은 건축물들도 음미해 볼 때, 각자 고유의 이론적 가치성이 존재한다. 즉, 각 건물마다 그 건물 고유의 당위성에 따른 원칙적 이론이 존재한다. 예를 들면, 학교건축은 교육적 가치를 위하여, 교회건축은 신의 찬미, 사회봉사 및 사교적인 가치가 존재한다. 병원건축은 인류의 보건을 증진시키기 위한 가치가, 공장건축은 생산성의 가치 등이 존재한다. 박물관 건축은 문화유산의 보존 및 전통의 계승, 그리고 독립기념관 같은 건축물은 민족의식 또는 역사의식의 고취, 콘도미니엄은 가족단위의 현대인의 휴양, 휴식 등의

**그림 1.17** 경복궁 근정전, 서울, 1395년

**그림 1.18** 원각사지 10층 석탑, 대리석, 탑골공원, 조선시대

가치를 위함이다.

우리는 대상건물Project의 이론적 가치의 기준을 설정한 후 디자인해야 한다. 즉, 이상적이고도 원론적인 가치를 추구하고 의미를 부여해야 한다. 건축을 설계할 때 목표설정, 계획방침, 설계방향 등의 내용이 여기에 포함될 수 있다.

가정에 가훈이 있고 학교에 교훈이 있으며 학급에는 급훈 등이 있는데, 마치 그와 같은 우리가 추구해야 할 이념적 가치를 디자인 시 프로젝트에 따라 우선 설정할 수 있는 것이다. 거기에는 어떤 의미를 추구하거나 부여하며, 그 무엇인가를 상징하는 것이어도 좋다. 아무튼 건축의 가치성은 추구해야 할 건축의 목적 가운데 하나인 것이며, 모든 건축물에는 그 고유의 가치성이 존재해야 한다.

## 2.2 안전성

그림 1.19 동물의 골격. 뼈대가 튼튼해야 구조적으로 안전하다

건축은 인간이 물리적 외력으로부터 안전하게 보호받기 위한 방어물이기도 하다. 즉, 태풍이나 지진, 홍수, 화재, 충격 등과 같은 인간의 생명 및 재산상에 큰 피해를 줄 수 있는 외력에 대해 건축은 충분히 안전해야 한다. 이와 같은 건축물의 파괴적인 요소들에 대하여 구조적으로 안전성을 확보할 수 있도록 하려면 공학적 측면에서 접근하고 해결해 나가야 할 것이다.

구조체는 공간을 구성하기 위한 수단이 되며 동시에 공간의 목적이 되는 것으로서, 공간과 구조체는 항상 동시에 성립되는 것이므로 함께 고려되어야 하는 것이다. 인간의 생활을 담는 건축공간은 기본적으로 바닥, 벽, 천장이라는 구조체에 의해 건축물이 형성된다. 이들 구조체는 독자적으로 혹은 기초, 기둥, 보, 지

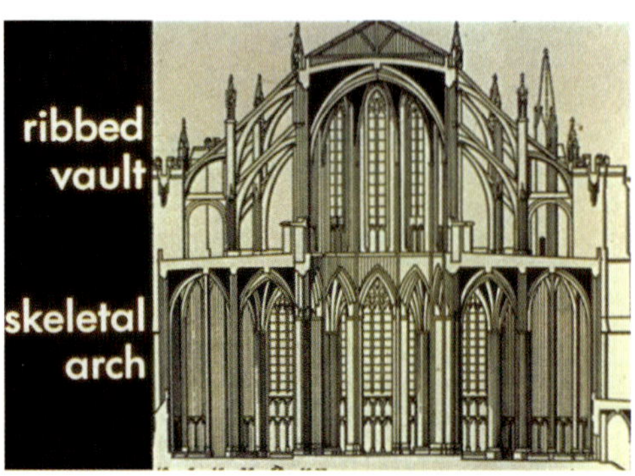


그림 1.20 전형적인 고딕 교회의 횡단면도

그림 1.21 네르비, 스포츠 경기장, 로마, 1960년

붕틀 등과 같은 그 뼈대로서의 또 다른 구조체에 의해 지지됨으로써 유지되는 것이다.

구조는 건축에 미치는 자연 또는 인위적 여러 현상에 대하여 단순 명쾌하고 가장 합리적으로 이어 맞추고 짜여질 수 있는 방법으로 계획해야 한다. 지상, 지하, 수중을 막론하고 공작물이나 건축물은 풍우, 지진, 한열旱熱, 화재, 수재, 충해, 기타 인위적 사고 또는 혹사로 인한 파괴력이 가해지면 건물의 재해는 가중되고 심지어는 생활의 안전을 위태롭게 한다. 건축구조는 이러한 파괴력에 대항하여 견고하게 건설하여 그 본래의 사명을 완전히 발휘할 수 있도록 해야 한다. 그러므로 건축물의 기능과 규모에 따라 각 구조의 특징을 검토하여 무리 없는 계획이 필요하다.

**그림 1.22** 일본 오사카성, 1583년

따라서 건축은 구조적 안전성 측면에 있어서 합리적인 공학적 접근을 통한 해결을 추구해야 한다.

## 2.3 보건성

인간의 일상생활 및 작업활동은 환경에 의해 영향을 받으므로 환경의 질적 저하는 생활 및 작업의 상태를 악화시키고 쾌적한 환경은 작업의 능률을 향상시킬 수 있는 조건이 된다. 인간은 단지 수동적으로 영향만을 받는 것이 아니라 환경에 적응하는 능력도 갖고 있으므로 적응하기 힘든 경우, 생리적 기능은 평형을 상실하고 병적 상태에 이르게 된다. 쾌적한 환경을 위한 건축학의 과제는 인간에 대한 쾌적한 기능의 범위를 찾아내어 그것에 맞추어 인위적

**그림 1.23** 미즈 반 데어 로에, 시그램빌딩의 사무공간, 뉴욕, 1954~1958년

**그림 1.24** 공간은 쾌적하고 위생적이어야 한다.

으로 건조환경을 조절하고 제어할 수 있도록 설계하는 데 있다.

구미에서는 기후가 좋지 못하여 사람의 힘으로 자연을 정복하며 좋은 환경으로 만들어 왔다. 자연에 대항하는 것이 그들의 사상인 것이다. 이와는 반대로 우리나라의 자연조건은 비교적 온난하여 우리의 선조들은 자연과 더불어 사는 방법을 건축에 많이 모색하였다.

맥그루 교수는 "건축은 인간의 생활을 위한 비호 설비물이다"라고 했듯이, 건축은 인간을 보호하고 생활을 영위하기 위해 꼭 필요한 존재인 것이다. 건축에 있어서 인체에 대한 위해적인 요인을 제거해야 할 뿐만 아니라, 더 나아가 쾌적한 환경 속에서 인간이 건강한 생활을 영위할 수 있도록 해야 할 것이다.

원시적 건축은 맹수 또는 자연의 위협에 대한 은신처Shelter로서의 방어적 공간이었다. 오늘날의 건축은 맹수로부터의 위협은 크게 줄어들었으나 기상의 변화로부터 우리를 보호하고 생활을 안전하게 유지할 수 있도록 방어적인 성질이 요구된다는 점에는 큰 변함이 없다. 건축은 온도, 습도, 기류, 빛, 복사열, 음향, 매연 등의 물리적, 화학적 성상에 대해 충분히 고려하여 쾌적한 실내기후를 조성해야 한다.

이를 위한 방법으로서, 건축을 외계의 기후에 적응시키는 소극적인 방법과 건축에 설비를 완비하여 외계의 영향에 대처하는 적극적인 방법의 두 가지로 생각할 수 있는데, 양 방법을 합리적으로 잘 활용해야 할 것이다. 즉 개구부, 처마, 차양의 크기 또는 지붕구조, 바닥높이, 건물형태 등에 적절히 변화를 주거나 아니면 인공조명, 냉난방, 공기조화 등의 각종 건축설비를 활용하여 합리적인 보건성 및 위생성을 도모해야 한다. 따라서 건축은 보건 위생적 측면에 있어서 합리적인 공학적 접근을 통한 해결을 추구해야 한다.

## 2.4 효율성

건축은 사용목적에 적합하고 편리해야 한다. 과거의 궁궐이나 신전 그리고 귀족들의 저택

그림 1.25 톱니처럼 지퍼에도 수많은 이가 있으며, 이들 하나하나가 잘 작동되어야 한다.

그림 1.26 용도에 따른 다양한 형태의 수저

그림 1.27 갑옷과 투구의 주 기능은 무엇일까?

등과 같은 건축은 권위를 상징하는 기념비Monument적인 요소가 주가 되었으므로 사용하기 편리한 기능성보다는 조형적인 측면이 중요했다. 그러나 근대건축 이후에는 민주적 사상의 발전과 함께 기념비적인 요소는 적어지고 그 대신 대중을 위하여 건축의 사용목적에 적합하도록 기능성을 중시하고 있다.

즉, 19세기 산업혁명 이후 건축물이 고층화, 대형화되면서 내부공간 구성에 많은 변화를 가져 왔다. 공간의 기능이 복잡하고 다양해짐으로써 세분화된 공간형태가 구성되고 공간 상호간의 연관성이 중요시되는 시대를 맞이하게 되었다. 보다 능률적이고 생산적인 충분한 기능을 발휘할 수 있는 공간이 요구되고 있는 것이다. 따라서 건축계획 시 목적에 따른 공간의 종류를 명확히 파악하고 실의 적정 규모를 산정해야 한다. 또한 실의 기능에 따른 동선관계를 고려하여 실을 배치하며 조합된 공간의 기능이 거대한 하나의 통일된 기능을 발휘할 수 있도록 디자인해야 한다. 그리하여 효율성이 높은 기능적인 건축이 되도록 해야 한다.

르 코르뷔지에(Le Corbusier, 1887~1965, 프랑스)는 "건축은 인간이 살기 위한 기계이다"라고 하였는데, 이는 기능주의적인 입장에서 건축의 효율성을 강조한 말이라고 할 수 있다. 또한 '건축은 인간의 생활을 담는 그릇Vessel'이라고도 할 수 있는데, 이 역시 건축은 단지 생리적인 생활만이 아닌 가능한 쾌적하고 능률적인 생활을 영위하기 위해 구축하는 공간이라고 할 수 있다. 여기서 공간Space이란 일반적으로 넓이와 높이가 있는 것을 기하학적으로 공간이라고 하며, 우리가 지향하는 건축적 공간은 아무 생각 없이 자연히 생긴 공간과는 달라서 재료의 질, 치수의 비례, 부재의 구성 등이 미묘하게 융합하여 조화를 이룬 분위기를 만들어, 훌륭한 인간생활에 공감하도록 의욕적으로 꾸민 공간이다. 이 건축적 공간을 만들어내는 것이 건축가

**그림 1.28** 엿장수 가위의 기능은 무엇일까?

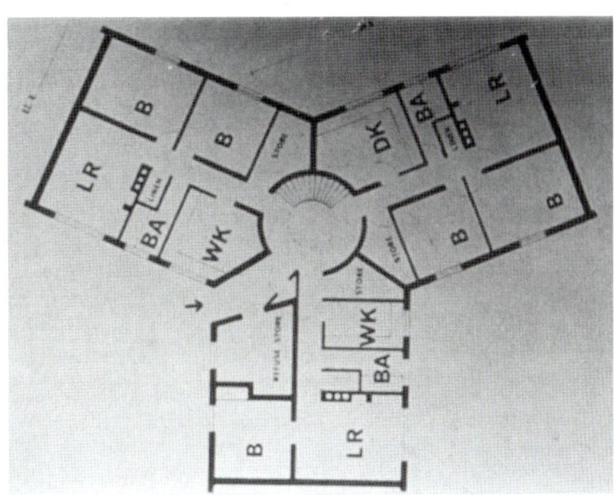


**그림 1.29** 중앙홀형의 한 아파트 평면. 어떤 건축물이든 사용목적에 적합하고 편리해야 한다.

그림 1.30 루이스 설리반, 개런티 빌딩, 버펄로, 1894년

그림 1.31 고대로마 시대의 신전 메종카레, 님(Nimes), 프랑스, BC 16, 기능적이기보다는 권위적이고 위엄성을 나타낸다.

Architect의 임무이고 그 조작이 계획 Plan 및 설계 Design이다. 따라서 건축가의 일은 공간을 어떻게 생각하느냐 하는 점에서 출발한다. 다시 말하면, 인간의 생활을 어떻게 생각하느냐 하는, 즉 인생관과 사회관이 그 기본이 된다. 따라서 건축가에 의해 설계된 건축물에는 건축가 자신의 사상과 철학 그리고 인격이 스며나온다고 하겠다.

설리반 (Louis Henry Sullivan, 1856~1924, 미국)은 "건축의 형태는 기능을 따른다 Form follows Function"라고 하였다. 이는 건축에 내재한 효율성 또는 기능성에 대한 중요함을 강조하는 표현이라고 하겠다. 즉, 건축에 있어서 무엇보다도 우선해야 할 것은 기능이며, 미는 이러한 모든 기능이 만족되었을 때 자연스럽게 수반되는 것이라는 입장인 것이다.

반면, "기능적 건축은 마치 자를 대고 그리는 회화와 같이 잘못된 것"이라는 바셔 Hundert Wasser의 말은 무감동한 기능주의 건축에 대한 반박이라고 할 수 있다. 즉, 인간은 이성적인 측면과 함께 감성적인 측면도 갖고 있으므로 건축은 단순히 기능만을 만족하는 기계주의적 사고에만 머물지 말고 인간에게 미적 감흥을 줄 수 있는 아름다운 형태를 추구해야 한다. 따라서 기능주의와 형태주의 중 극단적으로 어느 한쪽으로 치우치는 것은 피해야 하며, 양자가 균형과 조화를 이루는 것이 바람직하다.

## 2.5 심리성

알바 알토 (Hendrick Hugo Alvar Aalto, 1898~1976, 핀란드)는 "건축에 있어서 중요한 것은 근대적이라든가 전통적이라는 것도 아니고, 기계시대의 상징이라든가 풍토의 표현도 아니다. 무엇보다도 우선 인간적이어야 하며 인간을 위한 건축이어야 한다"라고 주장하였다.

그림 1.32 건축은 수많은 사람들과 관련된다.

동물은 일차적 요구인 생리적 욕구만 충족되면 매우 만족한다. 그러나 인간은 요구가 매우 많고 다양한 존재이다. 즉, 인간은 생리적 요구는 물론 사회적 · 경제적 · 문화적 · 심리적 요구 등의 많은 요구를 가지고 있다.

한편, 건축은 인간의 모든 행위 및 활동 그리고 의식구조까지도 수용하는 곳이다. 따라서 인간 자체가 건축 구성체의 일부인 것이다. 그러므로 건축은 인간의 생리적, 문화적 요구뿐만 아니라 심리적 요구까지도 수용할 수 있는 공간이어야 한다.

존 러스킨(John Ruskin, 1819~1900, 영국)은 "모든 건물은 세 가지 조건을 충족시켜야 한다. 첫째, 제대로 작동할 것, 즉 지을 때 의도했던 바를 최고로 수행해야 한다. 둘째, 말하려고 했던 것을 최고의 말로 해야 한다. 셋째, 그것이 무엇을 행하고 말하려 했던 간에 우리에게 좋게 보이고 즐거움을 주어야 한다"고 하였다. 건축이란 설계하고 건설하는 과학과 예술이라고 함축되게 표현할 수 있다. 또한 건축이란 건물과 그 밖의 정주환경을 디자인하는 전문직이며, 의식적으로 사물에 형태를 주어 통일되고 일관된 구조물을 만드는 일이다. 그리고 사람과 장소 및 시간의 특징을 지어내는 양식 또는 방법이자, 건축적 작업의 산물 또는 결과로서 집합적 총화를 의미한다.

하나의 건축물에는 많은 인간이 관련된다. 건축주 Client · 사용자 User · 건축물 주변인 등이다. 건축주는 집을 짓고 소유하는 사람으로 한 사람인 경우가 대부분이지만, 사용자는 다수인 경우가 많으며, 더욱이 주변인은 직접 · 간접적으로 그 건축물과 매일 또는 부정기적으로

그림 1.33 건축물은 직접 · 간접적으로 많은 사람들과 관련되며, 그들이 처한 상황에 따라 요구도가 다르다.

그림 1.34 어린이 · 청소년 · 장년층 · 노년층은 각각 건축에 대한 생리적, 사회적, 문화적 요구는 물론 심리적 요구도 다르다.

관계되는 사람으로서 그 주변에 살거나 그 앞을 통행하거나 하는 수많은 사람들인 것이다. 이와 같이 건축물은 수많은 사람들과 관련되고 있다. 따라서 건축물을 디자인할 때는 이들 모두의 요구가 최대한 반영되도록 해야 한다.

예를 들면 병원건축의 경우 병원장 · 의사 · 간호원 · 청소원 · 조리사 등과 환자 · 간병인, 인근 주민 · 보행자 등 수많은 사람들과 관련되므로 이들 모두를 위한 공간이 되어야 한다. 학교건축의 경우는 학교 이사장 · 교장 · 교사 · 직원 · 수위 등과 학생 · 학부형 · 지역주민 등의 수많은 사람들과 관련되므로 이들의 요구를 최대한 수용해야 한다.

**그림 1.35** 건축은 인간의 모든 것을 수용해야 한다.

그런데 인간의 요구는 개인별 · 상황별로 차이가 많다. 예를 들면, 성 · 연령 · 경제력 · 교육 정도 · 생활패턴 · 현상황 · 심리적 상태 등에 따라 그 요구가 달라질 수 있다. 즉, 남자와 여자, 유년기 · 청소년기 · 장노년기, 경제적 상류 · 중류 · 하류계층 등의 집단 상호간 및 현재 처해있는 상황에 따라 건축에 대한 그들의 요구도가 다를 수 있다.

심리적 상태는 인간의 의식상태를 의미하는 것으로, 예를 들면 공간에 대한 태도 · 요구 · 행위 · 만족도 등이 사람마다 다르기 때문에 이를 고려하여 디자인해야 하는 것이다. 심리적 상태에 있어서는 민족 간에도 의식구조가 다르다. 가령 프랑스인들은 개성적이고 화려하며 우아한 것을 추구하는 성향이라면, 미국인들은 매우 능률적이고 현실적인 것을, 그리고 이태리인들은 고전적인 것을 추구하는 경향이 있다. 한국인을 포함한 동양인들은 서양인의 외향적이고 동적인 성향에 비하여 내향적이고 정적인 측면이 많은 듯하다. 그리고 같은 20평형의 주택이라도 사람에 따라 넓고 좁음의 느낌은 크게 다르다. 물론 이때는 특히 경제력에 따른 사고의 차이가 크겠지만 결국 심리적으로 그와 같이 느낌이 상호 다르다는 점이다.

인간이 공간 내에서 생활을 영위함에 있어서 각자 일정한 개인적 공간, 영역성을 확보하며 프라이버시가 유지될 수 있도록 적절한 공적, 반공적, 사적 공간이 형성될 수 있도록 해야 한다. 그리하여 인간의 생리적, 사회적, 문화적 요구는 물론 심리적 요구까지도 충족시킬 수 있는 공간을 창출해야 한다.

건축행위는 인간의 다양한 요구조건 사이에 효과적인 절충안을 제시하는 일이다. 건축물은 인간으로부터 출발하고 인간의 모든 것을 포유해야 한다. 결국, 건축은 인간의 다양한 요구를 충족시켜야 한다.

## 2.6 예술성

예술에는 미술 · 조각 · 공예 · 건축 등의 공간적 예술이 있고, 음악과 같은 시간적 예술이 있으며, 연극 · 오페라 · 영화 등과 같은 시공간적 예술이 있다. 이러한 예술을 각각 시각적 · 청각적 · 시청각적 예술이라고도 하는데, 모든 예술분야는 미적으로 표현하는 것이 그 목적이다.

시인 괴테(Goethe ; 1749~1832, 독일, 작가)는 "건축은 얼어붙은 음악"이라고 하였다. 이 말은 음악에는 멜로디와 하모니, 리듬 등이 있어 그것이 사람에게 호소하여 황홀하게 한다는 의미인데, 건축도 음악과 마찬가지로 그것에 접촉했을 때나 그 속에 있을 때, 예술적인 감명을 받게 된다. 그리고 음악은 시간이 경과함에 따라 흐르는 무형의 것이지만 건축은 유형의 존재이다. 마치 음악이 얼어서 굳어진 것이 건축이라는 의미이며, 이 말은 건축이 예술의 일종이라는 뜻을 함축한다. 한편, 발레리 P. Valery는 건축을 "침묵의 건축, 얘기하는 건축, 노래하는 건축" 등 세 가지 유형으로 나누어 생각하였다. 이는 각각 그 느낌이 서로 다르며 나름대로의 의미가 다르겠지만, 침묵의 건축보다는 얘기하는 건축이, 얘기하는 건축보다는 노래하는 건축이 우리에게 즐거움을 더 주는 듯하다.

건축은 과학적인 요소와 예술적인 요소를 동시에 포함하고 있는 과학과 예술의 중간적인 존재이며, 예술적 기술 또는 기술적 예술이라고 할 수 있다. 이러한 건축 속에 포함되어 있는 예술과 기술의 정도는 건축에 대한 사회적 관점과 요구 및 시대, 건축을 행하거나 이용하는 인간, 그리고 건축물의 종류 등에 따라 다르다.

르 코르뷔지에(Le Corbusier, 1887~965, 프랑스)에 의하면, "건축은 빛 속에서 바라보는 매스의 신비스러운 유희를 매우 능숙하게 바로 잡는 것에 있다." 우리가 사용하는 사전에 따르면, 건축은 예술이나 과학, 그렇지 않으면 순수미술의 하나로서 정의되거나, 또는 유용한 공학이나 산업예술과는 배치되는 미적인 예술에 관련되어 있는 것으로 정의되고 있다.

**그림 1.36** 하기아 소피아 대성당, 펜던티브 돔과 세미 돔에 의한 전형적인 비잔틴 건축, 이스탄불, 532~537년

**그림 1.37** 그랜드 캐니언. 자연의 아름다움과 위대함은 실로 경이롭다.

다른 예술분야와 마찬가지로 건축도 당연히 미를 추구해야 한다. 회화는 평면적으로, 조각은 입체적으로, 건축은 내·외부적으로 형태를 갖고 있는데 회화나 조각과 마찬가지로 건축에도 아름다움이 존재해야 한다. 아름답지 못한 건축은 이미 존재가치를 잃은 것이며, 추한 건축은 우리들에게 외면되고 말 것이다.

우리가 추석에 먹는 송편과 같은 음식물도 알맞은 크기로 예쁘게 만들어진 것에 손이 먼저 간다. 똑같은 재료를 사용하여도 음식을 맛있게 만드는 사람이 있는 반면에 그렇지 못한 사람이 있다.

건축은 인간의 미의식을 충족시켜야 한다. 즉, 인간에게 시각적인 즐거움을 주어야 한다. 그런데 인간의 미의식은 그 충족조건이 서로 다르다. 이는 시대성, 공간성, 상황성 등에 의한 개인차 때문에 그러하다. 예를 들면 빨강·파랑·노랑색 등의 색깔에 대한 기호는 사람마다 다르다. 사각형·원형·삼각형 등의 형상에 대한 기호도 상호 다르며, 곡선·직선·절선 등에 의한 디자인의 결과에 대해서도 각자 다르다.

미의식은 인종 간에도 차이가 있다. 예를 들면 한국인과 미국인과 아프리카인의 미의식은 다를 수 있는 것이며, 스위스인과 같이 알프스 산맥 인근 마을에서 태어나고 성장한 사람과 사우디아라비아인과 같이 사막의 한복판에서 태어나 평생을 그곳에서 생활한 사람의 미의식은 서로 다를 수밖에 없다.

중남미의 과테말라에는 '퀴체 족'이라는 종족이 살고 있다. 그들의 미인의 조건은 우선 키가 작고 뚱뚱해야 한다고 한다. 즉, 키가 크고 늘씬하면 미인이 될 수 없는 것이다. 그리고 동남아나 아프리카 어느 나라의 미인의 조건은 무조건 목이 길거나 코만 크면 미인이라는 나

**그림 1.38** 조각품 같은 건축물

**그림 1.39** 고대 그리스 예술

**그림 1.40** 비너스 상, BC 200~100년

라도 있다고 한다. 우리나라에서도 불과 수십 년 전까지만 해도 얼굴이 넙죽하고 약간 통통해야 잘 생긴 사람이라고 하였지만, 요즘은 얼굴형이 서구인들처럼 갸름하고 호리호리해야 미인이라고 한다.

같은 인종이라도 연령에 따라 미의식이 다르다. 즉, 어린이와 성인과 노인의 미의식이 다를 수 있는 것이다. 따라서 유치원 건축은 색채가 빨강, 파랑, 노랑색 등의 현란한 원색을 사용한 예를 많이 볼 수 있음에 반해, 양로원 건축은 절제된 은은한 색채를 사용하는 경우를 우리는 많이 본다.

여자들의 하이힐 구두에서 우리는 극단적인 미를 추구하는 경우를 볼 수 있다. 즉, 하이힐은 기능적으로 크게 불편할 뿐만 아니라 자칫 잘못하면 발목이 부러질 수 있는 위험이 있음에도 불구하고 오직 아름다움을 위해 선택되는 것이다. 물론, 건축에서는 다른 것들을 희생하며 오로지 아름다움 하나만을 추구해서는 안 된다.

건축은 하나의 종합예술이다. 다양한 학문적 연계성, 전문적인 기술 및 예술적인 기능이 요구되는 건축은 분명 하나의 종합예술인 것이다. 건축물은 기능성 및 안전성 등과 함께 인간의 미의식을 충족시켜야 한다. 즉, 그 건축물과 관계되는 많은 사람들에게 아름다움을 제공하여 시각적 쾌감을 느끼도록 해야 한다.

## 2.7 경제성

경제적 관점에서 보면, 건축물은 경제재經濟財라고 할 수 있다. 경제학에서는 인간이 생활

**그림 1.41** 록펠러 센터, 뉴욕, 1931~39년. 건축물은 경제재로서 차지하는 비중이 매우 크다.

**그림 1.42** SOM, 시어즈 타워, 시카고, 1971~4년, 초고층빌딩(110층, 420m)

**그림 1.43** 옥외용 탁자와 의자. 외기에 노출되므로 내구성이 큰 재질이 요구된다.

하는 데 있어서 무엇인가의 효용성을 갖는 것을 재財라 하고, 그것을 얻는데 아무런 대가를 필요로 하지 않는 것(예를 들면, 공기)을 자유재라고 하며, 반대로 어떤 대가를 필요로 하는 것을 경제재라고 한다. 그런 의미에서 건축물은 여러 경제재 중의 하나이며, 다른 일반 경제재와 비교해볼 때, 건축물이 경제재로서 차지하는 비중이 매우 크다고 할 수 있다.

인간의 생활에 필요한 가장 기본적인 것으로 의衣·식食·주住가 있는데 그중 건축은 주住에 해당되며, 이것은 다른 두 가지에 비해서 비교가 되지 않을 정도로 많은 비용이 요구된다. 따라서 건축은 건설비가 가능한 싸게, 또한 내구적이어야 하는 문제가 있다. 건축이 경제적이어야 하는 문제는 개인적으로나 또는 사회적으로나 극히 중요한 것이다. 그러나 여기서 생각하지 않으면 안 되는 것은, 아무리 건축비가 싸다 하더라도 내구력이 약하고 유지·관리를 위해 많은 경상비를 필요로 하게 된다면 경제적이라고 할 수 없다. 건축도 일종의 경제적 활동이므로 건설비 Initial cost, 경상비 Running cost, 내구성 등을 서로 관련지어 생각하는 것이 중요하다.

건축은 일반 공작물과는 달리 사용성을 우선 고려하여 평면적, 구조적으로 적절한 구성을 통하여 내구성을 증대시켜야 한다. 따라서 건축물의 용도에 맞는 적절한 구조와 재료를 선정하여 과소하지도 않고 과대하지도 않은 적절한 건축물이 될 수 있도록 디자인해야 한다. 그리고 지나친 가식적 형태의 구성을 피하고 되도록 구조적으로 솔직하게 표현하는 것이 좋다.

또한 오늘날의 건축에 있어서 경제성에 문제가 되는 것은 계획상의 융통성 Flexibility 문제이다. 현대사회의 급속한 변천은 구조적으로는 내용연한耐用年限 이전임에도 불구하고 건축을 사회적 공간으로서 사용하기 어려운 경우가 있다. 이러한 현상은 앞으로 더 많이 나타나게 될 것으로 생각이 되는데, 공간기능이 맞지 않는다고 해서 곧 건물을 파기해 버릴 수는 없는 것이다. 그러므로 건축의 계획 및 설계 시 새로운 공간기능의 요구에 따른 가변이 가능한 평면이나 구조로 융통성을 갖도록 해야 한다. 이때 중요한 것은 내부공간을 변경할 경우, 가능한 그 때문에 건물을 손상시키지 않고 변경될 수 있는 방법이 미리 고려되지 않으면 안 된다는 점이다.

## 2.8 사회성

인간은 사회적 존재이다. 또한, 건축 역시 한 개인의 소유물일지라도 항상 우리의 생활 속에서 함께 공유하는 사회적 존재라고 할 수 있다. 건축은 건축주, 사용자 그리고 주변 관계자 등 다수의 사람들에게 영향을 미치는 인간의, 인간에 의한, 인간을 위한 조형물인 것이다. 따라서 건축은 사회적 공기로서의 공공성을 유지해야 한다.

건축의 일면은 예술이므로 작가 또는 건축주의 개성이 표출될 수 있다. 그러나 지나치게 자기중심적인 개성만을 강조한 나머지 건축의 사회적 측면을 무시하는 표현은 지양해야 한다. 독일의 유명한 건축가 월터 그로피우스(Walter Gropius, 1883~1969, 독일-미국)는 건축가의 임무로서 "건축가는 사회를 구성하는 대중을 위해 봉사해야 한다"고 하였다.

건축은 사회적인 영향이 큰 조형물이므로 그 자체가 아름다워야 하는 것은 당연한 일이다. 본래 아름다움이란 개인적이고 주관적인 판단에서 나온 것이지만, 건축과 같이 사회적 영향이 많은 조형물은 어느 정도 객관적인 입장에서 판단하고, 또한 주변상황과 조화를 이루는 아름다움을 추구해야 한다. 건축의 디자인에서 개성과 변화를 추구하되 먼저 주변과의 조화와 통일성을 고려하지 않으면 안 되는 것이다. 건축가인 미스 반 데어 로에(Ludwig Mies van der Rohe, 1886~1969, 독일-미국)는 "인간은 극적 Dramatic인 존재이며, 그 주역의 배경 Back ground으로서 건축은 신중해야 한다"라고 하였다.

건축공간에는 건축물 내부에 구획된 여러 내부공간 외에도 뜰, 정원, 마당, 광장 등의 외

**그림 1.44** 미즈 반 데어 로에, 레이크 쇼어 드라이브 아파트 서쪽 전경, 시카고, 1951년

**그림 1.45** 1,500세대 규모의 아파트단지, 파리, 1956~58년

**그림 1.46** 맨해튼 항구, 뉴욕. 건축은 한 개인의 소유물일지라도 사회적 공기로서 공공성을 유지해야 한다.

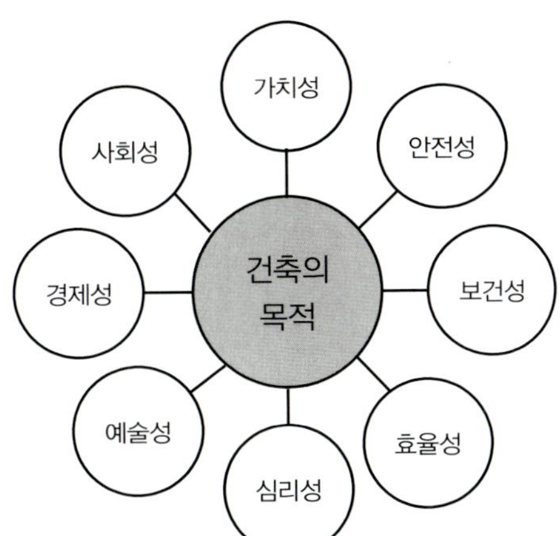


**그림 1.47** 건축의 목적(계획 및 설계의 원리)

부공간 및 여러 시설물에 의하여 형성되는 외부환경까지도 포함된다. 즉, 건축은 그 자체의 내·외부 공간뿐만 아니라 주변의 건물 및 도로나 공원 등을 포함한 하나의 지역 또는 도시와의 관련에서 성립하는 것이므로 도시의 발전이나 그 장래에 대해서 무관하게 계획해서는 안 된다. 따라서 건축물은 개별적으로 형성되는 것이지만, 지역 및 도시가 전체적으로 통일과 조화를 이루고 균형 있는 발전을 이루기 위해 도시계획의 일환으로서 계획되어야 한다.

지금까지 건축의 목적을 건축의 계획 및 설계의 원리적 측면에 입각하여 살펴보았다. 각 요소들은 별개의 사항들이지만 서로 조화되어야 한다. 또한 이와 같은 서로 모순되는 요구를 각각 살리면서 다른 성질을 상호 조화시켜 완전한 건축을 만드는 것이 건축가의 임무이다. 따라서 건축가의 일은 단순한 기술이 아닌 폭넓은 지식과 경험이 요구되는 일이다.

## 3. 건축과 환경

### 3.1 건축의 의미

건축을 정의하는 문제는 기록이 전하는 고대 로마시대부터 건축가와 학자들에 의해서 꾸준히 논의되어 왔다. 즉, '건축이란 무엇인가'라는 테마는 아주 오래되었으면서 아직까지도 새로운 문제이다. 건축을 설계한다는 것 또한 이처럼 난해하고도 복잡한 문제와 맞먹는 작업이다.

그림 1.48 오벨리스크, 테베스, 이집트, BC 1320~1085년

《근대건축이란 무엇인가》를 저술한 J. M. 리처드는 "건축은 사회적 예술임과 동시에 시각예술이기도 하며, 미적 판단은 지식과는 별도로 독립되어 있음에 틀림없다. … 건축은 또한 미술·공예·조경·가구·직물의 디자인 등 모든 종류의 설비 또는 그 밖의 작업과정과도 연관돼 있다. 그러나 이러한 모든 문제는 이 한 권의 책으로는 도저히 설명 할 수 없음이 분명하다"라고 하였다.

건축의 기원은 지구상에 인류의 발생과 함께 시작되었다. 추위, 더위, 비, 눈, 바람 또는 호랑이, 사자 등과 같은 맹수, 그 밖의 외적으로부터 자신을 보호하기 위한 피난처 Shelter로서 자연동굴을 이용하거나 간단한 덮개 혹은 울타리를 만들어 생활의 장소로 삼은 것이 그 시초이다. 또 한편으로는 석기시대에 조성한 스톤헨지 Stonehenge나 돌멘 Dolmen, 멘힐 Menhir 등 주술적인 의미를 가진 건조물도 있다. 우리의 고인돌 역시 선사시대의 지석묘로서 인류의 거석기념물 중 하나이다. 이렇게 건축은, 발생한 당초부터 공리적인 측면과 상징적인 의미라는 양면성을 가지고 있었다.

구미에서는 이들 양극을 건물 Building과 건축 Architecture이라는 별개의 낱말로 건축물을 표현하고 있다. 즉, 건물은 실용을 목적으로 하는 공리적인 건조물을 가리키며, 건축은 단순한 건물이 아니라 상징적 또는 예술적인 의미를 가진 공간으로 해석하고 있다.

건축이란 단어는 세울 건 建(입 立, 치 置, 수 樹)과 쌓을 축 築(적 積)으로서 '어떠한 위치에 쌓아서 세우는 행위'를 의미하며, 영어의 'Architecture'는 그 어원이 그리스어인 'Archi-tekton'과 라틴어인 'Architectura'에서 유래하였다. 이는 'Archi'와 'Tectura'가 합성된 말로서 'Archi'는 '큰, 대, 우두머리'의 뜻을, 'Tectura'는 '기술, 건조자'라는 의미를 가지고 있다. 따라서 건축은 크게 계획하고 짓는 일, 즉 종합적으로 계획하고 구축 構築하는 기술을 의미하며 상기의 창조적 행위의 종합이라고 할 수 있다.

예술과 기술의 복합체로서 파악될 수 있는 건축은 건축사가들에 의해 양식론, 공간론, 의미론적인 관점에서 서술되어 왔다. 여기서 양식론이란 건축을 미학적이며 역사적인 현상의 응용으로서, 철학과 과학체계 및 역사와의 종합으로써 본질을 규명하여 왔다. 반면, 브르노 제비 Bruno Zevi는 "건축의 본질은 공간에 있으며, 공간은 건축의 주역이다"라고 하였다. 이는 공허한 공간 속에 존재하는 허상을 실체로 끌어내어 창조하고 그 창조물을 실체와의 조화를 통하여 공간의 본질을 규명하려고 하였던 공간론을 의미한다.

그리고 건축의 의미론적 관점은 소쉬르 Ferdinand de Saussure와 촘스키 Noam Chomsky 등에 의한 언어학적인 접근방식이다. 즉, 그것은 건축을 시각언어의 관점에서 내다보고 기호론

**그림 1.49** 스톤헨지, 신석기시대의 거석물, 영국, BC 1900~1500년

**그림 1.50** 모아이, 이스터 섬, 칠레, 400~1680년. 그들은 무엇 때문에 이와 같은 거대한 석물을 만들었을까?

Semiotics에서 말하는 '커뮤니케이션 Communication' 또는 '전달'이 각양각색의 기호체계에 의한 의미작용으로 이 체계의 구조를 의미한다. 따라서 건축도 커뮤니케이션의 매체로 본다면 건축의 의미 전달과 작용도 기호론의 방법론으로서 분석할 수 있다는 것이다.

건축에 내재된 여러 요인의 만족은 곧 건축의 목적이 충족된 것이다. 진정한 의미의 건축은 앞 절에서 살펴 본 건축의 목적이 만족된 것이다. 즉, 건축의 목적 자체가 건축의 구성체이며, 건축의 의미는 건축의 목적 그 자체이다. 이와 같은 관점에서 건축과 건물의 차이점을 살펴보면, 건축 Architecture이란 건축의 목적인 가치성, 안전성, 보건성, 효율성, 심리성, 예술성, 경제성, 사회성 등이 충족된 구조물이며, 건물 Building이란 상기의 것들이 일부 또는 모두가 만족되지 않은 단순한 구조물이라고 할 수 있다.

건축은 인간의 생명을 보호하고, 건강을 지켜주며, 재산을 보존하고, 공공복지를 증진시킨다. 우리는 그와 같은 건축을 설계하는 사람을 건축가 Architect라 부른다. 건축가가 하는 일, 즉 설계행위는 단순히 공리적이며 기능만을 추구하는 기술자적인 것이 아니라 '인간의 생활공간을 어떻게 생각하는가'하는 인간생존의 공간원리를 추구하는 데에 있다. 따라서 건축가는 사회적, 경제적 요구나 공학적 기술, 미적 감각에 이르는 광범위한 문제와 대처하지 않으면 안 된다. 건축가의 인격이나 인생관, 철학, 세계관이 문제되는 것도 이러한 배경 때문이며, 건축교육의 어려움 또한 이러한 점에 있다고 하겠다.

## 3.2 환경의 구성

환경은 넓게는 '우주를 형성하고 있는 모든 요소들의 실체'이며, 좁게는 '어떠한 주체를 둘러싸고 있는 유형 · 무형의 객체'이다. 즉, 환경은 한 생물유기체 또는 그 집단의 외부에 있

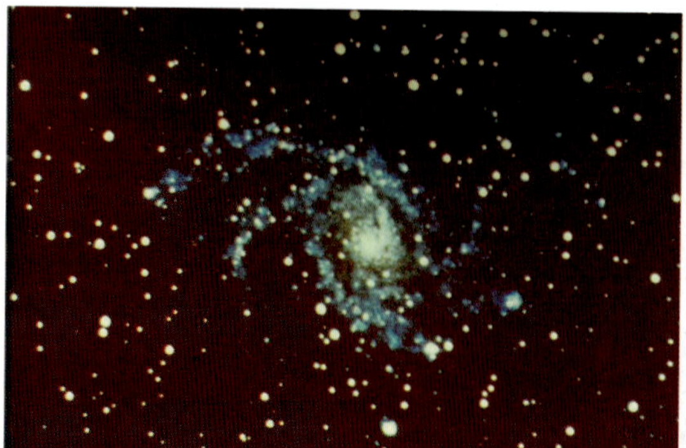

**그림 1.51** 소용돌이치는 은하수. 환경은 넓게는 우주를 형성하고 있는 모든 요소들의 실체이며, 좁게는 어떠한 주체를 둘러싸고 있는 유형 · 무형의 객체이다.

**그림 1.52** 토성과 고리. 지구가 속해있는 태양계는 대우주에 비하면 하나의 티끌에 불과하다.

으면서 어떤 방법으로든지 그것에 영향을 주는 것을 가리킨다.

동물로서의 인간은 자연의 일부분이다. 자연환경은 모든 생명 존재의 기초조건이므로 인간도 그 자연에서 완전히 독립할 수가 없으며, 자연과 단절하고는 살 수 없는 것이다. 그러므로 인간은 주위 세계와의 접촉을 영원히 유지할 필요가 있다. 즉, 유기체가 환경에 적응하자면 환경과 유기체 간에 일정한 정보의 전달과 이해가 요구된다. 이렇게 형성된 인간의 환경은 동·식물적인 것이 아니기 때문에 항상 도전에 대한 응전의 결과로써 새로운 환경을 만들어낸다.

모든 생물은 그들을 둘러싸고 있는 생물과 무생물로 구성되는 환경과의 사이에 복잡한 상호의존 관계를 맺고 삶을 영위해 간다. 즉, 지구상의 모든 현상은 하나의 거대한 상호 작용계를 형성한다. 따라서 환경문제의 이해에 있어서 인간을 둘러싼 인간환경 체계에 대한 인식이 앞서야 한다.

인간환경이란 인간을 주체로 하여 그를 둘러싸고 있는 주위의 모든 것을 말한다. 넓은 의미로 볼 때, 인간환경은 자연을 통하여 진화과정에서 나온 여러 가지 요소와 문화를 가지고 인간이 만들어낸 모든 요소들의 결합체라고 할 수 있다. 좁은 의미로는 인간의 생존과 활동을 가능케 하는 물리적 상황만을 뜻한다.

환경은 크게 물리적 환경과 사회적 환경으로 분류할 수 있다. 물리적 환경은 자연의 법칙에 의해 만들어진 환경으로서 여기에는 자연적인 것과 인공적인 것이 포함되어 있다. 사회적 환경은 인간사회의 질서와 능률을 확보하기 위하여 인간에 의해 형성된 인공환경이다. 자연환경은 우주의 생성과정에서 자연적으로 만들어진 환경이고, 인공환경은 인간의 편의를 위해 의지와 노력이 투입되어 이루어진 환경이다. 따라서 환경은 창출의 원인과 형태와 성격에 따라 자연환경과 인공적 물리환경 및 사회환경의 세 가지로 범주화시킬 수 있는데, 이들 부분환경 체계를 각각 자연계, 조형계, 사회계로 이름 지을 수 있다.

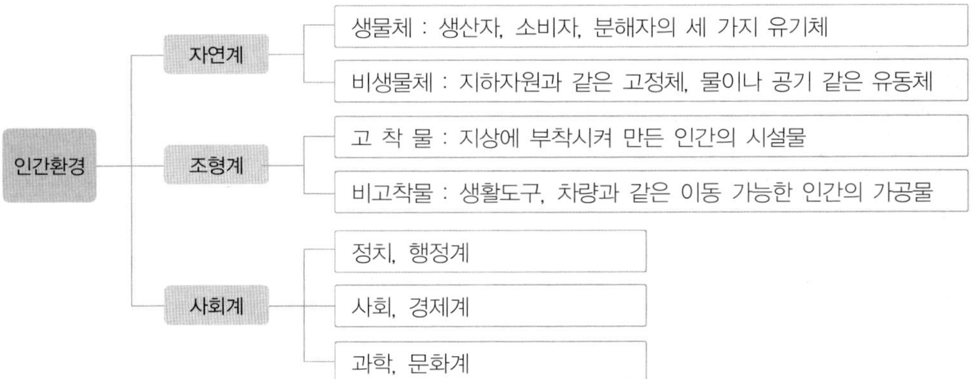

### 1) 자연계

그림 1.53 아름다운 나비의 모습

그림 1.54 평화로운 호수의 백조

우주의 생성과정에서 자연적으로 만들어진 환경이다. 자연환경은 자연계 내에 상당할 정도의 생물학적 다양성이 존재하게 될 때 높은 안정성을 유지하게 된다. 이러한 자연생태계는 항존성, 복잡성, 순환성, 상호의존성, 유한성, 자기조정의 속성 등의 특징을 갖고 있다.

자연환경에서 일어나는 문제는 한 마디로 자연의 훼손이라고 할 수 있다. 인간에 의한 자연의 훼손은 크게 자연자원의 고갈과 자연환경의 오염 및 자연경관의 파괴로 구분할 수 있다. 자연생태계의 건전성이 파괴되어 평형을 잃게 되는 경우 그 회복은 상당히 긴 시간을 요하게 되며, 극단적인 경우에는 회복이 불가능하기도 한다.

### 2) 조형계

편리와 능률을 원칙으로 한 계약적이고 조직적인 환경으로 인간의 의지와 노력이 투입되어 이루어진 환경으로서, 조형행위를 하는 디자인의 직접적인 영역이다. 국토를 개발하고 도시를 건설하여 각종 시설과 도구를 만드는 것은 물리적 환경으로서의 조형계를 창출하는 인간 고유의 행위이다. 건축물도 이런 과정에서 생성되는 것이다.

인간에 의해 만들어진 조형계도 인간으로 하여금 그 환경에 적응하도록 제약하게 된다. 조형계 환경은 그것이 인간에 의하여 형성되었지만, 일단 형성된 다음에는 인간의 의식과 태도를 결정하는 강한 외적 요소로 작용하게 된다. 이와 같이 우리가 살고 있는 물리적 환경은 우리 행동과 접촉에 영향을 미친다. 그러므로 인간행동이 물리적 환경에 완전히 융화되지 못

그림 1.55 생물체와 비생물체가 함께 존재하는 자연계

그림 1.56 자연계에는 다종다양한 동물과 식물이 존재한다.

하면 반대로 인간은 주위환경에 제압되고 만다. 때문에 우리의 주위환경은 인간들의 요구 및 필요성과 문화와 물리적 환경의 요구사항을 받아줄 수 있는 내용으로 계획되어야 한다.

### 3) 사회계

사회계는 눈에 보이지 않는 인간의 정치 · 경제 · 사회 및 문화 등의 영향으로 이루어진 환경이다. 이러한 환경은 제 조건이 변화할 때마다 달라지기 때문에 사회구성원으로서의 인간은 이러한 변화에 잘 적응해야 한다.

인류의 사회는 수렵채취의 사회, 농경사회, 산업화사회 및 정보화사회로 변화되어 왔다. 특히, 산업혁명에 의한 인간환경의 커다란 변화는 사회환경을 급격히 변화시켰다. 인구의 폭발적 증가, 사회적 증가에 따른 도시화 등으로 사회환경이 인간에게 부정적 영향을 미친 것은 사실이다. 이제 우리는 우리가 생활하고 있는 사회환경을 좀 더 인간적이고 자연적인 환경으로 바꿀 필요가 있다. 왜냐하면 지나친 인공환경의 확대는 결국 인간에게 해롭기 때문이다.

인간은 생태계의 가장 강력한 작용을 하는 한 인자로서 자연생태계를 개발 · 변형하며, 인간 개체군의 적응능력을 향상시키며 그 한계를 극복하고 있다. 이러한 인간은 자연계의 한

**그림 1.57** 다채로운 꽃이 만발한 언덕

**그림 1.58** 오늘날 대기오염 및 수질오염 등의 각종 공해는 생태계를 위협하고 있다. 환경이 파괴되고 있는 것이다.

**그림 1.59** 서울 남산의 경관을 해치는 건축물

**그림 1.60** 친환경적인 건축물을 우리는 건설해야 한다.

구성부분인 동시에 조형계와 사회계라는 새로운 환경을 창출해내는 동물이기도 하다. 결국 인간은 자기가 속해 있는 자연환경뿐만 아니라 스스로 조성해 놓은 인공적인 환경으로부터도 영향을 받게 된다. 이와 같이 인간과 환경은 직접적인 상호작용의 관계를 갖게 된다. 그리고 부분환경 상호간에도 영향을 주고받는 작용관계가 존재한다.

인간이 자연을 개발, 정복한다는 것은 한편으로는 파괴하는 것을 의미한다. 대기 및 수질 오염, 쓰레기 문제 등의 각종 공해문제는 이미 심각한 실정이다. 향후에는 물 전쟁이 벌어질 것이라고 예측하고 있다. 도시인들은 농촌에서의 전원생활에 대한 풍경을 꿈꾸고 있으며, 우리의 서울에서는 남산의 경관을 해치는 건축물을 폭파 해체하고 한강 되살리기 운동을 펼친 지 오래이다.

문명이 발달되지 않은 시대의 건축은 자연에 순응하고 조화되었다. 그러나 문명이 발달한 오늘날의 많은 건축물들은 자연을 파괴하며 조화되고 있지 않다. 오늘날 우리가 남산이나 한강을 되살리기 위한 운동을 벌이고 있으며, 자연보호운동을 하는 이유는 무엇 때문인가?

우리는 환경을 만들기 전에 먼저 환경에 대한 올바른 생각이 선행되어야 한다. 생각이 공간, 시간, 활동, 지위, 역할 그리고 행동에 질서를 세운다. 디자인 시 관념에 물질적 표현을 부여하는 것은 가치가 있는 일이다. 관념은 기호화되어야 기억되고 쓸모 있게 된다. 관념은 사람이 어떻게 행동해야 할지, 어떤 태도를 취할지, 남들이 그들에게 기대하는 것이 무엇인지를 환기시킴으로써 행동을 돕는다. 건물, 취락, 조경 등 모든 건조환경은 질서체계가 눈에 보이도록 함으로써 질서를 세우는 방법들이다. 따라서 환경을 조직하거나 질서를 세우는 과정은 반드시 거쳐야만 하는 단계이며, 이 과정은 합리적이어야 한다.

## 4. 건축의 규정요소

윈스턴 처칠(Winston L. S. Churchill, 1874~1965, 영국)은 "인간은 건물을 만들고, 건물은 다시 인간을 만든다"고 하였듯이, 오늘날에는 건축과 인간이 거의 모든 영역에서 서로 깊은 영향을 미치고 있다. 건축은 그 시대의 거울로서 기후 및 풍토적 요소, 사회 · 문화적 요소, 정치 및 종교적 요소, 재료 및 기술적 요소에 따라 영향을 받고 변화하며, 그 외에도 경제적 요소 및 건축가의 개성 등에 의해서도 크게 영향을 받는다.

건축을 규정하는 요소에는 크게 구분하여 자연적 환경, 즉 물리적 요소와 인위적 환경, 즉 인문적 요소가 있다. 건축은 자연적 요소 및 인위적 요소에 의해 크게 영향을 받으며 형성된다.

자연적 요소에는 온도, 습도, 비, 눈, 태양, 바람, 지진 등과 지형, 풍토, 재료 등이 있으며, 인위적 요소에는 정치, 경제, 사회, 문화, 산업, 기술, 민족성, 생활관습, 의식구조, 사상 및 각종 상황성 등이 있다.

## 4.1 자연적(물리적) 요소

물리적 요소는 특히 건축의 형태에 많은 영향을 미쳐 왔다. 물리적 환경 구성원은 우리 주위에 유형, 무형으로 존재한다. 당연히 이들을 고려하여 설계에 반영해야 한다.

### 1) 온도, 습도

온도란 일반적으로 기온을 말하며, 이는 곧 대기의 온도를 의미한다. 온도에 있어서 북구 등의 기온이 낮은 지역에서는 건축물의 벽체가 두껍고 개구부는 작으며 폐쇄적이다. 반면, 열대지역과 같은 온도가 높은 지역에서는 극단적인 경우 기둥과 지붕뿐인 개방적인 형태를 하고 있다. 우리나라는 기온이 비교적 온난하므로 건축은 내외부의 구조가 자연과 친근하고 융화적이다.

대기 중에는 지표면, 하천, 호수, 해면 등에서 수분의 증발에 의하여 항상 어느 정도의 수증기가 포함되어 있다. 이 수증기가 공기 중에 어느 정도 포함되어 있는지의 그 다소를 습도라고 한다. 습도의 경우도 낮은 지역은 창문이 작고 폐쇄적이지만 높은 지역은 개구부가 크고 개방적일 뿐만 아니라 바닥도 높다. 습도가 낮은 이집트나 이탈리아 등과 같은 지역은 통풍이 많이 필요하지 않으므로 개구부가 작고 폐쇄적인 반면, 습도가 비교적 높은 우리나라와 일본 등과 같은 지역의 개구부는 다소 크고 개방적인 편이다. 유럽의 일부 지역이나 중앙아시아 지역 등은 온도가 30℃가 넘어도 비교적 견디기 쉬운 반면, 우리나라와 일본 등은 견디기가 어려운데 이는 습도가 높기 때문이다.

**그림 1.61** 아열대 지역의 주택

**그림 1.62** 일본의 전통농가

### 2) 비, 눈

강우량 및 적설량은 어느 것이나 건축계획상 관계가 많은 요소이다. 강우량이 적은 지중해 연안국 등 지역의 건축물의 처마는 짧고 창문에도 차양이 거의 없다. 그러나 비가 많이 오는 한국이나 일본 등의 나라는 처마가 길고 차양을 많이 설치한다. 역시 강우량이 많고 잦은 소나기가 내리는 대만, 싱가포르 등의 동남아 지역에서는 도로의 인도 쪽에 필로티 형태의 건물을 지어 통행인으로 하여금 소나기가 내리는 경우 피할 수 있도록 하는 경우가 많으며, 공동주택의 1층을 필로티로 하여 비오는 날에도 어린이 놀이터, 노인정, 결혼식장, 장례식장 등의 용도로 사용할 수 있도록 하고 있다. 특히, 강우량이 많은 지역에서는 건축에 있어서 빗물에 대한 처리가 중요한 문제이다.

**그림 1.63** 나이아가라 폭포. 빗물이 모여 폭포를 이룬다. 강우량은 건축물에 많은 영향을 미친다.

눈이 많은 스위스와 같은 지역에서 급경사의 박공지붕 건물을 많이 볼 수 있는데, 이는 적설하중에 견디도록 하기 위함 때문이다. 기둥에 있어서도 이에 대항하기 위하여 다설지역에서는 그 굵기가 커져야 한다. 이와 같이 강우량과 적설량의 다소는 건축의 형태에 크게 영향을 미치는 요인이 되고 있다.

### 3) 태양

태양광선은 위도에 따라 각도와 방향이 달라진다. 태양의 각도와 방향은 일조량과 관련되므로 건축물의 배치와 평면 계획상의 실 배치 및 개구부의 방향이나 크기 등에 영향을 미친다. 위도가 비교적 낮은 지대나 우리나라와 같은 곳은 1년을 통해 건물의 남측 면에 주로 태

**그림 1.64** 지붕이 뾰족한 농가주택

**그림 1.65** 강설량 역시 건축에 영향을 미치는 요인이 된다.

양광선을 받는다. 그러나 위도가 높은 지대에서는 여름철에 태양이 북쪽에서 뜨고 동, 남, 서쪽 방향의 머리 위를 일주하여 북쪽으로 지기 때문에 건물은 북측 면에도 태양광선을 받는다. 즉, 핀란드 · 노르웨이 · 스웨덴 등과 같은 북구지역은 여름철에 백야현상이 있는데, 이 때문에 여름철은 대부분이 낮 시간이고 북쪽에도 해가 비치며, 겨울철에는 대부분이 밤 시간이고 낮 시간은 매우 짧은 것이다.

또한 남미와 같이 태양광선이 강렬한 지대에서는 루버 Louver나 블라인드 Blind와 같은 차광장치를 개구부에 설치하는데, 이것은 당연히 입면 디자인에 영향을 미친다.

한편, 우리나라와 같은 지구의 북반부 지역의 건축물은 햇빛과 관련하여 남향집이 선호되고 있지만, 호주 등의 남반부 지역에서는 북향집이 선호되고 있다. 지구의 자전 및 공전축은 23° 27'으로 기울어져 있으므로 한국이 여름이면 호주는 겨울인 것은 이 때문이다.

위도에 따라서 일조량과 관련되는 건축물의 인동간격이 중요한 문제가 되는데, 위도가 극단적으로 낮거나 높은 지역에서는 인동간격은 그다지 문제가 되지 않는다. 생활의 쾌적함을 추구하기 위해 적정한 일조량을 고려한 건축물의 배치가 되도록 노력해야 할 것이다.

**그림 1.66** 주택의 아트리움, 고대 로마시대

**그림 1.67** 한국의 전통건축

**그림 1.68** 태양광선은 위도에 따라 각도와 방향이 달라진다.

**그림 1.69** 개구부 밖의 돌출부는 루버역할을 겸한다.

**그림 1.70** 각층 상부의 돌출부는 주택의 독특한 형태를 이룬다.

### 4) 바람, 지진

공기의 유동현상을 바람이라고 하며, 공기는 압력이 높은 곳에서 낮은 부분으로 이동한다. 바람은 건물 내의 통풍과 관련하여 역시 중요한 요소 중의 하나이다. 특히 주거건축에서는 통풍문제가 상당히 중요한데, 그 지방의 여름철의 주 풍향과 건물 방향과의 관계를 연구해야 한다.

바람이 강한 지역에서는 건축의 지붕을 무겁게 하거나 돌을 올려놓아 바람에 날아가지 않도록 하고 있다. 바람에 대하여 고층건물은 특히 풍하중을 고려해야 하는데, 이를 위하여 가새 Bracing를 의장적 요소로 한 건축물 사례를 우리는 볼 수 있으며, 우리나라에서도 바람이 많이 부는 제주도 지역의 주택 지붕에는 돌을 매달아 놓기도 하는데 이는 바람에 대한 건축적인 대응이다.

건물에 작용하는 풍압은 그 지방의 주변상황에 따라 큰 차이가 생기므로 부근의 지세 및 그곳에 세워질 큰 건물을 포함한 건축물 모형을 만들어 풍동실험에 의하여 최대풍압을 결정하기도 한다. 이것은 창문 유리의 크기를 규정하게 하여 그 결과로서 입면 디자인에도 상당한 영향을 미치게 된다.

지진도 건축물에 많은 영향을 미치는 요소인데, 가까운 일본에서는 지진이 많으므로 이에 철저히 대비하고 있다. 우리나라의 경우, 지금까지는 지진의 피해가 크게 없었지만 결코 우리도 지진에 대해 안전지대가 아니라고 한다. 내진구조는 건축의 구조적, 경제적 측면은 물론 형태적 표현상에도 영향을 준다.

**그림 1.71** 삼다도인 제주도 주택의 모습

**그림 1.72** SOM, 존 핸콕 센터 빌딩, 시카고, 1969년

태풍이나 지진이 없는 지역의 구조체는 주로 수직력만 작용하므로 기둥이 가늘지만, 태풍이나 지진이 발생하는 지역의 구조체는 수평력에도 대항해야 하기 때문에 기둥이 굵어지는 등 외형에도 변화가 나타나게 된다.

### 5) 지형, 풍토

지세 및 풍물 역시 건축디자인에 영향을 미치는 중요한 요인이 된다. 산천, 해안, 삼림, 구릉, 계곡 등의 지형 및 지세 또는 주변경관과도 잘 조화되도록 건축을 해야 한다.

국토의 78% 가량이 산지인 우리나라는 지형 및 지세가 아기자기하고 변화가 다양하며 수려한 풍경이 많다. 사우디아라비아나 이집트와 같은 나라의 사막지역이나 알프스 산의 주변지역 등은 각각 지형이나 풍토의 조건이 크게 다르다. 이와 같은 요소들은 건축디자인에 영향을 많이 미친다.

지세와 풍토가 좋은 지역에서는 이를 잘 이용하여 자연과 조화되는 건축물의 구성이 이루어져야 할 것이며, 좋지 않은 지역의 경우는 건축물이 단순하고도 인공적인 자연미를 표출할 수 있는 디자인을 하여 시각적 쾌감을 주어야 할 것이다. 거대한 피라미드나 스핑크스는 광활한 사막지역에 있기 때문에 그 크기가 적합하며, 아담한 초가삼간 집은 뒷동산과 앞 냇가가 있는 아기자기한 곳에 있어야 조화될 것이다.

미국의 건축가 프랭크 로이드 라이트 Frank Loyid Wright의 '낙수장'이라는 주택은 숲속의 계곡 등의 자연지형을 잘 이용한 불후의 명작이다.

### 6) 생산재료

나무, 흙, 돌, 철, 유리, 콘크리트 등의 각종 건축재료는 중요한 물리적 환경의 구성요소들이다. 고래로 그 지역에서 산출되는 재료는 당연히 건축에 많은 영향을 미쳐왔다.

**그림 1.73** 부드러운 곡선의 해안 풍경

**그림 1.74** 피라미드 군, 기자, 이집트, BC 2700 ~2400년

지역에 따라 목조건축, 석조건축, 흙벽돌건축, 대나무건축, 얼음집 등이 생겨나고 융성했던 것은 그 지역 산물의 결과인 것이다.

고대 그리스 및 로마 지역에서는 석조건축이, 중앙아시아 지역에서는 점토로 만들고 햇빛에 건조한 벽돌건축이, 그리고 우리나라와 같은 풍부한 산림이 있는 지역에서는 목조건축이 융성한 것은 바로 이 때문이다. 다만, 현대건축에 있어서는 교통수단의 발달에 따라 건축재료의 운반이 용이하게 되면서 건축재료가 혼용되는 다양한 형태의 건축물이 건조되고 있는 것이다.

근대 산업사회 이후에는 과학과 기술의 발전에 힘입어 새로운 소재가 개발되고 다양한 재료가 생산되고 있다. 조형에 있어서 소재의 미와 재료의 멋을 그대로 살려야 한다. 그리고 건축은 되도록 진실을 표현해야 한다. 따라서 우리는 새로운 구조와 재료가 최대한 매력을 발휘할 수 있도록 그것에 알맞은 새로운 디자인을 창출해야 한다.

**그림 1.75** 아기자기한 뒷동산과 조화로운 초가지붕의 주택

**그림 1.76** 나지막한 동산과 실개천이 있는, 기후가 온화한 지역

**그림 1.77** 프랭크 로이드 라이트, 낙수장, 펜실베이니아주, 미국, 1936년

**그림 1.78** 돌담장과 대나무 대문

### 7) 기타

인간의 척도 Dimension, 행위, 활동, 프라이버시 등과 소파, 침대, 식탁 등의 각종 가구 및 생활도구의 유무, 규격, 배치관계 등도 유·무형의 물리적 환경의 구성요소들이며, 이들 역시 건축의 형성에 영향을 미친다.

그 외에도 소음이나 매연 등의 물리적, 화학적 인자들도 영향을 미치는 요인이 된다.

이상과 같은 개별적인 물리적 요소에 대해서는 물론이고, 요소들 상호간의 적절한 조화까지도 고려하여 디자인 시 반영해야 한다.

## 4.2 인위적(인문적) 요소

### 1) 정치, 경제

오래 전부터 건축에는 정치나 종교적인 문제가 관련되는 경우가 많았다. 과거 봉건적인 시대에는 천도를 결정하거나 대형 건축물을 건설하는 경우 정치적인 목적에 의하여 권력자의 뜻대로 행하였다. 신전이나 궁전은 권력의 상징이며 노예의 방대한 노동력에 의해 건축되었다. 절대 권력자들은 자신이 거처할 호화로운 궁전, 또는 자신을 신과 동일시하여 거대한 신전건축을 호화스럽게 건설하였다. 그들은 자신들의 사후까지 대비하여 거대한 분묘를 건설하

**그림 1.79** 강철 소재에 의한 조형물

**그림 1.80** 유리를 소재로 한 제품들

**그림 1.81** 플라스틱 재질의 의자

**그림 1.82** 트윈 베드의 침실

**그림 1.83** 독특한 모양의 가구들이 있는 거실

기도 하였으면서 서민들을 위한 집이나 시설들은 극히 초라하였다. 그러나 오늘날과 같은 민주적인 시대에는 학교, 시장, 병원, 극장, 공장, 시민회관 등과 같은 대중을 위한 건축물을 많이 건설하고 있는 것이다.

또한 건축에는 경제적 측면의 요인이 많이 내포된다. 건축을 하는 데는 막대한 재정적 투자가 소요되므로 한 국가나 개인이나 모두에게 있어서 경제력에 관한 문제는 건축 자체를 할 것인가 말 것인가 하는 것을 결정하는 중요한 요인일 뿐만 아니라 건축의 질적, 양적인 문제와도 직결되는 요인이다. 그리고 건축 후에는 경제적 투자에 대한 유·무형의 보상이 있어야 할 것이다. 즉, 여기에는 대지구입비, 건축비, 유지관리비, 각종 공과금 등 많은 비용이 소요된다. 특히 상업용 건축인 경우는 투자 후 경제적 가치가 없다면 투자를 하지 않을 것이다. 아니, 건축을 할 필요가 없는 것이다. 건축에는 막대한 재정적 투자가 이루어지므로 재산적 가치나 수익성 등이 현실적으로 중요한 문제 중의 하나인 것이다. 여기에는 경제성의 원칙이 적용된다. 즉, 최소한의 투자로 최대한의 이윤을 얻는 것이어야 한다. 따라서 건설비 및 경상비가 가능한 많이 소요되지 않아야 하고, 공간은 가변성 Flexibility이 있는 구조로 계획하여 다양한 수요에 대처할 수 있어야 하며, 장기간에 걸쳐 사용될 수 있도록 내구성을 갖게 하는 등의 경제적 가치성을 유지할 수 있는 건축이 되도록 디자인해야 한다.

### 2) 사회, 문화

미스 반 데어 로에는 "건축은 공간으로 번역된 시대의 의지이다"라고 하였다. 건축은 그 시대의 상황을 그대로 나타내 준다. 즉, 그 시대의 모든 것을 반영하는 것이다. 또한 유구한 역사 속에서 건축은 발전되어 오면서 그 시대, 문화의 상징체로서 존재하며, 용도 이상의 의미를 담고 있는 것이다. 그리하여 건축은 그 시대정신의 상징체로서 우리에게 많은 메시지를 전달케 하는 문화적, 정신적 산물로서 오늘에 이르고 있다.

서양에서 과거 중세의 암흑시대에는 하늘에 계신 신을 향하는 마음의 수직성을 강조하는

**그림 1.84** 콘스 신전, 카르나크, 이집트, BC 1198년

**그림 1.85** 섬세하게 조각한 대리석 석관

고딕양식이 나타났으며, 그 이후 르네상스 시대에는 인본주의의 인간적 유대 및 인간성 회복의 사상과 함께 수평성을 강조하는 디자인이 나타났다. 그리고 과거 동양에서는 종교의 영향으로 불교의 사찰건축이 건설되거나 유교의 사당건축이 건설되었다. 서양에서 기독교 문화가 전파되어 들어온 이후에는 교회건축이 탄생하였으며, 오늘날에는 다양한 종교건축이 우리 주위에 있는 것이다.

불교건축의 경우 가까운 중국, 일본, 태국 등의 나라에서는 사찰이 시내에 함께 있지만, 우리나라의 사찰건축은 대부분이 산 속에 있는데 이는 조선시대의 숭유억불정책에 따라 깊은 산 속으로 들어갔기 때문이다.

건축은 그 시대와 사회의 생활상을 담는 그릇으로 비유된다. 용기는 형체를 쓰는 것이 아니고 그 빈 부분을 사용하는 것처럼, 우리도 조형물에 의해 형성된 빈 부분을 쓰는 것이다. 즉, 실체가 만들어 놓은 빈 공간 속에서 삶을 영위하는 것이므로 편리하고 튼튼하며, 아름답고 아늑한 감정을 주는 건축적 공간이 필요한 것이다. 또한 그 공간은 영역성과 장소성을 가지며 위계와 질서 그리고 그 시대의 사회적, 문화적 모든 요구를 수용해야 한다.

오늘날 우리나라에서는 우리의 전통건축인 한식 건물을 거의 짓지 않는다. 이는 재료와 기술이 발달하고 경제성 · 능률성과 편리성 등을 추구하는 오늘날의 사회 문화적 현상 때문인

**그림 1.86** 타지마할, 분묘건축, 아그라, 인도, 1653년

**그림 1.87** 절구통과 물독이 있는 전통주택

**그림 1.88** 금산사의 미륵전, 불교건축, 김제, 599년?

**그림 1.89** 이슬람교 모스크(회교사원)의 미나레트와 돔

것이다. 과거에는 없었던 주거유형인 아파트가 생겨나고 결혼식장, 장례식장 등의 건축물이 시대의 필요에 의해 생성되거나 소멸되어 가고 있는 것이다. 영화관, 방송국, 콘도미니엄, 화장터, 납골당 등과 같은 건축물들은 불과 수십 년 전에는 우리나라에 없었던 건축물이었지만 오늘날에는 너무나 당연히 필요한 건축물이 되어 버렸다.

이와 같이 건축물에는 그 시대의 종교, 법, 제도, 유행, 역사성, 시대성, 예술성 등의 모든 사회 · 문화적 현상이 건축물에 그대로 반영되고 있는 것이다.

### 3) 산업, 기술

산업혁명 이후 건축기술은 급속하게 발달하였다. 경제성과 합리성의 추구는 새로운 기술의 개발을 촉진하였고 건축부재는 공업제품화 됨으로써 대량으로 생산하게 되었다.

건축물을 구축하는 기반이 되는 산업 및 기술력 또한 건축의 형성에 큰 영향을 미친다. 오늘날의 건축재료 및 부재는 공업제품의 종합이기 때문에 고도의 건축이 탄생하려면 정밀한

**그림 1.90** 가스워크스 파크, 시애틀, 미국

**그림 1.91** 빌딩건설 현장. 건축재료 및 부재는 산업기술에 의한 공업제품의 종합이다.

**그림 1.92** 남산 타워, 서울, 1975년

**그림 1.93** 미노루 야마사키, 세계무역센터, 뉴욕, 1966~80년

**그림 1.94** 산업 및 기술의 발전은 건축설비를 향상시켰다.

공업제품이 생산되는 폭넓은 기초적인 공업력의 발달이 선행되어야 한다. 그럼으로써 양질의 건축재료가 생산될 수 있으며, 또한 우수한 시공기술력 역시 뒷받침되어야 훌륭한 건축이 탄생될 수 있다.

물론, 이에 앞서 건축의 계획 및 설계가 기능적 · 구조적 · 심미적으로 잘 되기 위해서는 건축가 및 엔지니어의 우수한 실력이 있어야 가능할 것이다.

과거에는 사회적 활동이 좁았기 때문에 건축물의 종류도 그다지 많지 않았으나 오늘날에는 대중 및 생산을 위한 건축이 많아졌으며, 또한 날로 고층화 · 대형화 · 고급화되어 감에 따라 이들 건축물을 설계하는 건축가의 작업도 관계하는 분야가 상당히 넓어졌다. 따라서 오늘날 건축가의 임무는 여러 방면으로 분화된 기술을 훌륭하게 생활에 결부시켜 건축의 총화를 가져오게 하는 것이라고 할 수 있다.

다시 말하면, 오늘날에는 하나의 건축물을 완성하기 위하여 많은 전문적 지식이 집결해야 되기 때문에 도저히 이것을 한 사람의 힘으로는 해낼 수 없다. 구조, 전기 및 기계설비, 인테리어, 시공, 조경 분야 등의 기술자 및 기타 각 전문적인 분야의 여러 사람들이 각각 분담하고 협력하여 건축이라는 하나의 유기적 형태 및 공간을 훌륭하게 종합하여 창출해내야 한다. 따라서 각 분야의 산업 및 기술이 발전되고 인력이 뒷받침되어야 할 것이다.

현대건축은 그것이 조형적으로 어떠한 형태의 것이라도, 또는 어떠한 악조건 하에 있더라도 해결이 가능한 것은 그 만큼의 공학, 기술 및 산업의 발전에 힘입은 결과라고 하겠다.

### 4) 민족성, 생활관습

개인의 성격이나 민족성에는 고매, 순수, 고아, 웅장, 호화, 침울, 위축, 비속, 이성적, 감성적 등의 여러 가지 성격이 있다. 이러한 요소가 건축에 영향을 미치는데, 민족성에 따른 건축적 특성의 예를 살펴보면, 이탈리아의 건축은 고전미와 밝음이 있고, 프랑스의 건축은

**그림 1.95** 중국의 고건축, 북경지역

**그림 1.96** 요메이문, 일본의 고건축, 닛코, 1636년

우아하고 화려하며, 미국의 건축은 능률적이고 현실적이다. 그리고 우리나라의 건축은 정적이고 단아한 멋을 풍긴다고 하겠다.

한편, 인습성은 인간의 성장과정이나 전통성 등의 오랜 생활관습에 의해 형성되는 것이다. 각 나라마다 음식이나 복장이 다르듯이 주거문화도 각각 다른 것은 인습성 때문이다.

한국의 음식인 김치, 된장, 고추장 등은 서양의 음식인 햄버거, 핫도그, 피자 등과 상당히 다르며 인도 · 말레이시아 · 사우디아라비아 등에서는 지금도 맨손으로 음식을 먹는 관습이 남아있다. 오늘날에는 국제화되어 양복을 많이 입기는 하지만, 우리 고유의 의복인 한복의 두루마기, 저고리, 치마 등은 이웃나라인 일본의 기모노나 중국인 또는 서양인의 고유 의상과는 많이 다르다.

주거양식에 있어서도 한식과 양식의 차이가 크게 다르다. 우리는 일본 · 몽고 · 터키 등과 같이 좌식의 탈화 생활을 하며 공간이 다용도적이지만, 가까운 중국과 유럽, 미국 등의 서양에서는 입식 및 착화 생활을 하고 공간이 단일용도적이며 프라이버시를 중시하는 구조이다. 우리나라의 아파트가 서양에서 도입한 주거형태이지만 내부구조는 좌식생활을 하도록 되어 있으며, 패널히팅의 채택과 안방에 장롱이나 문갑을 설치하는 등 우리의 전통적인 방식을 지속시키고 있는데, 이는 바로 오랜 생활관습 때문인 것이다. 그리고 우리의 주거개념은 소유의 개념이지만 서양인들은 거주의 개념이므로 서양사람들은 이사를 할 때 트렁크 몇 개 정도만 운반하면 되듯이 간단하다.

오랜 전통과 관습은 좀처럼 바꾸기가 어렵다. 따라서 세심한 관찰을 통하여 그 추이를 분석하고 디자인에 반영해야 하겠다.

### 5) 의식구조, 사상

건축은 건축주의 필요에 의해 설계자에게 의뢰함으로써 시작되는 것이다. 이때 설계자, 즉 건축가의 사상이나 철학 및 개성 등이 작품에 반영되어 나타나는 것이다. 때로는 바람직하지

**그림 1.97** 서양음식은 우리의 전통음식과는 크게 다르다

**그림 1.98** 현대식 주택의 전통적 실내디자인

는 않지만 건축주, 특히 권력자의 의도가 작품을 많이 좌우하기도 한다.

건축가인 스페인의 가우디 Antonio Gaudi는 곡선을 많이 사용하여 친근감을 주는 유기적인 건축을 많이 설계하였는데, 사그라다 파밀리아 성당, 밀라 저택, 바틀로 저택 등은 그의 명작이다. 프랑스의 르 코르뷔지에는 기능주의적, 순수주의적, 국제주의적인 건축의 성향이 나타나는데, 이는 그의 건축철학이 작품에 반영된 결과로 보아야 할 것이다. 미국의 프랭크 로이드 라이트는 땅과 친숙한 자연주의적이며 유기주의적인 건축을 많이 설계하였으며, 독일의 월터 그로피우스는 국제주의적, 합리주의적인 건축을 설계하였다.

**그림 1.99** 월터 그로피우스, 팬아메리칸 빌딩, 뉴욕, 1963년

건축주의 의도는 설계 시 어느 정도 반영되는 것은 당연하겠지만 고대 또는 봉건적인 시대에는 절대 권력자의 의도가 지나치게 많이 반영되어 건축되어 왔다. 건축은 정치적 수단의 하나로서 권력자 및 그 시대의 상징물이 될 수 있는 것이기도 하다. 프랑스의 루이 14세 왕은 호화스러움의 극치라고 하는 베르사유 궁전에 자신의 허영심과 사치심을 그대로 나타냈으

**그림 1.100** 루이13–14세, 베르사유 궁전, 1661~1756

**그림 1.101** 르 코르뷔지에, 사보이 주택, 1930년

**그림 1.102** 안토니오 가우디, 카사 밀라, 바르셀로나, 1905~7년

**그림 1.103** 프랭크 로이드 라이트, 탈리에신 공동체, 위스콘신, 1925~59년

며, 중국의 진시황은 그의 절대권력을 상징하는 아방궁과 만리장성을, 고대 이집트 왕들은 자신들의 사후세계를 위한 거대한 분묘건축인 피라미드를 건설하였다.

우리나라에서도 과거 군사독재 시절에 전시행정을 위한 무리한 건설을 행하고, 몰지각한 건축주의 무분별한 요구로 인하여 와우아파트, 성수대교, 행주대교, 삼풍백화점 등의 대형건축물 또는 구조물의 붕괴사고로 인한 대형참사를 많이 겪은 바 있다. 경부고속도로는 완공 후 얼마 되지 않아 건설비보다 보수비가 더 많이 들었다고 하며, 구 중앙청인 국립박물관은 선 철거, 후 건설이라는 권력자의 결심에 따라 새로운 박물관을 건설하기도 전에 철거부터 하였다. 당시 역사교육의 장으로서 보존에 대한 주장도 많았는데 그러한 반대의견은 차치하더라도, 엄청난 유물의 안전한 보전을 위해서 적어도 박물관을 우선 건설한 후 철거하자는 의견이 더 설득력이 있었음에도 말이다.

### 6) 상황성

그림 1.104 88올림픽 마스코트 호돌이. 한국의 정서가 담겨진 디자인이다.

인간의 현황, 즉 성 · 연령 · 교육 정도 · 직업 · 경제력 · 사회적 지위 등을 말하는데, 예를 들면 주택 설계 시 가구 구성원의 개별적 인적사항 등의 제반 현황을 분석해야 하며, 사무소 건축을 설계한다면 조직의 체계, 구성원의 특성, 사무소의 성격 등의 제반현황을 분석해야 하는 것을 의미한다.

또한 상황성에는 관련자의 주의식이나 공간에 대한 태도, 그들이 현재 처한 심리적 상태 등과 같은 정신적인 것뿐만 아니라 관계되는 특정 지역이나 집단의 역사성, 전통성 등과 같은 내면적인 세계까지도 포함될 수 있다.

그림 1.105 지역의 역사성 · 전통성 등은 건축에 반영되며 함께 발전된다.

그림 1.106 건축물은 인간의 정신적 · 내면적인 세계까지도 포함한다.

이상과 같은 개별적인 인위적(인문적) 요소에 대해서는 물론이고, 요소 상호간의 적절한 조화까지도 고려하여 디자인 시 반영해야 한다.

## 5. 건축의 학문적 위치

### 5.1 건축과 학문

그림 1.107 르네상스 시대의 투시도 원리 탐구

건축물은 건축을 하는 방법과 장소 등에 있어서 미술적인 기술을 응용하여 미적인 효과를 목적으로 하고 있으나, 일반적으로 미술 중에서도 순수예술 또는 자유예술의 의미보다는 이에 실용적인 면이 중시되는 실용예술 또는 응용예술이라고 할 수 있다. 또한 건축은 실제 사용할 수 있는 종합예술이라고도 할 수 있는데 이는 환경, 예술, 기술 등 모든 분야의 기본적인 요소를 포함하여 건축에 응용함으로써 우리가 원하는 스타일의 건축물을 창조할 수 있기 때문이다. 따라서 건축은 단순한 학문을 다루는 것이 아니라 미묘하고 복잡한 여러 가지 학문을 취급하며, 이를 어떻게 조화롭게 구성하느냐에 따라 그 가치는 다양하게 나타나게 된다.

독일의 Ewalt Banse는 학문을 표 1.1과 같이 분류한 바 있다. 여기에서 좌측으로 갈수록 순수과학적이고 분석적이며, 우측으로 갈수록 순수예술에 가깝고 구성적이라고 할 수 있다.

표 1.1 건축의 학문적 위치

<table>
<tr><td colspan="14">과 학</td><td colspan="3">과학+예술</td><td colspan="3">예 술</td></tr>
<tr><td colspan="7">순 수 과 학</td><td colspan="7">응 용 과 학</td><td colspan="3">과도 형태</td><td colspan="3">순수예술</td></tr>
<tr><td>철학</td><td>수학</td><td>논리학</td><td>물리학</td><td>화학</td><td>심리학</td><td>언어학</td><td>법률학</td><td>식물학</td><td>동물학</td><td>인류학</td><td>지질학</td><td>경제학</td><td>민족학</td><td>역사학</td><td>지리학</td><td>건축</td><td>조형미학</td><td>문학</td><td>음악</td></tr>
<tr><td colspan="14">분 석 의 학 문</td><td colspan="3">분석+구성</td><td colspan="3">구성의 학문</td></tr>
</table>

그는 건축을 과학과 예술의 과도형태에 있다고 하였지만, 건축은 과학보다는 예술에 좀 더 가깝다고 할 수 있으며, 오늘날의 건축은 기능적인 면과 더불어 예술적 가치에 대한 비중을 크게 두고 있음을 느낄 수 있다.

## 5.2 종합적 학문

오늘날의 학문 Science은 고대 희랍의 아리스토텔레스 Aristoteles로부터 시작된 이래 오랜 기간 동안 많은 발전 및 진보과정을 거쳐 그 영역이 분류되어 왔는데, 보통 크게 인문과학, 사회과학 및 자연과학으로 구분된다. 건축은 부지와 건물이 결합된 것으로서 예술 Arts, 기술 Technology 및 공학 Engineering의 종합이고 인문과학, 사회과학 및 자연과학의 종합이며 기능, 구조 및 미를 혼합하는 종합적 학문인 것이다.

아무튼 학문적으로 건축은 분석 및 구성의 학문 또는 종합적 학문으로서, 건축을 창출해 나감에 있어서 인간이 보다 나은 환경 속에서 생활을 영위할 수 있도록 건축공간 및 형태를 합리적으로 설계하고 시공해야 할 것이다.

**그림 1.108** 인간은 과학 · 기술 · 예술을 발전시키기 위한 노력을 지속적으로 해왔다.

**그림 1.109** 오스카 니마이어, 공산주의 본부, 파리, 1970s.

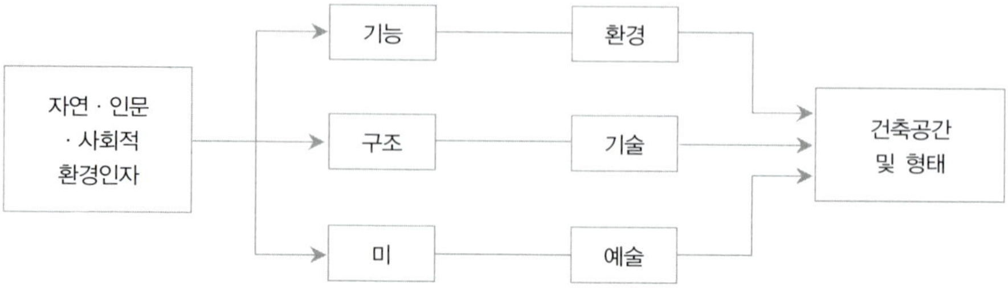


**그림 1.110** 건축의 학문적 종합성

제 2 장

# 미의 기초이론

# 1. 미의 개념

## 1.1 미학

**그림 2.1** 보티첼리, 비너스 탄생, 1444~1510년. 이탈리아, 그리스 신화를 사실적으로 표현하였다

'미美란 무엇인가'라고 하는 문제는 고대 그리스 이래 무수히 많은 철학자에 의하여 연구되어 왔다. 그래서 근세에는 미학이라는 엄격한 학문체계가 만들어져 미의 본질이나 원리는 오늘날까지 실로 다양한 학설이 생겼다. 그중에는 깊은 철학적 교양을 갖지 않고서는 이해하기 어려운 것도 있으며, 또 경제적, 실증적 입장을 가진 일련의 경험과학적 미학과 같이 비교적 이해하기 쉬운 것도 있다.

미학 Aesthetics이란 글자 그대로 미에 관한 학문적인 인식을 의미하며 그 생성은 고대 그리스에까지 소급된다. 미학은 '선'(희랍어로 'Kalon')이 무엇이며, 예술이 무엇이고 그 기원과 발달은 어떠하며, 사회생활에서의 그 역할이 무엇이며, 또한 어떤 것이 되어야 하는가에 관한 것이다.' '미학 Aesthetics'이라는 말은 희랍어 'Aesthetiki'에서 유래하였으며, 이것은 '느끼다'는 뜻을 가진 동사 Aesthanome에서 유래하였다.

그러나 본격적인 미학은 18세기 중엽 독일 철학자 바움가르텐 Alexander Gottlieb Baumgarten에 의해 철학의 한 부문으로서 '감성적 인식학'이라는 의미 하에 창시되었다. 그 이래로 방법이나 대상에 관해 많은 변천을 거쳐 오늘에 이르고 있다. 즉, 칸트 Immanuel Kant에 의해 미적 판단력의 비판으로서 선험론적으로 기초가 다져지고, 그 후 실러 Johann Christoph Friedrich von Schiller를

**그림 2.2** 자유의 여신상, 뉴욕, 1884년

**그림 2.3** 세 여신의 석고상

거쳐 독일 관념론 철학자들에게 이어졌다. 특히 헤겔Georg Wilhelm Friedrich Hegel은 예술철학으로서의 확고한 체계를 이룩했을 뿐만 아니라 내용적으로도 충실화하였다.

이러한 철학적인 '위로부터'의 미학에 대해서 19세기 후반에는 페흐너Gustav Theodor Fechner의 실험미학을 선구로 해서 과학적인 '아래로부터'의 미학이 생겨난다. 특히 심리학적인 방법은 립스Theodor Lipps나 폴켈트Johannes Volkelt의 감정이입 미학에서 미의식의 분석을 보여 주었다.

같은 무렵, 데수아르Max Dessoir나 우티츠Emil Utitz의 '일반예술학'의 주장은 미학적 연구의 대상에 관해서도 '미'와 '예술'과의 대립을 가져오며, 방법 · 대상 양면의 이러한 다양화가 이제 현대에 있어서 미학의 착종錯綜한 전개를 규정한다.

우선 현대철학적 미학의 주류를 이루는 현상학적 내지 존재론적 미학은 미적 체험이 사실 그 자체에 깊이 침잠沈潛한 사고나, 거기서부터의 내발적內發的인 이론 구성에 특색을 가지며, 미와 예술과의 대립에 관해서도 양자를 그 본원적 통일에서 파악하려는 경향을 굳혀가고 있다.

다음으로 과학적 미학은 각종의 심리학(정신분석, 게슈탈트 심리학, 계량심리학 등), 생리학, 사회학, 정보이론 등에 거점을 구하면서 미적 현상의 다면적인 해명을 꾀하고 있다. 그리고 이외에 반철학적, 반과학적으로 의미론이나 구조주의 또는 마르크스주의적 사회과학 등의 입장에서 미학의 구축이 시도되고 있다.

이와 같이 미학적 연구의 세분화는 오늘날 특히 현저하지만, 이 학문은 궁극적으로는 미적 가치의 체계적 해석을 지향하는 것으로서 철학적으로 조성되는 것이다. 그러나 미가 나타내는 여러 국면의 편파 없는 이해를 위해서는 여러 가지 과학적인 연구도 불가결할 것이다.

미학은 어떤 예술작품에 따라서 일어나는 느낌(즉 시각적, 정신적, 관능적인 느낌)에 몰두할 뿐만 아니라, 사회적인 측면은 물론 물리적인 측면에서도 '좋은 것good'에 대한 포괄적인 탐구를 전제로 한다. 즉, 미학은 시각적, 정신적, 관능적인 문제를 해결하고자 하는 기술적記述的 시도를 다룰 뿐만 아니라 아이디어와 개념을 다룬다. 미학은 감정에 대한 민감도가 경험적 실체의 전체적인 상관성과 관련된 것을 전제하고 있다. 더욱이, 그것은 감정의 일어남에 대해 합리화할 수 있는 능력과 다른 사람들 및 예술가 그리고 관중이 이해할 수 있는 방법으로 결론을 분명히 내릴 수 있는 능력을 요구한다. 건축미학은 위에서 언급한 모든 것을 건축과 관련시키는 것을 시사한다.

## 1.2 미의 의미

### 1) '미(美)'

'아름답다'라는 형용사는 일상적으로 그 적용범위가 매우 광범위하다. 이 형용사는 사물 ·

행위 · 사상 · 언어 · 마음 그리고 또 실험 · 증명 · 창작 등에까지 적용된다. 미(美, Beauty)가 이처럼 광범위한 대상영역에서 고찰되는 것은, '아름답다'고 하는 형용사가 본래 '예쁘다', '좋다', '사랑스럽다', '어울리다', '매력적이다', '멋있다', '훌륭하다', '뛰어나다', '고귀하다' 등의 의미와 밀접하게 결부되면서, 그러한 대상으로부터 촉발되는 일체의 감각적 또는 정신적인 '쾌감'을 대상에 입각해서 표현하는 언어이기 때문이다. 그래서 보통 '아름답다'라고 하는 표현에 있어서는 선 · 진 · 유익 · 쾌적 등의 여러 가치가 본래 의미인 '미'의 가치에 혼합되어 있는 일이 많다. 사실 이러한 것들은 '미'의 문제를 한층 깊이 고찰해갈 때에 항상 밀접하게 서로 관계되는 가치개념이다.

'미'란 협의로는 '아름다운 것'을 가리키며 순수미라고도 한다. 자연계나 예술작품 속에서 인지되므로 '특정한 대상이 가지는 감각적이고 형식적인 특성'이라 할 수 있으며, 그러한 특성으로서 고대 그리스 이래로 조화, 질서, 균제 등을 들고 있고, 이러한 것을 미적 형식원리라고 한다. 그러나 여기에는 그 특성을 '미'로 인정하는 주체의 작용이 있어야 하는데, 이 점을 강조하면 '미'는 '주체가 느끼는 기쁨과 만족'이 되어 역시 고대 그리스 시대로부터 생각되어 오듯이 '미'는 '감각적인 즐거움'이다. 또한 플라톤Platon과 같이 '미'의 본질을 주체나 대상을 초월한 이데아로 여기는 설도 있으나, 근대에서는 대체로 '주체의 직관적 체험을 전제로 한 바탕 위에 대상(객체)과 주체와의 상호관련에 있어 성립되는 정신적 가치'로서 고찰되고 있다. 이 가치의 구체적인 규정은 학설에 따라 다르며, 대상과 주체 어느 쪽에 근거를 두느냐에 의해서 객관주의와 주관주의의 입장으로 대별된다.

비타젝Stephan Witasek에 의하면 아름다운 사물은 감각을 통해서 지각되지만 '미'라는 성질은 지각되지 않는다. 요컨대 '미'는 현실적이 아닌 관념적인 실재이다. 또한 '미'는 대상의 개별적 표상이 나타내는 미적 성격의 총량이 아니라 총량 이상의 어떤 것이다. 이러한 의미에서 '미'는 대상적 요소가 아니고 '대상 외의' 요소이다. 그러므로 '미'는 대상과 주관이 취하는

**그림 2.4** 낙타 모양의 도자기 티포트, 1745년

**그림 2.5** 황금 술잔, 하마단, 이란, BC 500년경

특수한 태도 사이의 관계에 근거한다. 말하자면, '미'는 주관적인 존재인 것이며, 자아의 주관적 가치판단에서 기인한다.

### 2) 미적(美的)

'아름답다'가 통속적으로는 본래의 '미' 이외에도 두루 미치면서 매우 광범위하게 쓰이는 반면, 이 말은 미학에서 다루는 대상영역을 포괄하는 데에는 충분하지 못하다. 예를 들면 숭고하고 장대한 것, 비극적인 것, 희극적인 것 등은 보통은 '아름답다'고 말해지지 않는다 하더라도, '미'와 근본적으로 상통하는 본질 및 성격을 갖고 있는 것으로서 미학적 고찰의 대상으로 되기 때문이다. 그래서 미학에서는 미학이 연구해야 할 가치현상의 전 영역을 포괄하기 위하여 '미적'이라는 개념을 사용하는 일이 많다.

이 말은 칸트가 '판단력 비판'에서 '단순한 직관에 근거하며 개념적 사유의 매개 없이 직접적으로 쾌적하다'라는 의미를 부여하고, 이것으로써 자연과 예술의 '미'와 숭고를 포괄하여 설명한 이래 미학상의 중요한 용어로 되었다. 그것은 어원적 의미에서 볼 때 직접 체험에서 성립하는 직감적인 가치인 미적 가치를 표시하는 데에 적합한 말이라고도 할 수 있다. 이러한 의미에 있어서의 '미적'에 비해서 '미'는 그 하위개념이며, 숭고 · 우미 · 비장 · 골계 · 유머 등과 동렬에 위치하는 하나의 미적 범주를 의미한다.

광의의 '미'와 '미적'이라는 용어는 모두 직감적, 감각적이면서도 정신적인 일종의 독자적인 가치내용을 그 본질성에 있어서 표시하는 것이지만, 실제로는 이 개념이 미적 가치를 지닌 대상 쪽에 중점을 두고 파악되는 경우와 미적 가치를 체험하고 창조하는 주체의 작용 쪽에 중점을 두고 파악되는 경우가 있게 되어, 객관적 해석과 주관적 해석으로 구별된다. 일반적으로 형용사로서의 용어법으로부터 말한다면, '아름답다'는 오로지 예술작품과 기타 대상을 형용하고 서술하는 데 쓰여지며, '미적'은 오히려 관조와 향수의 작용에 적용된다.

**그림 2.6** 미켈란젤로, 캄피돌리오의 포장광장, 로마, 1538~64년

**그림 2.7** 김중업, 평화의 문, 서울, 1988년

## 1.3 미의 영역

그림 2.8 일식에 의한 다이아몬드 반지 모양

미의 다양한 양태를 일정한 기본적 유형으로 분류하는 것을 미학에서는 미적 범주(Asthetisches Kategorie, 독)라고 한다. 가장 기본적인 미적 범주로서는 우미와 숭고라는 대립되는 개념이 제시될 수 있다. 이른바 미와 미적 제범주際範疇가 범주론으로서 미학적으로 탐구된 것은 근대에 이르러서부터였다.

미학에서는 미美, 우미優美, 숭고崇高, 골계滑稽, 유머, 비장悲壯, 추醜 등이 미적 범주의 문제로서 고찰되어 왔다. 각 시대나 민족적 차이에 따라서 어떤 경우에는 우미가, 또는 숭고가 각기 이상적인 미로서 대표되는 등 미의식 내지는 예술의 입장에서 역사적인 가치기준도 차이가 난다.

또한 경우에 따라서는 숭고가 우미에 비해 정신의 높은 단계에서 성립한다고 하는 미학설도 있을 수 있겠지만, 범주론의 입장에서 말하자면 미적 범주 사이에서 미적 가치의 고저는 생각할 수 없다. 미적 범주는 또한 미적 양태 혹은 기본미라고도 불려진다. 미적 범주는 사유 혹은 존재의 근본 형식을 의미하는 철학상의 범주 개념을 미학에 적용한 것이기 때문에 각자의 사상 계통에 따라서 그 이론 정립도 매우 다르다. 미적 범주로서 음악적 · 회화적 · 시

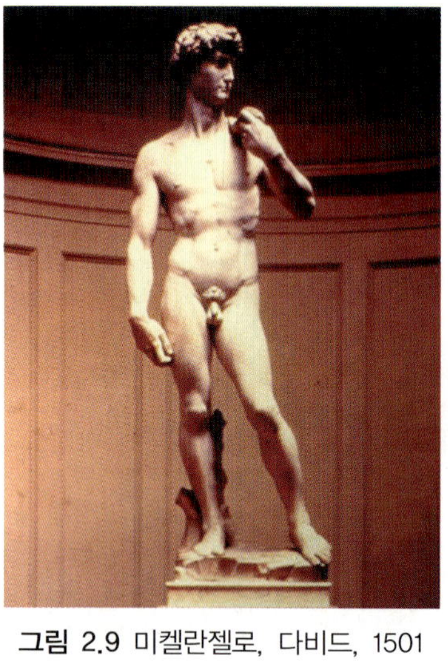
그림 2.9 미켈란젤로, 다비드, 1501~4년. 대리석 조각, 정의를 위해 싸우는 다비드의 강인함을 표현한 조각이다.

그림 2.10 고대 그리스 유물, BC 510년

그림 2.11 투탕카멘의 황금 마스크, 테베, 이집트, BC 1400년경

적인 것을 열거하는 설이나 모든 유형 분류를 거부하는 설과 같은 극단적인 이설은 별도로 하더라도, 미의 종류로서 상위개념으로부터의 논리적 연역에 의해서 얻어지는 추상 개념의 체계를 찾거나 경험적 사실의 다원적 분류에 의하는 것 등 다양할 뿐만 아니라 범주의 설정 방법이나 분류기준의 차이에 따라서 기본적 범주로 열거되는 미의 종류도 같지는 않다.

이와 같이 미적 현상의 영역은 매우 다양한 양상을 나타내고 있는데, 미 또는 미적인 것 그 자체의 성격에 의해서 여러 미적 범주로 구분될 뿐만 아니라, 그 소재所在의 대상적 구별에 따라 매우 상이한 형태로 구분된다. 미학에서는 미의 소재에 따라 자연의 현실적인 사물에서 발견되는 자연미와 예술적 산물에 구속되는 예술미를 구별하고, 또 형식미와 내용미를 나누어 다루는 경우도 있다.

### 1) 자연미

자연미는 자연적 현실의 사물에서 찾아낼 수 있는 미이지만, 통속적인 용어법으로는 비인간적인 대상의 미, 예를 들면 풍경미 같은 것을 가리키는 데 비해서 미학상의 예술미에 대립하는 명칭으로서는 인간 · 역사 · 사회 등을 포함하는, 일반적으로 현실생활에서 체험되는 미를 총칭한다.

자연에는 모든 미적 대상의 근원이라 할 수 있는 아름다움이 매우 다양하게 존재한다. 따라서 우리는 이를 일차적 미 또는 원초적 미라고 한다. 자연 속에는 미적 법칙이 내재하는데 미적 질서가 생태계의 질서와 함께 공존하고 있다. 자연 속에서 인간은 끊임없이 아름다움을 느끼고 미적 감각을 향상시키고 있는 것이다. 우리는 자연미를 분석하고 고찰하여 예술미를 창조하는 데 적용해야 한다.

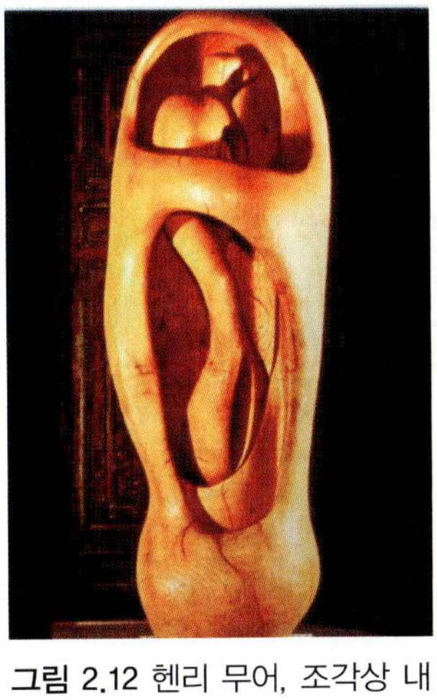

**그림 2.12** 헨리 무어, 조각상 내 외부의 형태

**그림 2.13** 이스타 문의 사자상 타일, 바빌론, 이라크, BC 575년

### 2) 예술미

그림 2.14 크로디온, 사티르와 바짠테(바로크 미술)

예술미는 예술적 소산에 귀속시킬 수 있는 미인데, 이것은 예술의 본질상 인간이 미적으로 가치 있는 것을 만들어 내고자 하는 의도를 가지고 자연이 부여해준 소재를 가공하고 형성하는 일에서 성립한다.

이것은 인간이 형성한 미로서 이차적 미이다. 예술미는 대부분 자연미에서 기인하므로 그 뿌리가 자연에 있으며, 자연의 영향을 지대하게 받고 있다. 가령 어떤 화가의 '아름다운 자연경관의 그림'이 있을 때, 그것은 사람에 의해 그려진 그림이지만 자연미와 무관한 진정한 인위적인 미라고 할 수 없을 것이다. 왜냐하면, 자연의 미를 그대로 옮겨놓은 것에 불과하므로 그러하다. 사진작가의 '멋진 동물의 사진'이나, 조각가의 '비너스 상 조각품'이나, 공예가가 만든 '원앙새 모양의 공예품' 등은 사실 모두 사람이 만들었음에도 불구하고 자연에 존재하는 것을 그대로 옮긴 것에 불과하다. 그것들은 인간의 손에 의해 자연미를 그대로 복제했거나 변형했을 뿐이므로 진정한 의미의 인위적 미가 아닌 것이다. 그러나 인간의 예술활동에 의해 탄생된 것이므로 우리는 예술미로 보아야 할 것이다.

자연미와 예술미는 동일한 '미'인 한 궁극적으로는 합치되고 귀일되는 것으로서, 통일적 원리 아래에 포괄시킬 수 있는 것이라 하더라도 그것이 존재하는 바인 대상의 차이에 따라서 양자가 일단 구별되는 것은 부정할 수 없다. 그러나 예술은 단순한 자연과는 달리 광의의 기술에 속하며, 미적 가치가 있는 것을 제작하는 기술, 즉 미적 기술이기 때문에 그 고유한 미는 일종의 기술미라고도 말할 수 있는데, 본래의 예술품 이외의 기술적 공작물(기계 · 도구 ·

그림 2.15 하기아 소피아 사원의 주두(비잔틴 건축)

그림 2.16 스트라스부르그 성당의 조각상

탈것 · 건물 · 교량 · 도로 등)도 종종 일종의 미적 효과를 지니는 것이라고 한다면, 그 미를 '기술미'로서 구별할 수 있다.

미의 영역적 구분으로서는 예술미 중 다시 '예술의 종류'에 따라 건축미 · 조각미 · 회화미 · 음악미 · 문예미 등을 구별할 수 있으며, 또 동일한 미적 대상 내지 예술품에 있어서도 형식과 내용의 양면에 각각 대응하는 '형식미'와 '내용미'가 구별된다. 형식미는 '다양에 있어서의 통일'을 비롯하여 미의 형식법칙에 따라서 전체를 용이하게 파악할 수 있도록 질서를 부여한 조화 있는 형식에서 성립하는 것이며, 내용미는 유기적 및 정신적인 삶의 충실이 내용에 적응하는 형태에서 나타나는 바에 성립하는 것이다. 그러나 형식과 내용 그 자체의 여하에 관계없이, 이들 양자의 떼려야 뗄 수 없는 통일관계, 즉 표현 또는 모방의 정확성에 미적 효과의 한 요인이 있다는 점으로부터 말한다면, 형식미와 내용미 사이에 표현미라고 할 만한 것을 설정할 수 있다.

**그림 2.17** 트랜스아메리카 빌딩, 샌프란시스코, 1972년

창작에는 무의식적 창작과 의식적 창작이 있다. 전자는 본능적, 감성적, 관능적으로 창출하는 것이며, 후자는 사고나 Idea에서 창출하는 제2의 창조를 말한다. 진정한 의미의 예술미란 후자를 의미하는 것이다. 결국, 대부분의 예술미는 자연미의 범주 내에 있다고 할 수 있으므로 우리는 자연미를 통하여 미의식을 향상시키고 연구하여 발전시켜 나가야 할 것이다.

**그림 2.18** 안토니오 가우디, 가로등

**그림 2.19** 곡선의 교량과 주변 경관이 조화적이다.

# 2. 미와 예술

## 2.1 예술의 정의

그림 2.20 용을 소재로한 물 항아리(로마네스크 미술)

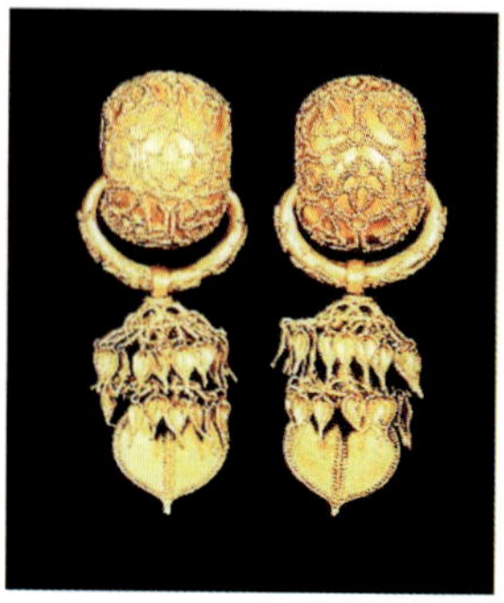

그림 2.21 금 귀걸이(신라 시대). 금속공예품으로서 매우 정교하다.

다른 사람들과 공유할 수 있는 심미적 대상이나 환경, 경험을 창조하는 과정에서 기술과 상상력을 동원, 발휘하는 인간의 활동과 그 성과를 예술이라고 한다. 예술이라는 용어는 사용된 매개물이나 제작물의 형태에 의해서 전통적으로 범주화된 몇 가지 표현양식 중의 하나를 지칭하기도 한다. 따라서 회화, 조각, 공예, 건축, 음악, 무용 등 여러 가지 미적 표현양식들을 개별적으로 예술이라고도 말하며, 이 모든 것을 통틀어서 또한 예술이라 부르기도 한다.

예술 Art이라는 말은 라틴어의 '아르스 Ars'에서 유래하였는데, 이 말은 그리스어의 '테크네 Techne'에 해당되는 것이다. 그리스 시대의 테크네는 솜씨 Skill, 즉 모든 것을 만드는 데 요구되는 솜씨를 뜻하였다. 즉, 그 당시 예술은 솜씨나 기술을 의미했으며, 크게 정신적 노고로 이루

그림 2.22 건축물 자체가 조각품이고 예술품이다

그림 2.23 칼을 부수는 조각상, UN 본부, 뉴욕

그림 2.24 아름다운 몸동작의 발레

어지는 순수예술 Fine Art과 육체적 노고로 이루어지는 수공예 Craft로 분류했다. 순수예술은 훌륭한 기술로 표현되는 자율적 예술로 문법, 수사학, 논리학, 기하학, 산술학, 천문학, 음악(화성학) 등 주로 오늘날의 과학의 범주가 이에 속했다. 수공예는 유용성을 기준으로 하는 평범한 예능으로 조각, 회화, 의료술, 운송술, 전투술, 직조술, 공연술 등이 여기에 속했다.

오늘날의 예술은 미적 작품을 형성시키는 인간의 창조활동이나 특수 재능에 의한 미적 기술 및 그 생산활동과 성과의 총칭을 의미한다. 즉, 작가의 타고난 소질과 숙련된 능력을 바탕으로 작가가 직관한 미적 이념을 어떤 물적 매체 위에 가장 잘 어울리게 형상화하는 창조작용 및 그 성과인 작품을 가리킨다.

예술 창조는 정신적 고통을 감수하는 데 필요 불가결한 최소한의 능력과 물질적 고통을 가능한 견딜 수 있는 최대한의 능력 사이에서 이루어지는 것이기 때문에 예술 창조의 기쁨은 힘들이지 않고 얻을 수 있는 값싸고 간단한 기쁨이 아니다. 하나의 어려운 과제이며 엄격하고 지적이며 도덕적인 시험인 것이다. 예술을 이해하기 위한 것도 마찬가지이다. 예술 창조에 버금가는 노력이 필요하다.

예술과 과학은 둘 다 자신을 구속하고 있는 좁고 빈약하고 혼란된 존재의식을 명료하고 풍부하게, 능동적으로 발전시키려는 충동을 가지고 있다는 점에서는 같다고 할 수 있다. 그러나 과학이 인간의 지성이 경험한 모든 것을 정직하게 기록하는 학문인 반면, 예술은 인간의 감성이 체험한 모든 것을 정직하게 표현하는 능력 혹은 기술을 말한다.

예술은 가장 심오한 지적 · 정서적 · 미적 경험의 원천으로, 일상적인 삶으로부터 파생되는 여러 구속으로부터 인간의 정신을 해방시키며, 언제나 변함없는 순수한 정신의 과제를 우리에게 자각시키는 활동의 하나이다.

## 2.2 예술의 유형

예술의 발생은 본능설, 모방설, 유희설, 표현설, 공리설로 나누어 설명되며, 이것은 어느 하

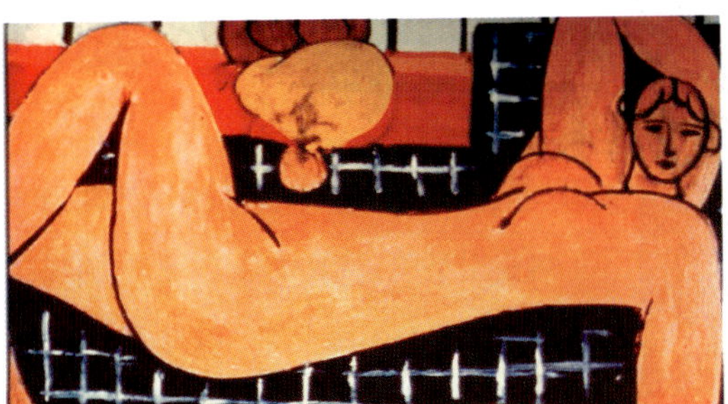

그림 2.25 헨리 마티즈, 핑크 누드, 1935년

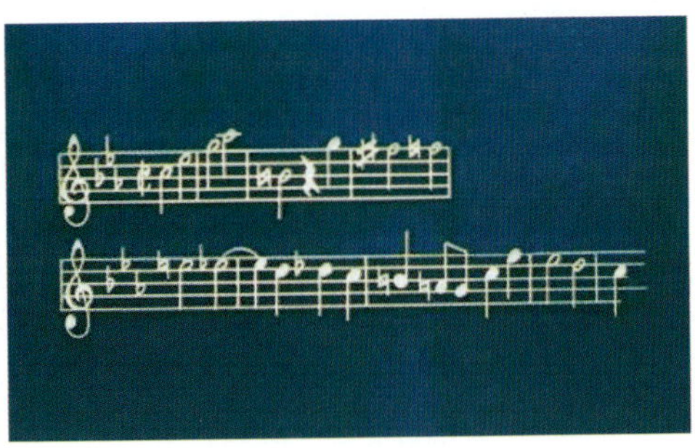

그림 2.26 음악은 시간예술이자 청각예술이다

나의 설에 의존되기보다는 복합적인 것으로 나타난다고 볼 수 있다.

예술을 분류하는 방법은 여러 가지이다. 이를 크게 분류하면 철학적 · 형이상학적 경향의 분류와 과학적 · 경험적 경향의 분류가 있다. 그중 과학적 경향의 분류에는 다시 발생론적 및 유형학적 입장에 의한 분류가 있는데, 후자에 의한 분류만을 간략하게 살펴보면 다음과 같다.

### 1) 자유예술과 응용예술

이 분류는 미적 가치에 관한 순수성 혹은 미적 가치와 효용가치의 관계를 기준으로 삼는 것이다. 자유예술은 순수예술이라고도 하며, 여기에는 회화 · 조각 · 음악 · 문예 등이 포함된다. 응용예술은 부자유예술 · 종속예술 · 효용예술 · 목적예술이라고도 하며, 건축 · 공예 · 장식미술 등이 여기에 포함된다.

### 2) 공간예술과 시간예술

칸트는 순수한 직관형식으로서 공간과 시간을 구별했는데, 우리들의 감각이 선천적으로 이것에 규제 받고 있는 한 예술현상도 공간과 시간에 의해서 질서 지워진다. 따라서 예술도 공간예술과 시간예술로 구분될 수 있으며, 공간예술은 다시 회화 · 그래픽 · 평면장식 등의 2차원적인 것과 건축 · 조각 · 공예 등의 3차원적인 것으로 구분된다. 공간예술은 일반적으로 조형예술이라고도 한다. 시간예술은 광의로는 시간적 발전을 지니는 범위에 속하는 예술들을 모두 포괄하지만, 협의로는 실재적 공간성이 결여되어 있는 것(음악 · 문예 등)을 가리키며, 그 밖에 공간적으로 연장하면서 시간적으로 발전하는 것(연극 · 무용 · 영화 등)은 시공간적 예술로서 구별된다. 따라서 공간예술과 광의의 시간예술은 보다 정확하게는 각각 '정지의 예술'과 '운동의 예술'로 일컬어져야 할 것이다.

그리고 이상의 분류법과 관련되는 것으로 감각영역의 구별에 의한 예술 분류가 있다. 이것은 시각예술과 청각예술과 시청각적 예술을 구별하는 것으로, 대체적으로 공간예술, 시간예술, 시공간적 예술의 구별에 상응하는 것이다.

그림 2.27 무희들의 쇼

### 3) 사물적 예술과 비사물적 예술

예술작품의 현실세계에 대한 관계로부터 본 분류이다. 즉, 현실세계에 존재하는 또는 존재하는 것으로 상상되

**그림 2.28** 원반 던지는 사람, 대리석, 그리스, BC 450년

**그림 2.29** 랑스 대성당의 중앙 파사드, 라임, 프랑스, 1211~1294년

는 일정한 사물(인간과 그 활동을 포함하는)로서의 대상을 그것에 상응하는 구체적인 형태로서 모사하는 것으로 모방예술 · 재현예술 · 묘사예술 · 대상적 예술이라고도 불리는 것과 현실의 사물에 속박되지 않고 오로지 감정이나 기분과 같은 주관적 상태를 추상적 형식으로 표출하는 것으로 비모방적 예술 · 표현적 예술 · 기분예술 등으로 불리는 것이 있다. 립스는 이를 구상예술 또는 재현예술과 추상예술로 구분하고 있으며, 마이어는 객관적 예술 또는 사실적 예술과 주관적 예술 또는 평가적 예술로 구분하고 있다.

**표 2.1 예술의 분류**

| 공간예술 | | 시간 예술 | 시공간 예술 | 비 고 |
|---|---|---|---|---|
| 2차원적 | 3차원적 | | | |
| 회 화<br>그 래 픽<br>평면장식 | 조 각<br>건 축<br>공 예 | 문 예<br>가 창<br>음 악 | 연 극<br>무 용<br>영 화 | 사 물 적 예술<br>비사물적 예술 |
| 조형예술 | | 정지예술 | 운동예술 | – |

## 2.3 예술과 미

예술은 인간이 도달한 최고 최선의 감정을 인간들에게 전달할 것을 목적으로, 자기가 경험한 감정을 의식적으로 일정한 외면적인 부호—동작, 선, 형, 색, 음, 말 등의 형태—로 표현하는 것이다. 이때 동작으로 표현되는 예술을 우리는 무용이라 하고, 공간 내에서 형 · 색 등의 조형요소를 조형원리에 의해 조화 있게 구성한 예술을 미술, 소리를 시간상에서 아름답게 구성한 예술을 음악, 글로 표현되는 예술을 문학이라고 한다.

즉, 예술은 현상의 세계에서 추출된 요소를 소재로 해서 형성되는 형식과, 그 형식을 통해 독특한 개성적인 독자적 양식을 부여하고, 이에 내용을 담음으로써 미적 가치를 창조하고 실현하면서 기교, 형식, 양식, 개성 등을 특성으로 하는 활동이다.

여기서 예술에서의 내용과 형식의 문제가 대두되는데, 이것은 많은 논란의 대상이 되어 왔다. 그러나 미적 대상에 있어서 형식과 내용을 구분하는 것은 잘못이고, 이 양자를 구분하는 것은 미적 통일성을 파괴하고 예술을 해체시키는 일 이외에는 아무 것도 아니다. 미적 내용이 없는 미의 형식은 공허하며 미적 형식이 없는 미의 내용은 맹목일 뿐이다.

예술이란 미적 가치를 얻기 위한 대상인 매개체를 통하여 미를 창조하는 것이다. 즉, 대상 속에 미가 존재하도록 하는 행위나 활동인 것이다. 또는 사회적 기능을 지닌 문화적 활동으로서 창조적인 미적 가치의 표현활동이라고도 할 수 있다. 그리고 인간에게 즐거움을 주기 위한 창조적 기도라고도 할 수 있는데, 예술을 통하여 창조된 작품은 인간의 미감을 충족시킨다.

미는 예술에 의해 탄생된다. 즉, 예술이 미를 존재케 한다. 그리고 미는 사고적 · 감응적 · 정신적 · 무형적인 것 및 형이상학적인 것으로 철학적 영역에서 이해되어 발전되고 있다. 형이상학이란 초경험적인 우주의 근본원리를 연구하는 학문으로서 철학의 한 부분이다. 철학은 물론 종교학, 인생학 등과 같은 학문도 여기에 포함된다. 예술의 결과로서 미적 대상이 존재하는 것이며, 미의

**그림 2.30** 미는 사고적 · 감응적 · 정신적인 것이다

**그림 2.31** 에렉테이온 신전의 여인상 기둥. 아크로폴리스, 그리스, BC 421~405년

**그림 2.32** 트라얀의 기둥, 로마, AD 113년

실체는 예술에 의해 존재하는 것이므로 상호 관계적인 것이다.

## 2.4 예술과 디자인

디자인은 인간의 창조활동의 한 결과로서의 조형작업이기 때문에 예술임에 틀림없다. 그러나 이러한 창조활동에 관계하는 디자이너는 우리들이 일반적으로 예술이라고 하는 회화, 조각과 같은 전통적인 매체를 다루는 것이 아니고 일상생활에 관계있는 것들을 다루기 때문에, 또 디자인은 상업적이고 공업적인 현실의 문제와 관계하여 객관적이고 사회적으로 형성되기 때문에 예술이라고 규정하기를 주저하는 경향이 있다. 예술이라고 하면 항상 일상적인 것이 아닌 것, 고귀한 것, 또는 순수성이라는 관념에만 사로잡혀 왔기 때문이기도 하다. 그러나 이러한 인습적인 예술의 개념으로 디자인을 이해하는 한 디자인의 본질에는 거의 접근할 수 없다.

디자인은 사전에 계획되는 조형으로서 여러 가지 다른 부분으로 결합되어 이루어진다. 디자인은 우연에 의해서 이루어지지는 않는다. 왜냐하면 디자인은 주어진 조건 가운데서 사전 계획에 의해서 이루어지는 것이기 때문이다. 디자인은 주어진 조건과 시간 안에 최상의 문제를 해결해야 하는 상황 속에서의 창조활동으로서 디자이너는 반드시 이성적으로 작업해야 한다. 디자이너의 작업은 수없이 많은 복잡한 문제들, 예를 들면 기술적 · 경제적 · 사회적인 문제 등을 다각도로 검토하고 종합해서 최상의 바람직한 실체를 창출해내는 것이다.

그러나 이러한 여러 문제들을 합리적인 수단에 의해서 동시에 분석하고 해결하였다 하더라도, 그 결과가 반드시 바람직하다고 할 수 없을 정도로 디자인은 여러 가지 요인에 의해서

**그림 2.33** 고대 조각품, BC 450~440년

**그림 2.34** 오스카 니마이어, 대통령 관저, 브라질리아, 1958년

형성되기 때문에 디자인은 객관적인 합리성만이 아닌 주관에 의한 심미성이나 창조성에 관한 요소도 대단히 중요한 것이다.

기능적 내용들을 미적 형식을 갖추어 표현하는 행위가 디자인이므로 디자인도 예술사조에 의해서 그 형식이 바뀌어 나간다. 따라서 디자이너는 예리한 감각을 가지고 그 시대의 예술 사조 변화에 관해 많은 관심을 가져야 한다. 그럼으로써 디자이너는 예술가적인 감수성을 가져야 하며 예술 전반에 관한 지식과 이해를 가져야 한다.

## 3. 미의식

### 3.1 의미

미의식이란 미에 대한 인간의 심리적 상태를 말한다. 미에 대한 인간의 주관적 감정을 의미하며, 자아의 미적 가치기준이라고도 할 수 있다. 또는 미에 대한 주관적 가치판단이라고도 할 수 있는데, 이는 대상과 자아와의 상호관계에서 인식되는 것이다.

이와 같이 미의식은 미학 용어로서 우리가 미를 인식할 때의 마음가짐을 그 심적 활동 내지 통일의 측면에서 가리키는 개념이다. 미의식의 수용적인 일면이 미적 감각이며 능동적 일면이 미적 판단이다.

한편, 미적 체험 Aesthetic Experience이라는 말도 있는데, 이는 일반적으로 미의식과 거의 같은 뜻이지만 철학적 미학에서는 미의식이라는 말이 심리학적 미학에서 말하는 미적 태도에 있어서의 의식과정과 혼동되는 것을 막기 위해 미적 체험이라는 말을 사용하는 경우가 많다. 이 경우, 미적 체험이란 미적 가치체험과 마찬가지로 객관적 측면과 주관적 측면을 지니며, 본질적 계기로서는 미적 직관과 미적 감정에서 이루어진다고 보고 있다.

그림 2.35 추상화

화가인 마티스 Matisse는 특이하게도 "손이 머리에서 벗어날 때 그림이 잘 그려지기 시작한다"라고 말했으며, 브라크 Brague는 "예술에 있어서 중요한 것 단 한 가지는 설명할 수 없는 것 그것이다"라고 말했다.

## 3.2 개인차

미의식은 사람마다 다르다. 즉, 사람마다 차이가 있는데, 이는 시간성 · 공간성 · 상황성의 차이 때문이다. 예를 들면, 시간성은 과거의 사람과 현재의 사람 및 미래의 사람 간에는 차이가 있다는 것이다. 현시대에 함께 살고 있는 노인과 성인 및 아동 간에도 미의식에 차이가 있음을 우리는 느낄 수 있다. 공간성은 가령 한국인과 사우디인 및 스위스인 간에 미의식에 차이가 있을 것이다. 이는 한국의 자연경관과 사막과 알프스 산의 지형적, 지세적 조건 및 기후조건이 다르기 때문이다. 상황성이란 인간이 현재 처해 있는 여러 조건을 말하는데 성 · 경제력 · 학력 · 정서상태 · 심리상태 등을 의미한다. 그리하여 거의 동시에 태어난 쌍둥이조차도 미의식이 서로 다르며, 같은 한국이라도 탄광지역의 어린이들의 그림은 검정색을 더 많이 사용한다고 한다.

인간의 의식은 고정관념과도 관련되는데, 가령 한국과 일본인들은 4자를 싫어한다. 건물에는 4층이나 4호실이 없거나 운동선수의 등번호가 4번이 없는 경우가 많다. 그 이유는 죽을 사死 자가 연상되기 때문인 것으로 보이는데, 우리와 가까운 중국인들은 4자를 매우 좋아한다. 그 이유는 4자가 안정적이고 균형을 갖는다고 생각하기 때문이다. 그들은 과거에는 땅을 네모로 생각하여 방향을 동서남북으로 하였으며, 계절에는 춘하추동이 있어 좋아하며, 그래서 고사성어가 거의 네 자로 구성되어 있음을 알 수 있다. 서양인들의 경우는 13자를 매우 싫어한다고 한다. 특히 금요일의 13일을 싫어한다고 하는데, 이는 예수가 돌아가신 날이기 때문이다. 이와 같이 고정관념은 인간의 의식체계에 영향을 미친다.

미는 주관적인 것이지만 객관화가 가능하다. 따라서 미의식을 주관적으로 연구하고 보편성 · 타당성을 객관적으로 파악하여 창작이나 평가 시에 적용할 수 있는 것이다. 즉, 미의 창조 및 평가는 주관적 · 객관적 두 방향에서 접근되고 해결되어야 한다. 우리는 미의식 수준을 향상시켜 미적 가치의 판단능력을 길러야 하겠다.

**그림 2.36** 티 포트

# 4. 미의 가치

## 4.1 미적 가치

그림 2.37 보석 목걸이

미의 가치는 주체나 객체 어느 한 측면에만 속할 수 있는 것이 아니다. 즉, 한편으로는 대상의 성질과 형태에 의거함과 동시에, 다른 한편으로는 주체의 태도와 활동에 의존한다. 이 양면의 조건이 서로 잘 어우러짐으로써 미적 가치의 성립이 가능하게 되며, 또한 미적 가치의 높고 낮음이 규정되는 것이다. 미는 대상과 자아 사이의 긴장 관계에서 성립하는 것이며, 그 가치는 이들 두 가지 근거가 통일되는 데 있다. 미학상의 문제들이 '객관-주관의 관계'에서 고찰되기 때문이다.

그러나 미적 가치가 있는 것으로서 체험되는 대상은 주체의 의식을 초월하여 그 바깥에 있는 것이 아니라 그 안에 내재하는 것이다. 미적 대상은 인식대상과는 달리 '그것 자체에 있어서 존재하는' 것이다. 그렇지만 또 다른 측면에서 미적 가치를 체험하는 우리들의 의식은 결코 그 대상으로부터 벗어나서 제멋대로 떠돌아다니는 것이 아니라 항상 직접적으로 대상에 관계 지워진 의식이다. 일반적으로 의식은 '어떤 것에 대한 의식'이라고 말해지는데, 미의식은 특별한 의미에서 '대상에 대한 의식'이다. 심리학적 오해를 피하기 위해 '미의식' 대신에 '미적 가치체험' 혹은 줄여서 '미적 체험'이라는 용어를 사용하며, 미적 체험은 좋은 의미에서 '지향적'이며, 미적 가치는 의식의 작용과 그 대상이 분리시킬 수 없이 긴밀하게 일의적으로 규정된 상관관계에서 성립하는 것이다.

그림 2.38 에로 사리넨, 제퍼슨 기념비, 세인트루이스, 1949년

미적 가치는 각자의 심증心證에 있는 기준으로 평가됨이 틀림없다. 그래서 미적 평가의 심리적 프로세스Process는 각인각색인지도 모르나 또한 거기에는 만인이 공통하는 코스가 있을지도 모른다. 또 미적 평가가 언제나 똑바르게 행해진다고 단언할 수 없다. 사람에 따라서 미적 평가의 능력, 즉 미적 판단력도 다르고 취미나 기호도 차이가 있어 어느 특정한 대상에 대한 평가

는 각양각색일지 모르지만 평자의 수가 많으면 평가는 몇 개의 작은 그룹으로 나누어질 것이다.

미적 평가는 각자의 심증에서 결정된다고 해도 이것을 말로 표현할 경우에는 또 다른 문제가 있다. 그것은 같은 평가를 했다 해도 반드시 같은 말(단어)을 사용하지 않을 것이며 , 설령 같은 말을 사용했다고 해도 같은 평가를 했다고 할 수 없기 때문이다. 애당초 평어 評語를 정했을 경우에는 각자의 평가와 평어가 일치할 가능성이 많을지도 모른다.

## 4.2 효용 가치

디자인에 있어서 그 아름다움이란 무엇을 가리키며 무엇을 의미하는가를 문제로 생각해 보면, 어떤 디자인(또는 Design된 상태)에 있어서 그것이 미적 가치를 가졌는가, 갖지 않았는가 또는 미적 가치가 많은가, 적은가를 우리들은 어떻게 판정해야 할 것인가 하는 문제에 대하여 오늘날까지 이것을 객관적으로 판정하는 방법으로서 널리 인정된 것은 아직 없다.

우리들은 디자이너이든 아니든 미학적 교양을 가졌든 안 가졌든 간에 일상의 현실에서 항상 그와 같은 평가를 해야 할 기회가 많은 것이다. 옷을 선택할 때, 넥타이를 고를 때, 가정용품을 살 때, 거리의 포스터를 볼 때, 시가에서 신형 승용차를 보았을 때, 그리고 주택을 구입할 때 등 헤아릴 수 없을 정도로 무수한 예를 누구나 당할 것이다.

디자인의 미적 평가라고 하는 문제는 회화나 조각 등 이른바 순수미술에 관한 평가와는 매우 다른 점을 가지고 있다. 디자인의 미적 요소만을 가지고 판단한다든지 논의하기가 실은 곤란한 경우가 많다. 이미 설명한 바와 같이 디자인은 미적 요소만으로 성립되는 것이 아니며, 그것만으로 디자인의 우열과 양부를 결정할 수가 없다. 디자인의 아름다움은 이른바 미적 요소 이외의 제요소에도 밀접하게 관련되어 있는 것이다.

개개 디자인의 중요한 과제는 구체적으로 미와 용도를 어떻게 조화시키느냐에 있다. 미와

그림 2.39 새가 날개를 편 모습의 건축물

그림 2.40 피에르 루이지 네르비, 체육관, 로마, 1957

그림 2.41 골드버그 · 버트란드, 여성병원 및 임산부 상담소, 노스웨스턴대학, 1971년

기능을 융합할 때 기능적 형태가 매우 아름답게 표현된 것을 기능주의 Functionalism라고 한다. 기능주의 입장에서 "형태는 기능을 따른다"는 말이 있다. 이것은 형태와 기능의 관계를 말하는 것인데, 바꿔 말하면 "기능에 충실했을 때 형태가 가장 아름답다"고 할 수 있다. 효용적인 형식이야말로 아름다움이다. 결국 디자인은 기능을 생각하고, 그것을 최고로 만족시키는 형식을 추구하면 미는 동시에 실현된다는 뜻이다. 예를 들어 의자와 찻잔의 아름다움은 그것이 어떠한 용도에 적합하느냐에 관건이 달려 있다.

그러나 미와 효용성은 반드시 동일하지는 않다. 다시 말하면, 미적 가치와 효용가치는 구별되어 있다. 미는 현실적 관심을 초월한 가상적 성격을 띠며, 정관적 靜觀的인 것이 특징이다. 즉, 미적 대상은 상상 속에서 만족을 주는 것이라 할 수 있다. 이에 반해 효용성은 제품을 실제로 사용할 때 비로소 그 가치가 나타나는 실천적 요소이다.

의자의 효용가치가 있느냐 없느냐는 생활장소에서 사용해 봐야 판단할 수 있다. 그러나 의자의 미를 감상하기 위해, 혹은 미를 알기 위해 실제로 앉아 본다거나 돈을 주고 반드시 구입해야 하는 것은 아니다. 그러므로 효용가치와 미적 가치는 구별해야 할 필요가 있다.

## 5. 미의 창출

### 5.1 미의 원리적 통일

미적 법칙성의 본질이 주관의 '생산성'에 있고, 미적 대상성의 본질이 객관으로부터의 '소여성 所與性'에 있다고 한다면, 모든 미는 이들 양면의 서로 대립하는 계기가 미적 체험에서 융합되고 통일되는 곳에 존재하는 것으로서 일원적 원리 아래에 포괄시킬 수 있을 것이다. 자연미와 예술미의 관계를 원리적으로 처리하는 것은 미학에 있어서 중요한 과제의 하나이지만, 이것에 대해서도 그것들의 양극적 계기의 관계로부터 해결을 도모할 수 있을 것이다.

일반적으로 미는 자연적 소여성과 정신적 생산성의 어느 한 측면에만 귀속될만한 것이 아니다. 이른바 자연미도 관조觀照 주체의 내면에서 예술활동에 있어서와 동질의 정신적 창조 작용이 발동하여 소재적 소여를 형성할 때 비로소 체험되는 것이며, 한편으로는 이른바 예술미도 표현의 수단 및 대상에 있어서 자연이 부여한 소재에 의존할 뿐만 아니라 자연관조에 있어서와 똑같이 정관적 태도로써 현상에 귀의하고, 더 나아가서는 존재의 본질을 관조하는 것을 전제로 하는 것이다. 결국 자연미와 예술미는 어느 쪽이나 모두 그 자신 속에 자연적 및 소재적 계기와 정신적 및 창조적 계기를 함께 갖고 있는 것으로서, 바로 그것의 종합적 통일에서 성립하는 것이라고 할 수 있다.

## 5.2 미적 가치판단

### 1) 순수주관적 미적 가치

타인의 미적 가치판단을 의식하지 않는 것을 말한다. 즉, 다른 사람의 미적 가치판단을 배제한 것이므로 객관적이 아닌 미적 가치를 의미한다.

순수주관적 미적 가치는 작품을 창작하거나 평가할 때에 영향을 미친다. 즉, 작가의 경우, 작품의 특성이나 경향 또는 사상으로 나타난다. 관조자의 경우는 작품을 평가할 때 공감하거나 또는 혹평을 하는 등으로 나타난다. 작품을 창작할 때에 강하게 적용하는 사람은 자의식이 강하거나 때로는 독선적인 경우가 많으며, 중용으로 적용하는 사람은 이쪽저쪽에 치우치지 않도록 한다. 그리고 약하게 적용하는 사람은 자신의 주관을 거의 나타내지 않는다.

예를 들면, 피카소의 난해한 그림이나 피아노를 때려 부수는 듯한 음악, 무용에 있어서 해괴망측한 몸동작 등과 같은 최신의 전위예술 등은 강하게 적용하는 경우이다. 소설에 있어서

그림 2.42 미적 표현

그림 2.43 피카소(1881~1973년, 스페인), 거울 보는 여인, 입체주의

그림 2.44 도자기 예술품

도 정비석의 자유부인이나 마광수의 즐거운 사라 그리고 연극에서의 미란다 등과 같은 작품은 발표되던 당시에 외설 시비를 크게 일으키거나 작가가 구속되는 등의 사회적 물의를 일으키기도 하였다. 우리가 흔히 이발소 그림이라고 하는 그림은 약하게 적용하는 경우일 것이다.

### 2) 초주관적 미적 가치

보편적, 공통적인 미적 가치를 추구하는 것을 말한다. 즉, 주관적 미적 가치가 아닌 객관적인 것을 의미한다. 미적 대상물로부터 감응하여 형성되는 미적 가치는 사람들마다 각자 다르므로 원래 개인적이고 주관적인 것이다. 그러나 전혀 객관성이 없는 것은 아니며, 시대나 지역, 그리고 집단에 따라 공통의 미적 감정을 가진다. 대부분의 사람들이 꽃을 보면 아름답다고 느끼는 공감대가 있다. 즉, 미적 대상에 대하여 보편타당한 객관적인 판단도 가능한 것이다.

초주관적 미적 가치, 즉 보편적 · 공통적 · 객관적인 미적 가치는 특히 디자인 시 중요하다. 이는 다수의 많은 사람들에게 미적 공감을 줄 수 있는 것이기 때문이다.

앞에서 살펴보았듯이, 예술은 미의 생산만을 목표로 하는 자유스러운 것이다. 그러나 디자인은 기능과 그것에 부수되는 기술의 적절함과 직관되는 조형미를 최종적으로 추구하는 것이다.

디자인은 기계적, 공학적 기술에 의해 대량생산되는 것이므로 소비대중의 눈에 잘 띄게 해야 한다. 따라서 디자이너의 주관적 의식은 가능한 배제되어야 하며, 소비대중의 최대공약수가 가미된 미의식이 전제되어야 한다. 그리고 디자인은 미적 형식원리에 바탕을 둔 조화적, 합리적 형식미를 추구한다. 그러나 미는 결코 규칙에 의해 규제되는 것이 아니고 주관성이 전혀 배제되는 것이 아니므로 디자인의 조형원리에는 다소의 비합리성이 내포되는 것은 어쩔

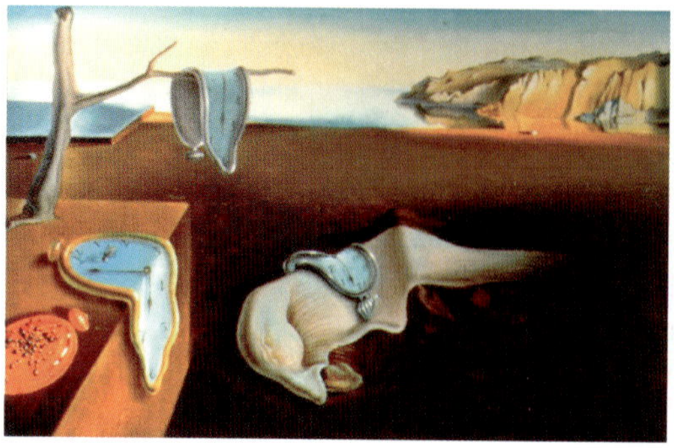

그림 2.45 달리 살바도르, 기억의 고집(유채, 1931년), 초현실적 시간을 그렸다.

그림 2.46 오스카 니마이어, 성 프란시스 교회, 1942~43년

수 없다. 즉, 미적 추구는 논리적인 것에 의존하는 것만으로는 부족하며 경험과 감성이 우선하는 측면이 강하다.

물론, 건축디자인의 경우는 일반 상품의 디자인이나 다른 조형예술 분야와는 다른 점이 다소 있다. 즉, 만들어 놓은 실체 그 자체를 사용하는 것이 아니라 우리는 그 실체에 의하여 형성된 공간을 사용하는 것이다. 아무튼 순수주관적 미적 가치와 초주관적 미적 가치는 모두 창작 및 평가 시 중요한 요소인 것이며, 작가 또는 평가자의 특성이나 경향 및 사상으로 표출되는 것이다.

## 5.3 미적 가치원

자연의 만물에는 미적 질서와 함께 미적 가치가 내재되어 있다. 인간이 디자인한 결과물에 있어서도 미적 가치성이 존재되도록 해야 한다. 이를 위하여 다음의 두 가지를 고려해야 한다.

### 1) 상황성에서의 일치감

이것은 직감적 · 본능적인 미를 말한다. 즉, 보편적 · 일반적인 미를 의미한다. 미적 가치는 지역, 공간 등의 상황에 따라 다르다. 그러나 직감적 · 본능적인 또는 보편적 · 일반적인 미적 가치는 동일하다. 즉, 어느 상황에서든 만족될 수 있는 미를 뜻하며, 그와 같은 미를 추구하는 것을 의미한다.

**그림 2.47** 다빈치, 모나리자, 이탈리아, 1503~05년

**그림 2.48** 찰스2세 왕의 흉상, 영국, 1684년

**그림 2.49** 구형 물탱크

### 2) 상황성에서의 불일치감

직감 이외의 미의식을 말하며, 이차적 미의식이라고도 한다. 즉, 상황에 따라 달리 나타나는 현상으로 이는 고려되어야 한다. 예를 들면, 어떤 여자가 한복을 입었을 때는 매우 예뻤으나 양장을 입으니 그렇지 않은 경우, 또는 긴 머리를 했을 때는 예뻤는데, 짧은 머리를 하니까 그렇지 않은 경우 등이다. 이상의 경우, 그 여자라는 본질이 바뀐 것은 아니지만 결과가 다르게 느껴지는 경우로서 그와 같은 현상이 디자인 시 있을 수 있는 일이다.

또 다른 예를 살펴보면, 한 신사가 양복을 입고 머리에 갓을 쓴 경우는 어떨까? 또는 어떤 여자가 한복 저고리에 미니스커트 또는 핫팬츠를 입었다면 어떨까? 도저히 어울리지 않을 것이다. 각각 그 자체만 보았을 때는 훌륭한 작품이라고 하여도 주변과 조화가 되지 않는다면 실패작이 될 것이다.

건축의 경우에 있어서도 건축구성원에서의 미적 가치기준 조건들의 내재성은 그 중요도가 매우 높다. 건축물에 미적 가치성이 존재되도록 하기 위해서는 그 자체의 미적 가치성은 물론 주변상황과의 관련성을 파악하고 이를 고려하여 잘 조화되는 건축물을 창출해야 한다.

## 5.4 창출과정

미적 가치는 대상과 자아와의 상호관계에서 인식될 수 있는 주관적 가치이며, 자아의 주관적 가치판단에 의해서 파악될 수 있다. 그런데 대상과 자아의 상호관계는 객체와 주체의 관계로서 순수주관적인 감정을 유발시키는 심리적 상태와 모든 사람에게 공통적인 공감대를 형성할 수 있는 가능적 판단인 객관적인 원리로서 대상의 가치를 인식할 수 있다고도 볼 수 있다.

미적 대상물을 창출함에 있어서 순수주관성과 초주관성의 이원적 입장의 그 어느 쪽에서도 출발이 가능하다. 그리고 전개, 발전, 완성의 과정을 통해서 일원화된 미적 대상물이 창출되어야 한다. 물론, 순수주관성에서 출발하여 완성 시까지 순수주관성으로 일관하거나 또는 초주관성으로 시작하여 끝까지 초주관성을 유지하며 진행할 수도 있다. 그러나 그 경우, 순수미의 생산만을 목표로 하는 예술이 아닌 디자인에 있어서 전자는 합당치 않으며, 후자의 경우도 작가의 철학이나 사상, 개성미의

**그림 2.50** SOM, 미국공군사관학교 채플, 1956~62년

부재 등의 문제가 있을 수 있다.

진행과정 I은 순수주관성에서 출발한 주관적 미적 특성을 전개 · 발전 · 완성의 프로세스를 통하여 객관성을 띠게 할 수 있는 미적 가치를 창출하는 것이다. 이 진행과정은 창조자의 노숙한 경험성과 특성적인 사상을 밑바탕으로 한다.

진행과정 II는 초주관성에서 출발하여 보편적 · 미적 기본원리를 주관적 미사상 美思想(경험+경향)에 부응할 수 있게 주관적 미적 가치성을 찾을 수 있는 접근을 하는 것이다.

이와 같이 진행과정 I · II의 시작 · 전개 및 발전 · 결과의 진행은 서로가 역으로 작용하지만 하나의 작품의 완성에서 합일점을 모색할 수 있을 것이며, 그 결과인 미적 가치성은 관조자의 입장이나 창조자의 입장에서 공감성을 느낄 수 있을 것이다. 이것은 디자인 접근과정에서의 중요한 원칙이 될 수 있으며 디자인의 근간이 될 수 있을 것이다.

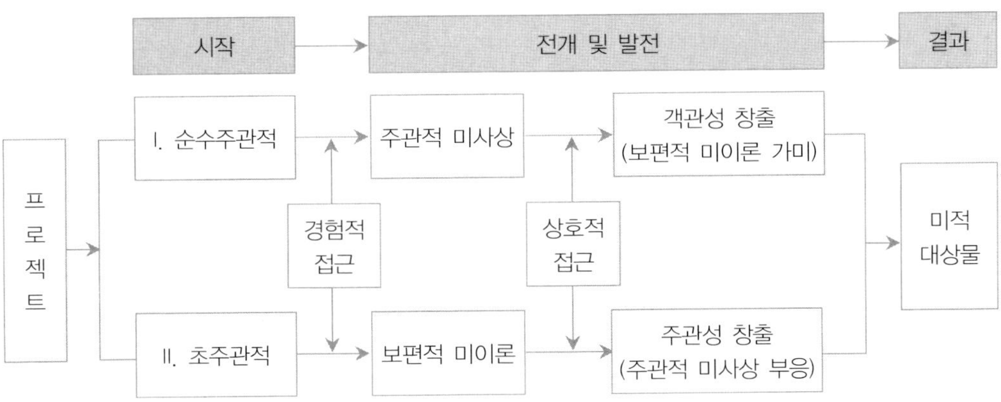


**그림 2.51** 미적 대상물 창출과정

# 제 3 장

# 미의 구성요소

미의 구성요소 Design Factors는 조형요소 또는 디자인요소라고도 한다. 식물을 구성하고 있는 부분은 뿌리, 줄기, 가지, 잎, 꽃, 열매 등이다. 콘크리트의 구성요소는 물, 시멘트, 모래, 자갈 등이다. 그리고 물리학에서 물질을 구성하고 있는 요소는 분자, 원자, 전자, 중성자, 핵 등이라고 한다.

이와 같이 자연대상에서 미적 요인을 발견하여 형태를 분석하여 보면 그 형성체 역시 몇 개의 기본적인 패턴으로 구성되어 있다. 또한 이러한 미적 형성체를 구성하고 있는 패턴은 더 이상 분해할 수 없는 몇 개의 요소로 되어 있어서 우리는 이것을 시각표현상 최소의 기본 단위인 미의 구성요소라고 한다.

이와 같이 미를 구성하는 요소를 살펴보면, 점 Point, 선 Line, 면 Plane, 형 Shape, 공간 Space, 방향 Direction, 크기 Size, 질감 Texture, 명암 Value, 색채 Color 등이다. 이들은 자연대상에 미적 요인으로서 따로 존재하거나 복합적으로 존재한다. 미의 구성요소는 5가지, 7가지, 10가지 등의 주장이 많은데, 이는 학자마다 분류하기에 따라 다르기 때문이다.

구성요소는 개개의 형상, 표정, 내재하는 힘의 분석과 상관작용 또는 이들의 상호관계에 따른 요소의 본질과 그 작용에 나타날 수 있는 변화 등을 추론하여 파악될 수 있는 것이다. 그럼으로써 이 구성요소가 형태를 분석할 수 있는 기본축이 될 뿐만 아니라 디자인하기 위한 기준을 제공할 수 있게 된다. 시각예술에서 미적 대상물의 디자인이나 평가 시 미의 구성요소를 충분히 이해하고 분해, 통합할 수 있어야 한다.

## 1. 점(點, Point)

### 1.1 점의 성질

점은 비시각적, 비형태적, 비체질적, 무차원적, 상징적인 것이다. 즉, 점은 길이, 넓이, 크

그림 3.1 구슬(점)

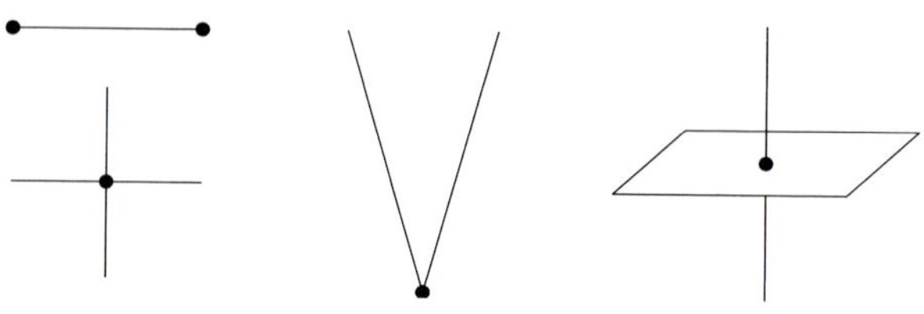

그림 3.2 점의 존재

기, 폭, 깊이도 없다. 단지 위치만 있고 상하좌우의 연결이나 지향성도 없다. 기하학에서는 크기가 없고 위치만을 가리키는 것이 점에 대한 정의이다. 그러나 디자인상의 점은 다양한 모양과 크기를 나타내며 점의 크기는 주변 환경에 따라 상대적으로 지각된다.

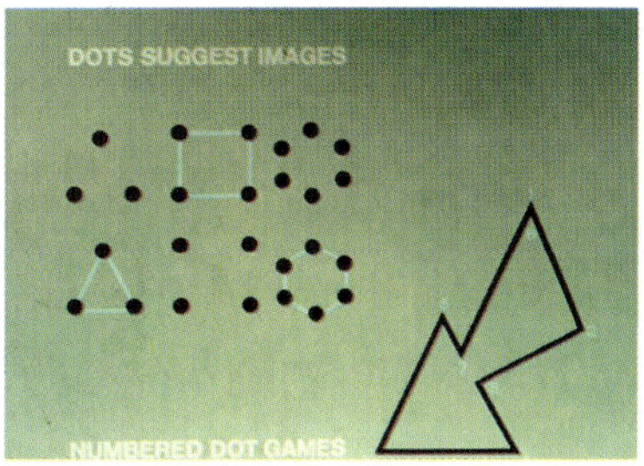


**그림 3.3** 점은 이미지를 암시한다

점은 선의 양끝 또는 한계, 선의 교차, 선의 굴절, 면과 선의 교차에서도 나타난다.

점은 시각적 요소 중 가장 작은 요소이며, 최초의 요소이다. 말하자면, 모든 조형예술의 가장 기초적인 것이며 원초적인 것이다. 그러나 점은 동적 연상이 가능하다. 즉, 1~4차원의 의미와 가변성을 갖는다. 점이 모여 선을 이루고 선이 모여 면을 이루며 면이 모여 형이나 공간을 이룬다. 따라서 모든 형태구성의 시작은 점에서부터 출발한다.

최초의 점은 텅 빈 공간에 외롭게 존재하는 부유물 같은 것이지만, 공간에 한 점이 생기면 무게와 긴장감이 생기는 느낌이 들게 하며 공간을 확실히 인식하게 한다. 또한 점은 그 자체가 한정된 고유의 크기를 가지고 있는 것은 아니지만 점의 크기가 변화되면 점의 상대적인 성격도 그 크기에 따라 변화한다. 점의 실체는 항상 주위의 대응에 따라 생동하고 있다. 그러므로 점은 공간 내의 조형활동에서 시동, 교차, 정지, 기타 여러 가지 표정을 지니는 것이다.

점의 사례를 살펴보면, 지구 · 태양 · 달 · 별들은 거대한 은하계의 한 점에 불과하다. 은하

**그림 3.4** 둥근 씨앗들

**그림 3.5** 모자이크화, AD 1세기

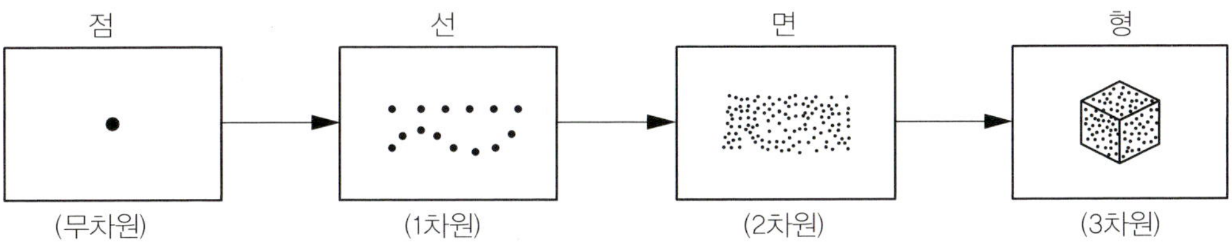


**그림 3.6** 점의 가변성

수는 수많은 점으로 하늘에 나타나 우리에게 아름답게 느껴진다. 하늘을 나는 기러기 떼나 박쥐 떼들도 하늘에 점으로 나타나며 아름답게 보인다. 미술에서 점화나 모자이크화 및 렌더링 시 점으로 묘사하여 표현하기도 하며, 신문 · 잡지에서의 그림이나 텔레비전 화면 등도 모두 점으로 구성되어 있다. 양복에서 단추의 크기나 위치 등도 복장 디자인을 좌우하는 점의 역할을 한다.

점의 존재는 공간을 감지하거나 분할하게 한다. 선이나 형 등의 다른 요소로 작용되기도 한다. 그리하여 삼각형이나 북두칠성 등의 형상을 나타내기도 하는 것이다. 점은 위치와 거

그림 3.7 점을 이용한 그래픽

그림 3.8 점으로 묘사한 사람의 눈

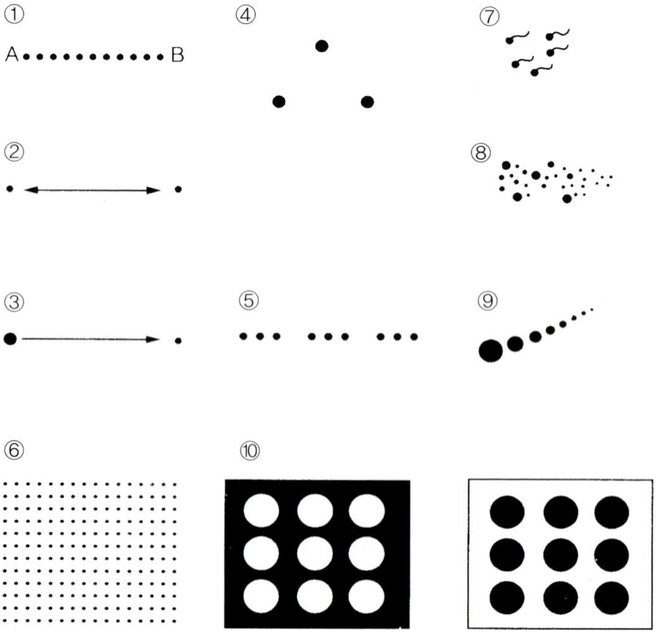


그림 3.9 점의 조형효과

리에 따라 실체가 달리 나타나기도 하며, 점의 적절한 배열은 아름다움을 구성한다.

## 1.2 점의 조형효과

점의 조형효과를 구체적으로 살펴보면 다음과 같다.

① 점이 연속되면 선처럼 느끼게 한다.

② 두 점 사이에는 서로 끄는 힘이 생긴다.

③ 한 점이 큰 경우에는 작은 점으로 긴장이 옮겨진다.

**그림 3.10** 점에 의한 그래픽 디자인(점의 구성)

**그림 3.11** 우주에서 본 지구

**그림 3.12** 일종의 점화

**그림 3.13** 팔각정에는 구심점이 있다

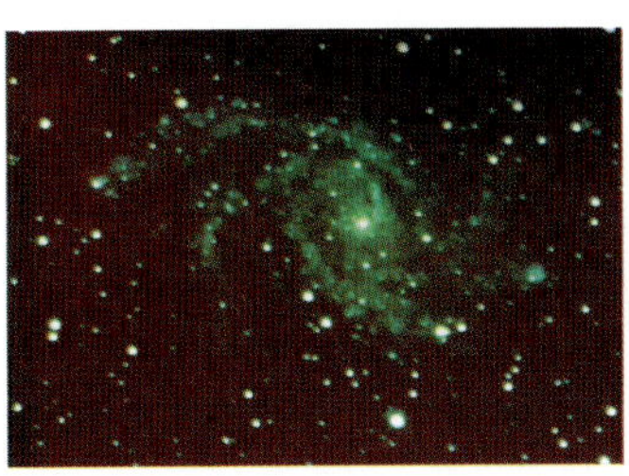

**그림 3.14** 은하수(성운)

**그림 3.15** 초점 및 방사상

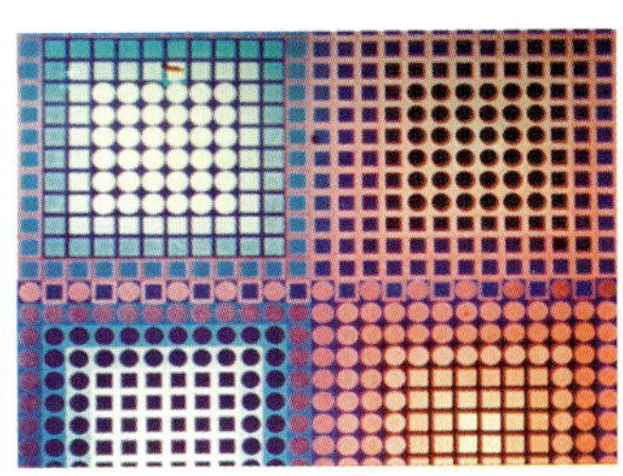

**그림 3.16** 점을 이용한 그래픽

④ 가까운 거리에 있는 점은 선으로 지각되어 도형을 느끼게 한다.
⑤ 나란히 있는 점의 간격에 따라 집합, 분리의 효과를 얻는다.
⑥ 점이 같은 조건으로 집결되면 평면감을 준다.
⑦ 점에 약간의 선을 가하면 방향성이 생긴다.
⑧ 크고 작은 점이 집결될 때 구조성과 종속성이 생기며 동세가 나타난다.
⑨ 점의 연속이 점진적으로 축소 또는 팽창되어 나열되면 원근감이 생긴다.
⑩ 점은 일반적으로 경쾌하지만 흑백, 대소, 배경에 따라 경중이 달라진다.

한편, 점은 구심점이나 초점 Focal Point 또는 핵 Core의 역할을 한다. 예를 들면, 돌을 잔잔한 호수에 던지면 파문이 일어 구심점 또는 초점으로 작용한다. 물질의 물리적 · 화학적 구조나 태양계, 은하계 및 대우주도 그와 같이 핵을 이루는 구조 속에서 존재한다. 씨앗은 생명

**그림 3.17** 기둥 부분이 중심점을 이루고 있다

**그림 3.18** 원형창이 점처럼 보인다

**그림 3.19** 점의 집합체로 보이는 조형물

**그림 3.20** 대공연장의 조명등

**그림 3.21** 단위 캡슐 및 창문이 점으로 인식된다

탄생의 시발점으로서 그곳에서 뿌리와 줄기가 나오며 성장되는 것이다.

건축에서의 점을 살펴보면, 탑이나 팔각정 또는 피라미드의 정점은 한 점에서 모이며 구심점 또는 초점의 역할을 한다. 고딕건축, 특히 교회에서의 첨탑의 정점도 마찬가지이다. 국회의사당이나 서울역사 등의 Dome의 정점 등도 같다. 모자이크 벽화도 점에 의한 디자인으로 볼 수 있으며, 백화점이나 중정 등에서의 방사상 평면계획의 중심점 역시 하나의 점에 모인다. 방사상 도시계획에서의 중심의 핵核부분, 또는 정원계획이나 로터리계획의 중심부에 연못 · 분수대 등이 위치하는 경우, 하나의 점으로서의 위치를 차지한다고 하겠다.

## 2. 선(線, Line)

선은 두 점 사이를 연결한 것 또는 점이 연속된 것이라고 정의할 수 있으며, 점이 움직임을 시작한 위치부터 끝나는 위치까지의 거리를 의미하기도 한다. 선은 점이 이동한 궤적이거나 면의 한계 또는 교차이기도 하다.

점은 정적이고 선은 동적인 것이다. 선은 연속성과 방향성을 가지며 길이가 있지만 폭은 갖지 않은 1차원적인 것이다.

선은 형상을 구체화시킨다. 즉, 강하고 뚜렷하게 나타낸다. 선은 조형요소 중 가장 먼저 구체적인 역할을 한다. 시각적 요소로서 중요한 역할을 하는 것이다.

### 2.1 선의 유형

선에는 여러 종류가 있으며 각각 그 느낌이 다르다.

직선은 강력하고 직접적, 진취적이며 경직성, 단순성, 긴장감을 느끼게 하며 인위적, 남성

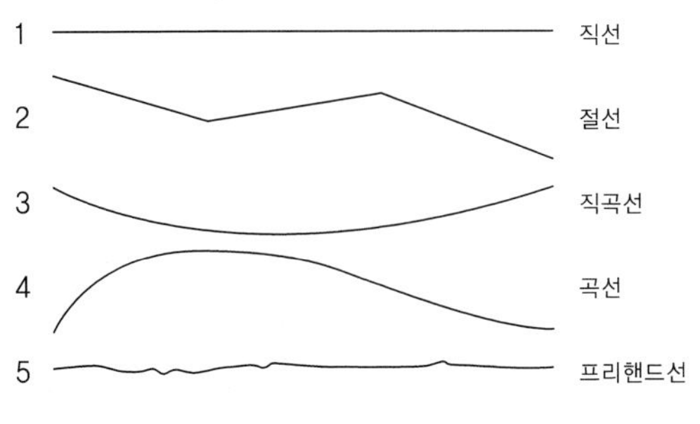


그림 3.22 선의 종류

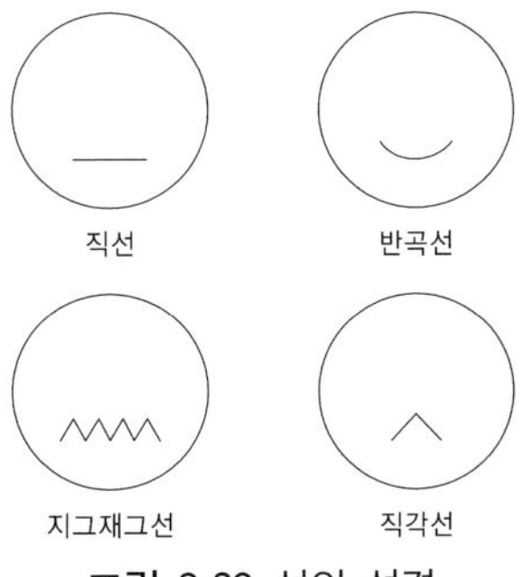


그림 3.23 선의 성격

적이다. 직선은 방향에 따라 수직선, 수평선, 사선이 있다. 곡선은 유연하고 간접적이며 우아함, 융통성, 복잡성, 이완감을 느끼게 하며 자연적, 여성적이다. 곡선에는 기하곡선과 자유곡선이 있으며, 기하곡선에는 다시 호선, 포물선, 쌍곡선, 소용돌이선, 고차함수곡선 등이 있는데 이것들은 확실하고 명료하며 세련된 느낌을 준다. 자유곡선에는 화려하고 부드러운 C커브곡선, 우아하고 매력적인 S커브곡선과 자유분방한 느낌을 주는 비정형곡선 등이 있다. 절선이라는 것도 있는데 이는 직선과 곡선의 중간적 성격을 갖는다.

선은 굵기에 따라 굵은선, 보통선, 가는선으로 구분할 수 있는데, 일반적으로 굵은선은 힘차지만 둔하게 느껴지기도 하며, 가는선은 신경질적이고 예민하며 날카롭게 느껴진다.

자연적 선은 생체 또는 무생체 등의 자연 속에 존재하는 선이다. 주로 곡선이 많고 유연한 편이다. 생체의 선은 생태계에 존재하는 동물이나 식물의 선으로서 새나 나비 또는 꽃이나 나무 등에서 볼 수 있는 선이다. 무생체의 선은 무생태계에 존재하는 선으로서 무지개, 구름, 산, 강, 바다 등에서 볼 수 있는 선이다. 자연계의 기후, 계절, 시간 등의 여러 변화에 의해 생성된다.

인위적 선은 인간이 형성한 선으로 주로 직선이 많고 딱딱한 편이다. 그런데 건축, 장식품, 조각 등의 조형물에서도 자연적인 선을 많이 이용한다. 아르누보 운동이나 가우디 작품에서 자연의 선을 도입하거나 건축물에 많이 표현한 것을 볼 수 있다. 예를 들면, 주두柱頭에 연꽃무늬를 장식하거나 계단난간 등에 식물의 줄기 모양을 장식하며 소라껍데기의 모습을 한 나선계단 등이다.

메카닉한 선 Mechanic Line, 즉 기계적인 선은 억양, 농담, 굵기 등이 같은 선으로서 질서정연하고 단조로우며 변화가 없고 인위적이다. 이에 반해 자유로운 선은 억양, 농담, 굵기 등이 붓글씨처럼 다른 선을 말하며, 느낌이 다양하고 변화적이며 자연적이다.

기하학적인 선이나 자를 대고 그린 것 같은 기계적인 선을 무기적인 선이라고 하며, 생물체의 선이나 손으로 자유스럽게 그린 선을 유기적인 선이라고도 한다. 그리고 적극적 Positive

**그림 3.24** 바람에 의해 형성된 모래밭의 곡선

**그림 3.25** 앙상한 나뭇가지의 선

선은 실제의 선으로서 직감적으로 느낄 수 있는 선을 말하며, 소극적 Negative 선은 점선처럼 선으로서 쉽게 느껴지지 않는 것이다.

그림 3.26 산양의 곡선 뿔

그림 3.27 김명국(1600~), 달마도, 수묵화, 조선시대, 달마의 모습을 백묘법으로 생동감 있게 그렸다.

선의 연속성과 반복성에 있어서 건축공간에서 선의 사용은 재료의 연결, 마감 부분의 바탕 형성 등 단순 목적으로 사용되는 경우와 건축디자인에 의한 선의 반복성을 의도적으로 도입하는 경우의 두 가지 유형으로 나타난다. 연속되는 선은 시선을 연속과 종결의 방향대로 선을 따라 이동하게 되는데 연속감은 선의 강약에 따라 달라지며, 반복되는 선은 하나의 선에서 그 다음으로 디자인에 따라 시선을 옮겨주므로 리듬감을 준다.

## 2.2 선의 조형효과

선의 조형적 효과를 살펴보면 다음과 같다.

① 선의 조밀성의 변화로 깊이를 느낀다.
② 지그재그선, 곡선의 반복으로 양감의 효과를 얻는다.
③ 선을 끊음으로써 점을 느낀다.
④ 많은 선의 근접으로 면을 느낀다.
⑤ 선을 포개면 패턴을 얻을 수 있다.

그림 3.28 곡선을 반복하여 묘사한 그림

회화에서 선이 갖는 의미는 아주 크다. 회화의 예술적 가치를 색채가치와 형태가치로 나눈다면, 선은 형태가치에 있어서 보다 기본적인 요소이며 소묘에서 볼 수 있는 것처럼 색과 분리해서 선만의 독립된 분야를 가질 수도 있다. 선은 형의 윤곽선으로서 존재할 뿐만 아니라 형을 내부로부터 규정하며 표면선으로서 각각 면의 성격을 결정하고 이것에 방향을 지시하며, 때로는 약간의 선을 이용하여 생각지도 못했던 변화를 갖게 하는 등 화면 전체의 효과에 기여할 때가 많다.

조형예술, 특히 건축에 있어서도 선은 매우 중요하다. 선에 의해 건축의 형태가 구체적으로 표현된다. 건축공간의 구성은 곧 선의 구성이다. 수평선 · 수직선 · 사선, 직선 · 곡선, 자연적 선 · 인위적 선 중 어느 것을 강조할 것인가? 하는 문제는 건물의 성격, 주변상황에 따라 선택할 문제이다. 동일한 천으로 만든 옷이나 형태의 매스 Mass도 선의 방향에 따라 그 느

**그림 3.29** 선의 조형효과

**그림 3.30** 선의 구성

**그림 3.31** 물고기의 무늬 및 지느러미 곡선

**그림 3.32** 직선으로 뻗은 도로

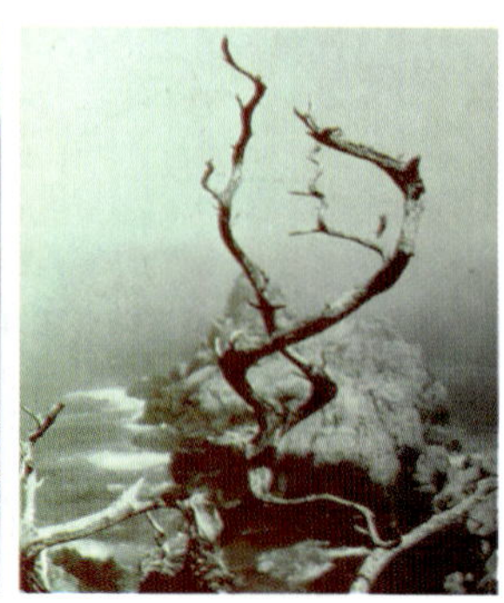

**그림 3.33** 오랜 풍상을 겪은 고목의 가지

낌이 다르다.

우리의 전통건축에는 곡선이 많았다. 기와지붕이나 초가지붕의 곡선은 산천의 자연과 조화되었다. 현대건축은 직선이 너무 많아 경직성, 단순성, 긴장감을 느끼게 한다. 특히 우리나라의 현대건축은 더욱 그러하다. 안토니오 가우디

**그림 3.34** 강철의 곡선미

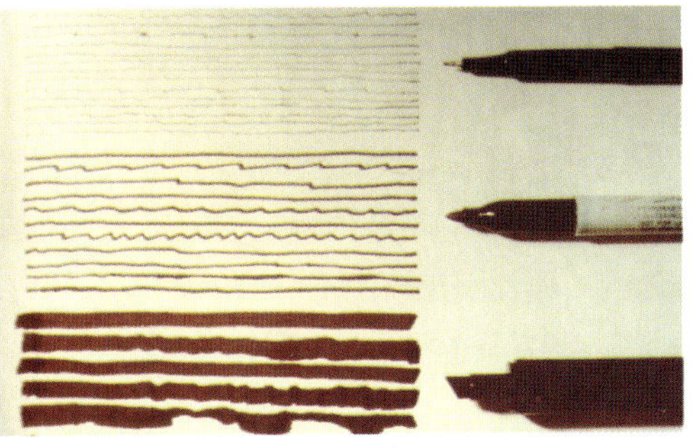

**그림 3.35** 선의 굵기

**그림 3.36** 구불구불한 곡선 도로

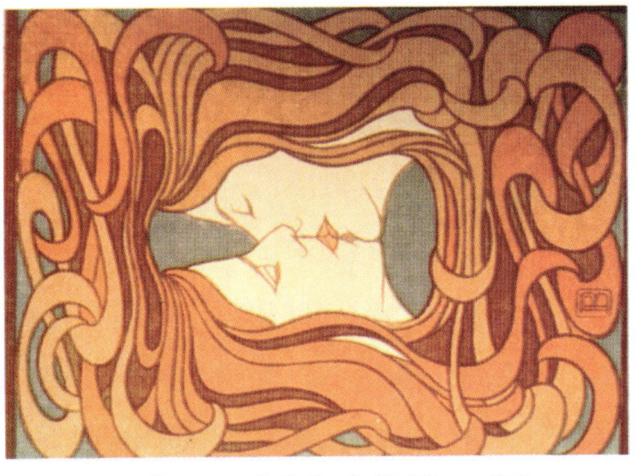

**그림 3.37** 남녀의 머리곡선 그래픽

**그림 3.38** 누드 크로키

**그림 3.39** 빈센트 반 고호, 별이 빛나는 밤, 1889년

**그림 3.40** 얼룩말의 선

Antonio Gaudi의 카사밀라와 같은 건축물은 거의 곡선만을 사용하여 설계된 것으로 너무나 유연하고 부드러운 느낌을 준다. 우리 주위에는 교량도 많이 있는데, 직선형의 다리가 있다면 아치교나 현수교와 같은 곡선형 다리도 있어야 할 것이다.

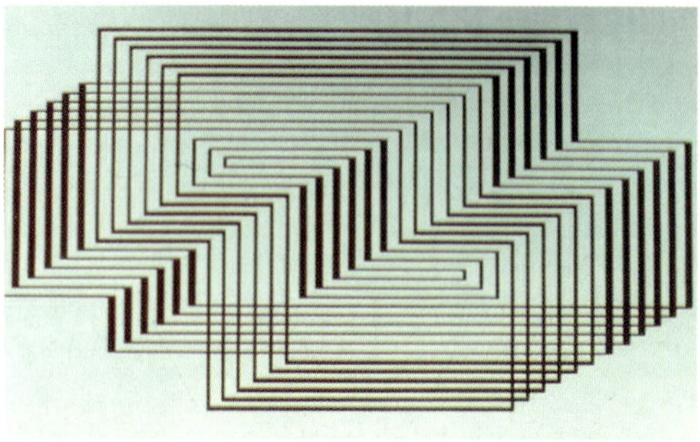

**그림 3.41** 직선과 절선의 반복 그래픽

**그림 3.42** 선재를 이용한 구조물

**그림 3.43** 선재를 이용한 조형물

**그림 3.44** 노트르담 성당의 디테일

**그림 3.45** 안토니오 가우디, 카사 바틀로의 외관, 바르셀로나, 1905~06년

**그림 3.46** 직선과 곡선의 만남

**그림 3.47** 안토니오 가우디, 카사 바틀로의 내부, 바르셀로나, 1905~06년

오늘날 우리의 주변 환경에 직선과 곡선, 자연적 선과 인위적 선, 무기적인 선과 유기적인 선 등의 다양한 선의 조화가 요구되고 있는 것이다.

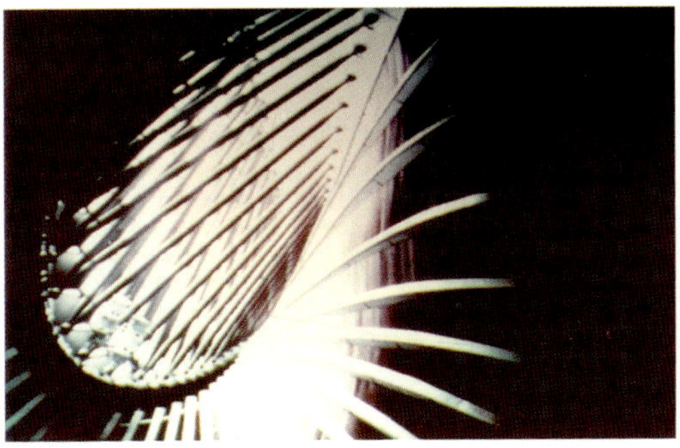

**그림 3.48** 당게 겐조, 올림픽 아레나의 구조 일부, 도쿄, 1961~64년

**그림 3.49** 오스카 니마이어. 팜푸라 식당

**그림 3.50** 세이들러 펜트하우스 아파트의 내부. 시드니

**그림 3.51** 절선이 특징적인 무역회관, 서울, 1979년

**그림 3.52** 직선만을 사용한 디자인

**그림 3.53** 곡선이 주조인 건축물

# 3. 면(面, Plane, Surface)

그림 3.54 면의 구성

점이나 선으로 간주되지 않는 모든 형, 즉 평면적인 형상이 바로 면이다. 평면으로 된 어떤 형의 외곽을 나타내는 개념적 선은 형상면을 위해 존재한다. 그런 점에서 어떤 형의 외곽선이 형상을 만들어 주고 그 만들어진 형상의 전 면적은 곧 면이 되는 것이다. 그러므로 그 형상과 면은 항상 동시성과 동일성을 지니고 있다.

면은 일정한 장소를 가지며 형을 이루기도 하고, 면들이 모여 어떠한 형태를 형성하기도 한다. 평면의 모양은 선의 이동에 따라 이루어지지만 입체의 모양은 면의 이동에 따라 이루어진다.

## 3.1 면의 종류

면에는 크게 평면과 곡면이 있다.

평면은 직면이라고도 하는데, 이것은 단순적 · 직접적 · 경직적이고 정적이며 밋밋한 느낌을 준다. 평면에는 방향에 따라 수직면, 수평면, 사면이 있다.

곡면은 복잡하고 간접적이며 유연하고 동적이다. 동시에 변화적인 느낌을 주기도 한다. 곡면에는 기하곡면과 자유곡면이 있는데, 기하곡면은 정돈감과 질서적 · 이지적인 느낌을 주며

(a) 직선

(b) 곡선

그림 3.55 평면구성

자유곡면은 개방적 · 유동적이며 풍요로움의 느낌을 준다. 기하곡면은 다시 단곡면, 복곡면, 회전면, 비회전면으로 구분된다. 단곡면은 직선이 내포된 곡면으로, 원추면, 원주면, 나선면 등이 여기에 해당되며 선직면이라고도 한다. 복곡면은 곡선만으로 된 곡면으로 구면, 타원포물면, 동물의 면 등이 여기에 해당되며, 비선직면이라도 한다. 회전면은 직선 또는 곡선의 회전에 의해 생긴 곡면으로 원추면, 원주면, 구면, 쌍곡회전면 등이 여기에 포함된다. 비회전면은 회전에 의해 만들 수 없는 곡면으로 나선면, 타원포물면, 쌍곡포물면 등이 여기에 해당된다.

면에는 포지티브면과 네거티브면이라는 것도 있다. 포지티브면, 즉 적극적인 면은 점의 확대, 선의 이동, 폭의 확대 등에 의해 확실하게 성립된다. 또는 종이나 판으로 입체가 되기도 한다. 그리고 네거티브면, 즉 소극적인 면은 점의 밀집, 선의 집합 또는 선으로 둘러싸여 불확실하게 성립된다. 또한 공간 중에 입체화한 점이나 선에 의해서도 성립되기도 한다.

허면虛面이라는 것도 있는데 여기에는 투명유리면, 거울면, 루버면, 망사면, 철책면, 스크린면 등이 포함된다. 허면은 공간이 연장된 느낌을 주므로 공간을 실제보다 훨씬 더 넓게 느끼게 한다. 예를 들면, 철책은 벽돌담보다, 거울벽은 일반벽보다, 투명 유리면은 불투명 면보다 공간을 더 넓게 느끼게 한다.

## 3.2 면의 분할과 집합

면을 분할하거나 집합하면 새로운 면이 형성되며, 다음과 같은 효과를 낼 수 있다.

① **면의 분할** : 면을 직선이나 곡선을 이용하여 여러 가지 형태로 분할함으로써 균형에 변화를 주며 조형적으로 여러 가지 효과를 얻을 수 있다.

② **면의 집합** : 다수의 면을 집합함으로써 여러 가지 조형적 효과를 얻을 수 있다. 집약적인 표현을 수반하는 여기에서도 조형의 원리가 성립된다.

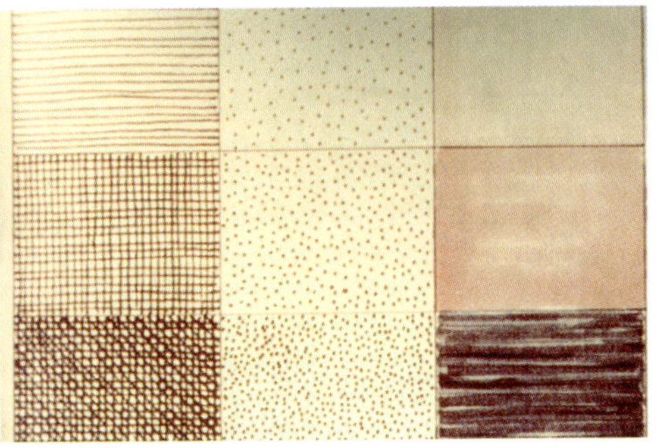

**그림 3.56** 면의 표현기법

**그림 3.57** 섬세하게 조각한 면

선과 면이 점으로 통합되어 있다
**그림 3.58** 부채의 점, 선, 면

건축물의 벽 구성에 있어서 특히 무창의 큰 벽을 조적조 벽이나 철근콘크리트의 내력벽으로 구성하는 경우, 구조적으로 신뢰감이 넘치며 웅장하게 느끼게 한다. 평면의 구성에서 수평면과 수직면을 연속시키는 경우에는 신중을 기해야 한다. 물론 이 경우도 구성의 다른 요소, 즉 형태나 질감, 명암 또는 색채 등의 적절한 변화를 줌으로써 좋은 결과를 얻을 수 있다. 한편, 수평선상에 수직면의 구성이나 수직선상에 수평면의 구성과 같은 것은 시각적 혼란을 초래할 수 있으므로 되도록 피하는 것이 좋다. 그리고 경사면은 가능한 동일 공간 내에서는 사용하지 않고 공간과 공간 사이에서 양측의 우열을 약간 조정하는 정도에 이용하는 것이 좋다.

건축에는 필연적으로 면이 사방으로 표출되게 된다. 아니, 상하 양면을 포함하면 육방으로

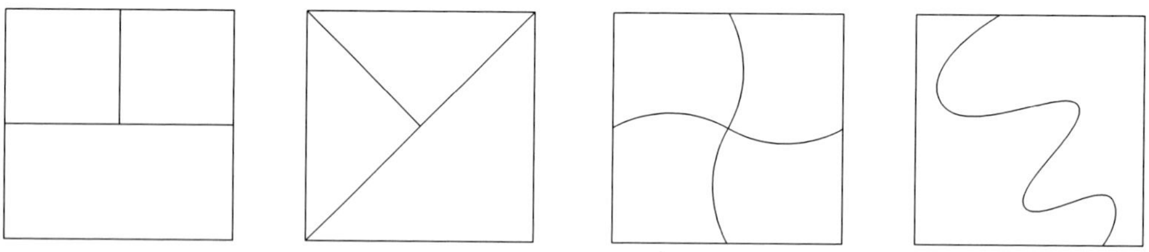

(a) 직선에 의한 면의 분할 (b) 자유로운 면 분할

**그림 3.59** 면의 분할

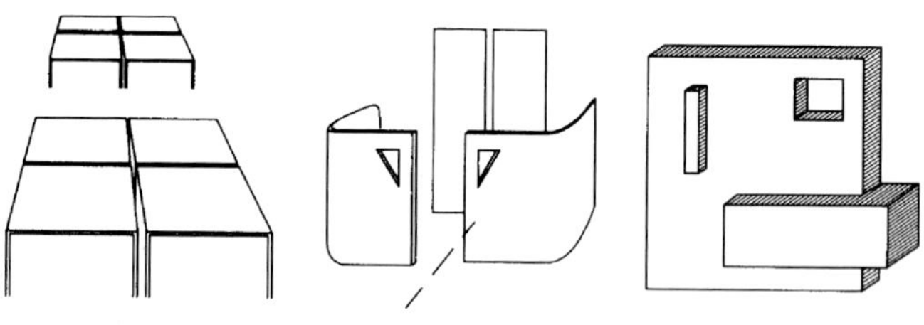

(a) 집합효과 (b) 대칭적 효과 (c) 균형의 효과

**그림 3.60** 면의 집합

**그림 3.61** 면에 의한 구성
(평면구성)

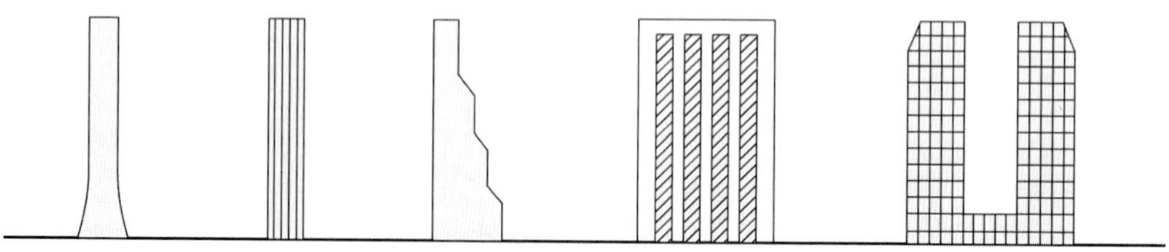

63빌딩 31빌딩 무역회관 정부종합청사 럭키쌍둥이 빌딩

**그림 3.62** 각종 건축의 선 · 면 · 형

면이 형성된다고 할 수 있다. 즉, 건축이 단순한 정육면체의 모습을 하고 있는 경우라도 말이다.

그림 3.63 철망 면

건축에 있어서 대형 벽면을 모자이크 벽화로 처리하여 면을 강조하거나 단순한 면을 장식하여 지루하지 않게 처리하는 경우를 흔히 볼 수 있으며, 삼일빌딩에서와 같이 현대건축의 단순한 면이나 형태를 창틀의 중간 선틀인 멀리온을 돌출시켜 단조로움을 완화하고, 또한 수직선이 강조됨으로써 더욱 상향감이나 진취감을 느끼게 하는 등의 효과를 갖도록 하기도 한다. 63빌딩의 경우는 평면과 곡면을 조화시켜 멀리온 등의 돌출부 없이 매끈한 질감의 유리면을 강조하여 더욱 모던한 느낌을 주도록 하였다. 그 외에도 어떤 건축의 면은 사선방향의 점층적인 변화감을 추구함으로써 단순한 면을 지루하지 않게 처리하여 단조로움을 극복하고 상징성을 부여한 경우도

그림 3.64 필립 존슨, 위크엔드 하우스 앤드 게스트 하우스, 1949년

그림 3.65 필립 존슨, 워렌 트레마이네 주거, 1948년

그림 3.66 평면 의자

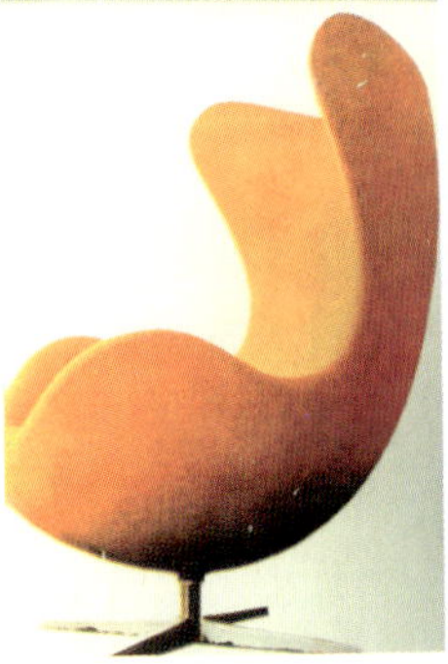

그림 3.67 곡면 의자

그림 3.68 사면이 주조인 신전, 유카탄, AD 700년

그림 3.69 곡면의 스투파, 산치, 인도, BC 75~AD 75년

그림 3.70 선조 세공한 유리면, 1569~75년

그림 3.71 파니 및 모라르, 멕시코대학 도서관, 1955년

그림 3.72 어린이대공원 식물원, 유리 및 철골조

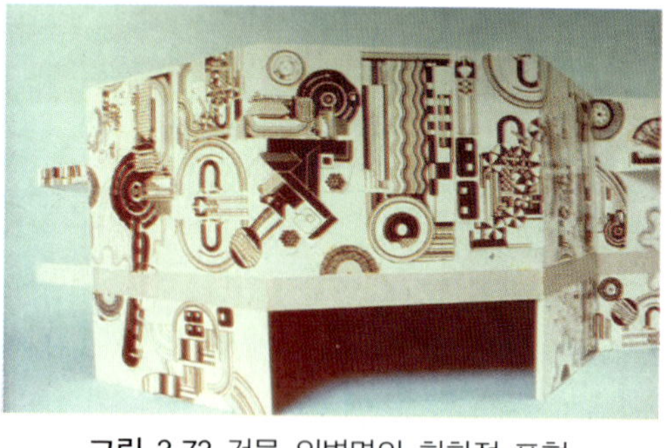

그림 3.73 건물 외벽면의 회화적 표현

그림 3.74 곡면으로 구성된 주택외관

그림 3.75 공동주택 외벽면의 슈퍼그래픽

그림 3.76 수직면과 수평면 및 사면의 주택

그림 3.77 프랭크 로이드 라이트, 구겐하임 미술관, 내부, 1959년

그림 3.78 곡면 및 나선형의 계단실

그림 3.79 오목 및 볼록면을 둔 외부공간

있으며, 또한 어떤 건축은 다면성을 조화롭게 부각함으로써 마치 조각품과 같은 뛰어난 조형미를 자랑하는 건축도 있다.

## 4. 형(形, Shape, Form)

어떤 형에서 모든 점과 선을 인식할 수 없듯이 점과 선만으로는 반드시 어떤 형을 의미할 수 없다. 따라서 형은 미의 구성요소로 작용된다.

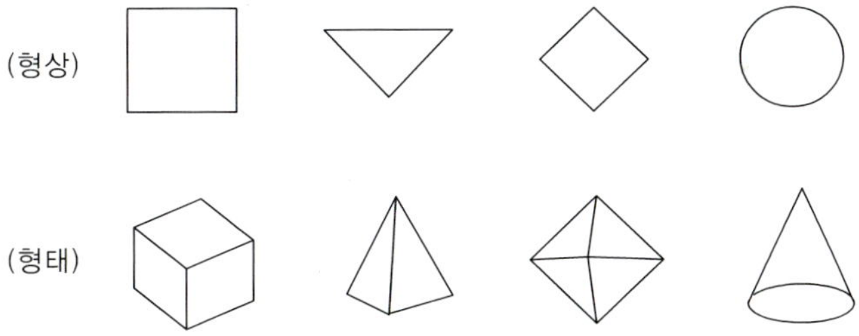


그림 3.80 형상과 형태

점은 선을 이루고 선은 형을 이룬다. 즉, 형은 선의 결합과 분할에 의해 형성된다. 형상 Shape은 2차원적인 평면적인 것으로서 그림이나 도면 및 건축의 평면구성 등이 여기에 해당된다. 형태 Form는 3차원적인 입체적인 것으로서 조각이나 공예 및 건축의 입체구성 등이 여기에 포함된다.

자연에는 매우 다양한 형이 존재하고 있다. 자연물에 대한 연구와 이해 관찰은 디자인 연구에서 매우 중요하다. 19세기 후기의 도안가들은 많은 자연물에서 장식의 모티브를 찾았으며, 특히 식물의 형태에 강한 관심을 갖고 있었다. 이것은 러스킨 (John Ruskin, 1819~1900)이나 모리스 (William Morris, 1834~1896)의 사상에 크게 영향을 받은 탓인데, 러스킨은 "자연형태에 기인하지 않고선 결코 아름다운 디자인을 얻을 수 없다"라고 하였다.

그림 3.81 타원형의 계란

오늘날 이와 같은 생각을 갖은 사람은 드물지만 자연형태가 디자인에 끼치는 중요성은 변함이 없다. 이제 그것은 더욱 새로운 각도에서 연구 관찰되어 자연물의 외형은 물론 구조와 형태, 그 관계에 대해서 다양한 시각의 변화가 이루어지고 있다. 다시 말해 자연물의 형태는 우리들의 감정적 요구만이 아니라 지적인 요구에도 부응하고 있다.

건축 디자인에 있어서 형태는 세 가지 차원, 즉 모양, 부피, 구조로서 정의될 수 있다. 부피는 공간을 점유하고 있으며, 모양은 시선을 끌며, 구조는 시선을 집중시킴으로써 그 물건의 형태에 주의력을 불러일으킨다.

건축은 2차원인 평면에서 3차원인 입체로 발전되어 나간다. 모든 3차원적인 형태의 기초를 이루는 것이 2차원적인 형이다.

그림 3.82 각종 조개껍질의 형

그림 3.83 주두의 자연적 형

그림 3.84 꽃무늬형

그림 3.85 다양한 막새의 형

## 4.1 형의 종류

시계방향으로 정사각형에서 정오각형, 정육각형, 원으로 이행하고, 다시 원에서 타원, 반타원, 반원 등으로 변형이 이루어진다. 이러한 형의 고리는 형의 기본이 될 뿐만 아니라 형의 상호 유사성, 친근성, 대립성, 대비성까지 음미할 수 있는 척도가 될 수 있다.

**그림 3.86** 형의 고리(環)

형은 매우 다양하다. 천태만상이 우리 주위에 있다. 그러나 형은 12개의 기본형(S12)으로 생각할 수 있다.

사람의 얼굴만 하더라도 매우 다양하다. 어떤 사람의 얼굴은 둥글거나 네모지고, 또 어떤 사람의 얼굴은 삼각형이거나 마름모형이다(○, □, △, ▽, ◇ 등 다양하다). 그러한 형들은 그 사람에 대한 이미지를 다르게 느끼게 한다. 우리나라의 경우 과거에는 둥글고 넙죽한 형이 잘 생긴 형이었는데, 오늘날은 서구화되어 갸름해야 잘 생겼다고 한다. 그래서 아기를 엎어 키우기도 한다.

건축조형에 사용하는 모양은 주로 정사각형, 직사각형, 원형, 삼각형 등이며, 그 외에도 부채꼴, 오각형, 육각형, 팔각형 등도 쓰인다. 형마다 각각 특유의 성격을 갖고 있으므로 적절한 형을 찾아 작품의 이미지에 맞도록 디자인해야 할 것이다.

형태의 종류는 분류하기에 따라 매우 다양하다. 자연 속에 존재하는 형태인 자연적 형태와 인간이 만든 형태인 인위적 형태가 있는데, 자연적 형태는 자연현상에 따라 끊임없이 변화하며 새로운 형을 만들어내고 있다. 인위적 형태는 휴먼 스케일을 기준으로 하여 인간이 만들어낸 모든 물상을 말하는데, 형태 여하에 따라 동적으로 또는 정적으로 파악될 수 있고 시대성을 갖고 있다.

수리적 근거에 의해 만들어진 형인 기하학적 형과 자유스럽게 만들어진 자유로운 형도 있다. 또한 기하형에는 기하직선형과 기하곡선형이 있고, 자유형에는 자유직선형과 자유곡선형이 있다.

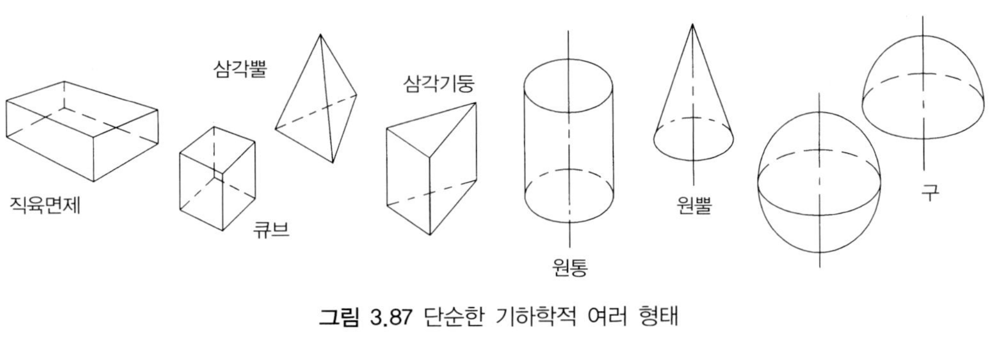


**그림 3.87** 단순한 기하학적 여러 형태

표 3.1 순수형태(이념적 형태)의 의미

| | 점 | 선 | 면 | 입 체 |
|---|---|---|---|---|
| 동적 · 적극적 | 위치만 있고 크기는 없다 | 점이 이동한 궤적 | 선이 이동한 궤적 | 면이 이동한 궤적 |
| 정적 · 소극적 | 선의 한계, 교차 | 면의 한계, 교차 | 입체의 한계, 교차 | 물체가 점유한 공간 |

그리고 순수형태, 즉 추상형태인 이념적 형태와 구체형태, 즉 구상형태인 현실적 형태가 있다. 이념적 형태는 직접 보아도 깨달아 보기가 어렵지만 현실적 형태는 직접 보면 쉽게 알아볼 수 있는 형태이다. 현실적 형태에는 다시 유기적 Organic 형과 같은 자연형태가 있으며, 기하형태나 자유형태와 같은 인위형태가 있다. 우연적 Automatic 형이라는 것도 있는데, 이것은 먹물이 종이 위에 흩어져 번진 듯한 형으로 무의식적, 혼돈적이고 복잡하며 환상적이다.

한편, 명확하여 직접 지각할 수 있는 적극적인 형태인 포지티브 Positive 형태와 이차적으로 암시하는 듯한 소극적 형태인 네거티브 Negative 형태도 있으며, 사실적인 형태인 자연주의적 형태와 사실적이면서 단순화한 형태인 표현주의적 형태도 있다.

이상과 같은 여러 종류의 형태는 각각 특성과 이미지를 가지고 있다. 따라서 형을 선택할 경우에는 디자인의 목적이나 주변환경과 잘 부합되는지 신중히 고려해야 한다.

## 4.2 형의 추구

형을 추구하는 데 있어서는 자연으로부터 구하는 경우, 추상으로부터 구하는 경우 및 새로

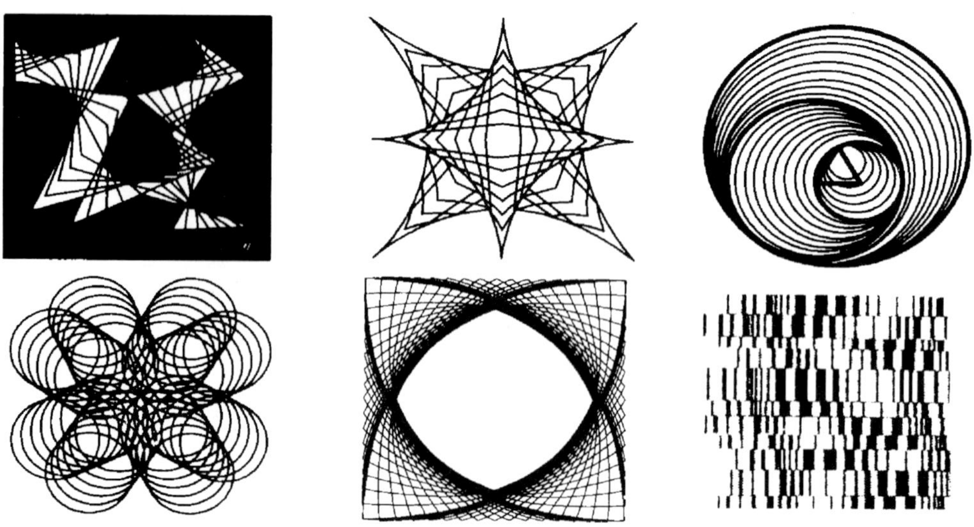

그림 3.88 복잡한 기하학적 여러 형태

운 형을 구하는 경우가 있다.

자연으로부터 구하는 경우, 자연형태가 디자인의 소재로 쓰여지는 사례는 크게 세 가지로 나누어 볼 수 있다. 즉, 자연물의 외형을 있는 그대로 표현하거나 단순화시키는 것, 디자인 시 기능, 구조의 형태를 차용하는 것, 그리고 미적 형식의 형태를 활용하는 것 등이다. 한편, 아름다운 형 또는 자연계의 구상(具象 : 꽃, 나비 등)에는 항상 양量 또는 윤곽선의 변화가 있다. 이들을 선, 형 등의 의장적 단위에 따라 해체하여 디자인 시 그 단위를 다시 자기가 의도하는 형으로 유도하는 것이다. 이 방법을 '구상의 해체조직'이라고 한다.

추상으로부터 구하는 경우는 형이 지니고 있는 내재적 생명 또는 내적 감각을 표현하기 위해 포지티브한 구상형을 버리고 네거티브한 자기감정을 시각적인 형으로 추상화한 것으로 독창적이고 흥미가 있는 것이다.

그리고 새로운 형을 구하는 경우는 신소재, 생산방법 등의 과학, 기술의 발달에 따른 기능

**그림 3.89** 맷돌을 이용하여 포장한 길

**그림 3.90** 고릴라의 모습

**그림 3.91** 한국의 전통 탈

**그림 3.92** 도깨비 탈

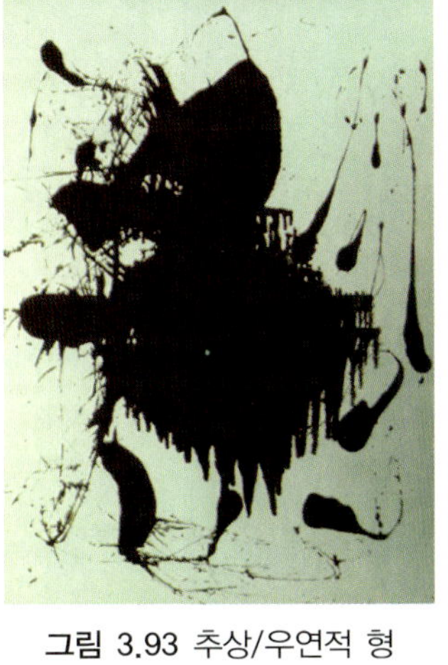

**그림 3.93** 추상/우연적 형

**그림 3.94** 마티스, 청색 누드, 색종이를 오려 구성한 작품, 프랑스, 1952년

적이거나 새로운 색채 · 질감 · 형 등의 시각적 변화 또는 전자현미경의 미시세계, 전파망원경으로 본 우주의 모습 등의 새롭게 밝혀진 현상 등을 표현하는 경우로서, 때로는 기능은 현대적이지만 외형은 복고적인 구형으로 후퇴하는 경우도 있다.

형은 양적 관점에서는 크기라는 유일한 척도만 갖지만 질적 관점에서는 아주 복잡한 양상을 갖는다. 일반적으로 형의 구성요소로는 점, 선, 면, 입체가 있고, 일정한 사물의 형태에 관해서는 윤곽, 내부형, 구조형이라는 세 가지 형태가 있으며, 감정의 방향에 따라 시각형, 촉각형, 운동형이라는 세 가지 현상 형태가 있다. 조형예술에서의 형의 표현방식에 있어서는 명료한 합법칙적인 형과 불명료한 역동적인 형으로 구별된다.

앞에서 살펴 본 바와 같이 형에는 기본형과 변형이 있으며, 형의 구성은 조합방법에 따라 시각적 효과가 크게 다르다. 그리고 형을 변화하게 하는 3요소는 눈의 높이, 위치(방향), 거

그림 3.95 자유/기하 곡선형

그림 3.96 기하/자유 직선형

그림 3.97 제주도 하르방

그림 3.98 코끼리형의 분수대

리(원근)이다. 이들 3요소에 의해 형이 변화되어 시각적으로 인지되므로 디자인 시 이에 대한 고려가 요구된다. 또한 형이 갖는 이미지는 회화, 조각, 공예, 건축 등의 조형예술에서 매우 중요하다. 디자인 시 이미지에 맞는 형을 찾아 반영해야 할 것이다.

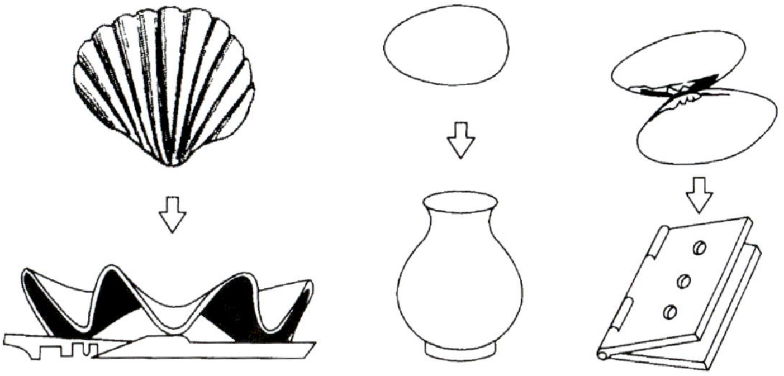

자연의 형, 구조, 기능을 추구한 예

**그림 3.99** 형의 추구

**그림 3.100** 다양한 항아리 형

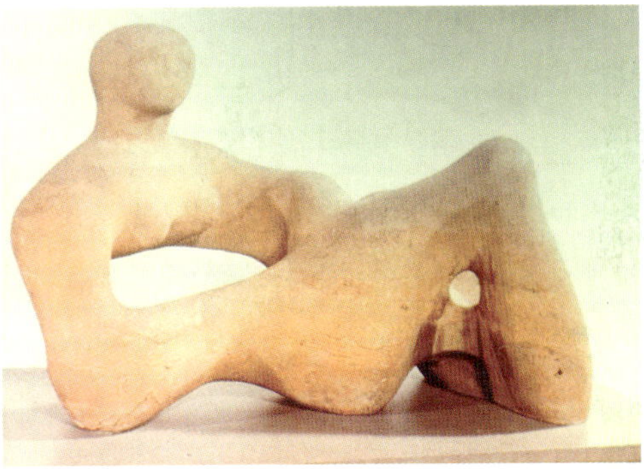

**그림 3.101** 헨리 무어, 누워 있는 여인, 돌, 1938년

**그림 3.102** 사람형의 분수대

**그림 3.103** 종 모양 인형의 향수병, 고대 그리스

**그림 3.104** 독특한 형태의 건축물

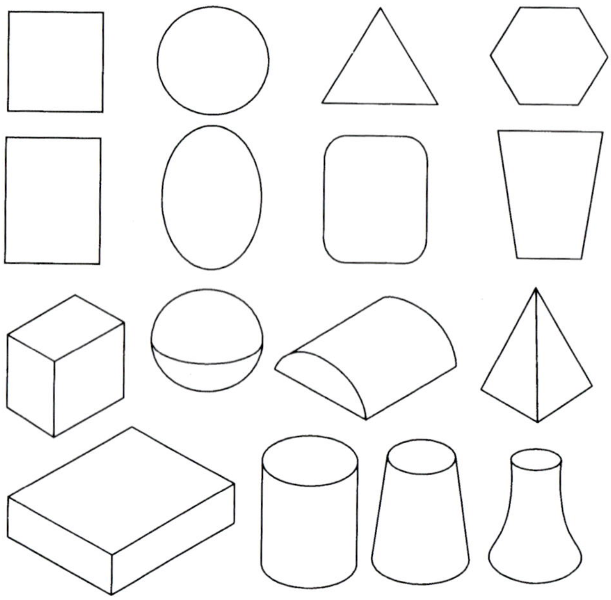

그림 3.105 건축의 기본형 및 형태

건축물의 기본 형태들이 일반적으로 가지고 있는 성질은 안정적이고 운동적이며, 규칙적이고 불규칙적인 것, 대칭적이며 비대칭적인 것, 정형적이며 부정형적인 것, 기하학적인 것, 견고한 것, 중후한 것, 투명하고 반투명한 것, 경쾌하고 유연한 것, 패턴이 있고 질감이 있는 것 등 여러 가지로 표현할 수 있다. 건축형태는 선이나 면과 같은 이차원의 공간이 아닌 어떤 체적과 크기를 갖는 삼차원의 공간이므로 선이나 면들이 가지고 있는 종류나 성질 그리고 구성의 범위가 훨씬 복잡하고 다양하다는 점이 다르다.

건축형태는 선과 선의 결합, 선과 면의 조합, 면과 면의 복합 등으로 구성되어 있다. 그리하여 인간이 생활하는 공간을 내 · 외부에 포함하는 형태로 존재하게 된다. 그리고 건축형태는 그 크기와 위치를 갖고, 질감 · 명암 · 색채 등의 구성요소를 가지며, 조화 · 통일 · 균형 등의 구성원리를 갖는다. 이와 같이 건축형태는 구성요소와 원리를 모두 포함하고 있다. 그러나 이와 같은 요소와 원리는 독립적으로 존재하는 것이 아니고 모두가 종합화되어 상존하고 있는 것이다.

건축의 형태 추구에서 디자인의 모티브가 되는 소재에 있어서, 서울 잠실에 있는 올림픽 메인 스타디움은 한국 고유의 수반水盤 모습을 한 도자기 형태이며, 그 안에 있는 성화대는

그림 3.106 강강수월래를 형상화한 듯한 조형물

그림 3.107 단순한 매스의 사람형

우리의 전통적인 촛대 모양을 형상화한 것이다. 올림픽 기념문은 우리의 전통적 건물의 처마 곡선과 한국의 산하山河의 곡선을 반영한 것이다. 그리고 올림픽 수영장 건물은 거북이의 모습을 형상화한 것이다.

형의 표현은 시대, 민족, 개인에 따라 다른 방식을 갖는다. 예컨대 그리스 건축에서는 원과 사각이라는 기본형이 스스로 독립된 형의 명료한 인상을 잃지 않고 여러 가지로 결합하여 보는 사람에게 객관적이고 변함없는 합법칙성의 인상을 주며, 고딕이나 바로크의 건축에서는 개개의 형이 오히려 자신의 형의 명료한 인상을 희생시켜 전체의 역동적인 인상에 봉사하고 있다.

19세기말 이후, 기능주의 시대에는 “형태는 기능을 따른다”고 하여 기능을 형태보다 우선시하였다. 우리는 기능적인 건축을 추구하여 합리적인 평면을 우선 구성하되, 또한

**그림 3.108** 아이비로 덮인 철제 공룡형의 분수대

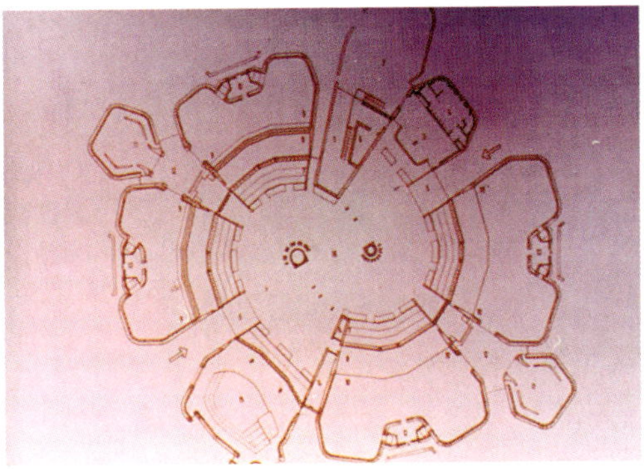

**그림 3.109** 유기적 평면형

**그림 3.110** 기하학적 평면형

**그림 111** 루이스 칸, 예일 미술관의 스페이스 프레임

**그림 112** 미국 국회의사당의 돔, 워싱턴, 1793~1865년

아름다운 외형을 함께 추구해야 할 것이다. 즉, 양자는 분리될 수 없는 것이기에 동시에 추구되어야 할 문제인 것이다.

**그림 113** 중국 정원의 원형문

**그림 114** 골드버그 및 버틀랜드, 마리나 시티, 시카고, 1964~67년

**그림 115** 김중업, 육군박물관, 공릉동, 서울, 1956년

**그림 116** 해리슨 및 아브라모비츠, 일리노이스 대강당

**그림 117** 다면형의 교회당 건물

**그림 118** 오각형 평면의 펜타곤, 워싱턴, 1947년

**그림 119** 안토니오 가우디, 콜로니아 구엘 예배당, 바르셀로나, 1908~1915년

**그림 120** 프랭크 로이드 라이트, 윈슬로우 주택, 리버 포리스트, 1893년

**그림 121** SOM, 미술 및 건축관, 시카고

**그림 122** 암버 궁전의 기하학적 패턴의 정원, 자이푸르, 1580~1720년

## 5. 공간(空間, Space)

우리는 삼차원의 세계에 존재한다. 즉, 길이, 넓이, 높이가 함께 있는 공간 속에 존재한다. 우리는 공간을 보거나 그 속에서 움직임으로써 공간을 경험한다. 우리는 항상 우리 자신의 공간의 중앙에 있다. 우리가 그때 세계를 인식하게 되는 것은 공간 속 물체의 구조를 통해서이다. 우리의 삼차원 세계를 위한 계획을 하기 위해서 디자이너는 공간, 형태 그리고 구조의 상호연관성에 대해서 민감해야 할 뿐만 아니라 충분한 기초와 이해를 가지고 있어야 한다.

일반적으로 공간이란 모든 물체가 존재할 수 있는 곳 또는 존재하는 그 바깥쪽 부분을 의미하지만, 건축에 있어서 공간이란 주로 구조체 안쪽을 의미한다. 공간은 항상 보는 사람과 일정한 관계를 가지며 인상이나 어떤 메시지를 준다. 그리고 공간은 보는 위치에 따라 다종다양하다.

형태는 공간 속에 존재한다. 시간 또한 어떤 면에서 일정한 공간 속에 존재한다. 우리는 공간을 어떤 제한적이고 측정할 수 있는 경계선 안에 존재하는 것으로 경험한다. 이러한 공간은 길이, 넓이, 높이와 같은 양감의 차원들을 가진다. 공간에는 우리가 인지할 수 있는 공간과 측정 불가한 무한대의 우주공간이 있다. 또한 단순한 환영에 불과한 공간도 있다. 그림이나 인쇄물 같은 평면적인 것에서 조형가가 창조하는 공간이 바로 그것이다. 조형가는 종이나 캔버스 또는 보드 위에 공간감이나 깊이감을 표현하는데, 이는 본질적으로 평면이기 때문에 실제적인 공간은 아니다. 그러나 디자이너에게는 이러한 가상의 공간감도 중요하다.

공간은 점 · 선 · 면 · 형의 구성에 의해 성립된다. 공간에는 회화적인 평면공간과 조각적인 입체공간이 있는데, 전자는 보이는 부분만 미적으로 처리하지만 후자는 뒷면이나 안쪽부분도 조형적으로 처리해야 한다.

공간은 이미 결정된 지점 간의 실제적 또는 환영적(측정 가능한) 공간이다. 공간 그 자체는 디자인 요소가 아니라 오히려 그것의 존재가 디자인 요소라는 면에서 다른 요소와는 다르다. 그것은 다른 요소와 원리들 간의 상호작용에 의해 만들어진다. 공간의 진정한 중요성은 그것의 기능에 있다. 그 기능은 다른 모든 요소들이 존재하고 상호 작용하는 필수적 요소가 되거나 그것을 제공할 것이다. 공간은 단순히 빈 것이 아니다. 그것은 물질과 에너지를 내포하기도 한다. 디자인에서 공간적 고려대상은 미시적인 것에서부터 인간과 대규모적인 것까지

**그림 3.123** 정육면체와 공간

**그림 3.124** 에로 사리넨, TWA터미널 빌딩, 존 F. 케네디 공항, 뉴욕, 1962년

이다. 건축공간에 있어서 물론 가장 기본적인 것은 인간적 척도이다.

조형예술에서의 공간은 공간의식을 구성하는 감각의 종류에 따라 운동공간, 촉공간觸空間, 시공간視空間의 세 종류로 나누어진다. 이 세 가지 공간 가운데 시공간은 모든 조형예술에 대해서 기본적인 의의를 갖지만, 상대적으로는 시공간과 촉공간과 운동공간은 각각 회화와 조각, 건축에 대해 밀접한 관계를 가지고 있다. 건축에 있어서 쉬마르조A. Schmarsow가 말한 것처럼 건축의 가장 내적인 본질은 공간형성, 특히 내부공간의 형성에 있으나, 운동공간으로서의 내부공간에 대한 의식은 보는 사람의 시각을 통하여 재생감각의 형태로 주어질 뿐만 아니라 보는 사람 자신이 신체를 이동함으로써 직접 느낄 수 있다. 객관적으로 보면 건축은 바닥, 벽, 천장, 기둥 등에 의해 여러 가지로 구획되어 한정된 형이나 그 상호간의 유동적 구성에 의존하고 있다. 따라서 이 운동 공간적 요소에 건축의 미적 독자성이 있다.

**그림 3.125** 성당 내부의 공간

## 5.1 공간의 종류

내부가 중공으로 되어 있거나 개구부가 유리로 되어 탁 트인 공간인 보이드Void한 공간은 개방적인 공간이며, 내부가 충실해 있고 생활공간을 두지 않거나 개구부가 작고 외벽량이 큰

**그림 3.126** 판테온 신전, 로마, AD 118~125년

**그림 3.127** 판테온 신전의 내부공간

공간인 솔리드 Solid한 공간은 외형이 중후한 모양이다.

면으로 에워싸여 완결된 공간인 포지티브한 공간은 평안한 느낌을 주며, 점이나 선으로 암시되어 있거나 면으로 완전히 에워싸이지 않은 공간인 네거티브한 공간은 소극적이며 존재감이 약하지만 의미 깊은 미묘한 느낌을 준다.

수평면과 수직면으로 구성된 공간인 정적 Static인 공간은 단순하고 운동감이 없으며, 곡면 또는 사면으로 구성된 공간인 동적 Dynamic인 공간은 변화적이고 동적인 느낌을 준다.

수평면이나 수직면 또는 사면으로 구성된 공간인 견고한 Hard 공간은 단정하고 정형적이며 딱딱한 느낌을 주고, 곡면에 의해 구성되거나 천장 · 벽면의 구별이 없는 듯한 공간인 유연한 Plastic 공간은 유연하고 자유분방하며 풍요로운 느낌을 준다. 그리고 친근감과 생명감을 준다.

건축 내부의 둘러싸인 공간인 내부공간과 건축 외부의 개방된 공간 Open Space인 외부공간도 있는데, 외부공간은 뜰, 마당, 정원, 몰 Mall, 플라자 Plaza, 공원 등으로 발전될 수 있다.

## 5.2 공간의 구성

### 1) 개방적 공간과 폐쇄적 공간

개방적 공간은 바닥에서 천장까지 닿는 고정된 간이벽이 거의 없는 것으로 융통성 있는 사회적 공간을 많이 가질 수 있다. 넓은 듯한 느낌과 공간 사용의 다양성, 생활의 흐름과 많은 행위의 상호관련성을 인식하고 고립에서 벗어날 수 있는 장점이 있다. 그러나 단점으로는 소음이 많고, 모든 것과 격리되어 있을 장소가 없으므로 조직적인 공간계획이 필요하다.

폐쇄적 공간이란 공간을 몇 개의 방으로 나누는 것이다. 이것은 연령이나 활동 등의 집단별로 프라이버시를 보장할 수 있고 각 실의 특성에 맞는 공간을 구성할 수 있으며, 사용하지 않는 공간은 폐쇄시킬 수 있어 경제적인 장점이 있는 반면에 답답한 느낌이나 고립감을 줄

**그림 3.128** 하기아 소피아 사원의 횡단면, 이스탄불, 터키, 325년

**그림 3.129** 교회당 내부의 공간

수 있다.

그림 3.130 그랜드 모스크의 내부 공간, 코르도바, 스페인, 8~11세기

### 2) 수평적 공간과 수직적 공간

수평적 공간, 즉 단층공간은 옥외와 쉽게 연결할 수 있으므로 이동이나 피난이 용이한 장점이 있다. 반면에 소요공간이 수평적으로 증가함으로써 부지 및 구조물에 대한 비용 또는 에너지 사용 등에 있어서 비효율적인 단점이 있다.

수직적 공간, 즉 다층공간은 실이 상하로 분리되어 영역구분이 간단하고 전망, 채광, 통풍 등이 좋은 장점이 있다. 그러나 계단은 노약자나 장애인에게 중요한 장애물이 되고 유지관리가 힘들다는 단점도 있다.

### 3) 규칙적 공간과 불규칙적 공간

공간의 형태는 규칙적 형태의 공간과 불규칙한 형태의 공간이 있다. 전자는 일관성 있고 질서 있게 상호 관련되는 것인데, 일반적으로 한 개 이상의 축을 가지며 자연스럽고 대칭적이어서 안정되어 있다. 원형, 정사각형, 정삼각형, 정육각형의 평면형과 반구형, 원통형, 입방체, 피라미드형의 공간은 중심이 중앙에 있어 강한 방향성이 작용하지 않으나 타원, 직사각형, 직삼각형의 공간은 한쪽으로 길게 뻗어 긴 축을 갖고 있으며 강한 방향성을 갖는다. 이에 반해 후자는 복잡하고 많은 면으로 이루어져 있어 변화가 많고 여러 개의 대칭축을 갖는다.

**그림 3.131** 산타네제 피아짜 나보나 성당 광장, 로마, 1653~666년

**그림 3.132** 성베드로 대성당의 광장, 로마, 1506~1626년

## 5.3 공간의 균형

공간 내에서 균형은 인간과의 상대적인 관계를 기본으로 하고 바닥, 벽, 천장, 즉 길이, 폭, 높이의 관계에 있어 그 비례로 파악된다.

### 1) 스케일(Scale)과 휴먼 스케일(Human Scale)

스케일은 상대적인 크기, 즉 척도를 말하며 휴먼 스케일은 인간의 신체를 기준으로 파악하여 측정되는 척도의 기준이다.

특히 인간이 자신을 기준으로 계산하여 공간에 대해 감각적으로 가장 쾌적한 비율을 나타낼 때, 즉 인간의 크기에 배해 너무 크거나 작지 않을 때 휴먼 스케일이라 한다. 그러므로 휴먼 스케일이 잘 적용된 실내공간은 안정되고 안락감을 주는 환경이 된다.

### 2) 비례(Proportion)

**그림** 3.133 님펜부르크 궁전 앞 광장, 뮌헨 교외, 독일, 1664년

비례는 선으로 측정되는 물리적 크기의 비교 결과로서 기하학적 개념을 나타낸다. 건축, 실내디자인에 있어서 공간에는 항상 비례가 존재하여 전체 건축물, 실내공간, 개구부, 가구 등의 실내구성 요소들은 폭, 길이, 높이, 치수와 서로 관계한다. 따라서 한 공간의 비례는 평면, 입면, 단면의 3차원으로 동시에 고려되어야 한다.

**그림** 3.134 건물, 광장 및 사람들

**그림** 3.135 에펠탑 저변부의 공간

### 3) 모듈(Module)

모듈은 일종의 치수측정 단위로서 건축, 실내가구의 디자인에 있어 그 종류와 규모에 따라 계획자가 정하는 상대적, 구체적인 기준이다. 이 모듈은 계획에 있어서 일정한 최소단위를 설정하고 그 배수로서 다양한 규모를 정하는 데 사용된다.

르 코르뷔지에는 생활에 적합한 건축을 위해 인체와 관련된 모듈의 사용에 있어서 단순한 길이의 배수보다 황금비례를 이용함이 타당하다고 주장하였는데 그 비례는 대략 1 : 1.618이다.

① **모듈러 플래닝** Modular Planning : 모듈을 기본척도로 하여 그리드 플랜 Grid Plan을 적용하면 사전에 변경을 예측할 수 있다. 변경은 모듈이 적용된 그리드 상에서 이루어지는 한 어떤 식으로 변경하여도 무리 없는 새로운 계획으로 이행될 수 있는 체계를 갖는다.
모듈은 자체공간에서 필요한 실의 적절한 단위의 크기와 가구의 유형, 크기, 배치 등을 고려하여 결정하며, 모듈은 주요 기둥의 간격과 구조벽체와 일치해야 한다. 그리고 실의 치수는 모듈의 배수이어야 하며 실내외 면에 있어서 개구부의 크기와 형상을 고려야 한다.

② **M.C** Modular Coordination : M.C는 건축의 재료, 부품에서 설계시공에 이르기까지 건축생산 전반에 걸쳐 치수상의 유기적 연계성을 만들어내는 것을 말한다.
따라서 M.C는 구성재의 작은 부품에서부터 공간의 크기, 위치, 형태, 시공방법, 재료에 이르기까지 광범위하게 모듈의 치수체계를 가지고 각 단계마다 조정되므로 기술적,

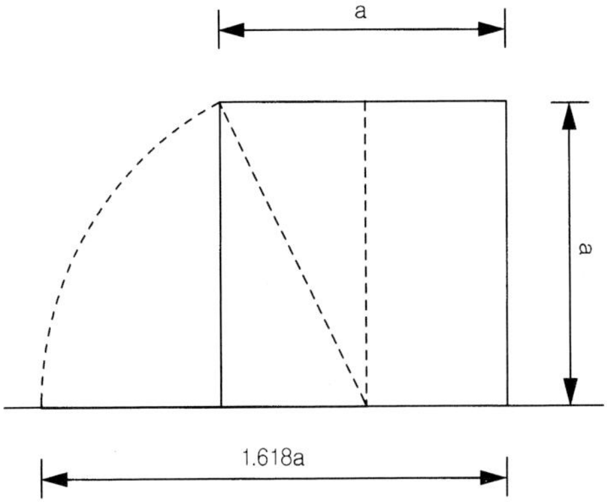


그림 3.136 황금비례

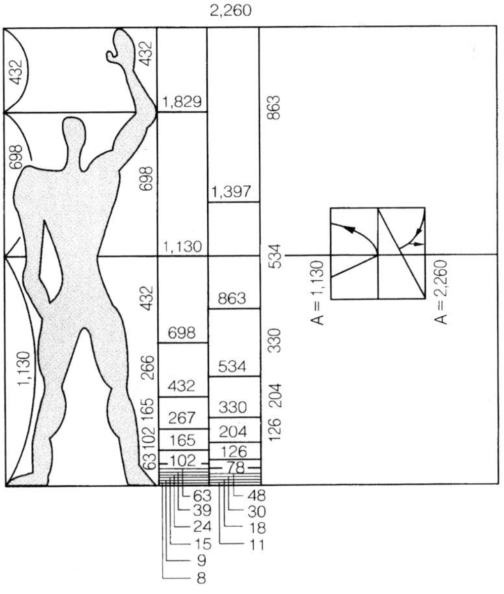


그림 3.137 모듈러

경제적 효율성이 강조되어 생산을 합리화시키고 시공비를 절감시킬 수 있다.

이상의 내용에 대해 여기서는 이 정도만 살펴보고, 해당 절에서 구체적으로 살펴본다.

## 5.4 공간의 동선

동선은 사람이나 물건이 움직이는 선을 연결한 것으로 모든 동선은 시작이 있고 연속적인 공간을 통하여 목적하는 곳까지 이어진다. 동선은 대체로 짧을수록 효율적이나 공간의 성격에 따라 길게 하여 머무는 것을 유도하기도 한다.

### 1) 동선의 유형

동선의 종류로는 직선형, 방사형, 격자형 및 혼합형 등이 있다.

직선형은 최단거리의 연결로서 통과시간이 가장 짧다는 장점이 있다. 방사형은 중앙에서부터 시작하여 바깥쪽으로 그 주위를 회전하면서 목적하는 지점에 이르는 형을 말한다. 격자형은 종횡의 규칙적인 간격을 두고 정방형 공간을 가지므로 상호 평행하는 동선이다. 그리고

**그림 3.138** 사무소 건축의 엘리베이터 홀 공간

**그림 3.139** 다이내믹/플라스틱 한 공간

**그림 3.140** 스터틱/하드 한 공간

**그림 3.141** 동적이고 유연한 느낌의 공간

그림 3.142 내부공간이 생동감 있고 변화적이다

그림 3.143 벽화에 의한 동적 · 변화적 공간

혼합형은 상기의 유형을 혼합한 동선으로서 통로 간에 위계질서를 갖도록 한다.

### 2) 출입구의 위치에 따라 동선 및 시선의 이동

① 입구가 하나일 경우

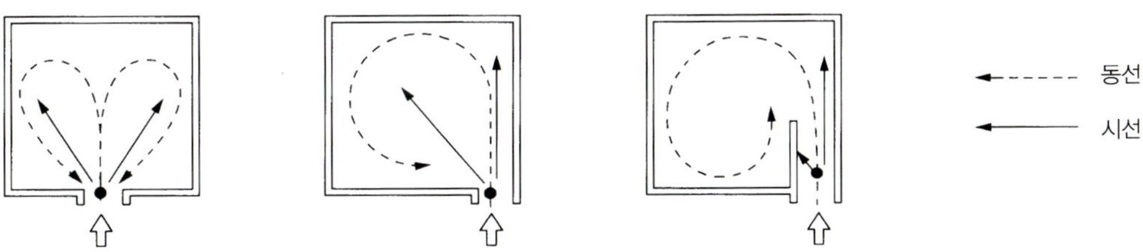


② 입구가 둘일 경우

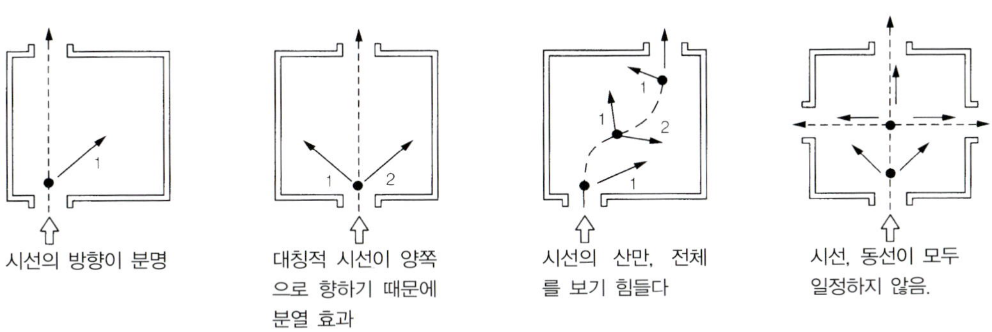


그림 3.144 공간 내 동선 및 시선의 이동

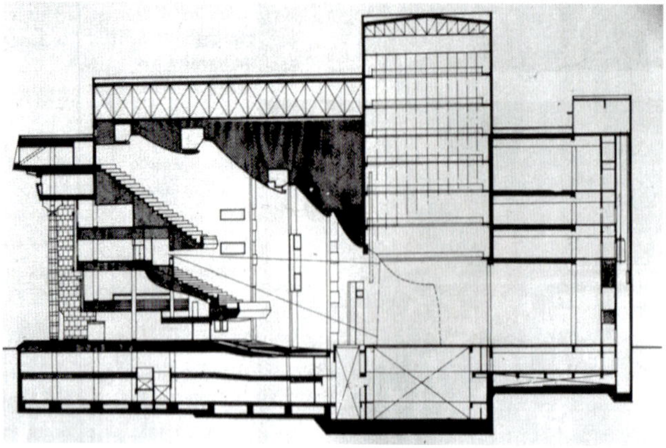

그림 3.145 엄덕문, 세종문화회관의 단면, 서울, 1978년

그림 3.146 해리 위즈, 아레나 스테이지 건물내부, 워싱턴

그림 3.147 알바 알토, 대학도서관 내부공간, 오리건주, 미국, 1965~70년

그림 3.148 W. H. 바로우, 성 판크라스 역, 런던

그림 3.149 오스카 니마이어, 브라질리아 원형 대성당의 내부공간

그림 3.150 리차드 로저스, 로저스하우스, 런던, 1972년

그림 3.151 라르스 손크, 탐페레 성당 내부, 핀란드, 1900~07년

그림 3.152 파올로 솔레리, 아르코산티, 애리조나, 미국, 1960년대

## 6. 방향(方向, Direction)

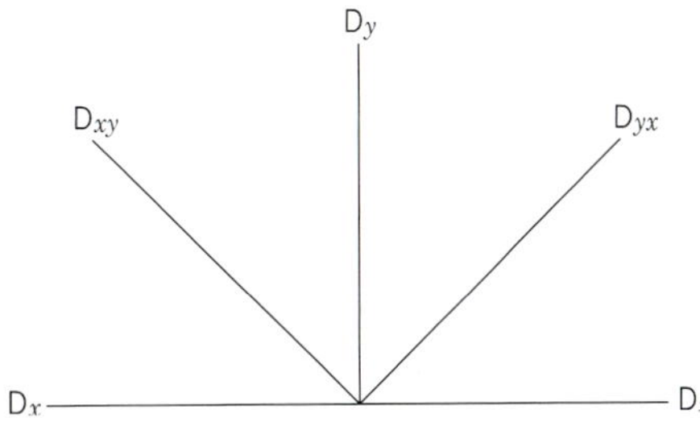


그림 3.153 방향의 기본

점, 선, 형 등의 미의 구성요소는 어떤 방향성을 갖는다. 그리고 방향성은 종류에 따라 각각 고유의 특성을 가지며 우리에게 여러 가지 느낌을 갖도록 한다. 따라서 방향은 디자인 요소로 작용한다.

르 코르뷔지에는 1920년대 순수주의 Purism 선언에서 "조형언어의 기본은 중력의 감각이다. 이것은 수직으로 표현되며, 이에 대한 지지감각은 수평으로 표현된다"라고 하였다. 조형 디자인은 점, 선, 면 기타 제반 요소가 총동원되고 원리에 의하여 구성되지만 이러한 과정도 항상 총체로서 구성의 기본적인 감각에 꼭 필요한 것은 역학적 안정성이다.

### 6.1 방향의 종류

방향의 기본에는 수평방향과 수직방향 및 사방향의 세 가지 유형이 있다고 생각할 수 있다. 물론 이것은 방향에 있어서 대표적인 것이다. 방향을 더 세분한다면 이들 세 방향 사이로 무수히 많은 방향을 설정할 수 있다. 이들 각 방향은 시각적, 감각적으로 각기 느낌을 다르게 갖도록 하는 작용을 한다.

수평방향Horizontal Direction은 평형과 중력의 지지로 안정되어 조용하고 수동적이며, 의젓하고 얌전하여 평온한 느낌을 지닌다. 적막한 바다나 대평원의 수평성과도 관련성을 가지고 있다. 그리하여 수평방향은 안정감과 평화감을 주지만 정적감, 고요감, 침묵감을 갖기도 하며 때로는 중압감과 지루함을 느끼게 한다.

수직방향Vertical Direction은 수평에 대하여 직각으로 쭉 뻗어 있어 균형성과 강력한 지지력, 중심을 내재한 느낌을 가지고 있다. 그리하여 수직방향은 신神이나 높은 이상을 향하는 듯한 상향감, 솟아오르려는 듯한 충동감, 진취감 등이 있으며, 상징적이거나 과시적이고 기념적인 느낌을 갖기도 한다. 그리고 우상적, 권위적인 느낌을 갖도록 하기도 하며, 때로는 엄격함과 위엄성 등을 갖기도 한다.

사방향Declined Direction은 수평 또는 수직에 대하여 비스듬하게 경사져 형성된 방향이므로 안정된 수평, 수직방향에 비하여 심리적으로 불안정한 자극을 유발한다. 따라서 사방향은 경사각도의 정도에 따라 느끼는 감정은 다르지만 보통 가변적, 동적, 미완성적인 성격을 가지며 역동적, 충동적, 활동적인 느낌을 갖게 한다. 그리하여 운동감을 느끼게 하며 때로는 불안감을 느끼게 하기도 한다. 그러나 사방향은 삼각형, 피라미드에서와 같이 대칭적으로 서로 맞대고 있는 경우에는 오히려 더 안정적인 느낌을 준다. 사방향은 무미한 안정감에 대하여 때로는 활력적인 자극을 주기도 하는 것이다.

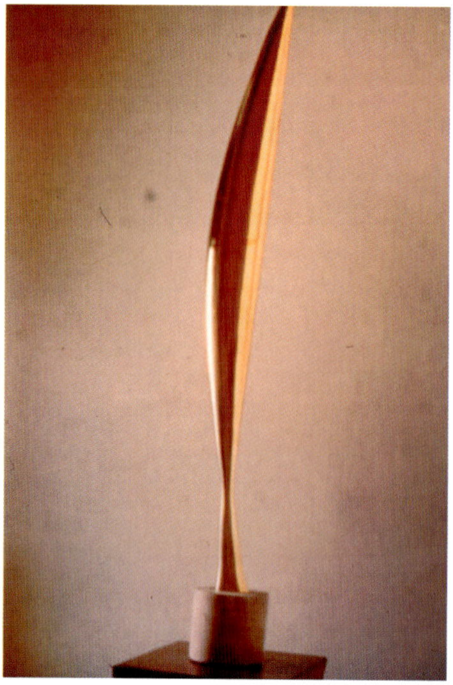

**그림 3.154** 수직성이 강조된 조형물

**그림 3.155** 체조의 몸동작(수직 및 사방향)

## 6.2 방향의 사례

실제의 윤곽선이나 또는 형이 주는 방향감일 때에도 모든 수직의 방향에서는 중력을 시사하고 수평방향은 지지력을 표현한다. 그러므로 수직과 수평의 두 방향은 화면에서나 건축에 있어서나 강한 안정감이 생기고 정지적 영원한 질서와 안정의 상징도 된다.

일상적인 생활환경 속에서 우리들은 안정감을 확실히 느끼지 못한 채 살고 있는 것 같지만, 사실은 이 수직과 수평의 질서가 주조로 된 사회환경 속에서 자연히 안정된 감정이 유지되고 있다. 수직이 많고 수평이 약할 때에는 수평과 수직의 불균형으로 우리들은 불안감에 빠지게 된다. 따라서 모든 조형활동에 있어서 총체적으로 수직과 수평방향 그리고 사방향의 균형을 이루는 구성이 필요하다.

건축물 중에는 교회, 법원, 은행 등과 같은 건물은 종교적 숭고함이나 신뢰감, 공정함, 엄정함 등을 표출하기 위하여 수직성을 강조하고 학교, 백화점, 극장, 회관 등은 편안함, 친밀감, 안정감 등을 나타내기 위해 수평성을 강조하는 경우가 많다. 이러한 느낌에 대한 심리적인 근거로는 우리들의 눈의 생리와도 관계가 있다.

그림 3.156 저스틴 헤르만 플라자 및 분수, 샌프란시스코

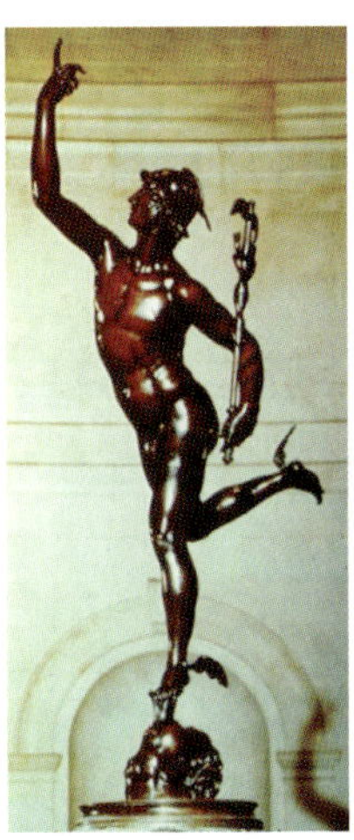

그림 3.157 보로그나, 사비느 여인의 강탈, 르네상스시대

그림 3.158 처마, 고드름의 수직방향

그림 3.159 마름모꼴의 조형물

즉, 우리들의 두 눈은 수평적이며 두 개의 동공을 통한 시각 부담이 수평과 수직에서 느끼는 그 판단과 노력에 차이가 있다. 다시 말하면, 수평방향은 보기가 쉽고 수직방향은 수평보다 더 부담감이 있다. 그러므로 심리적으로도 수직방향은 어려운 감정에, 수평방향은 쉬운 감정으로 분류될 것이며 이것은 심리적 감정도 생리에서 기인되기 때문이다.

건축의 사례를 보면, 건물의 지붕이 수평방향인 슬래브 지붕과 같은 경우와 박공지붕이나 돔형 지붕과 같은 사방향인 경우에 있어서 전자는 평온하고 정적인 반면에 후자는 변화적이고 동적인 느낌을 준다.

건물의 형태나 창문의 모습 등이 수평방향인 경우와 수직방향인 경우, 수직 및 수평의 방향을 혼용한 경우, 그리고 사방향의 건물 및 다른 방향과 혼용한 경우 등의 느낌을 비교해 보면 각각 그 느낌이 다름을 알 수 있다.

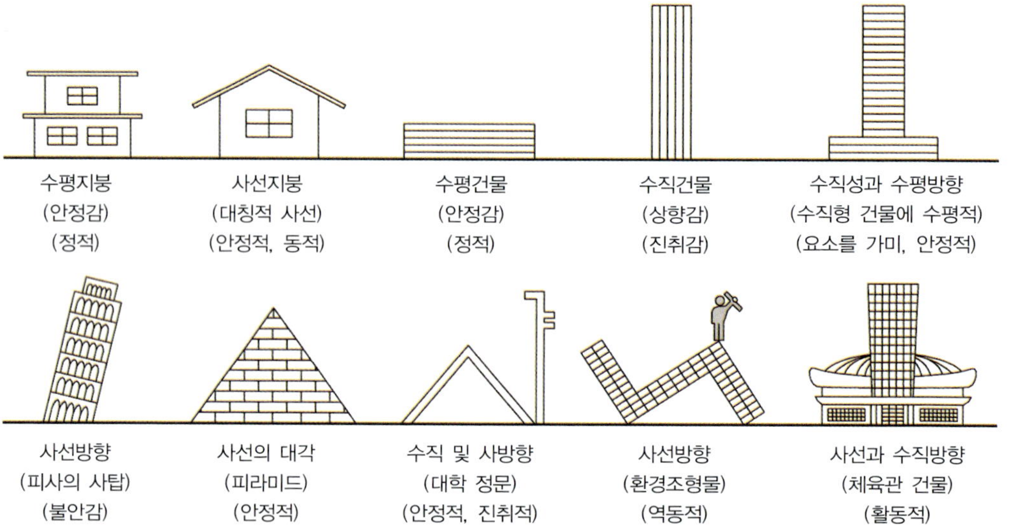


**그림 3.160** 각종 건축물의 방향성

**그림 3.161** 프로메데우스의 조각상

**그림 3.162** 윌리암 브라케, 캐더린 여왕의 꿈. 무브먼트 즉, 동세를 느낄 수 있다.

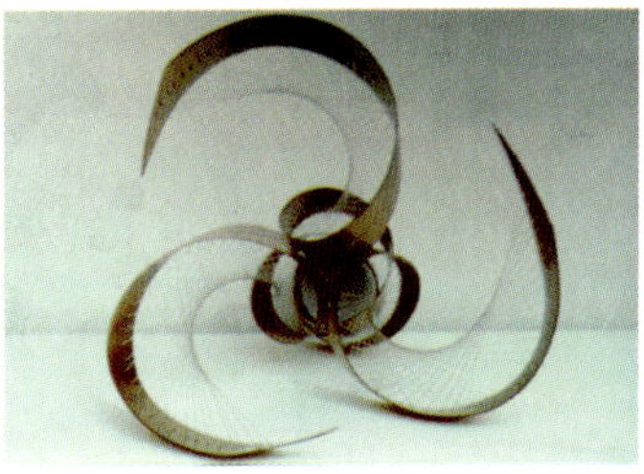

그림 3.163 나선형의 무브먼트

한편, 조형미술에는 운동감(동세, Movement)이라는 것이 있으며, 이것에는 방향성이 있다. 운동감은 조형미술에서 본래 그 자체는 정적인 것이며, 다만 표현 속에 내재할 뿐이다. 운동이라는 개념은 시간과 공간의 4차원적인 것으로 1909년 이탈리아에서 미래파 Futurism와 큐비즘 Cubism에 의하여 미술에서의 이시적 異時的 현상의 동시적 표현을 목표로 초현실적 공간을 표현하여 힘과 운동과 방향을 강조한 때부터이다. 운동은 시간에 의하여 전개되는 예술, 즉 영화, 연극, 무용 등에 나타나는 것으로 건축, 회화, 조각 등은 정지된 예술이다. 그러나 정지된 예술은 실제의 운동은 없으나, 어떤 구체적인 행동을 표현하고 있는 조각상 또는 화면 등을 보면 그러한 형상에서의 전후, 좌우, 상하의 운동감이나 방향을 암시하고 있는 것을 쉽게 알 수 있다.

운동감에 있어서 선의 방향에는 평면적인 방향과 입체적 방향이 있다. 평면적 방향이 수직

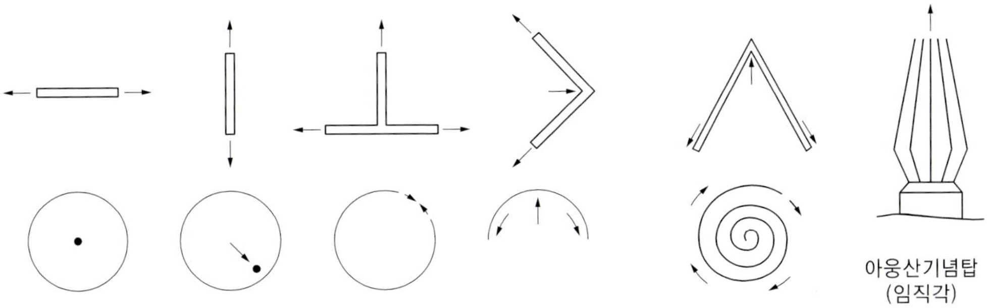


스파늉이 1개, 2개 또는 3개 이상이거나, 정지된 모양 및 동세를 나타내는 경우

**그림 3.164** 각종 동세 및 방향성

**그림 3.165** 회오리바람 모습의 스파늉

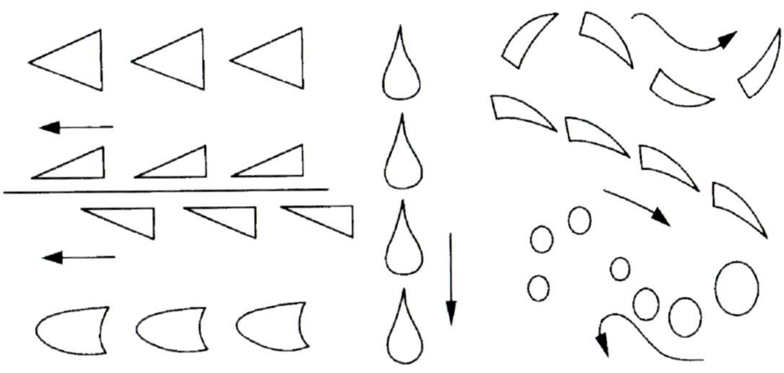

(a) 형태의 스파늉을 이용하여 배열하면 무브먼트가 생긴다.

(b) 배치에 따라 생기는 스파늉을 이용한다.

**그림 3.166** 무브먼트 제작법

방향, 수평방향 및 대각의 사방향으로 표현된다면 입체적 방향은 운동의 방향을 뜻하며, 이것은 내방운동, 외방운동, 사각운동으로 분류할 수 있다.

**그림 3.167** 수직 및 사방향의 파고다

**그림 3.168** 수직 · 수평 및 사방향의 건축물

**그림 3.169** 피사의 사탑, 이탈리아, 1173~1372년

**그림 3.170** 가이우스 체스티우스의 피라미드, 로마,BC 43년

**그림 3.171** 권위적 · 위엄적인 수직방향

**그림 3.172** 르 몽 생 미쉘 수도원, 프랑스, 1017~1521년

**그림 3.173** 사장교의 수평 및 사방향

내방운동 內方運動은 자기에게 접근하는 운동으로 수축되는 내성적인, 자기위주의, 어려워하는 물러서는 느낌이고, 외방운동 外方運動은 자기로부터 멀어지는 운동, 즉 확장, 외향적, 개방적, 분리, 분열되는 느낌이다. 그리고 사각운동 斜角運動은 내방이나 외방운동도 아닌 자기에게서 떨어져 나가려는 운동으로서 격렬하고 난폭한, 신경질적인, 유력한, 진보적 느낌 등으로 나타난다.

한편, 동세 Movement란 운동감이나 이동감 또는 움직임 등의 느낌을 의미하는데, 이것은 스파눙이라는 용어와도 유사한 개념이다. 즉, 스파눙 (Spannung, 독)이란 점, 선, 면, 형 등의 디자인 구성요소 중에 내재하고 있는 동적인 힘이나 긴장감 또는 요소의 상호관련에 의하여 발생되는 동세나 운동감 등을 말한다. 물론, 무브먼트나 스파눙은 반복, 교차, 율동, 점이 등의 디자인 구성원리와도 밀접한 관련성을 갖는다고 하겠다.

**그림 3.174** 프랭크 로이드 라이트, 로비 하우스, 시카고, 1910년

**그림 3.176** 루브르 궁전, 파리, 1546~1868

**그림 3.175** 의사당 및 빅벤, 런던, 1840~60년

**그림 3.177** 에로 사리넨, 북 크리스천 교회, 인디아나주, 1964년

**그림 3.178** 건물 상부 사방향의 강조

그림 3.179 사방향의 독특한 교회건물

그림 3.180 링컨 타워 빌딩

이상과 같이 방향이라는 요소는 조형물이 실제로는 움직임이 없는 정지된 상태일지라도 그 자체가 시각적으로 운동감을 느끼게 할 수도 있는 요소인 것이다.

## 7. 크기(Size)

### 7.1 크기의 개념

길이나 면적 또는 용적 등에서 그 크기의 비교가 생긴다. 따라서 크기는 미의 구성요소가 된다. 크기는 거리나 위치 등의 상황에 따라 상대적으로 변화하는 상대적 개념이기도 하다.

만약, 호랑이와 사자가 싸운다면 어느 쪽이 이길까? 라고 질문을 한다면 사실 그것은 우문에 불과하다. 왜냐하면, 양자의 크기나 건강 등의 조건이 있어야 비교가 가능하기 때문이다. 즉, 어느 한쪽이 어리거나 병약하다면 그 싸움은 성립이 되지 않는다. 또한 황소나 개구리는 큰 동물인지, 아니면 작은 동물인지? 라는 질문 역시 우문에 해당된다. 왜냐하면, 황소는 코끼리보다는 작고 돼지보

그림 3.181 오리 모습의 집, 리버헤드, 미국, 1931년

다는 크며, 개구리 또한 토끼보다는 작지만 개미보다는 크기 때문이다. 이와 같이 크기란 상대적으로 결정되는 개념이므로 반드시 비교할 대상이 있어야 한다.

'장님들과 코끼리의 이야기'에서 코끼리는 장님들의 위치에 따라 그 실체가 다르게 느껴진다. 즉, 코끼리의 다리 옆에 서있는 장님에게는 코끼리가 기둥으로, 귀를 만지는 장님에게는 부채의 모양으로, 그리고 꼬리를 만지는 장님에게는 뱀처럼 인식되는 것이다. 장님 각자의 위치에서 만졌을 때 그와 같이 느끼게 되는 것이다. 이와 같이 크기란 보는 위치에 따라 달라지는 것이다. 난쟁이 나라에서는 보통 크기의 사람도 거인이 되며, 거인들의 나라에서는 보통 사람도 난쟁이가 되어 버리는 것이다.

지구 속에서 사는 우리는 지구의 크기가 어마어마하게 크다고 느끼고 있지만, 만약 우주 저 멀리서 지구를 본다면 한낱 콩알 크기처럼 보일 것이다. 태양 역시 대단히 큰 별임에 틀림없지만 우주 속의 더 큰 별에 비하면 수십 분의 일, 아니 수백분의 일에 불과하다고 한다.

역시, 만약 십억 원의 돈이 있다고 했을 때, 그 돈이 많은 돈인지 아니면 작은 돈인지? 라는 질문 역시 우문에 불과하다. 왜냐하면, 그 돈은 일억 원보다는 많지만 백억 원보다는 적기 때문이다. 또한 지상에서 본 산이나 강 또는 빌딩 등의 크기는 매우 크지만 비행기를 타고 하늘 위에서 내려다 본 지상의 모습은 아담하기 짝이 없다. 산은 바가지 하나 엎어놓은 듯한 크기이고 큰 강은 실개천처럼 보일 것이며 사람은 마치 개미처럼 보일 것이다. 이와 같이 크기란 다른 것과 상호 비교해 봄으로써 실체를 알 수 있으며, 거리나 위치 등의 상황에 따라 그 크기가 달리 보이는 상대적인 현상 때문이다.

크기의 인식에 있어서 인간은 사물을 대할 때, 실제의 크기가 아닌 시각 속에 들어오는 상을 보고 느끼므로 상의 크기는 대상물과 지각자와의 거리 및 위치에 따라 다르다. 그리고 크기의 비교는 다른 사물과의 상대적인 비교에 의해서만 성립된다. 즉, 상대적인 다른 크기가 판단의 기준이 된다. 우리는 다른 사물과 의식적 또는 무의식적으로 비교하여 판단한다.

동일한 사물을 보는 경우에도 보는 시각이나 접근방법에 따라 대소, 경중 등 가치판단이 반드시 같을 수 없다. 거대한 불상의 크기를 실감나게 사진에 나타내려면 자신이 불상 옆에 서서 스케일 역할을 하면 된다. 반면, 가냘픈 갈대를 클로즈업하여 스크린에 몇 십 배로 확대하여 보면 대나무처럼 크게 보일 것이다. 또한 맨 눈으로는 볼 수 없는 인체의 세포를 현미경으로 들여다보면 커다란 마을을 비행기에서 내려다보는 것처럼 보이며, 실핏줄도 시냇물처럼 보일 것이다.

크기는 관념과도 관계된다. 따라서 우리는 눈을 통하여 어떤 물체를 보면, 뇌 속의 기억된 것들과 비교하여 그 크기를 가늠하게 된다.

회화에 있어서는 크기에 의해 원근감을 나타낸다. 즉, 전경은 크게, 중경을 보통으로, 원경을 작게 그림으로써 원근감을 주어 실제 보는 것과 같은 느낌으로 표현하는 것이다.

## 7.2 크기와 인간척도

척도 Scale란 건물의 요소나 공간의 크기가 다른 요소나 공간에 대해 어떤 크기로 지각되는가 하는 것이다. 디자인이 적용되는 공간과 공간 내에 배치되는 물체들의 상호간에 유지되어야 할 적정 크기의 관계이므로 공간의 크기나 그 내부에 배치되는 가구, 집기 등의 체적 그리고 인간의 척도와 동작범위를 고려하는 공간관계 형성의 측정기준이 된다.

척도에는 일반척도와 인간척도가 있는데, 일반척도 Common Scale는 한 요소의 다른 형태에

| 휴먼 스케일 | 비(非) 휴먼스케일 | 내용 |
|---|---|---|
| 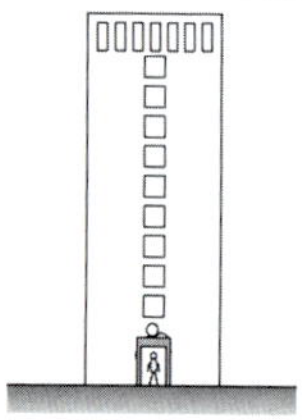 | 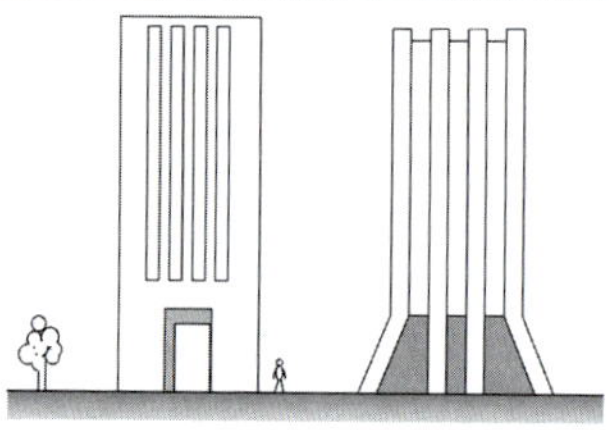 | 동일한 크기의 건축물일지라도 휴먼 스케일을 고려치 아니하면 친숙하지 않고 낯선 건축이 될 수 있다. |
| 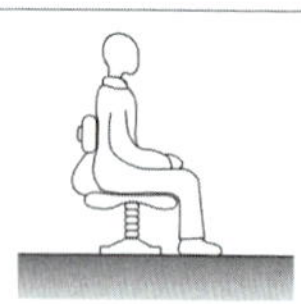 |  | 성인용 의자는 아동에게 불편하기 마련이다. 따라서 사용자의 스케일에 맞춘 적절한 크기이어야 한다. |
|  |  | 사람이 사용하는 문 역시 그 스케일이 적절하지 아니하면 불편하거나 불안감을 초래하게 된다. |

**그림 3.182** 휴먼스케일과 비 휴먼스케일

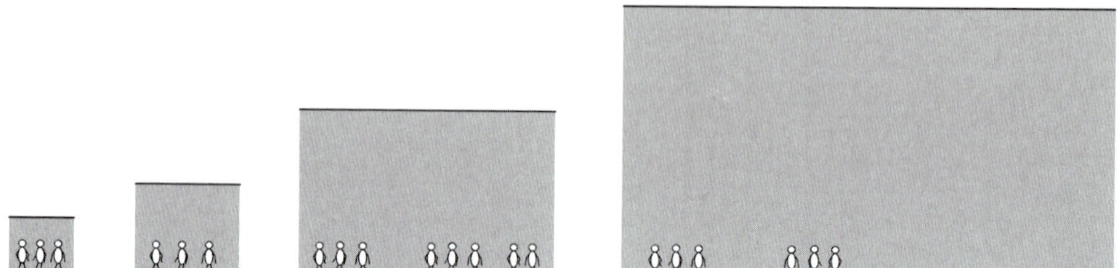


**그림 3.183** 스케일 유형

대한 크기 관계이고, 인간척도Human Scale는 인체 크기와의 관계로서 인간의 크기에 비해 너무 크거나 작지 않은 상태의 쾌적한 비율을 나타낸다. 인류가 사용했던 척도들의 기원은 인체에 근거를 두고 있다. 인간들은 자신의 신체 일부분으로 다른 물건들을 재어보기 시작했으며 그것을 기준으로 삼기도 하였다. 현재까지 사용하고 있는 척도들의 대부분이 그렇게 만들어진 것이다. 자尺와 치寸, 피트, 야드 등의 척도단위는 인체치수와 관계된다. 즉, 1자 = 1걸음 = 1푸트 ≒ 30cm이다. 그리고 1치 = 3cm, 1인치 = 2.54cm(손가락 마디)이다. 1야드 = 0.914399m는 신체 중심에서 손끝까지의 길이를 근거로 하고 있으며, 우리나라의 척도인 한길은 양팔을 벌린 전체길이를 근거로 하고 있다. 이는 옛날 사람들이 인체를 이용하여 만든 것으로 오늘날까지도 이용되고 있는 것이다.

그러나 스케일은 휴먼 스케일만이 반드시 의미 있는 것은 아니며, 디자인의 목적에 따라 다른 어떤 유형의 스케일을 선택할 수도 있는 것이다. 스케일을 조정하기에 따라 친밀함, 보통, 기념비적, 충격적인 감정을 유발할 수 있는 상이한 공간 창출의 경험이 가능하기 때문이다.

거리와 관계하여 사람의 얼굴을 식별할 수 있는 최대거리는 약 20~25m이다. 이는 극장에서 무대와 관중석을 계획할 때 고려해야 할 거리이다. 사람의 존재를 식별할 수 있는 최대거리는 약 1,200m이며, 도시경관의 가시한도는 약 1,600m이다.

건축공간의 치수Scale는 인간을 기준으로 살펴볼 때 물리적 스케일, 생리적 스케일, 심리적 스케일의 세 가지로 나누어 볼 수 있다. 출입구의 크기 또는 책상의 크기가 인간이나 물체의 물리적 크기에 의해 결정된다면 이는 물리적 스케일에 속한다. 또한 실내의 공간 크기 또는 창문 크기가 필요 환기량으로 결정된다면 이는 생리적 스케일이라 할 수 있다. 그리고 물리적으로나 생리적으로 반드시 필요하지는 않지만 답답함을 느끼지 않거나 안정감을 느낄 정도

**그림 3.184** 인디언상의 입간판, 미국

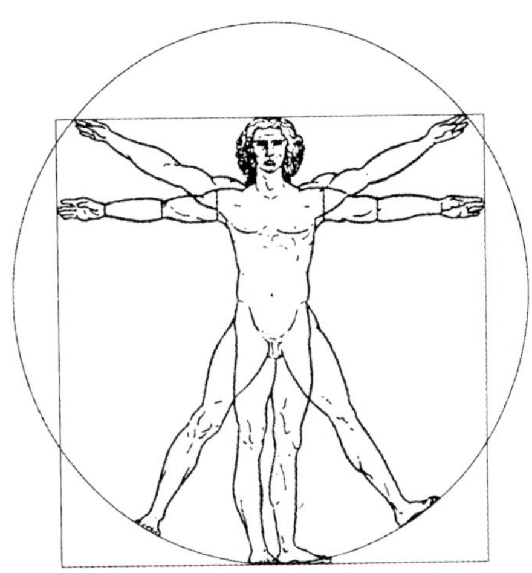

**그림 3.185** 레오나르도 다 빈치 : 비례의 규범

에서 천장의 높이가 결정된다면 이는 심리적 스케일이라고 할 수 있다. 이와 같이 건축공간을 단순히 인간을 담는 그릇이 아닌 인간의 생활을 수용하는 용기로 보아 건축 디자인 시 고려해야 할 스케일은 이러한 물리적, 생리적 및 심리적 스케일 등 모든 스케일을 포함한 종합적 스케일이어야 한다.

모듈(Module ; 기준척도, 기준치수)은 건축설계나 조립에 기본이 되는 치수이다. 르 코르뷔지에는 인간척도에 의한 크기의 개념 Modular을 중시하였다. 즉, 인간본위의 Scale을 중요시한 것이다. 그리고 척도조정(Modular Coordination : M.C)이란 건축 각 부분의 설계를 조정하여 모듈이 전체적으로 맞도록 하는 것이다. 척도조정의 기본개념은 서로 다른 크기의 부재도 하나의 기본 모듈격자로 정리하도록 하는 상호관련성, 모듈치수를 갖는 몇 개의 구성재로 모든 치수를 결정하는 가산성, 구성재의 자유로운 조합을 하기 위한 교환성, 요구되는 성능을 잃지 않고 구성재의 적정 크기를 선택하는 단순화, 그리고 크기와 비례가 단계적으로 변화하는 구성재의 계열화 등이다.

건축물의 형태, 재료의 질감, 상세부분 Detail 등의 크기와 시점거리의 관계는 디자인에서 매우 중요하다. 건축은 2차원의 도면 위에 표현될 때의 크기에 대한 느낌과 3차원의 형태 및 공간으로 형성된 뒤의 크기에 대한 느낌은 상당히 다르다. 도면에 척도의 기준이 되는 사람이나 나무, 자동차 등을 표현하면 비교가 되므로 건축물의 크기를 쉽게 알 수 있다. 모형을 제작하는 경우에도 마찬가지인 것이다.

시각예술 분야, 특히 건축에서 크기의 기준을 어디에 두는가 하는 문제는 인간척도와 주변 상황 등과 관계되는 매우 중요한 문제이다. 크기에 대한 인간의 느낌은 상황에 따라 크게 다르다. 우리가 매우 넓은 광장이나 높은 건물 또는 황야에 있을 때는 공허감은 물론 심하면 광장공포증, 고공공포증 등의 심리적 불안감을 느끼고, 파르테논 신전이나 피라미드 등과 같

**그림 3.186** 숭례문, 서울, 1398년

**그림 3.187** 장 누벨, 오페라 하우스, 리옹, 19세기에 지어진 신고전주의 양식의 건물을 개조하여 현대화하였다.

은 고대의 왕이나 신의 위대함을 과시하기 위한 건축물에서는 그 장대함에 압도감을 느끼며 그 속에서 우리 자신들은 왜소함과 빈약함을 느낀다. 사실 그와 같은 건축물은 인간척도를 벗어난 것으로서 실제 사용하기에는 매우 불편한 건축물들이다.

우리는 아담한 크기의 방에 있으면 아늑하고 뿌듯한 충만감을 느끼지만 큰방에 홀로 있는 경우에는 허전하고 쓸쓸한 고독감을 느낄 것이다. 그리고 좁은 공간에 갇혀 있으면 매우 답답함을 느낄 것이다. 이와 같은 점에서 침실계획 시 침실은 크다고 결코 좋은 것만은 아니며, 다른 공간들도 용도에 맞는 적정한 크기를 유지해야 좋을 것이다. 매스 Mass란 바깥에서 보는 건축물의 시각적 크기를 말하며, 볼륨(양감, Volume)이란 건축물의 내부공간으로 펼쳐지는 시각적 크기를 의미한다. 그리고 인간은 환경지각 시 주로 인간의 크기 Human Scale를 기준으로 삼는다. 따라서 건축에 있어서 매스와 볼륨 그리고 디테일에 대한 크기의 대소는 중요한 문제이므로 항상 적정해야 한다. 즉, 인간척도와 주위상황이 고려되어야 한다.

건축의 전체적인 효과는 어느 방향, 각도, 거리에서 보더라도 인간적 스케일에 대한 욕구가 만족되어야 좋은 형태로 지각된다. 너무 크면 공허감과 지루한 감을 느끼며, 너무 작으면 답답함과 위축감을 느낀다.

주변에는 우리의 신체적 크기에 맞지 않은 계단이나 난간 등과 용도에 맞지 않는 공간의 크기 그리고 비례적으로 주변현황과 어울리지도 않는 크기의 것들이 많이 있다. 우리의 국보 제1호인 남대문이 오늘날 주변 빌딩들의 크기에 압도당하여 그 모습이 마치 주변 빌딩의 정

**그림 3.188** 후드 우유병, 보스턴, 미국, 1934년

**그림 3.189** 모자이크를 사용한 코파카바나 해변, 리로 데 자네이로, 브라질. 포르투갈 정원에서 사용하는 모자이크, 물결 모양 패턴의 모자이크

**그림 3.190** 거대한 돔 교회당, 1670~77년

원의 한 장식물처럼 초라하게 전락했음을 알 수 있다.

인간척도에 맞고 주변상황과도 잘 조화되는 적정한 크기 및 양감의 형태와 공간을 부여하여 디자인에 반영해야 하는 것은 너무나 당연한 일이 아닐 수 없다.

## 8. 질감(質感, Texture)

질감은 어떤 물체가 가지고 있는 표면상의 특징을 촉각 또는 시각을 통해 지각할 수 있는 성질을 의미한다. 즉, 질감이란 사물 표면의 촉각 또는 시각적 성질을 말하는 것으로 공간에 있어서 형태나 위치를 강조하고 원근의 인상을 주며 공간의 성격을 통일시키거나 분리시킬 수도 있는 것이다.

질감에는 크게 재질감과 표질감이 있는데, 재질감이란 시각이나 촉각의 감각에 의해 감지하는 표면의 성질을 의미하며, 표질감이란 주로 시각적으로 인지하는 표면의 성질을 말하는데, 조형예술 분야에서는 주로 후자를 의미한다.

질감과 관련된 용어로는 매끄럽다, 부드럽다, 도들거리다, 거칠다, 차갑다, 포근하다 등 매우 다양하다. 질감은 인체의 피부와도 같은 것으로서 시각예술에서 감각적으로 중요한 요소이다.

질감의 성격에 있어서 우리가 만지는 모든 것에 대해 신체적으로 느끼는 인상이 다르며, 빛의 반사와 그에 의한 모든 형태의 모습이 각각 다르게 느껴진다. 그리고 질감에 따라 재료

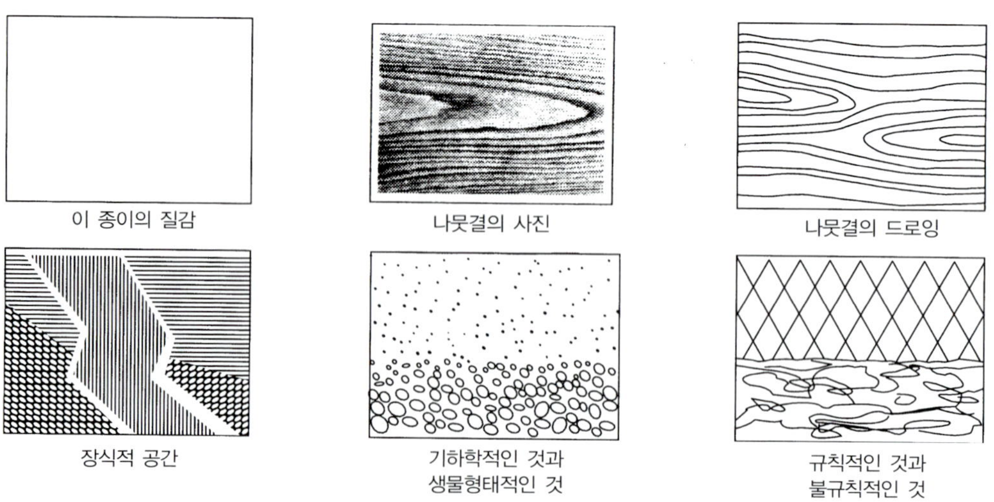


**그림 3.191** 각종 질감의 표현

그림 3.192 부드러운 솜털의 아기 새

그림 3.193 삽살개

그림 3.194 불독

의 유지 관리적 측면에 차이가 많으며, 미와 개성에 있어서도 감각적인 차이를 느끼게 한다.

백인과 흑인의 피부를 보면, 흑인의 피부가 더 거칠게 느껴진다. 그러나 실제는 흑인의 피부가 더 부드럽다고 한다. 그리고 피부가 거친 사람과 수염이 덥수룩한 사람은 보기에는 마음이 더 거칠게 느껴진다. 물론 시골사람들처럼 실제로는 그와 반대로 마음이 더 순진하고 인정이 많은 경우가 많다.

옷감은 동일한 재료라도 짜는 방법이나 색깔 또는 무늬에 따라 시각적으로 질감이 크게 다르게 느껴진다. 질감의 시각적 효과는 이와 같이 실제의 여부와는 상관없이 다르게 느껴지므로 고려되어야 할 요소이다.

## 8.1 질감의 분류

질감, 즉 텍스처는 디자인의 특성을 반영하므로 특히 입체적인 디자인을 할 때에는 질감의 선택이 매우 중요하다. 텍스처의 느낌에 따라 디자인에 대한 전체평가가 달라질 수도 있기 때문이다.

질감을 세분하면 촉각에 의한 것과 시각적인 것 및 구조적인 것으로 나눌 수 있다. 촉각에 의한 질감은 직접 만져 보았을 때 느껴지는 감촉이다. 즉, 카펫, 목재, 벽돌 등에서와 같이 부드럽거나 거친 느낌 등을 직접 손으로 느낄 수 있는 것이다.

시각적인 질감은 직접 눈을 통해 볼 때, 시각적으로 파악되는 것으로서 착각 또는 가장이라고도 한다. 이는 시각적으로 느낄 때 실제와는 다를 수 있기 때문이다. 모든 형태나 공간은 시각적 질감에 의해 그 윤곽과 인상이 형성된다. 질감이 거칠면 빛을 흡수하여 무겁고 안정된 시각적 느낌을 주는 반면에 표면이 매끄러우면 빛을 반사하므로 가볍고 날아갈 듯한 시각적 느낌을 준다. 앞서 언급한 바대로, 조형예술 분야에서는 주로 이 시각적 질감이 중요하다. 그리고 구조적인 질감은 어떤 물체가 만들어진 방법이나 재료로부터 생긴 것으로 물질의 표면질감은 대개의 경우 그것이 형성된 본질이나 구성상태가 나타나게 되는데, 형태 및 공간의 표면에서 인간감각에 와 닿는 모든 재료는 일단 구조적 질감이라 할 수 있다.

디자인에서 텍스처는 옷의 천과 같은 기능을 한다. 만일 두꺼운 모직으로 된 티셔츠를 입고 하의는 모시나 마와 같은 종류의 바지를 입는다면 옷의 디자인과 상관없이 대단히 어색해 보일 것이다. 마찬가지로 디자인의 텍스처는 어디에 부착되느냐를 세심하게 고려해서 결정해야 한다. 또한 텍스처와 색상의 관계도 대단히 중요하다. 질감에 따라 같은 색상이라도 그 느낌이 다르게 전달되기 때문이다. 따라서 텍스처를 선택할 때는 색상과 어울리는지도 함께 고려해야 한다.

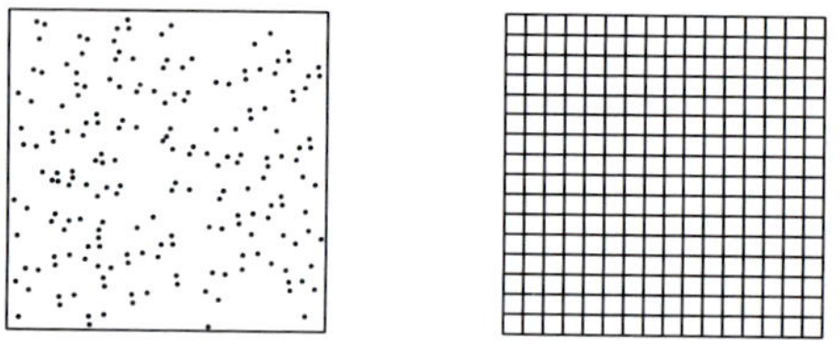

무늬 없음 체크 무늬

그림 3.195 천의 질감(동일 재질)

호박돌 사용 연마석 사용

그림 3.196 석재의 질감

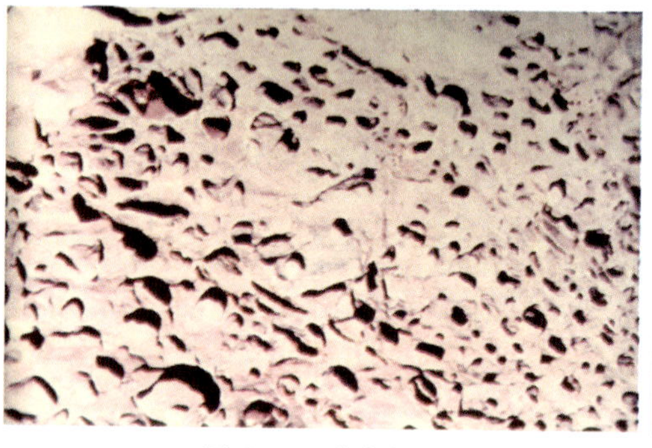

그림 3.197 해변가 바위

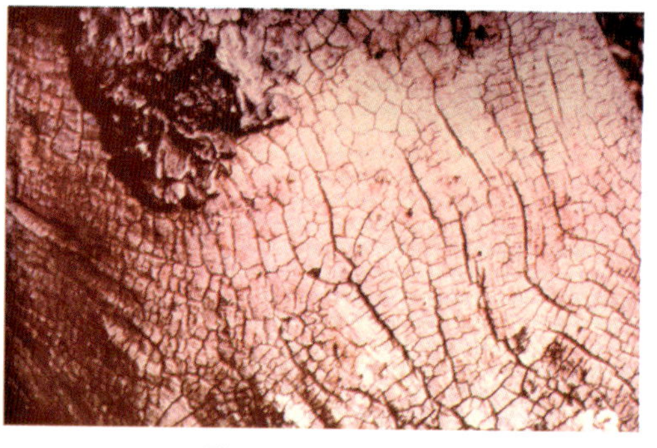

그림 3.198 고목의 표피

그림 3.199 사슴의 털과 뿔

그림 3.200 두 마리의 투구 풍뎅이

## 8.2 질감의 심리적 영향

질감이 우리에게 미치는 심리적 영향을 살펴보면 다음과 같다. 질감은 중량감(가볍다, 무겁다), 명암감(밝다, 어둡다), 구조감(견고함, 약함), 촉감(부드러움, 거칠음), 안정감(균일감, 불균일감), 온냉감(따뜻함, 차가움), 분위기(자연적, 인공적) 등에 영향을 준다. 일반적으로 조면粗面은 무겁고, 거칠고, 견고하고, 어둡고, 불균일하고, 따뜻하며, 자연적인 느낌을 준다. 이에 반해 활면滑面은 가볍고, 매끄럽고, 약하고, 밝으며, 균일하고, 차가우며, 인공적인 느

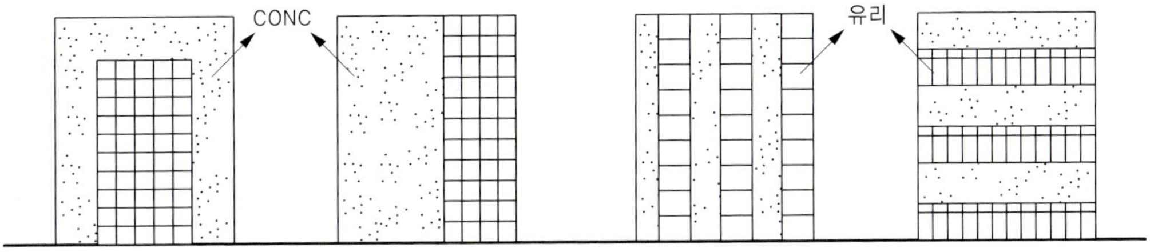


**그림 3.201** 유리와 콘크리트 사용 건물(두 재료면적 동일)

**그림 3.202** 풀러, 닭

**그림 3.203** 나무조각품

**그림 3.204** 레오나르드 보르크, 링컨의 얼굴과 손

**그림 3.205** 각종 유리 제품들

**그림 3.206** 로버스, 하나 그리고 또 하나

낌을 준다. 예를 들면, 석재의 경우 천연 호박돌은 거칠지만 자연적인 느낌을 주며 연마석은 매끈하며 인공적인 느낌을 준다. 산장이나 별장에서는 자연스러운 통나무와 호박돌을 많이 사용하지만 현대적인 빌딩은 매끄러운 유리와 알루미늄과 같은 재료를 많이 사용한다.

텍스처는 디자인의 전체적인 느낌을 좌우한다. 만약 최신의 하이테크를 선도하는 기업이 심벌마크의 질감을 천이나 나무를 사용하여 자연적인 느낌을 주도록 한다면 기업의 특성을 제대로 전달하지 못할 것이다. 그러므로 텍스처는 디자인의 전체적인 이미지를 고려해서 일관성 있는 느낌을 줄 수 있도록 사용해야 한다.

모든 시각예술에서는 각종 재료가 갖는 고유의 질감이

**그림 3.207** 케네디 대통령상, 워싱턴

**그림 3.208** 이슬람모스크, 이스파한, 이란, 1612~1627

**그림 3.209** 아피안 길, BC 3세기

**그림 3.210** 낙안읍, 전남 순천

**그림 3.211** 케사바 신전, 손나드푸루, 1268

**그림 3.212** 디렉터스 퍼빌리온

중요하다. 특히 건축재료는 나무, 철, 콘크리트, 돌, 유리, 타일, 고무, 플라스틱 등과 같이 매우 다양하며 고유의 질감이 서로 크게 다르므로 상호간의 조화는 대단히 중요하다. 즉, 건축이란 곧 재료가 구성된 것이며, 그 질감에는 여러 가지가 있다. 단단한 것, 포근한 것, 매끈한 것, 거친 것, 투명한 것, 무거운 것, 가벼운 것 등을 용도에 따라 적절히 배치함으로써 변화감, 통일감, 대비감, 조화감 등의 효과를 얻을 수 있다. 또한 건축에서는 동일한 양의 재료를 사용해도 구성방법에 따라 시각적으로 그 느낌이 크게 다르므로 이와 같은 점을 충분히 고려해야 한다.

질감에 대한 고려는 실내계획에 있어서 특히 중요하다. 왜냐하면, 실내공간은 인간의 신체가 자주 접촉하는 곳이기 때문이다. 예를 들면, 포근한 카펫 위에 유리탁자가 놓여 있거나 거친 벽돌로 마감된 벽의 아래에 놓인 카펫 바닥은 질감의 강한 대비를 주어 두 가지 재료의 특질을 더욱 선명하게 강조하고 상호 보완적이지만, 매끈한 대리석 바닥 위에 유리탁자를 놓는 경우 등은 두 재료가 상호 반발하여 느낌이 좋지 않은 경우가 많다. 그리고 광선에 따른 질감의 효과는 매우 중요하며, 또한 질감은 색채와 명암을 동시에 고려할 때 더욱 큰 효과를 나타낸다.

**그림 3.213** 안토니오 가우디, 카사 바틀로, 1905~06. 용의 가시 모양의 지붕 상세

**그림 3.214** 현대 건축의 질감 예

**그림 3.215** 유리 및 멀리온에 의한 질감

**그림 3.216** 마름모꼴 지붕구조에 의한 질감

그림 3.217 시저 펠리, 태평양 센터, 밴쿠버, 1968

그림 3.218 철도빌딩, 시카고, 1903~04

그림 3.219 박춘명, 63빌딩, 서울, 1985

## 9. 명암(明暗, Value, Light and Shade)

### 9.1 명암의 효과

빛의 존재는 물체와 공간을 인식하게 한다. 빛이 있으므로 시각이 가능하며, 명암과 시간이 존재한다. 빛에는 가시광선이 있으므로 물체를 볼 수 있게 함은 물론 색채도 감지할 수 있도록 한다. 따라서 빛이 없다면 암흑천지임은 물론이며, 사물도 공간도 명암도 시간도 색채도 인식할 수 없는 것이다. 그래서 빛은 공기와 물과 함께 만물의 근원이자 생명체에게 없어서는 안 될 가장 중요한 요소 중 하나인 것이다.

명암이란 한 지역에 반영된 빛의 양에 의한 밝기와 어둡기의 정도로서 이것은 빛과 물체가 있으면 반드시 존재한다. 따라서 시각예술에서는 매우 중요한 요소가 된다. 또한 명암은 사물의 형상을 다르게 보이게 한다. 즉, 명암에 의해 그 본래의 모습은 변화되어 보이기도 한다. 가령, 밤하늘에 떠 있는 달이 때로는 보름달에서 반달로, 그리고 반달에서 초승달로 다르게 보이는 이유는 달이 태양광선을 받는 면과 그렇지 않은 면을 우리들이 보는 각도에 따라 다르게 보이기 때문이다.

그리고 명암은 형태를 돋보이게 하기도 하며 색채와의 유기적인 관계를 갖는다. 특히 건축이나 조각과 같은 형태의 입체감에 중요한 역할을 한다. 명암에 의한 시간에 따른 변화성을 추구하면 형태의 변화가 시시각각 다양하게 나타난다. 그리고 명암의 조화는 색채조화의 기본이 된다.

**표 3.2 명암의 심리적 영향**

| 명 암 | 심리적 영향 | 중량감 | 온도감 | 명료성 |
|---|---|---|---|---|
| 밝음(낮) | 유쾌함, 활동적, 강한 자극, | 가볍다 | 따뜻함 | 뚜렷함 |
| 어스름함 | 쓸쓸함, 애수 | 묵직하다 | 쌀쌀함 | 흐릿함 |
| 암흑(밤) | 공포감, 비활동적, 신비로움 | 무겁다 | 차가움 | 불분명 |

명암의 영향을 살펴보면, 인간의 감정은 명암의 강약에 따라 크게 영향을 받는다. 감정에만 영향을 받는 것이 아니라 신체적으로도 큰 변화가 생긴다. 가령, 명도가 높으면 동공이 수축되고 낮은 경우에는 확대되는데, 눈으로 온통 덮인 설산에서 맨눈으로 오래 있거나 또는 암흑 속에서 오랫동안 있으면 실명하기도 한다.

명암의 계조 Value Scale는 흑색~회색~백색(V1–V9)의 9등급이 있다. 음영 계열을 평균된 명도거리로 9등분한 명암의 스케일에 따라 가장 어두운 부분을 1로 하고 가장 밝은 부분을 9로 하여 1에서 9까지의 기호를 부여하면, 1 · 2 · 3은 저명도이고 4 · 5 · 6은 중명도이며 7 · 8 · 9는 고명도라고 한다. 그리고 이것의 양단에 순수한 흑색과 순백색을 추가하면 11등급이라고도 할 수 있다.

명암의 농담에 의한 표현으로 동양화에서 흑색 · 회색 · 흰색만으로 표현한 것을 볼 수 있으며, 그 외에도 흑백사진이나 흑백텔레비전에서 명암만으로 구성된 그림을 볼 수 있다. 특히 회화 등에서 효과적인 디자인을 하기 위해서는 명암의 계조를 잘 인식하고 표현해야 할 것이다.

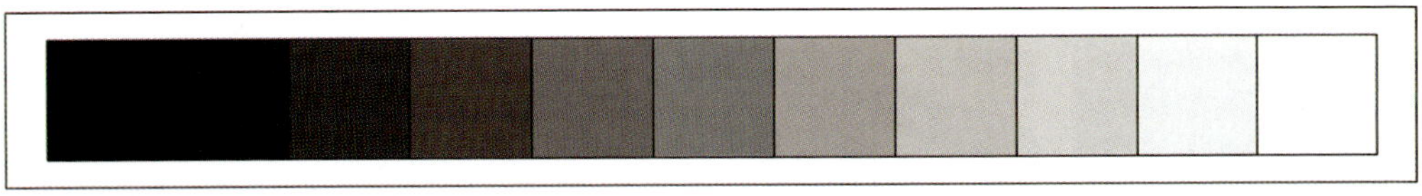

그림 3.220 명암의 단계(V1–V11)

그림 3.221 촛불과 손

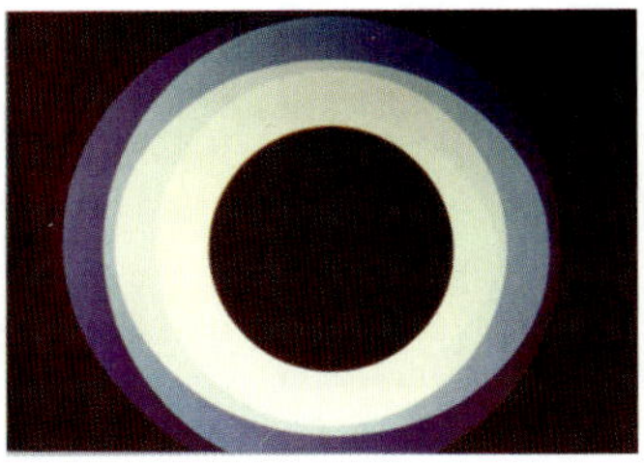

그림 3.222 스크린 인쇄디자인

그림 3.223 명과 암의 균형

## 9.2 명암과 조형예술

조형예술이란 인간의 시각을 위한 형성을 의미한다. 이러한 전제에 입각할 때 우리의 시각 체험을 구성하는 3가지 요소, 즉 빛, 색, 형은 조형예술의 가장 기본적인 요소라고 생각된다. 그런데 일반적으로 빛은 현란함이나 암흑의 인상 등을 제외하고는 그 물리적 성질상 단독으로 존재하는 일이 드물며 대체로 형이나 색과 결합해서 의식된다.

빛과 형과의 관계는 명암이라는 매우 중요한 상관적 요소를 포함하고 있다. 이것은 사물의 고유색이나 예리한 윤곽선보다도 빛과 그림자, 즉 명 明과 암 暗이 사물의 형태에 미치는 미묘한 변화에 따라 형체감, 깊이감 등을 나타내는 중요한 인자가 되기 때문이다.

조형예술에 있어서 일반적으로 가장 유용한 명암의 적용은 형상과 공간을 묘사하는 능력

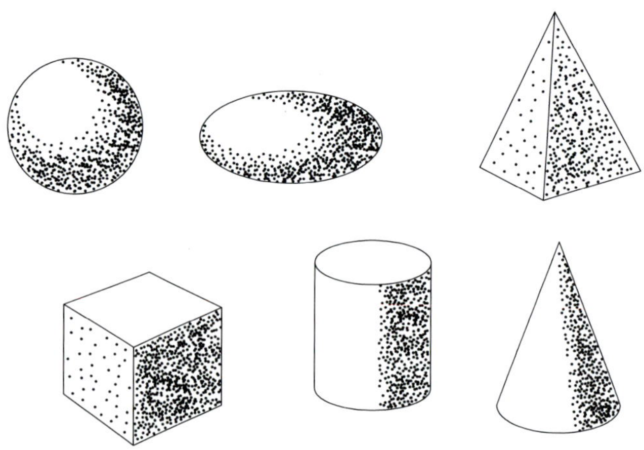

그림 3.224 입체의 하이라이트와 그림자

그림 3.225 엄마와 아이

그림 3.226 강렬한 명암의 대조(회화)

그림 3.227 동계올림픽('72) 포스터

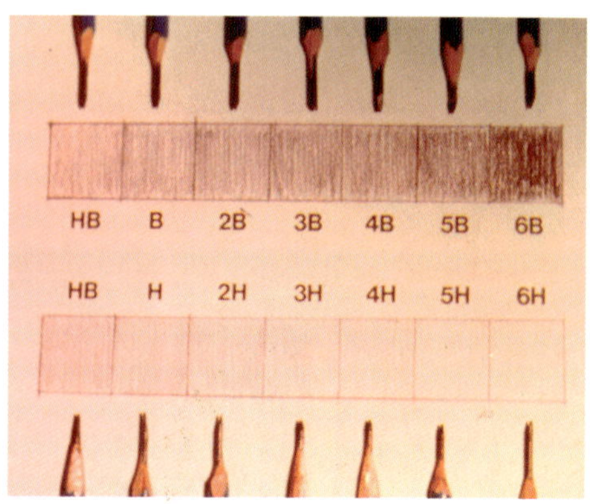


그림 3.228 연필의 종류별 명암

에 있다. 그것의 묘사적 특징은 또한 심리학적, 감정적 그리고 극적 표현을 포함하기 위해 확대될 수 있다. 명암은 무채색적인 것과 유채색적인 것 모두에 관계되며, 외관상 양자의 필수적인 부분이다. 사실 색깔의 흥분적 효과는 사람들로 하여금 진정한 색깔의 존재가 전적으로 명암의 존재에 달려있다는 사실을 잊어버리게 한다.

명암의 표현은 물체의 분명한 시각적 자극 농도의 근본이며, 원근감이나 입체감 표현의 주요 수단이다. 명암이 없으면 평면적으로 인식되기 쉬운 것이다. 또한 빛과 음영의 미묘한 대비는 공간 표현의 중요 수단이며, 명암의 간격과 대조로 형태의 리듬을 표현할 수 있다. 그리고 명암의 합성법은 흥미, 통일 중의 변화, 우세 Dominance 등과 관계된다.

명암 구성은 실제 건물에 응용할 때 나타나는 효과나 영향은 이론적인 것보다 더욱 흥미롭다. 같은 색상, 같은 채도를 가진 어떤 재료가 명도조절만으로도 그 조화효과를 내는 경우가 많다. 채도가 없는 흑색이나 백색 및 회색 등에 대한 구성은 명암의 적절한 처리로서 훌륭한 결과를 얻는다. 또한 여기서 그림자 Shadow나 그늘 Shade 혹은 태양의 직사광선을 받는 면 등에 따라서 명암의 효과나 영향은 거의 믿어지지 않을 만큼 그 변화가 큰 것이다. 즉,

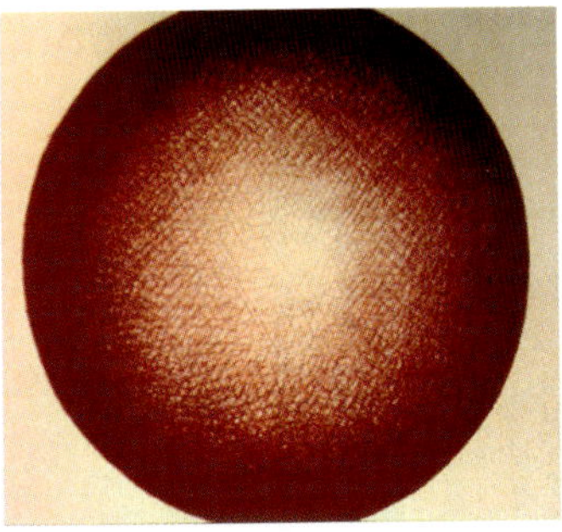

**그림 3.229** 구형의 명암표현

**그림 3.230** 에밀 놀드, 예언자

**그림 3.231** 점진적인 명암의 표현

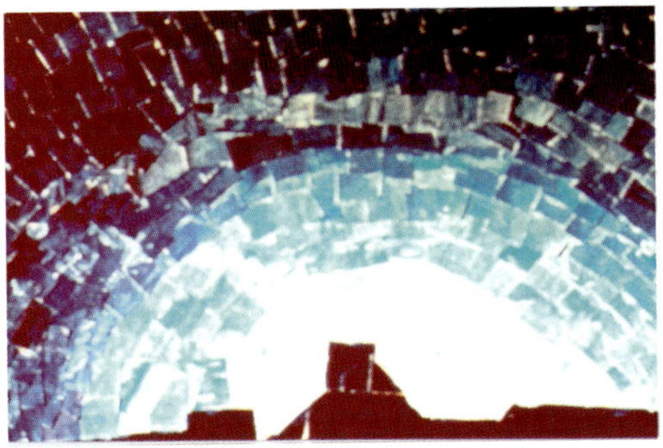

**그림 3.232** 명암을 소재로 한 회화

**그림 3.233** 르 코르뷔지에, 롱샹 교회당 내부, 1955년

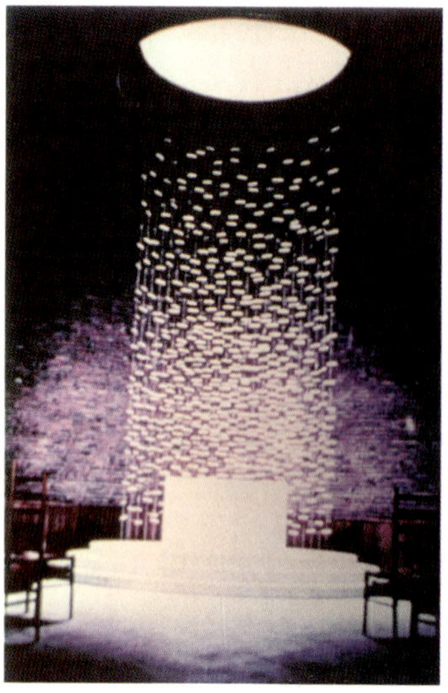

그림 3.234 에로 사리넨, MIT 교회당 내부, 캠브리지, 메사추세츠, 미국, 1953~56년

색상이 다르고 채도가 전혀 다른 효과가 나타난다. 또한 명암의 효과는 표면질감에 따라서도 전혀 다른 느낌이 생긴다.

명암은 조형예술, 특히 건축이나 조각 등에서 매우 중요한 요소이다. 가령, 건물의 외관이 평평하면 명암의 대조가 없으므로 가볍게 보이지만, 건물이 돌출과 후퇴가 많으면 빛에 의한 명암의 강한 대조로 인하여 그 중량감이 커 보인다.

건축의 명암에 의한 감흥은 건축의 기본형마저도 변형시킬 수 있는 것이다. 그러므로  고대 이집트의 '암몬Ammon 신전'과 같은 건축과 르 코르뷔지에의 '롱샹 교회당'에서는 고창이나 천창에서의 빛과 명암의 효과를 중시하여 신비적인 분위기의 공간을 창출하였다. 오늘날에도 빛의 효과는

그림 3.235 국회의사당, 런던, 1840~1865년

그림 3.236 폴 루돌프, 크로포드 마너, 미국, 1965년

그림 3.237 알람브라 궁전, 그라나다, 스페인, 1248년

그림 3.238 안토니오 가우디, 카사 비센스, 바로셀로나, 1878~85년

조명을 통하여 많이 나타내는데, 무대의 스포트라이트나 레스토랑 또는 커피숍에서의 간접조명에 의한 로맨틱한 분위기, 나이트클럽의 사이키조명 등이 그것이다. 형광등은 밝고 절전형이기는 하지만 차가움을 느끼게 하는 반면에 백열등은 전력소비가 많기는 하지만 따뜻하고 물건을 효과적으로 보이게 한다. 귀신영화 등에서는 밑에서 조명을 비춤으로써 분위기를 싸늘하게 보이도록 하는 효과를 내기도 한다.

이와 같이 명암은 기본형을 변형시켜 보이도록 하는 것은 물론, 전체적인 분위기마저도 크게 바꾸어버리는 중요한 요소로 작용되는 것이다.

## 10. 색채(色彩, Color)

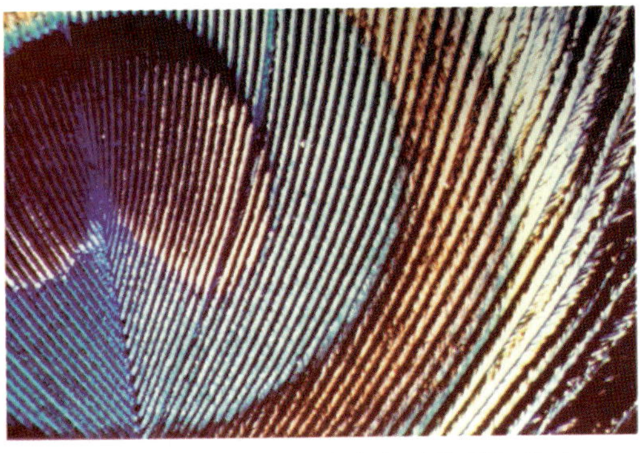

그림 3.239 칠면조 깃털의 다채로운 색상

색은 인간이 형태나 공간을 지각할 때 풍부한 감정으로 접근시키게 하는 중요한 요소이다. 명암만으로는 인간의 마음을 충분히 끌 수 없기 때문이다. 색은 형태의 효과를 높여주고 공간을 풍요롭게 연출시킨다. 때로는 형태보다 먼저 인식될 수 있는 것으로서 시각예술에서 중요한 요소이다.

색은 표면으로부터 반영된 빛의 파장에 대한 시각적 반응의 결과인 표면의 특성이다. 모든 요소들 중에서 색은 가장 강한 반응을 불러일으킨다. 색은 우리가 가장 민감한 것이다. 그것은 즉각적인 호소를 한다. 색은 가장 강한 표현적인 요소들 중의 하나이기 때문에 색은 우리의 감정에 직접적으로 그리고 즉각적으

(a) (b)

그림 3.240 아름다운 꽃

그림 3.241 프리즘 같은 조각품

로 영향을 미친다. 색은 빛으로부터 나와서 빛으로 시작한다. 빛이 없으면 색도 없다. 빛이 강하면 색도 강렬해진다. 그러므로 색은 디자인에서 다른 어떤 구성요소 못지않게 중요한 것이다. 왜냐하면, 똑같은 선과 형체로 이루어졌다 할지라도 어떤 색상을 사용하느냐에 따라 그 느낌이 확연히 달라지기 때문이다. 사실상 색상은 디자인을 마무리하는 가장 중요한 작업이라고 할 수 있다.

색채는 크게 주관적인 색채와 객관적인 색채로 구분되며, 인간에게 시각으로 느껴지는 것이므로 빛의 변화에 따라 같은 색채일지라도 다르게 느껴질 수 있다. 또한 상대적 배색효과에 따라 그 심미적 가치가 다르므로 하나의 단색만으로 아름답다거나 추하다고 그 색의 가치를 결정할 수 없다. 왜냐하면, 색채조화에 의해 그 느낌이 달라지기 때문이다.

## 10.1 색의 분류

색에는 무채색과 유채색이 있다. 무채색 Achromatic Color이란 흰색 · 회색 · 검정색과 같은 것으로 명도의 차만 있는 것이다. 유채색 Chromatic Color은 무채색 이외의 모든 색으로서 빨강 · 파랑 · 노랑 등의 색이다.

그리고 색에는 색료와 색광이라는 것이 있는데, 색료란 물감을 말하는 것으로 색료의 3원색은 자주(빨강 ; Magenta), 노랑 Yellow, 파랑(청록 ; Cyan) 색이다. 색광은 빛의 색을 의미하는 것인데, 이는 프리즘에 의한 빛의 분해나 무지개에서 볼 수 있는 것으로 빛의 색은 보통 흰색이다. 빛의 3원색은 빨강(주황 ; Red), 초록 Green, 보라(청자 ; Violet) 색이다.

## 10.2 색의 3요소

색의 3요소를 3속성이라고도 한다. 이것에는 색상, 명도, 채도가 있다.

### 1) 색상

색상 Hue은 색의 구별이 되는 성질이다. 색 성질상의 차이를 말한다. 색은 빛의 파장에 따라 다르게 나타난다. 색을 구별하기 위한 색상환(색환)이라는 것이 있는데, 이것은 스펙트럼(무지개)의 색상을 시계방향으로 둥글게 배열한 것이다. 이것은 6색상(빨강 · 주황 · 노랑 · 초록 · 파랑 · 보라)인데, 뉴턴 Isaac Newton은 프리즘을 통해 태양광을 분석하여 파장의 길이에 따라 색을 7색상으로 구분하기도 하였다. 그 외에도 5색상환(색입체), 10색상환, 20색상환, 24색상환 등이 있다

색상환은 가까운 색일수록 색상 차가 적다. 그러므로 가까운 색일수록 유사색, 인근색이라고 하며 조화를 나타낸다. 색상환에서 멀리 있는 색일수록 색상차가 크다. 그 경우 반대색 또는 보색이라고 하며, 대조를 나타낸다. 예를 들면, 보색은 적색과 녹색, 황색과 청색 등으로 보색인 두 색을 혼합하면 무채색이 된다.

색상의 정도는 1~10까지 10등분인데 이는 색의 혼합 정도를 나타낸다. 색상의 기호는 R Red, Y Yellow, G Green, B Blue, P Purple 등으로 나타낸다.

## 2) 명도

명도 Value, Brightness는 색의 밝고 어두운 정도를 말한다. 즉, 색의 밝기를 나타내는 것이다.

명도는 V1~V9의 9등급이 있으며, 양단에 순흑색과 순백색을 두어 11등급으로 구분하는 경우도 있다. 무채색의 경우는 흰색까지 포함하여 10등급이 있고 유채색은 2~9등급이 있다.

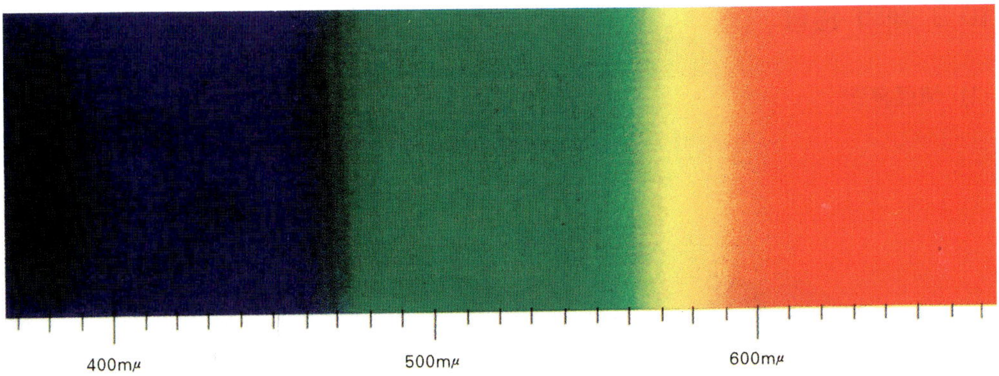


광학 프리즘으로 굴절된 햇빛은 백색광의 스펙트럼으로 알려진 여러 가지 색의 띠를 나타낸다. 시각에 가장 명확히 나타나는 스펙트럼의 색은 다음과 같다. 보라, 남색(청자), 시안(청록, cyan), 녹색, 노랑, 주황, 빨강, 보는 바와 같이 굴절은 장파장보다 단파장이 더 큰 편향을 갖게 된다.

**그림 3.242 스펙트럼의 색**

**그림 3.243** 빛의 삼원색(색광혼합)

**그림 3.244** 물감의 삼원색(색료혼합)

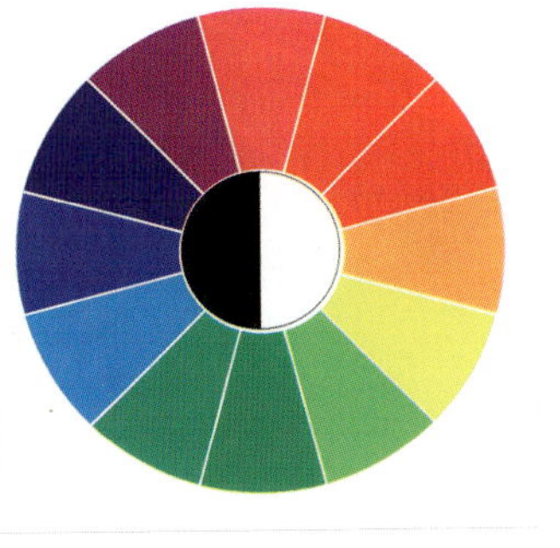

**그림 3.245** 12색 색상환

등급의 숫자가 낮을수록 저명도이고 높을수록 고명도이다.

인간의 눈은 색의 3요소 중 명도에 대하여 감각이 가장 예민하다. 따라서 색의 조화는 명도차가 크게 역할을 하는데, 밝은 색을 명도가 높다(고명도)고 한다. 그러므로 어두운 방은 명도를 높여야 한다.

### 3) 채도

채도 Chroma, Saturation는 색의 선명도 또는 순수성을 말한다. 순도라고도 한다. 순색은 무채색의 포함량이 가장 적은 색을 말하며, 색광에서 스펙트럼의 단색광이다. '진하다, 연하다'의 농담이나 '맑다, 흐리다'의 청탁 등은 채도의 고저를 나타낸다. 무채색이란 채도가 없다(0)는 뜻이며 채도가 높을수록 원색이 된다. 먼셀의 기호에서 채도는 저채도가 1~4, 중채도가 5~8, 고채도가 9~14로 표기되어 총 15등급으로 나누고 있다.

## 10.3 색의 혼합

### 1) 색료혼합

그림 3.246 24색 색상환

물감의 3원색이 혼합되는 것이다. 2차색은 빛의 3원색이 된다. 1차색보다 채도 및 명도가 낮아진다. 모두 합치면 검정색이 된다. 감산혼합 또는 감법혼색이라고도 한다.

### 2) 색광혼합

빛의 3원색이 혼합되는 것이다. 2차색은 색료의 3원색이 되며, 1차색보다 채도는 낮지만 명도는 높아진다. 모두 합치면 흰색이 된다. 컬러사진이나 컬러TV의 화면도 이 원리를 이용한 것이다. 가산혼합 또는 가법혼색이라고도 한다.

### 3) 중간혼합

병치혼합이나 회전혼합 등이 여기에 해당되며, 평균혼합이라고도 한다. 병치혼합이란 옷감 등의 색을 옆에 두고 보는 것이며, 회전혼합은 색팽이 등과 같은 원색판을 돌리는 경우이다. 명도와 채도는 2색인 경우, 2색의 명도 및 채도의 합을 면적비로 나눈 평균치와 같다.

## 10.4 색의 표기법

색의 표기법이란 표색방법을 말한다. 여기에는 현색계와 혼색계가 있다.

### 1) 현색계 (Color Appearance System)

물체의 색 Color을 표시하는 표색계를 말한다. 먼셀 Munsell 표색계와 오스트발트 Ostwalt 표색계가 대표적이다.

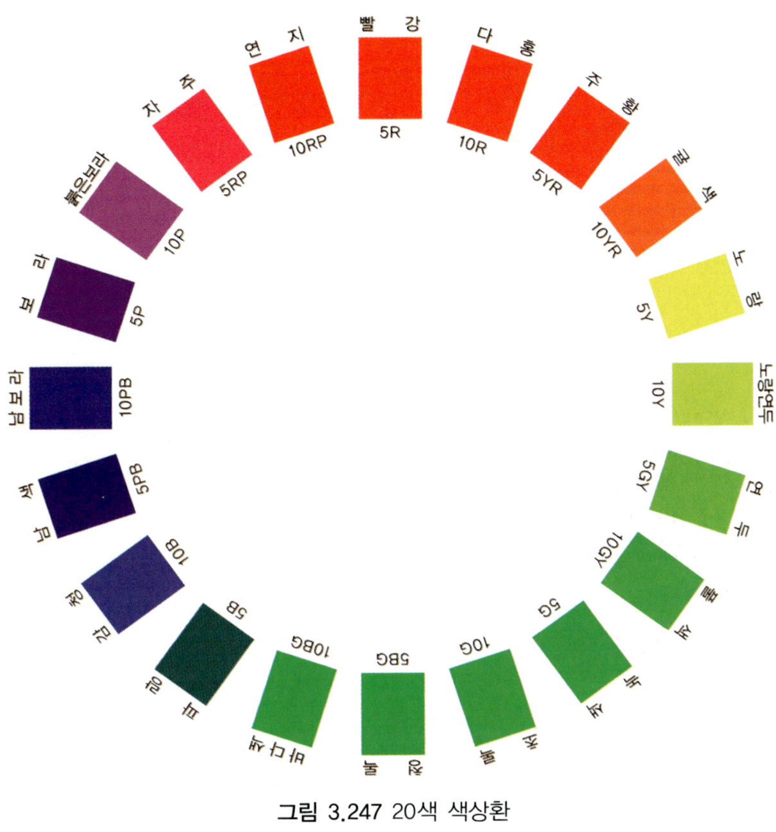


그림 3.247 20색 색상환

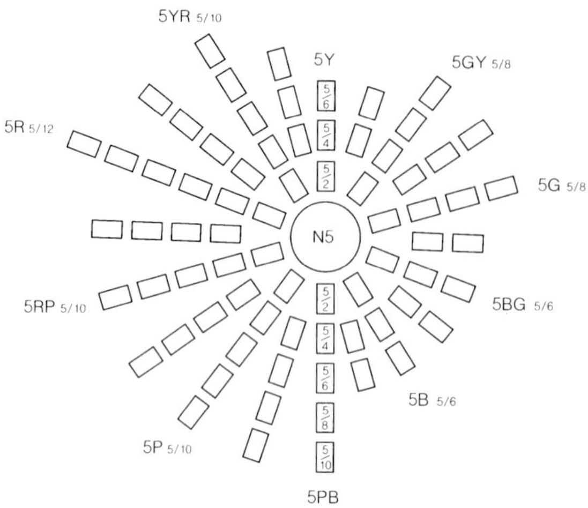


그림 3.248 먼셀 색입체를 명도 5에서 수평으로 자른 단면

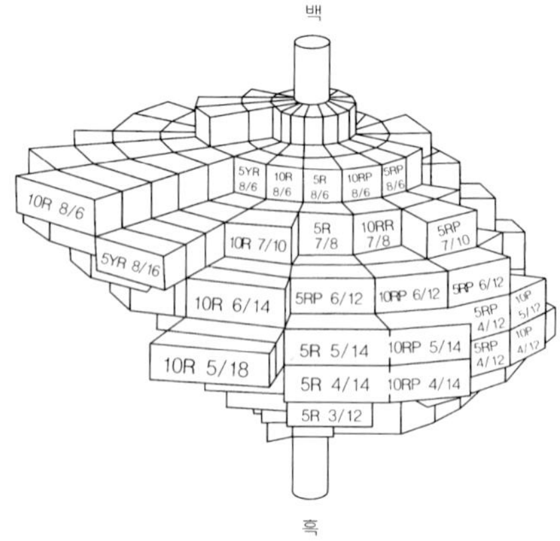


그림 3.249 먼셀 색입체

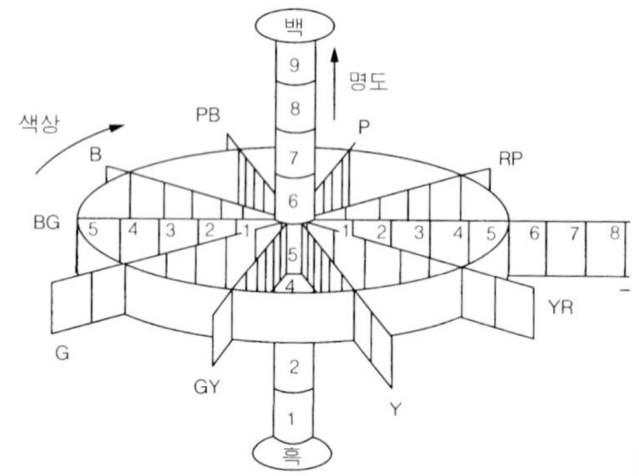


그림 3.250 먼셀 색입체의 개념도

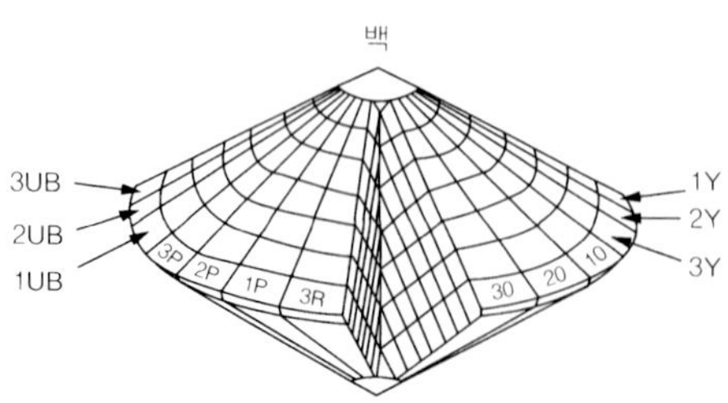


그림 3.251 오스트발트 색입체

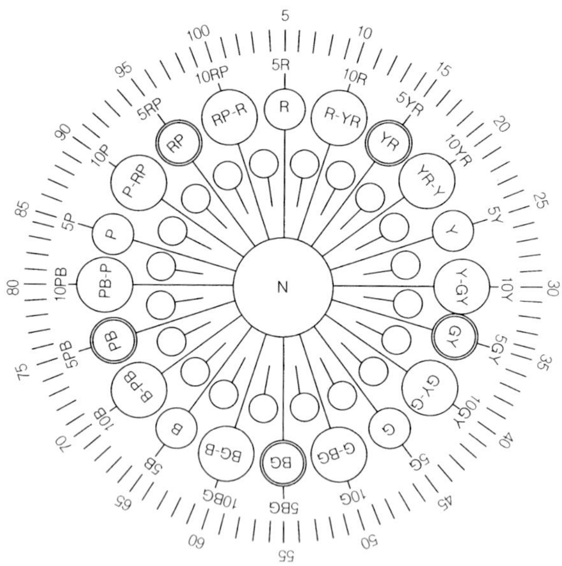


그림 3.252 먼셀 색상환의 분할

먼셀 표기법은 미국인 화가인 먼셀이 만든 것으로 색을 색상, 명도, 채도로 구분하여 표시한 것으로 가장 널리 알려진 방법이다. 예를 들면, 빨강순색은 5R 4/14이다(색상 명도/채도). 여기에서 5는 색상 정도, R은 색상 기호(Red), 4는 명도, 14는 채도를 말한다(색상환,

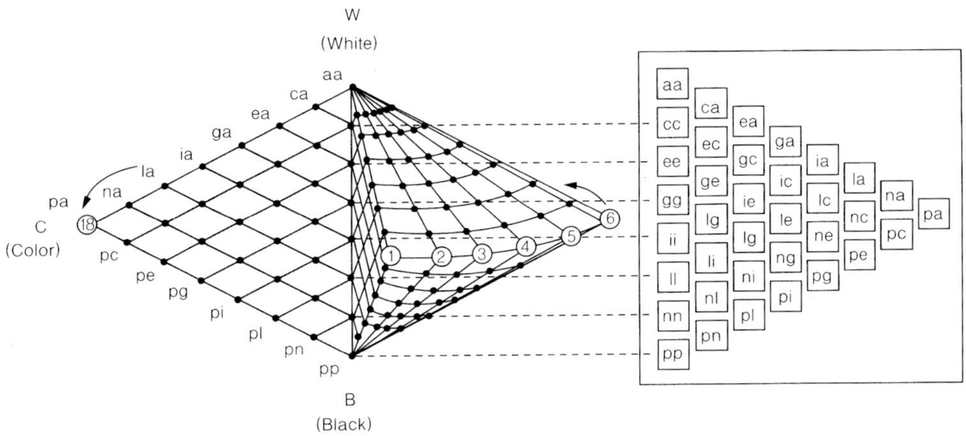


그림 3.253 오스트발트 표색계

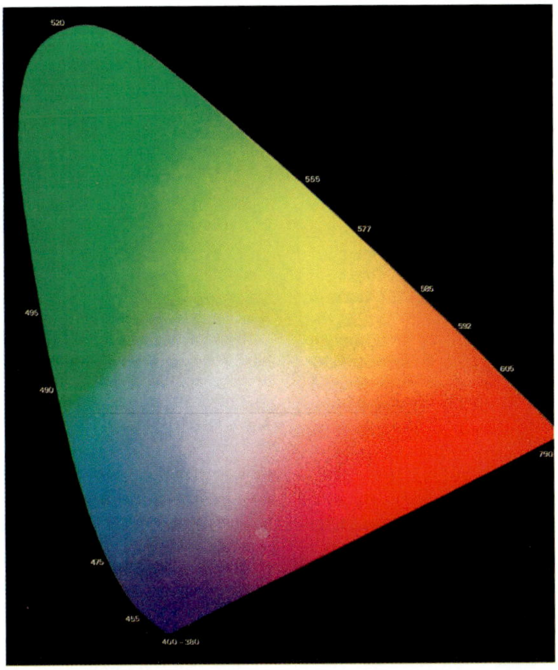

색들이 내부에 나타나고 있으며, 흰색은 여러 가지 비율의 혼합을 통하여 실험적으로 얻을 수 있다. 3원색(빨강 · 초록 · 보라)은 곡선 삼각형의 정점에서 나타난다. 색채는 외곽 테두리선으로 갈수록 그 채도는 증가한다.

그림 3.254 CIE 색도도(色度圖)

그림 3.255 단순한 채색으로 원래의 형태가 그대로 드러난다.

그림 3.256 동일한 형태이지만 채색에 의해 전혀 다른 모습으로 보인다.

색입체 참조).

오스트발트 표기법은 독일인 화학자 오스트발트가 창안한 것으로, 기본 색을 8가지로 나누고 색을 각각 3등분하여 24가지 색의 색상환을 만들었다. 색의 구별이 용이하여 미술계에서 널리 이용한다. 모든 물체색을 색상번호, 백색량(W), 흑색량(S)의 세 가지로 구분하였다.

### 2) 혼색계(Color Mixing System)

빛의 색 Color of Light을 표시하는 표색계를 말한다. 빛의 혼색실험에 의해 만든다. CIE 표준표색계(XYZ 표색계)가 대표적이다.

## 10.5 색채의 감정적 효과

색은 인간의 감정을 자극하는 효과가 있다. 따라서 색채조절 Color Conditioning 또는 색채요법 Color Therapy에 의해 색이 감정이나 기분에 미치는 효과를 실생활에 이용하는 것이다.

그림 3.258 문을 화려하게 채색한 예

### 1) 수반감정

① 온도감 : 난색 (Warm Color, 장파장), 고명도, 고채도일수록 따뜻한 느낌을 준다. 예를 들면, 빨강 〉 주황 〉 노랑 〉 연두 〉 초록 〉 파랑 등의 순이다.

② 중량감 : 명도, 채도가 높을수록 가벼운 느낌을 준다. 특히 명도가 크게 영향을 미친다. 명도 5~6 이상은 가벼운 느낌을 준다. 예를 들면, 검정 〉 파랑 〉 빨강 〉 보라 〉 주황 〉 초록 〉 노랑 〉 흰색 등의 순이다.

그림 3.257 핑크색은 마음을 흥분시킨다.

그림 3.259 계단의 색채가 밝고 명랑하다

온도감과 중량감은 연상감정에서 주로 온다. 예를 들면, 빨간불이나 태양은 따뜻한 온감을 느끼게 하고 흰구름이나 흰솜은 가볍게 느끼게 한다. 파란물이나 푸른 하늘은 차가운 냉감을 느끼게 하며 검은 바위나 녹슨 쇠는 무겁게 느끼게 한다.

③ **화려함과 수수함** : 고채도, 고명도, 난색계인 경우 화려한 느낌을 준다. 이와 반대로 저채도, 저명도, 한색계인 경우에는 수수한 느낌을 준다.

④ **흥분과 침정**沈靜 : 적색 계통의 난색계의 채도가 높은 색은 흥분을 유발한다. 이에 반해 청색 계통의 한색계의 채도가 낮은 색은 침정을 유발한다.

### 2) 연상감정

색은 우리에게 무엇인가를 연상하게 하거나 어떤 것을 상징하기도 한다. 그리고 이것은 인간에게 심리적, 생리적으로 반응시켜 영향을 미친다.

수반감정은 색채의 기본적 효과이므로 개인차가 별로 없으나 연상감정은 생활양식, 문화적 배경, 지역과 풍토에 따라 개인차가 크다.

**그림 3.260** 강한 인상을 주는 빨강색 건물. 베르나드 츄미 설계, 파리, 1994년

### 3) 진퇴효과

색면色面은 실제의 위치보다 가까이 보일 때와 멀리 보일 때가 있는데, 난색계는 한색계보다 가까이 보이며 밝은 색은 어두운 색보다 가까이 보인다.

배경색과의 명도차가 큰 것, 즉 밝은 색일수록 가까이 보이며 어두운 색일수록 후퇴하여 보인다.

**그림 3.261** 화려한 색상의 노을과 도시

**그림 3.262** 파랑색을 주조로 한 주택으로 시원스러운 느낌을 준다.

표 3.3 연상과 상징 예

| 색 상 | 연상, 상징 | 치료, 효과 |
|---|---|---|
| 빨강색 | 열정, 위험, 혁명, 활력, 불 | 노쇠, 빈혈, 무기력 |
| 파랑색 | 서늘함, 냉담, 고독, 하늘 | 격정, 침정작용, 상쾌함 |
| 노랑색 | 희망, 유쾌, 명랑, 민들레 | 신경질, 고독 위로, 주의력 향상 |
| 자주색 | 애정, 성적, 사랑, 술 | 우울증, 저혈압, 노이로제 |
| 흰 색 | 순수, 청결, 소박, 눈 | 머리를 맑게 함, 고독감 유발 |
| 검정색 | 허무, 절망, 침묵, 밤 | 예복, 상복 |

### 4) 팽창효과

색면은 실제보다도 넓어져 보일 때와 좁아져 보일 때가 있다. 특히 난색계는 원심적으로 넓어져 보이며 한색계는 구심적으로 좁아져 보인다.

### 5) 면적효과

같은 색이라도 면적이 크면 명도 및 채도가 높아 보이는 특징이 있다. 따라서 좁은 면적은 명도나 채도를 높게 하는 것이 좋다. 그리고 우리가 작은 견본으로 색을 선택할 경우에는 채도를 조금 낮게 선택하는 것이 좋다.

### 6) 감정효과의 응용

건축색채의 감정효과의 응용은 일반적으로 다음과 같다.

① 음지나 추운 느낌을 완화시키기 위해서는 난색을 이용하고 반대의 경우에는 한색을 이용한다.

② 활동적이고 즐거운 분위기를 원하는 장소에는 밝은 난색으로, 기분을 진정시키기를 원하는 장소에는 한색으로 하는 것이 좋다.

③ 벽은 자극이 적은 부드러운 느낌으로 한다. 일반적으로 채도가 낮은 밝은 중간색이 좋다.

④ 색의 중량감을 생각하여 천장, 윗벽, 징두리벽, 걸레받이, 바닥 순으로 위로 갈수록 밝고 아래로 내려올수록 어둡게 하면 안정감을 느낀다.

⑤ 표지나 주목시키고자 하는 곳에는 강한 색을 이용한다. 강조색 Accent Color을 사용하는 방법도 있다.

⑥ 시인성을 고려한다. 이것은 존재가 눈에 띄기 쉬운가 어려운가 하는 것으로, 예컨대 검정색 배경일 경우에는 황색, 오렌지색 등이 시인성이 높다.

위에 기술한 색채 사용방법은 일반적인 수법이고 의외성이나 극적인 변화를 기대하는 경우에는 의식적으로 이것과 반대로 표현하는 경우도 있다.

일반 주택이나 사무소에서는 매일 같은 색을 보기 때문에 상업건축에서 사용하는 자극적인 색은 피하는 것이 좋다. 특히 미술관의 벽이나 천장은 배경색이므로 다양한 그림에 잘 맞는 색으로 해야 한다.

또한 조명에 의한 황색성에도 신경을 써야 하는데, 백열등과 형광등 밑에서는 전혀 다른 색으로 보일 경우도 있다. 그리고 같은 색이라도 벽의 표면처리나 사용 소재의 종류에 따라 다르게 보이므로 이를 고려해야 한다.

도시 디자인에서 색채는 매우 중요한데, 우선 건축물의 색이 조화를 이루어야 한다. 건축물의 유지관리와 거리의 경관을 생각하면 건축에서의 좋은 색은 특별한 경우를 제외하고는 수수한 소재의 색이지 선명한 색은 아니다.

## 10.6 색채의 지각적 효과

1) 색의 대비(Color Contrast)

색이 주변의 다른 색의 영향으로 인해 실제와 다르게 보이는 현상이다. 보통 동시대비를 말한다.

동시대비란 두 가지 색 이상을 동시에 볼 때 생기는 대비현상인데, 동시대비에는 다시 색상대비, 명도대비, 채도대비, 보색대비, 연변대비, 계속대비, 면적대비 등이 있다. 색상대비는 색상이 다른 두 색이 서로의 영향으로 인해 색상차가 더 크게 보이는 현상이고, 명도대비는 명도가 다른 두 색이 서로의 영향으로 인해 명도차가 더 크게 보이는 현상이며, 채도대비는 채도가 다른 두 색이 서로의 영향으로 인해 채도차가 더 크게 보이는 현상이다.

또한 보색대비는 보색관계인 두 색을 옆에 두면 채도차가 더 크게 보이는 현상이며, 유·무채색을 함께 두면 무채색은 유채색의 보색 기미를 보인다. 그리고 연변대비란 명도대비의 일종으로, 예를 들면, 검정 바탕에 흰색 체크무늬의 경우 등에서 볼 수 있다.

그림 3.263 붉은색과 푸른색의 대비적 조화

계속대비는 앞에 본 색의 영향으로 뒤에 보는 색이 다르게 보이는 현상이다. 즉, 앞에 본 색의 보색잔상이 뒤의 본 색에 혼합되어 보이는 것이다. 그리고 면적대비란 면적이 넓거나 좁음에 따라 색이 다르게 보이는 현상으로, 면적이 크면 명도 및 채도가 증대되어 더 밝고 선명하게 보인다.

### 2) 잔상(After Image)

색자극이 제거되어도 동질 또는 이질의 감각이 남아 있는 현상으로 여기에는 시적잔상과 보색잔상이 있다. 시적잔상 Visual After Image에는 부 Negative의 잔상과 정 Positive의 잔상이 있으며, 보색잔상은 유채색을 지속적으로 응시할 때 색채순응 시의 경향이 있다. 여기서 부의 잔상의 예를 들면, 태양을 보다가 눈을 감으면 검은 점이 보이는 현상과 같은 것으로 흑백이 뒤바뀌거나, 색일 때에는 실제로 보았던 색의 보색이 나타난다.

### 3) 순응(Adaption)

주어진 자극조건이 바뀜으로써 새로운 자극조건에 적응하는 것을 말하는데, 순응에는 명순응, 암순응, 색순응, 국소순응 등이 있다. 명순응은 어두운 곳에서 밝은 곳으로 갈 때 눈이 부시고 잘 보이지 않는 경우인데, 이때 순응하기 위하여 약 2분이 소요되는 것이다. 암순응은 그와 반대로 밝은 곳에서 어두운 곳으로 갈 때 순응하기 위하여 시간이 필요한데, 보통 15분 정도가 소요되며 완전히 순응하기까지는 모두 30분 정도 소요된다고 한다. 색순응은 형광등이 처음에는 푸르게 보이는 현상과 같은 것이며, 그 외에도 국소순응이라는 것도 있다.

### 4) 항상성(Constancy)

백지가 밝은 곳과 어두운 곳에 있을 때를 비교해 보면, 반사량이 다르기 때문에 후자의 경우가 더욱 어둡게 보인다. 그러나 우리는 백지로 인식하며, 이와 같이 보는 밝기나 색의 조명 등의 물리적 변화에 의하여 망막자극의 변화가 비례하지 않는 것을 색 또는 밝기의 항상성이라고 한다.

### 5) 명시도, 주목성

명시도 또는 시인성이란 색이 확실하게 보이는 정도를 말하며, 주목성 또는 유목성이란 색이 사람의 눈을 끄는 힘을 말한다.

교통표식이나 위험표식 등은 명시도 또는 주목성이 높은 색을 필요로 한다. 명시도는 어느 색의 고유 특성보다는 명도차를 크게 하는 등의 배경과의 관계에서 결정된다. 예를 들면, 검정색 배경에 노랑색이나 주황색을 하면 파랑색이나 초록색을 하는 것보다는 명시도가 높다. 흰색이 배경인 경우에는 그와 반대이다. 명시도가 높은 색은 주목성도 높은 경우가 많다. 일반적으로 고명도, 고채도의 색과 난색 계통이 주목성이 높다.

## 10.7 색채조절

색채조절의 목적은 색채의 생리적, 심리적 효과를 적극적으로 응용하여 환경의 안정성과 쾌적성을 향상시키기 위한 것이다.

### 1) 색채 조절의 기능

색채는 매우 다양한 조절기능이 있다. 즉, 조도 조절, 휘도 조절, 광색 조절, 온도 조절, 명시도 조절, 대소감 조절, 거리감 조절, 온도감 조절, 중량감 조절, 주의력 조절, 연상 조절, 정서 조절, 욕구 조절, 신체생리 조절 등의 기능이 있다.

따라서 이와 같은 색채의 다양한 조절기능을 우리는 필요에 따라 잘 활용할 수 있어야 할 것이다.

### 2) 색채 조절의 효과

색채를 조절하면 눈과 신체의 피로를 경감해 줌으로써 신체적으로 건강하게 해주며, 시각적으로도 즐거움을 주기 때문에 정신적 및 심리적으로 건강하고 안정감을 준다. 또한 주의력을 집중하게 해주고 작업의 능률을 증진시켜 주며 광선을 유효하게 조절해 준다. 그리고 위험할 때 판단을 용이하게 해주어 재해를 감소할 수 있게 해주며, 환경을 정리 · 정돈해주는 효과와 함께 미화시켜 주변을 아름답게 해준다. 그러나 부적당한 색채를 사용하면 현란하여 집중력이 감소하고 안전도가 떨어지며 싫증과 피로를 느끼게 한다.

### 3) 색채조절의 사례

북쪽에 있거나 냉동실과 같은 차가운 공간은 난색계의 색을 칠하고, 남향실이나 보일러실 등과 같은 실은 한색계의 색을 칠하면 효과적이다. 경찰서의 벽은 시민들과의 친근감을 갖도록 밝은 크림색을 칠하고, 교실의 천장은 백색을 칠하여 빛의 반사를 도모함으로써 실내를 밝게 할 수 있다.

그림 3.264 독특한 채색의 자동차

또한 병실이나 도서실 및 교실 벽의 색은 담록색이나 담청색 등의 진정색이나 차분한 색이 좋다. 또한 주점이나 극장 및 백화점과 같은 상업용 건축물은 마음을 들뜨게 하는 흥분색이거나 화려한 색을 칠하는 것이 좋다. 병원의 수술실 벽은 청록색이 좋으며, 수술실의 바닥이나 미술관 진열실의 벽은 담회색이 좋다. 그리고 주방의 벽은 깨끗하고 위생적인 느낌을 주는 백색으로, 식당의 벽은 식성을 북돋우는 오렌지색으로, 암실은 그 실의 용도상 흑색으로 하는 것이 좋다.

우리나라는 백의민족이라 하여, 그 동안 흰색의 옷을 많이 사용하였다. 자동차 색의 경우는 근래에 들어 다양해진 편이긴 하지만은 얼마 전까지만 해도 무게가 있어 보이는 검정색을 매우 좋아하였는데, 외국에서는 장의차나 상복이 대부분 검정색이다.

중국인들은 빨강색과 노랑색을 무척 선호한다. 그 이유는 빨강색은 건강을, 노랑색은 재물을 상징한다고 한다. 요즈음 거리의 간판을 보면 우리나라도 중국인들처럼 빨강색이나 노랑색을 많이 사용하는 경향이 있는데, 이는 그런 색을 좋아한다기보다는 사람의 눈을 끄는 주목성 때문인 듯하다. 그러나 너무 지나치면 거리의 미관을 해치므로 이에 대한 대책이 필요하다.

**그림 3.265** 컬러풀한 거실

**그림 3.266** 테리 파렐, 우드 그린 팩토리스, 런던

**그림 3.267** 테리 파렐, TVam, 런던, 1983년. 형태 및 칼라가 다양함과 율동감을 느끼게 한다.

**그림 3.268** 후마윤 왕의 무덤, 델리, 북인도, 1560년대

우리가 선호하는 색은 즐거움을 준다. 색은 인간의 감각을 자극하여 의식, 행위, 활동 등에 영향을 미친다. 색을 선정할 때에는 대상자의 계층 및 색에 대한 선호도 등을 연구하여 선택해야 한다. 가령, 공장의 색채는 음악과 마찬가지로 작업량과 관계가 있다고 한다. 그리고 치과병원의 경우도 음악효과와 더불어 실내의 색채 디자인이 환자의 불안한 마음을 안정시키는 영향을 미친다고 한다.

건축물 색채의 경우에 있어서도 그동안 우리나라의 건축물 색채는 상당히 어둡고 다양하지 못하여 도시의 미관을 저해하였다. 그러나 요즈음은 색상이 어느 정도 다양화되고 향상된 측면도 없지 않다. 도시의 대단위 아파트단지의 색채나 도심 빌딩의 색채 및 환경미술 등에 의해 채색이 어느 정도 향상된 것은 사실이지만, 향후에도 색채에 대한 연구가 활발히 전개되어 더 아름다운 환경을 조성해 나가야 하겠다.

## 10.8 건축의 색채계획

색채는 건축물의 성격을 표출하고 경관의 경제적, 사회적, 문화적 배경을 암시하여 도시의 지역성과 역사성, 생활상 등을 내포하는 것이므로 건축물의 형태요소와 함께 시각 환경으로서의 가로경관을 구성하는 중요한 요소이다. 그리고 색채계획 시 건축물에 사용되는 각종 재료들은 각각 자기 고유의 색상을 지니고 있으므로 이러한 특성을 건축의장에 잘 활용하고 조화시켜야 한다.

### 1) 색채계획 시 고려사항

① **쾌적성 측면** : 작업, 휴식, 오락 등 장소에 따른 쾌적함을 말하며, 심리적인 면에서 고려한다.

**그림 3.269** 로스쿨, 로욜라대학교, 로스앤젤레스

**그림 3.270** 로타부시, 클럽 치타의 입구, 서 베를린, 독일, 1968. 화려한 색채의 반복으로 율동감과 다이내믹한 공간감을 느끼게 한다.

② **조형적 측면** : 형태의 명확한 표현 및 도시나 자연의 미관을 해치지 않기 위한 배려로서 고려한다.

③ **기능적 측면** : 작업능률, 판매효과, 위험방지, 치료효과 등 사용목적에 따른 효과로서 심리적인 면에서 고려한다.

④ **사회적 측면** : 불특정 다수 사용자에게 수용된다는 객관적 입장에서 검토한다. 특히 대규모 건축의 경우 그 영향은 크다.

⑤ **경제적 측면** : 초기 및 유지비용, 내구성, 경제성, 능률성 등을 말하며, 경제적인 면에서 고려한다.

⑥ **문화적 측면** : 지역성, 풍토성, 민족성, 예술성 등 문화적 성향의 측면에서 고려한다.

### 2) 건축외부 색채

① **외벽 색** : 건축물의 용도, 규모, 환경 또는 재료에 의해 좌우되지만 명도 6~9, 채도 1~3의 범위이다.

② **지붕 색** : 건축물의 배경이나 벽체와의 조화를 생각해서 선택하며, 명도는 벽체보다 낮게 하고 채도는 일반적으로 높게 한다.

③ **창의 색** : 보통 무채색으로 선택의 여지는 없으나, 커튼 색이 창의 색으로 되므로 벽과의 조화를 생각하여 커튼 색을 정한다.

④ **문의 색** : 명도는 벽과 문틀의 중간 정도로 벽과의 유사색 또는 이색조화가 되도록 하고 악센트가 이루어져야 한다.

⑤ **창틀, 문틀 색** : 벽과 명도차를 크게 하여 동일색 조화로 하거나 다소 색상을 바꾸어

**그림 3.271** 건물 외부의 색채

**그림 3.272** 건축물 색채, 보카 지구, 부에노스아이레스, 아르헨티나

선택하며, 화려하게 꾸미는 경우 이색조화로써 배색을 할 수도 있다.

### 3) 건축내부 색채

① **천장 색** : 가볍고 밝은 색을 택하여 채광이나 조명효과를 높이도록 한다.

② **내벽 색** : 실내 성격을 지배하고 기능적으로 중요하므로 실의 용도나 넓이, 조명방식 등에 따라 다르게 하되 조도분포가 균일하도록 고려하고, 또 가구류 등의 배경으로서의 효과를 더하도록 한다. 허리벽을 두어 윗벽과 구분하는 경우에는 동일색 또는 유사색으로 하고 명도를 낮게, 채도를 높게 배색한다.

③ **바닥, 걸레받이 색** : 바닥 색은 벽체, 가구, 작업면 등과 조화가 되고 퇴색하지 않고 쉽게 더러워지지 않는 색으로, 명도는 백색에 가까운 것이 좋으나 같은 색상의 경우 대비를 강하게 한다. 걸레받이 색은 벽과 같은 계통의 색 또는 무채색이 일반적이며, 명도는 벽보다 2~3 정도 낮게 잡는다.

④ **출입문 색** : 색상은 벽과의 유사색 또는 이색조화를 이루도록 하고 가구와의 대비도 고려한다.

⑤ **창·문틀, 반자돌림 색** : 벽이나 천장 등과 같은 색으로 하여 명도를 낮게 하는 것이 좋다.

⑥ **커튼 색** : 실내 배색상 중요하며, 명도는 일반적으로 높은 것이 좋다. 채도는 색상에 따라 다르지만 보통 높은 명도의 경우 낮은 채도를 선택하는 것이 좋다.

**그림 3.273** 건물 내부의 색채사례 1

**그림 3.274** 건물 내부의 색채사례 2

### 4) 건축색채의 계획과 설계의 과정

건축색채의 계획과 설계의 과정을 구체적으로 살펴보면 다음과 같다. 이와 같은 단계를 밟으면 효과적이지만 경우에 따라서는 더 간략한 순서로 진행할 수도 있을 것이다.

① 환경요인의 분석 : 환경과의 관계는 설계를 구상하는 단계에서부터 고려되어야 한다. 건물의 외장색채는 곧 도시경관을 구성하는 것이며, 시각환경의 일부가 되는 것이므로 처음부터 환경의 한 개 요소로 간주하여 시작해야 한다. 환경요인을 반영하기 위해서는 건축물이나 주변 환경 색의 구조를 밝히는 조사가 선행되어야 한다. 그럼으로써 그 지역의 색채분포의 특성을 파악할 수 있다.

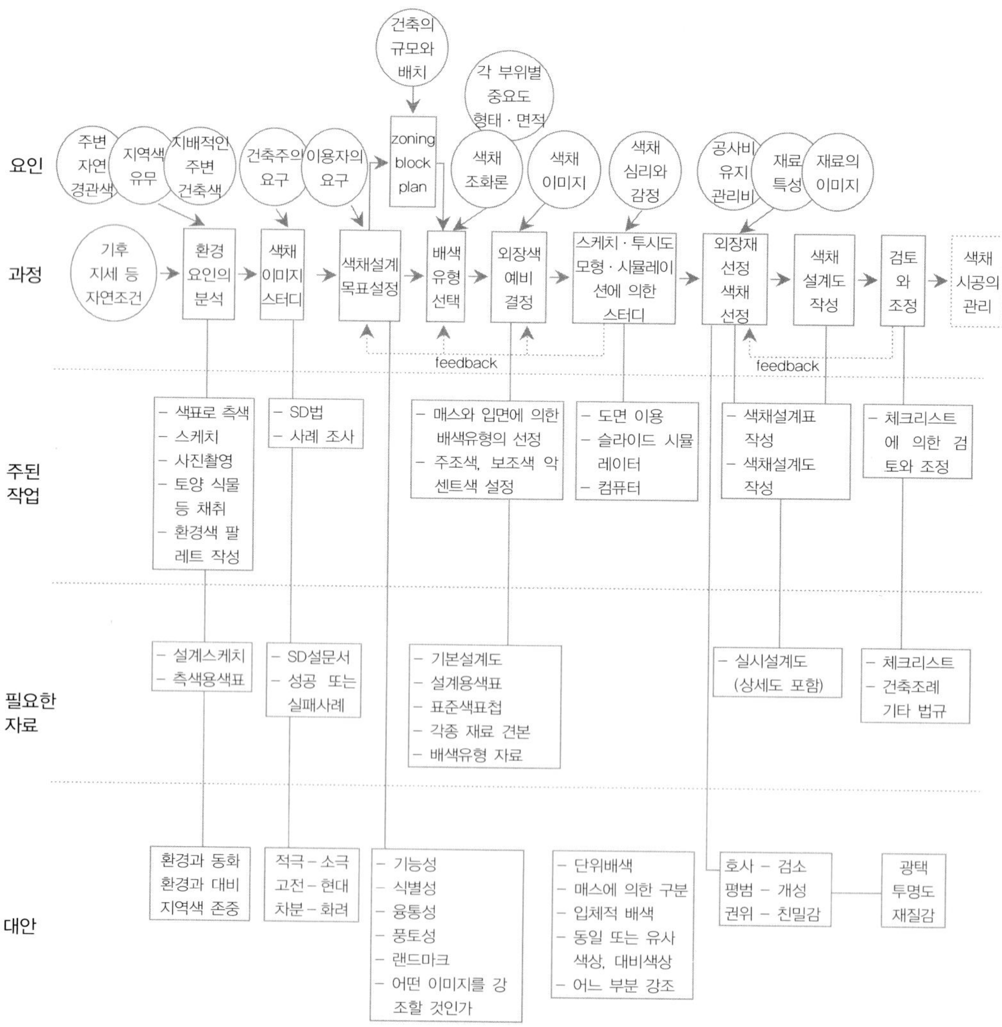


**그림 3.275** 건축색채의 계획과 설계의 과정

② **색채 이미지 추출** : 어떤 이미지를 갖게 할 것인가를 연구하는 단계이다. 그 건축물이나 도시의 거주자가 바라는 이미지를 설계자는 예측하고 설정해야 한다. 건축용도에 따르는 이미지나 도시 성격에 따르는 이미지는 많은 전례에서 찾을 수 있으며, 의미미분법(SD법) 등으로 이용자 또는 관련 집단으로부터 바람직한 이미지를 추출할 수도 있다.

③ **색채설계 목표 설정** : 설계목표는 주변환경에 대한 동화 또는 대비의 선택과 요구되는 이미지에 맞추되, 그 건물의 용도나 식별성에 치중할 것인가, 풍토성이나 전통성에 비중을 둘 것인가 또는 요구되는 이미지 가운데 특히 어떤 것을 강조할 것인가 등을 검토하고 결정한다. 건축의 규모가 크고 단일 건물이 아닌 건축군일 경우는 조닝이나 블록플랜을 할 것인지를 검토한다. 기능별, 규모별, 위치별로 또는 오직 색채구성의 방법 등으로 배색을 달리하는 계획이 가능하다.

④ **배색유형의 선택** : 설계목표에 가장 합당한 배색유형을 선택한다. 그 유형은 독립적으로, 복합적으로 또는 절충하여 채택될 수 있다. 예를 들면, 배색부위별 유형으로서 수평선 배색, 수직선 배색, 단색 배색, 매스에 의한 배색, 시선변화에 따라 변화하는 입체적 배색, 구조체를 표현하는 배색, 내부기능의 표출, 강조 배색, 벽면의 평면분할, 슈퍼그래픽 수법, 지붕색의 강조, 유리색이 주조가 되는 배색 등이 있다. 또한 주조색과 보조색, 강조색의 사용, 어느 부분이 중요한가, 어느 형태를 강조할 것인가, 어느 면에 변화를 줄 것인가, 두 가지 이상 배색할 때 동일 또는 유사대비 색상 중에 어떤 것을 택할 것인가 등이 검토되어야 한다.

⑤ **외장색 가선정** : 이제까지 진행된 방향에 따라 대체적인 색채가 부위별로 선정되는 단계이다. 색채를 선택하면서 재료를 같이 검토해야 한다. 이 단계의 색채 선정은 배색효과를 검토하기 위한 것이므로 먼셀기호보다는 관용 색명이나 일반 색명으로 색채를 다루어도 무방하다. 이때 두세 개의 대안을 준비하는 것이 좋다.

⑥ **배색효과의 검토** : 앞 단계에서 선정된 부위별 색채를 스케치도, 입면도, 투시도 등의 도면상에서 검토할 수 있다. 이때 입면도 이용은 입체적인 배색검토의 난점으로 계획을 세밀히 할 때는 부적합하다. 가선정된 색채로 배색한 모형 스터디, 더 나아가서는 전체적인 배색효과, 전체와 부분과의 균형, 설계목표와의 대조 등이 이루어지고 그 결과는 다시 피드백되어 앞 단계에 반영된다.

⑦ **외장재 및 색채 결정** : 색표에서 특정 색을 골라 먼셀기호로 기록하고, 특정 재료를 카탈로그나 실물을 가지고 결정하는 단계이다. 이 단계에서는 특정 재료가 주는 이미지나 그 밖의 특성들이 검토되어야 한다. 색채 선정과 재료 선정은 동시에 진행되는

것이 합리적이다. 재료 결정 시에는 색 이외의 표면 특성인 광택, 투명도, 재질감 등이 고려되어야 하며 변색, 퇴색, 색채 재현성의 난이, 오손, 변형 등에 관한 대책 등을 함께 검토한다. 이 단계에서 색채설계도와 색채설계표가 작성되는데, 색채설계도는 건축도면의 입면도, 단면상세도, 투시도 등을 이용하여 번호나 기호로 색채설계표와 일치시키는 방법이 대체로 통용된다.

⑧ **검토와 조정** : 마지막으로 지금까지의 과정에서 중요한 요소들을 정리하여 제한된 시간 안에 종합적인 검토를 거칠 필요가 있다. 이 항목들을 체크리스트로 제시한다. 그 중에는 이미 충분한 검토를 거친 것도 있고, 기타 법규와의 관계 등 소홀히 한 점도 있을 것이다. 이 체크리스트로 전체를 모두 체크할 필요는 없고 경우에 따라 필요 항목만 검토하고 수정한다든지 하는 조정을 한다.

⑨ **색채시공의 관리** : 색채는 지정색이 정확히 전달되어 시공됐는지, 계획 시의 예측과는 다른 색채효과가 나오지 않았는지 등 현장에서의 관리가 중요하다. 색채의 변경, 누락된 부위의 색 지정, 설계변경에 따른 색채 선정 등 수정, 추가, 보완 등이 뒤따라야 실패율이 적다.

도시경관 색채를 관리하는 문제의 하나는 행정적 '규제'이고 다른 하나는 보다 적극적인 '유도'이다. '규제'에 대해서는 각 지방자치단체 단위의 건축위원회에서 색채심의를 강화하는 방법이 있고, 특히 우리나라 도시색채를 악화시키고 있는 간판 등 광고물에 대해서는 조례로 엄격히 규제할 필요가 있다. '유도'에 대해서는 지역 특성을 살리는 데 초점을 맞추어 신중히 연구하고 공청회 등을 통하여 지역주민의 의견을 충분히 반영해야 할 것이다.

**그림 3.276** 건축물 외부의 색채사례

**그림 3.277** 건축물 색채, 보카 지구, 부에노스아이레스, 아르헨티나

표 3.4 건축색채의 계획 · 설계를 위한 체크리스트

| 순 | 항 목 | 세 목 |
|---|---|---|
| 1 | 배색효과에 관하여 | • 선택된 배색이 그 건물의 형태미를 돋보이게 하는가, 손상하는가.<br>• 전체적인 통일감이 있는가.<br>• 전체적으로 너무 무난하여 특색이 없고 지루하지 않은가.<br>• 전체적으로 너무 단조하지 않은가.<br>• 강조와 억제가 중요도에 따라 적절히 이루어졌는가.<br>• 주요소와 종적 요소의 배색구분이 명확한가(2색 이상일 경우).<br>• 많은 사람들에게 거부감을 주지 않은가.<br>• 한국인 색감에 위화감을 주지 않은가.<br>• 조닝 또는 블록플랜은 공통적인 요소가 지배하고 있는가. |
| 2 | 건축기능과의 관계 | • 그 건축 용도에 어울리는 배색인가.<br>• 외장과 내장에 관련성이 있는가.<br>• 사람의 접근을 쉽게 하며 주출입구가 명확한가. |
| 3 | 색채심리에 관하여 | • 면적효과, 리프만효과, 동화효과 등을 고려하였는가.<br>• 색채연상, 색채상징, 유목성, 시인성, 색채감정 등과의 모순은 없는가. |
| 4 | 환경과의 관계 | • 주변 자연환경과의 관계(동화 또는 대비)는 설계의도대로 되었는가.<br>• 주변건물 또는 가로경관과의 관계는 적절한가.<br>• 지역색에 순응하는가, 역행하는가.<br>• 주변의 문화재나 기념건축물을 압도하지 않은가. |
| 5 | 재료와의 관계 | • 광택, 투명도, 재질감, 표면패턴 등과의 관계는 충분히 고려되었는가.<br>• 변색, 퇴색, 오손은 사전에 검토되었는가.<br>• 같은 재료 색을 계속 재현할 수 있는가. |
| 6 | 조경 등<br>외부요소와의 관계 | • 지대(stoop), 플랜트박스, 외부포장 등의 색이 본 건물과 조화되는가(그러한 외부설계와 연계되는가).<br>• 건물에 부착될 문자, 심벌마크, 간판, 표지판 등과의 디자인 코퍼레이트는 이루어졌는가. |
| 7 | 각종 법규와의 관계 | • 안전색채 사용통칙, 안전표지, 배관식 별색 등은 지켜졌는가. |

지금까지 우리는 미의 구성요소, 즉 디자인 요소, 조형요소를 살펴보았다. 여기서 살펴본 요소들 외에도 양감(量感, 立體感 ; Volume), 문양(紋樣 ; Pattern) 등을 구성요소로 포함시킬 수도 있다. 볼륨이란 물체 또는 공간의 양적인 것으로서, 형체의 입체적 감각을 의미하는 것이다. 이것은 매스에 의해 표현되며 크기와도 관련된다. 그리고 선, 형, 공간, 빛, 색채 등의 사용으로 만들어지는 패턴, 즉 문양은 보통 2차원적이거나 3차원적인 장식의 질서를 부여하는 배열이다.

미의 구성요소에는 앞에서 살펴본 바와 같이 다양한 요소들이 있는데, 디자인 시 그중 특정 요소만을 너무 강조하는 경우 그 효과는 역행한다. 즉, 반작용이 부수적으로 나타나게 되는 것이다. 예를 들면, 직선만을 지나치게 강조하는 경우에는 강력하고 진취적이긴 하지만 단조롭고 흥미가 감소된다. 반대로 곡선만을 너무 강조하면 유연하고 우아하지만 무기력하고 흐느적거리는 느낌을 줄 수 있다.

따라서 감정의 전달에 있어서 시각요소의 심리적 효과인 작용과 반작용, 효과와 역효과, 기능과 역기능의 균형문제를 생각하며 디자인을 해야 하겠다.

그리고 요소는 외적 및 내적 요소 두 가지 개념으로 이해되어야 한다. 즉, 외적 요소란 시각적으로 나타나는 외형적인 것으로서 물질적인 것이며, 내적 요소는 내면의 특성이나 힘 또는 긴장과 같은 비물질적인 것으로 정신적인 것이다.

추상예술에 대한 요소의 분석은 중요하다. 즉, 그 작품에 내재하는 힘인 내적 요소를 이해해야 그 작품의 내면적 정신에 통할 수 있기 때문에 작품을 이해할 수 있는 것이다. 가령, 청년 A와 B가 있는 경우, 두 사람 모두 사람이라는 요소에 불과하다. 그런데 A 청년이 사랑하는 애인과 만날 약속이 있는 경우 그의 표정이나 외모가 상당히 달라질 것이다. 그의 표정에는 즐거움과 생동감이 나타날 것이다. 그런데 B 청년은 실연을 당한 경우, 그는 고독하고 쓸쓸한 표정을 하고 무기력한 모습으로 보일 것이다.

추상적 법칙성도 음악에서는 시간적 요소로, 무용에서는 운동적 요소로, 문학에서는 언어적 요소로, 회화나 조각 및 건축에서는 공간적 요소로 구분된다.

조형요소의 총합에는 용도, 목적, 소재 외에도 그 내면에는 역사성, 시대성, 지역성, 정치 · 경제 · 사회 · 문화성 및 유행 등 제반 환경요건도 복합적으로 시각적 디자인에 영향을 미친다.

제 4 장

# 미의 구성원리

디자인이란 미의 구성요소를 구성원리 design principles에 의해 구성하는 것이다. 미의 구성원리를 조형원리 또는 디자인 원리라고도 한다. 미의 구성요소는 앞에서 살펴보았듯이, 마치 영어의 경우 A, B, C, D 등 총 26개의 알파벳과 같은 것이고, 한글의 경우에는 ㄱ, ㄴ, ㄷ, ㄹ 및 ㅏ, ㅑ, ㅓ, ㅕ 등 총 24개의 자음 및 모음과 같은 것이다. 이와 같은 알파벳과 자음 및 모음에 의해 우리는 수많은 표현을 할 수 있는 것이다. 숫자의 경우 1, 2, 3, 4 등 10개의 기본 숫자로 천문학적 숫자도 우리는 표현할 수 있으며, 음악의 경우도 도, 도#, 레, 레#, 미, 파 등 12개의 기본음에 의해 수많은 음악으로 표현되고 있는 것이다.

미의 구성원리는 마치 언어에 있어서는 문법과 같고, 수학에 있어서는 계산법(+, −, ×, ÷)이나 공식과 같으며, 음악에 있어서는 강약, 계속, 정지, 반복 등의 작곡법과 같은 것이다.

예를 들면, 4계절에서 봄, 여름, 가을 및 겨울은 계절을 구성하는 요소이다. 이들 4가지의 요소는 끊임없이 반복하고 있으므로 반복이라는 원리가 그 속에 있고, 계절에는 온도가 오르내리고 있으므로 리듬이라는 원리가 내재되어 있다. 또한 온도가 점진적으로 변화되고 낮과 밤의 길이도 점차 변화하므로 거기에는 점이라는 원리가 있으며, 계절 속에는 온화한 날이 있는 반면 태풍이 부는 날도 있고, 맑은 날과 흐린 날, 더위와 추위 같은 서로 정반대가 되는 경우가 있어 대조라는 원리가 포함되어 있다. 그리고 4계절은 균형을 이루어 따뜻하고, 덥고, 시원하고 춥고 하여 균형이라는 원리 속에 이어지고 있다. 이와 같이 4계절에는 전체를 이루는 부분적 요소인 봄, 여름, 가을, 겨울은 각각 다르지만 전체를 이루는 데 분리되지 않고 연관성을 가지며 통일되어 계절이라는 하나의 굴레 속에서 상호 작용되고 있는 것이다.

디자인의 원리는 조형요소들의 결합에서 시각적 만족을 결정하기 위한 계획의 수단이며, 디자인의 대상물인 각 요소가 어떠한 질서로 결합될 것인가 하는 방법이다.

미를 구성한다는 것은 모든 매개요소를 상호 조화시키는 것 또는 통일체를 창조하는 것이기도 하다. 이러한 일은 누구나 행할 수 있는 일로서 창작의도를 내포하고 있으며, 개개인의 표현양식은 서로 다르더라도 객관성이 있는 미에 대한 항상성은 내재하고 있다. 그러므로 디자이너는 이러한 객관적 미의 원리에 대해 알 필요가 있다.

미의 구성원리에는 반복 Repetition, 조화 Harmony, 대조 Contrast, 통일 Unity, 대칭 Symmetry, 균형 Balance, 점이 Gradation, 비례 Proportion, 율동 Rhythm, 강조 Accent 등이 있다. 그러나 이러한 원리들은 독립적으로 나타나는 것이 아니고 상호 유기적인 관계를 가지고 항상 총체적으로 나타나는 것이다.

본 장에서는 미의 구성원리에 대하여 하나하나 구체적으로 살펴보고자 한다.

# 1. 반복(反復, Repetition)

반복이란 어떤 요소나 단위가 동일하거나 유사성을 지닌 것이 되풀이되는 현상이다. 즉 어떤 사건, 형태, 공간 등이 동일한 패턴으로 연속적으로 나타나는 것이다.

다시 말하면, 동일한 요소나 대상을 두 가지 이상 배열하는 것을 반복이라고 한다. 여기에는 리듬도 나타나는데, 대상의 의미나 내용을 강조하는 수단으로 사용되는 경우가 많다. 그리고 반복은 자연질서 속에서 잘 나타나는 현상의 하나로 속성이 비슷한 요소가 일정한 시간 또는 공간적 간격을 가지고 되풀이되는 것이다. 즉, 반복은 자연적 질서의 기본적, 공통적인 형태이다. 그것은 낮과 밤, 계절, 달의 변화 및 조수 등에서 볼 수 있다. 모든 것들이 주기적으로 반복된다.

## 1.1 반복의 유형

반복의 유형에는 크게 완전반복과 불완전반복이 있다. 완전반복은 똑같은 패턴으로 반복, 진행되는 것을 말한다. 이것은 질서정연하고 변화가 없으므로 지루함을 느끼게 하기도 한다. 예를 들면, 군인이 종횡으로 줄을 맞춰 있는 경우와 같은 경우이다. 불완전반복은 동일한 패턴 같지만 조금씩 변화가 있는 것이다. 예를 들면, 군인이 자유롭게 흩어져 있는 경우가 그것이다. 그리고 반복에는 시간적 간격에 의한 반복과 공간적 간격에 의한 반복이 있는데, 전자는 음악이나 시 또는 무용 등에서 나타나며 후자의 경우는 회화나 건축 및 조각 등에서 볼 수 있다.

복잡한 리듬에 의한 반복을 우리는 특히 교체(交替, Alternation)라고 한다. 즉, 교체란 서로 엇갈린 반복 혹은 정확하고 규칙적인 반복으로서 일련의 교대를 이루는 것을 말한다. 부분의 반복이 단위를

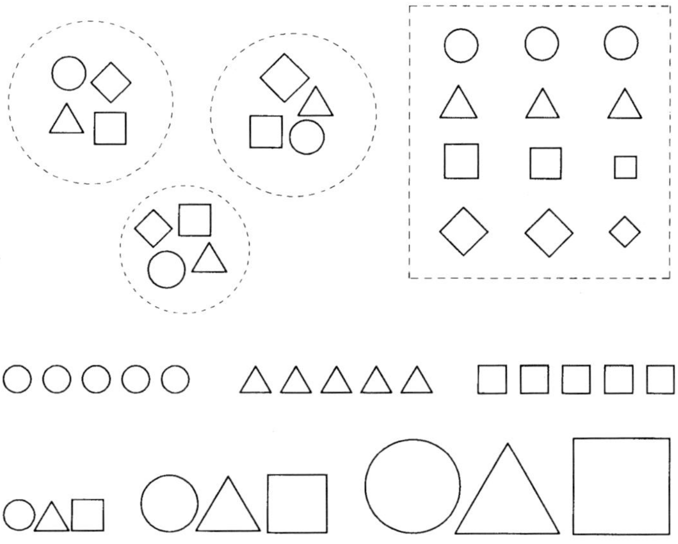

그림 4.1 각종 반복 (1)

달리하거나 더 큰 부분을 이룰 때 교체가 생긴다.

반복은 세 가지 기본형태를 취할 수 있다.

① **정확성** : 모든 요소가 정확하게 똑같이 반복되는 것이다. 그것은 직물이나 깔게 등의 짜기나 창문, 기둥, 계단 등의 건축물 부분에서 볼 수 있다.

② **교류성** : 요소의 단위가 서로 교호(교류)하며 연속되는 것으로 정확한 반복 중의 하나이다. A-B-A-B 또는 1-2-1-2처럼 문자나 숫자, 기호 등으로도 나타내기 쉽다. 걷거나 행진하는 것은 좋은 예이다. 물론, 단위가 많아져서 연속되어 반복되면 보다 더 복잡해 질 수 있다.

③ **다양성** : 기준은 반복되지만 하나 또는 크기, 모양, 명암, 질감, 색 또는 간격의 결합 등이 바뀔 수 있다. 즉, 변화성을 추구하면서 반복되는 것이다. 일반적으로 다양성이 없는 반복은 지루하다.

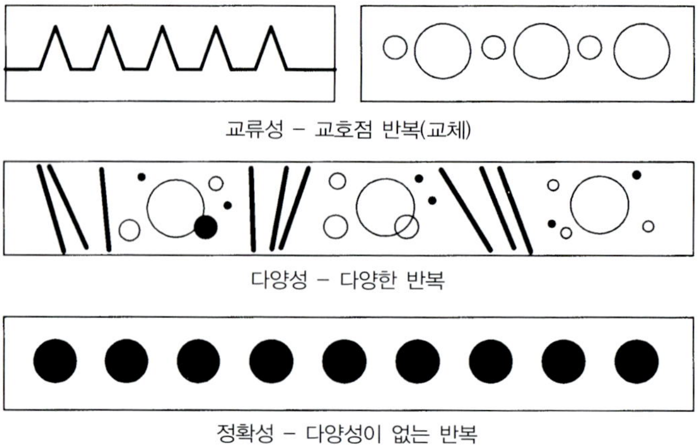


**그림 4.2** 각종 반복(2)

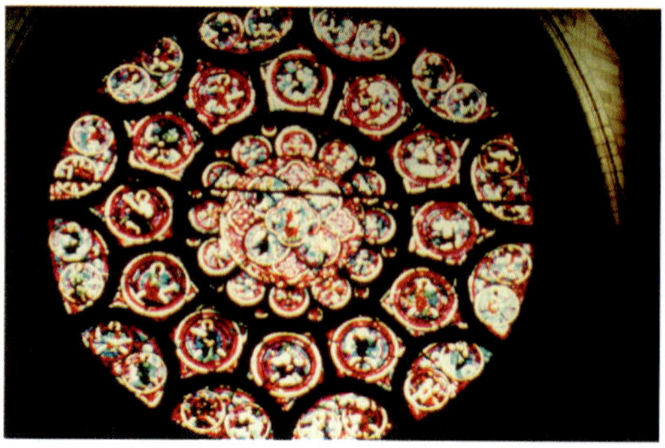

**그림 4.3** 노트르담 성당의 스테인드글라스 장미창, 프랑스

**그림 4.4** 학

반복은 순환이 기대되면 율동적이게 된다. 가장 간단한 예는 그들 간에 어떤 간격을 가진 형태의 연속이다. 이 간격을 만들기 위해서는 세 개의 반복이 필요하다. 세 개의 반복은 또한 연속을 만들 수 있는 최소의 수이다. 하나의 반복을 가질 수는 있지만 적어도 두 개의 반복을 갖기 전에는 리듬을 가질 수 없다.

## 1.2. 반복의 사례

반복은 음악이나 시 또는 회화 등에도 많이 나타난다. 반복의 예를 살펴보면, 숲은 나무의 반복이며 산맥은 또한 산의 반복에 의해 형성된 것이다. 기러기 떼는 수많은 기러기의 집합이며, 장미꽃밭에는 역시 수많은 장미들이 연속으로 있는 것이다. 우주의 질서 속에 지구의 공전 및 자전은 끝없이 반복을 하고 있으며, 이와 함께 1년 사계절도 반복되고 있는 것이다. 또한 일출 및 일몰이 반복되면서 밤과 낮이 이루어지며, 밀물과 썰물 역시 끝없이 반복되고 있는 것이다. 우리가 생존하고 있는 것은 끊임없는 호흡과 맥박이 이어지기 때문이며, 또한 식사, 수면, 배설을 무한히 행하고 있기 때문이다. 우리의 일상생활을 보면, 우리는 매일 아

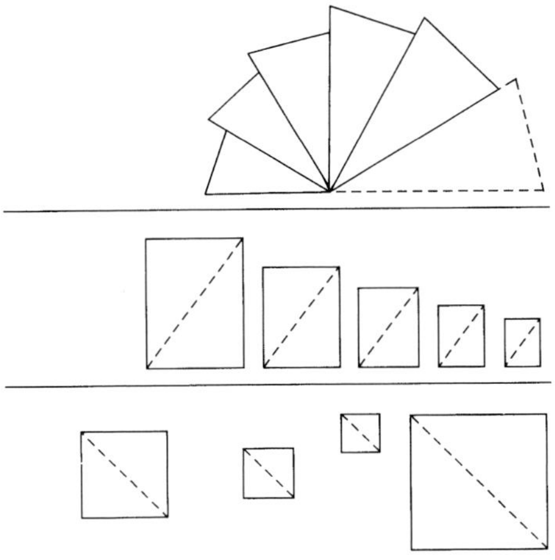

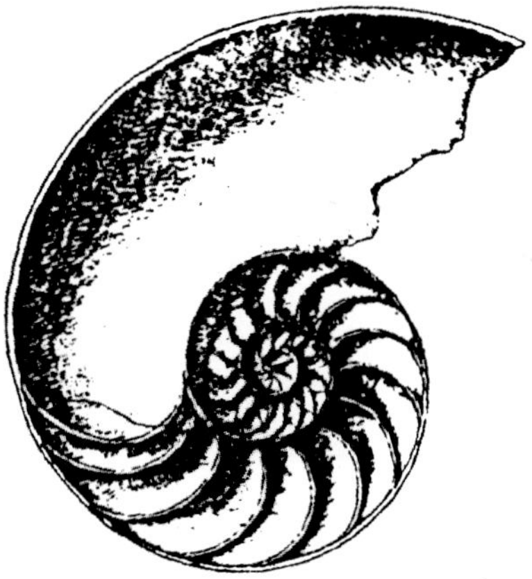

그림 4.5 각종 반복 (3)

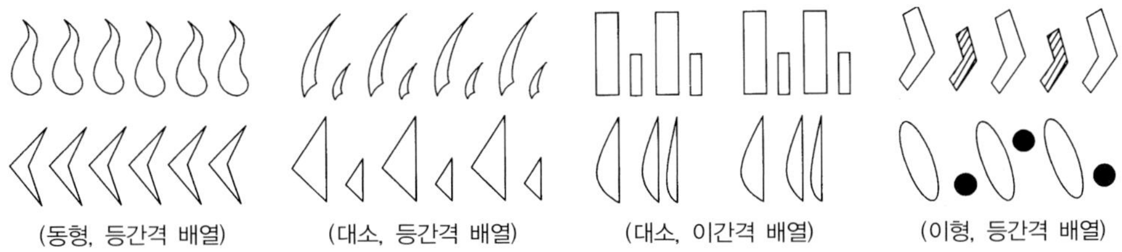


그림 4.6 모티프의 반복에 의한 리듬

침에 일어나고 세수하며 출퇴근하고 잠을 자고 있는데 이 모두가 반복이라는 원리에 의해 이루어지고 있는 것이다.

반복에 대한 느낌을 살펴보면, 반복은 통일감과 명료성을 갖게 하며 연속적인 운동감으로 질서미와 안도감을 갖게 한다. 또한 질서 있게 반복 · 교체되면 연속적인 리듬이 우리에게 즐거움을 주기도 한다. 반복은 단순하고 평범하며 지루하기도 하다. 그리고 반복은 적당한 변화와 복잡성이 없으면 감흥이 적고 권태감이 생기기도 하며, 기계적이고 획일적인 반복은 싫

**그림 4.7** 철문살, 18세기

**그림 4.8** 마름모꼴의 반복

**그림 4.9** 비치파라솔

**그림 4.10** 한국 고건축의 기와지붕, 해인사

**그림 4.11** 링컨 기념관, 워싱턴, 1911~22년

**그림 4.12** 쌍둥이 쿨링 타워

증을 느끼게 할 수 있다. 그러나 봄, 여름, 가을, 겨울과 같은 자연의 반복은 싫증이 전혀 나지 않는데, 이는 한 계절에 대해 싫증이 날만하면 오히려 다른 계절로 바뀌면서 반복되기 때문에 그러한 것이다.

그림 4.13 미스 반 데어 로에, 라파엣트 파크 주거, 디트로이트, 1955~63년

문양 Pattern에 있어서도 같은 형을 등간격으로 배열하는 것이 반복이다. 반복은 같은 조형요소로 구성되어 있으므로 매우 알기 쉽고 정리하기가 좋다. 동서양을 막론하고 원原 문양을 기본으로 하여 반복무늬가 오래 전부터 의복, 일용품, 건축물 등의 무늬로서 이용되어 왔다. 연속무늬는 상하 또는 좌우의 2방향으로 배열하는 2방향 연속무늬와 4방향으로 배열하는 4방향 연속무늬가 있으며, 커튼이나 포장지의 디자인에 흔히 사용되고 있다. 반복구성은 평면구성뿐만 아니라 입체구성에서도 흔히 사용되고 있다.

건축에서도 수많은 반복을 우리는 볼 수 있다. 기와지붕에 얹혀 있는 수많은 기와들, 연속

그림 4.14 브루넬레스키, 파찌 채플의 돔 내부, 플로렌스, 1430~46년

그림 4.15 기둥과 아치의 반복

그림 4.16 중국 건축의 창살

그림 4.17 한국 고건축의 담장

된 창문의 수많은 반복, 벽지 속의 수많은 무늬의 반복, 수십 개의 기둥의 반복, 아파트의 단위세대의 반복, 학교에서의 교실의 반복 등이 그러하다.

구성체 내의 요소들을 집합화시키려 한다면, 그 요소들의 근접 또는 친밀에 의해서, 그리고 그들 상호간에 나누어 가지는 시각적 특성 등 하나의 구성체 내에 회귀적 요소들을 정돈시키기 위하여 이러한 지각 개념들을 이용하는 것이 반복의 원리이다. 반복의 정도가 더욱 강화되면 균일성의 효과를 나타내게 된다. 반복은 통일의 요소가 너무 많고 강하므로 변화의 매력이 없고 지루하며 아름다운 자극을 흐리게 할 수 있다. 반복은 획일성과 변화성의 두 가지로 생각할 수 있다.

현대인은 균일화되고 통제된 것의 반복에 대해 질서를 느끼고 그 속에서 아름다움을 느끼는 경우가 많다. 즉, 규격화되고 획일적으로 계획된 현대건축이 우리 주위에 많은데, 그와 같은 형태조화에는 균일성을 강조한 것이 많다. 균일화되고 반복된 것에 대해서 현대인이 아름다움을 느끼는 것은 그 속

**그림 4.18** 프랭크 로이드 라이트, 존슨 왁스 빌딩의 곡선유리 튜브 스크린

**그림 4.19** 고대 로마의 건축물인 수도교, 니메, 프랑스, 150년경

**그림 4.20** 정원의 분수, 티볼리

**그림 4.21** 바실리카, 파에스툼, 그리스, BC 500년

**그림 4.22** 점의 반복 그래픽

에 간결함과 단순함이 있기 때문이기도 할 것이다. 반복에 의한 아름다움은 주로 인위적으로 정돈된 미라고 할 수 있다. 반복 속에는 규칙적이고 리드미컬한 자극에 의한 긴장감을 느낄 수 있는데 현대인들은 이것에 대해 기분 좋게 느끼는 듯하다. 반복을 통하여 단독으로 있을 경우에는 아름답지 않은 것도 아름답게 구성될 수도 있다.

반복은 자연의 질서와 삶의 근본이듯이 미의 구성원리 중 가장 기본적 원리인 것이다. 따라서 디자인을 할 때, 우리는 많은 반복을 하게 된다. 점의 반복, 선의 반복, 형의 반복, 명암의 반복 등과 같이 수없이 디자인 시 반복을 해야만 한다.

## 2. 조화(調和, Harmony)

### 2.1. 조화의 의미

조화란 두 개 이상의 요소 또는 부분의 상호관계가 서로 분리되거나 배척되지 않고 통일된 전체로서 높은 감각적 효과를 발휘할 때 일어나는 현상이다. 즉, 구성요소들의 결합에서

그림 4.23 유사한 선, 형 질감 및 명암을 통한 조화

그림 4.24 작은 소라 껍질들

그림 4.25 원형의 조화

서로의 관계가 질서정연하고 유사성이 있고 어울리는 것을 의미하며, 요소들이 동일하거나 완전한 반복을 벗어난 상태로 시각적으로 변화를 주며 아름답게 느끼게 하는 것이다.

다시 말하면, 조화란 동일하지 않은 두 개 이상의 서로 다른 성질을 갖은 요소가 한 공간 내에서 결합될 때 판단되는 상호관계에 의한 미적 현상이다. 즉, 부분과 부분 또는 부분과 전체 사이에 안정된 관련성을 주면서도 공감을 일으킬 때 조화가 성립된다.

우주의 성립과 존재는 만물이 조화의 원리에 의해 존재하듯이, 조화는 시각예술의 가장 기본이 되는 원리이다. 일반적으로 '잘 어울린다', '보기 좋다', '멋있다'라는 느낌은 조화를 의미한다. 즉, 미적 구성을 통하여 대상이 아름답다고 느껴지는 경우, 그런 의미로서 "조화"라는 단어를 사용하여 조형물 전체의 구성이 잘 이루어져 있는지의 여부를 표현하기도 한다.

조화는 둘 이상의 각 요소가 상호간의 공통적인 양면성을 지니더라도 서로의 차이가 생겨날 때 일반적으로 조화라는 의미가 생성된다. 조화의 의미는 미적 통일감이며, 또한 미의 기본적 구성원리들의 상호관계 및 전체적 관계에 있어서의 통일감을 말한다. 그러나 형태에서 조화에 가깝더라도 크기가 대조적이거나 크기에서 조화에 가깝더라도 명암이 대조적인 경우는 예외가 될 수 있다.

그런데 두 가지 이상의 요소가 모두 동일하거나 유사할 때 그들은 완전히 조화되어 있다고도 생각할 수 있으나 오히려 그것은 단조롭다. 따라서 훌륭한 조화는 요소 상호간에 공통성이 있음과 동시에 무엇인가의 차이가 있을 때에 얻어지는 것이 보통이다. 그 차이가 현저할 때 그것은 대비를 이룬다고 한다. 다시 말하면, 적절한 통일과 변화가 이루어질 때 조화를 이룬다고 할 수 있다.

조화는 조그마한 변화에 의해 미를 나타내므로 대조와는 달리 조용한 아름다움을 느끼게 한다. 그것은 질서나 안정 및 적당한 비례 · 변화 등에 의해 조화가 나타난다. 즉, 조화는 시

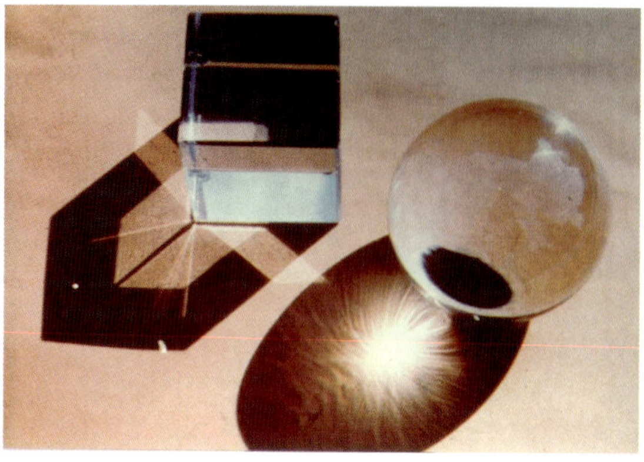

**그림 4.26** 대비적 조화

**그림 4.27** 곡선의 조화

각요소의 조직 또는 결합에 있어서 요소적 부분을 질서정연하게 하며, 시각요소의 상호관계에 있어서 전체에 대한 부분의 유사 또는 일치될 수 있는 구성방법을 말한다. 조화는 우리들에게 작은 변화에 의해 아름다움을 나타내 주고 차분한 미를 느끼게 한다. 이에 반해 대조나 파조 Discord는 변화와 자극은 있지만 통일과 질서가 없으므로 감정에 혼란과 때로는 불쾌한 느낌을 주기도 한다.

## 2.2 조화와 예술

조화는 시각예술뿐만 아니라 문학, 음악, 무용 등에도 존재한다. 음악의 경우, 화음이 잘 맞으면 조화가 되고 아니면 불협화음이 될 것이다. 조화는 직감적 또는 연상작용에 의해 느

**그림 4.28** 단순 조화

**그림 4.29** 안토니오 가우디, 레알 광장의 가로등 및 가로수, 바르셀로나, 1878~79년

**그림 4.30** 바라트, 로열 린하우스의 내부, 1873~93

**그림 4.31** 베이 브리지 및 샌프란시스코

**그림 4.32** 라르스 손크, 전화회사 빌딩, 헬싱키, 핀란드, 1903~5년

껴진다.

우리는 시詩에서의 운율이나 시화전, 비둘기와 올리브나무, 소나무와 두루미 등에서 조화를 느낄 수 있다. 그러나 신사복과 짚신, 미니스커트와 버선, 뚱보와 스쿠터 등과 같은 예에서는 부조화를 느끼게 된다.

조화는 통일감이나 유사한 감을 주고, 대조는 변화감 또는 대비감을 주는 원리이다. 붉은색의 장미꽃과 초록색의 장미 잎은 함께 있으면 색이나 형 등에서 대비적 조화를 느끼게 하지만, 꽃만 있으면 오히려 조화감은 감소된다.

조화에는 단순조화와 복합조화가 있는데, 단순조화란 간결한 이미지를 단순화한 디자인은 현대적 공간이 지향하고 있는 경향으로 디자인의 여러 요소를 단순화하여 공간의 조화를 이루는 것이다. 사용자의 성격이 선정되어진 국한된 공간이나 작은 규모의 공간에 적절하다. 그리고 복합조화란 서로 다른 요소가 각기 개체이면서 공존하는 상태에서의 조화로 다양한 형태, 양식 등을 사용함에 따라 공간의 사용자에게 풍부한 감성과 다양한 경험을 줄 수 있다.

**그림 4.33** 한국의 전통 농촌주택

**그림 4.34** 장독대와 절구통

**그림 4.35** 아기자기한 형태의 조화

**그림 4.36** 프랭크 로이드 라이트, 낙수장(카우프만 주택), 1936년

요소의 결합과 조화를 살펴보면, 반복에 가까운 동일한 요소의 결합은 조화에 가까우나 통일의 성격이 강하다. 변화라는 매력이 없고 지루하고 권태롭다. 또한 유사적 조화라 할 수 있는 유사한 요소의 결합은 조화가 되더라도 무미건조할 수 있으며 단조로운 조화가 된다. 마치 그림에서 동일한 형의 반복과 다른 형의 반복과 같은 경우이다. 대립적 조화가 되는 상반된 요소의 결합은 통일이 어렵고 변화, 약동감, 자극, 긴장감 등이 있다. 이것은 조화가 되더라도 질서가 없는 조화가 되기 쉽다. 그러나 잘 선용善用하면 훌륭한 조화가 될 수 있다. 예를 들면, 남과 여, 흑인과 백인 간의 사랑, 무용과 합창, 금문교와 주변환경 등이 그것이다.

조화는 전체적인 질서를 잡아주는 역할을 한다. 이질적인 다양한 형태의 통일 또는 변화의 문제에서 형의 적합성이나 색채 등 조형작업 전반에 걸친 문제점을 해소시켜 준다. 그러므로 조화가 부족한 구성은 다른 여러 가지 구성의 원리에 충실했다고 해도 전체적으로 산만한 구성이 된다.

두 가지 이상의 요소가 서로 어울리고 통일되어 전체적으로 미적인 효과를 발휘할 경우 이것을 조화Harmony가 잘 이루어졌다고 하고, 그 반대를 부조화Disharmony라고 일컫는다. 두 가지 이상 요소의 상호관계에 대해서 하모니의 가부를 말할 수 있다. 그러나 요소들이 모두 동일할 때 그것을 조화롭다고는 하지 않으며 단조롭다고 한다. 따라서 이상적인 하모니는 각 요소 상호간에 공통성이 있어야 하며, 동시에 차등성이 있을 경우에 얻어지는 것이다. 그러나 이때 차등성이 뚜렷하면 이러한 현상을 대비Contrast라고 한다. 한

**그림 4.37** 딩켈스비를 시가지, 18세기

**그림 4.38** 그랑닥슈 아치, 라데팡스(파리근교), 프랑스. 혁명 200주년을 기념해 세운 현대화된 개선문이다. 좌측은 엘리제 쇼핑센터, 우측은 CNIT빌딩이 보인다.

**그림 4.39** 크리스티앙 드 포르트잠파크, 시티 오브 뮤직, 파리, 1994년

편, 하모니와 대비를 서로 대립하는 두 개의 개념으로 보는 경우도 있다.

참된 조화는 단조로운 반복 · 교체와 파조의 중간에 있는 중용적인 것이다. 그러나 디자인을 할 때 정적이고 안정감 있는 단조로운 조화를 추구할 때도 있고, 강력하고 자극적이며 생동적인 대조적 조화가 필요할 때도 있다.

생활에서 변화가 없으면 무기력하고 타성에 젖으며 권태에 빠지거나 안일감에 빠지기 쉽다. 이럴 때에는 변화가 필요하다. 어린애들도 로버트나 자동차와 같은 장난감에는 금방 싫증을 느낀다. 그러나 어항 속의 금붕어나 물방개가 노는 모습에는 쉽게 싫증을 느끼지 않는다. 그것은 비록 종류는 같을 지라도 변화가 많기 때문일 것이다.

건축에서의 조화는 건축물 자체의 각 요소, 즉 건축물의 부분과 전체와의 조화뿐만 아니라 인접 건물과의 조화는 물론, 주변의 모든 건물들과 그 건물들이 차지하고 있는 대지와의 조화를 포함한다.

**그림 4.40** 이소자키 아라타, 쯔쿠바 센터 빌딩의 남측 광장, 1983년

**그림 4.41** 프랭크 로이드 라이트, 존슨 왁스 빌딩, 위스콘신주, 1936~39년

**그림 4.42** 펜조일 지구, 휴스턴, 텍사스, 1976년

**그림 4.43** 요른 웃존, 오페라 하우스, 시드니, 1957~73년

**그림 4.44** 홀리데이 인 및 트랜스 아메리카 빌딩, 샌프란시스코

건축물에 나타나는 시각적인 조화는 복잡하고 그 변수가 매우 많이 작용되므로 디자이너는 전체의 조화를 위한 각각의 조형요소를 보다 신중하게 선택하고, 이들을 논리적으로 배치해야 한다. 같은 요소의 반복은 조화를 이루지만, 너무 반복에만 의존하게 되면 통일감에 있어서 단조롭게 되고 지루함을 느끼게 된다. 그러므로 조화는 대비와 함께 고려하여 너무 단조롭지 않게 구성해야 한다.

건축에 있어서 조화의 예를 살펴보면, 우리나라의 전통 초가지붕과 자연(뒷동산과 앞 냇가)의 곡선의 조화, 비행기와 새 모양의 공항건물의 형태적 조화, 숲속의 별장건물의 주변환경과의 형태 및 색채의 조화, 이집트의 사막에 군집되어 있는 피라미드 군의 안정감 있는 조화, 한국 고건축에서의 적당한 비례에 의한 균형과 안정의 조화 등에서 우리는 조화의 미를 느낄 수 있다.

작품에 있어서 조화란 작품을 구성하는 각 요소들이 서로 보기 좋게 어울리거나 각각 유사한 조건들로 이루어져 있을 때 전체적으로 아름답다고 느낄 수 있는 것이다. 동시에 각 디자인 요소에서 똑같은 것들이 완전한 반복을 벗어난 상태에 있으며, 우리에게 시각적으로 변화의 느낌을 줌으로써 미를 느끼게 하는 것이기도 하다. 따라서 조화는 시각예술 분야에서 가장 기본이 되는 원리 중의 하나인 것이다.

## 3. 대조(對照, Contrast)

### 3.1 대조의 효과

대조란 성질이나 양이 전혀 다른 둘 이상의 요소가 동시에 배열되어 서로의 성격이 한층 돋보이는 현상을 말한다. 즉, 어떤 성격과 정반대의 성격을 병치하여 서로 성격을 강하게 만들어 전체로서 강력한 인상을 주는 것을 대조(대비, 대립)라고 한다.

예부터 대소大小, 광협廣狹, 고저高低, 직곡直曲, 경중輕重, 명암明暗, 요철凹凸, 상하上下 등의 대비적인 성격을 짝짓는 수법으로 조형예술 분야의 조화에 많이 응용되었다. 그 외에도 흑과 백, 강과 약, 원형과 사각형, 적색과 청색, 매끄러움과 거칠음 등에서 대조의 원리를 알 수 있으며, 점 · 선 · 형 · 방향 · 크기 · 질감 · 명암 · 색채 등의 모든 요소에서 대조의 원리를 발견할 수 있다.

대조는 반대와 대립과 변화로 흥미를 자극하고 흥분시킬 수 있는 다이내믹한 효과의 기본이다. 그리하여 극적이고 활기를 불어넣는 기초가 된다. 반대나 대립 또는 변화가 없는 구성은 단조롭고 무미건조한 것이 되기 쉽다. 어떤 디자인에서나 어느 정도의 변화는 필요하다.

대조는 조화에 대한 멋과 풍미를 돋우기 위한 조미료 역할을 할 수 있다. 이것이 때로는 감동과 흥미, 극적인 즐거움을 준다. 따라서 보통은 잘 사용하지 않지만 경우에 따라 사용하면 강력한 느낌이나 특이한 효과를 준다.

대비현상에는 크게 공간대비와 시간대비의 두 가지가 있다. 공간대비란 주로 조형예술과 관계되는 것으로, 하나의 시야 속에 상이한 성격을 띤 것이 병치되었을 때 발생하는 대비현상이다. 광장이나 사원의 주공간 Major Space과 부공간 Minor Space은 공간대비의 하나이다.

시간대비란 주로 음악 같은 것과 관련되지만 건축과도 관련되는 것으로 서로 다른 성격의 자극이 시간차를 두고 주어지고 이들 양자가 서로 깊은 인상을 주는 대비현상이다. 특히 대규모 건축물과 같이 전체가 하나의 시야에 들지 않고 시간의 경과와 더불어 체험해야 하는 경우 시간대비는 매우 중요하며, 이것은 심리적인 잔상에서 오는 현상이다. 이것에는 양성잔상과 음성잔상의 두 가지가 있다.

한편, 양성잔상이란 그다지 강하지 않은 단시간의 자극이 있었을 때, 이것이 제거된 후에도 같은 자극이 계속되는 것 같은 느낌을 남기는 현상이다. 그리고 음성잔상은 오랜 시간의

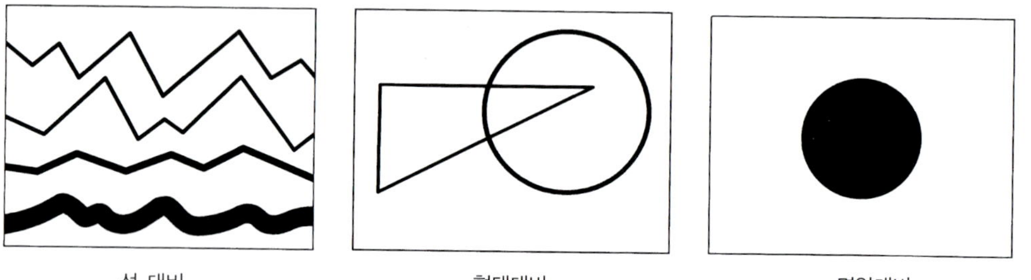

선 대비 형태대비 명암대비

그림 4.45 각종 대비

그림 4.46 그래픽 디자인

그림 4.47 형의 조화 및 색의 대조

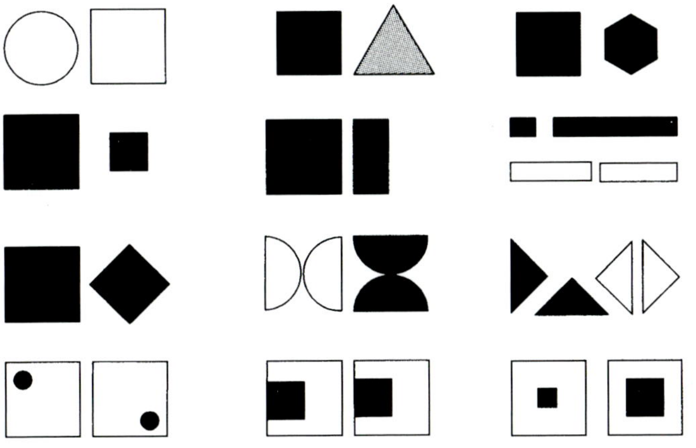

그림 4.48 다양한 형태 대비

밝은색과 어두운 색과의 대조를 만든다. 아래는 돌담을 단순화하여 평면구성을 한 것이다.

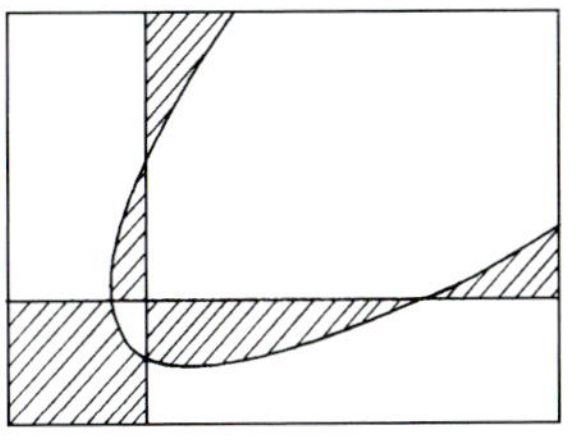

직선과 곡선 사각과 타원형은 이질적이기 때문에 콘크라스트를 만들기 쉽다.

그림 4.49 명암, 선 및 형의 대비

그림 4.50 로소 주택, 지붕의 날카로운 부분과 둥근 부분이 대조적이다.

그림 4.51 에리엘 사리넨, 포조라 빌딩, 헬싱키, 1899~1901년. 주출입구 부근의 디테일

그림 4.52 덕수궁 석조전, 1910년

그림 4.53 덕수궁 중화전(목조), 조선시대

강한 자극이 계속된 후 이것을 제거하면 전의 자극과 반대의 자극이 있는 것처럼 느껴지는 현상이다. 큰 것을 본 후에 바로 작은 것을 보면 실제보다 작게 느껴지는 것과 같은 현상이다. 좁고 어두운 복도를 거쳐 밝고 넓은 공간에 이르면 실제보다 더 크고 웅장한 공간으로 인식하는 것도 같은 효과이다.

조화는 조그마한 변화에 의해 아름다움을 추구하므로 신선한 충격이 없는 데 반해, 대조는 큰 변화를 통해 욕구를 충족하려는 것이다. 옛날에는 바늘도둑에도 놀랐지만 요즘에는 은행 금고털이 도둑 정도가 되야 놀라는 세상이다. 그리고 과거에는 교통사고로 한 명만 사망하여도 큰 뉴스거리였지만 요즘에는 수십 명이 사망한 대형사고가 나야 사람들은 놀란다. 그만큼 오늘날의 사람들은 매일같이 많은 사건, 사고에 직면하는 탓도 있을 것이고 옛날에 비해 그만큼 삭막한 세상에 살고 있기 때문이기도 할 것이다.

통일이나 반복 또는 조화의 원리는 질서정연하고 작은 변화를 추구하며 지루함을 갖게 하지만, 대비의 원리는 강한 자극으로 신선감이나 생동감 또는 율동감을 준다. 그러나 대조가 너무 강하면 파조(破調, Discord)가 되기도 한다.

## 3.2 대조의 사례

대비는 균형 Balance을 이루면서 조화를 이루기도 한다. 이와 같은 현상은 자연이나 생명체에서 많이 볼 수 있다. 남과 여, 하늘과 땅, 빛과 그림자, 산과 강, 물과 불, 선과 악, 양과 음 그리고 동물과 식물 등이 그러한 예이다. 자연의 현상 중에서 동물은 산소를 호흡하고 이산화탄소를 배출하는 데 반해, 식물은 이산화탄소를 들여 마시고 산소를 내뿜는데, 이 또한 얼마나 대단한 자연의 대비적인 조화인가?

태극 마크는 양陽과 음陰의 심벌이다. 여기서 양은 적극적이고 활동적이며 남성적인 것을 의미하는 것으로 불, 하늘, 열, 빛 등이 그것에 속한다. 음은 수동적이고 비활동적이며 여성적인 것이다. 물, 땅, 냉, 그림자와 같은 것을 의미한다.

상대적 욕구심리라는 것이 있다. 이는 인간은 한쪽의 것만 가지고 만족하지 못하는 잠재욕구가 있다는 것이다. 그래서 더운 여름에는 찬 것을 찾고 추운 겨울에는 따뜻한 것을 희망하며, 아들만 있는 집에서는 딸을 원하는 것과 같은 것이다. 자연을 포함한 만물도 그와 같은 모양이다.

주조(주제, 주도)는 통일, 조화, 반복 등의 정적인 원리이고, 부조(부제, 종속)는 이와는

**그림 4.54** 트리콜트 회사 빌딩

**그림 4.55** 두 대문

**그림 4.56** 미즈 반 데어 로에, 내셔널 갤러리, 서 베를린, 1968년

**그림 4.57** 필립 존슨, 링컨 센터, 뉴욕, 1962~63년

**그림 4.58** 루이스 칸, 경영학 연구소의 기숙사와 도서관, 인도, 1974년

**그림 4.59** 미즈 반 데어 로에, I.B.M 사무소건축, 루드윅, 시카고, 1970 ~72년

대조적인 흥미, 신선함, 생동감, 율동감 등을 준다. 예를 들면, 옛말 중에 "심산청록에 홍일점"이라는 말은 홍일점이 주도이고 심산청록은 종속인 것이다. 영화나 연극에서 극중에 선한 자를 돋보이게 하려면 선한 사람이 주조이고 악당이 종속이 된다. 그리고 흰색을 강조하려면 검은 색이 배경을 이룰 때 더욱 강조된다.

산이 높을수록 골은 깊은 것이며 어두울수록 촛불은 밝은 것이다. 만약, 자동차 회사에서 현대적인 최신형 모델을 선전한다고 할 때, 자동차를 고색창연한 고건축 또는 황량한 자연을 배경으로 한다면 더욱 신형이라는 것이 강조될 것이다.

한편, 파조는 주제에 대한 부제로 해야 한다. 그렇지 않으면 주제가 없고 무질서하게 된다. 이는 전체적 통일성을 헤치지 않고 주제가 모호하지 않게 하기 위함이다.

대비의 원리는 음악, 문학, 연극 등의 분야에서도 많이 이용된다. 대조는 하나, 둘 또는 여러 개의 대상 속에 나타난다. '어둠 속의 가로등 불빛 하나', '백로들 속의 까마귀 한 마

**그림 4.60** 중국의 정원, 항저우

**그림 4.61** 텔레커뮤니케이션 오피스, 독일, 1965년

**그림 4.62** 저층건물과 고층건물의 대조

**그림 4.63** 에로 사리넨, 전쟁기념관, 밀워키, 1953~57년

**그림 4.64** 알바 알토, 오타니에미 기술대학교 본부, 핀란드, 1964년

리', '양떼 속의 늑대 한 마리'에 있어서 각각 전자인 어둠, 백로, 양떼가 주조(주제, 주도)이고, 후자인 불빛, 까마귀, 늑대는 부조(부제, 종속)이다. 그런데 보기에 따라서 또는 상황에 따라서는 주조와 부제가 서로 바뀔 수도 있다. 즉, 불빛이 주제이고 어둠이 부제가 될 수도 있는 것이다.

요즘에는 미니스커트의 아가씨가 군화와 같은 신발을 신고, 모형 수류탄과 같은 액세서리를 매달고 다니며, 한여름에도 긴 장화와 같은 부츠를 신고 다니는 경우를 볼 수 있다. 또한 언밸런스 헤어스타일을 하거나 귀고리를 한쪽에만 단 경우도 있다. 그리고 검은머리에 부분적으로 빨갛고, 파랗고, 노랗게 염색을 하고 다니는 젊은이들도 있다. 오늘날 개성을 강조하는 사회적 현상의 한 단면인 것이다.

광고에서는 빡빡 머리를 한 미녀가 샴푸를 선전하고, 남자 모델이 생리대를 광고하며, 수녀가 우유를 선전하기도 한다. 이와 같은 일반적인 상식을 벗어난 광고는 파조에 가까운 대비의 원리가 소비자의 뇌리에 강하게 스며드는 효과가 있기 때문이다.

건축에 있어서는 사각형 창문의 반복 속에 원형 창문, 유사한 색상의 건물군 속의 상반된 보색 계통의 건물, 저층 건물군 속의 초고층 빌딩, 사각형 건물 속의 원형 건물, 한식인 덕수궁과 양식인 석

**그림 4.65** 해리슨, 국제연합빌딩, 뉴욕, 1952년

**그림 4.66** 훌라버드 및 로쉬, 북 미시간 빌딩, 1928년

**그림 4.67** 로말도 죠고라 및 아만 B. 미첼, 연합 펀드 빌딩, 필라델피아, 1970년

**그림 4.68** 멕시코대학 구내의 두 건물, 멕시코, 1952년

조전 건축물 등에서 우리는 대조의 원리를 발견할 수 있다. 그리고 현대건축은 강한 인상을 요구하는 경우가 많으므로 대조의 원리를 형태조화의 수단으로 이용하는 경우가 많다.

앞에서 우리는 조화란 미적 대상을 구성하는 부분과 부분 사이에 질적으로나 양적으로 모순되는 일이 없이 질서가 잡혀있는 것을 의미하며, 조화의 방법에는 서로 비슷한 요소들을 통해 이루어지는 유사성에 의한 조화와 서로 상반되는 요소를 대치시켜 상호간의 특징을 더욱 강조하는 대비에 의한 조화가 있음을 살펴보았다. 건축을 디자인함에 있어서 주조로서 전자와 같은 조화를 추구하되, 때로는 부조로서 후자와 같은 대조의 원리를 가미한 디자인을 통하여 감동과 흥미 및 변화성을 작품에 추구해야 할 것이다.

## 4. 통일(統一, Unity)

"아름다움이란 다양함의 통일이다"라고 예부터 미학자들에 의해 제창되어 왔다. 즉, 우리들이 조형물을 보고 아름답다고 느낄 때 거기에는 변화를 포함한 통일, 즉 질서가 있다고 판단되는 것이다. 통일의 원리는 전체와 부분이 유기적으로 관련되어 전체가 부분을 통합하는 것이다.

통일은 디자인 전체에 미적 질서를 주는 기본 원리로서 모든 형식의 출발점이며 구심점이다. 조형에 있어서 통일을 유지하는 것은 미의 원리상 근본이 되는 것이다. 즉, 모든 구성의 원리는 통일과 직결된다. 구성요소의 상호관계가 안정되고 정연한 느낌을 주면 이는 곧 통일의 상태이다. 조화, 균형, 율동 등도 결국은 통일을 위한 수단으로 응용된다고 할 수 있다.

인간은 자연의 다양함 속에서 생존하면서 목적에 따라 하나의 통일된 전체로 총괄하고자 하며 그럼으로써 정서적으로 안정감을 느낀다. 시각적으로 통일감이 느껴지도록 하거나 때로는 형상은 다르지만 내포하고 있는 의미를 같게 하여 통일성을 느낀다. 그리고 반복, 조화, 점이 등의 조형원리에서 또는 작가별 작품의 특성에서도 통일을 느낄 수 있다. 형, 크기, 방향, 색채 등의 요소를 동일 형식으로 구성할 때 쉽게 통일을 이룰 수 있다. 그러나 지나치게

그림 4.69 통일성과 변화성

통일감만을 느끼면 단조롭게 되므로, 적당한 변화 Variety를 주어 전체적으로 통일 Unity을 이루면 아름다움을 훨씬 더 느낄 수 있다.

구성요소가 형태학적, 기하학적으로 일관성 있게 조화되거나 대상의 다양성이 하나로 결합되어 나타나는 현상이나 질서를 우리는 통일이라고 할 수 있다. 그러므로 통일의 원리는 여러 가지 조형원리 중 가장 기본적이고 불변의 법칙으로서 다른 원리들과 가장 광범위하게 관계가 맺어져 있으며, 그 중심원리로서의 역할을 담당하고 있다. 따라서 넓은 의미에서의 통일은 모든 조형물의 존재 또는 구성 그 자체를 의미하기도 한다.

## 4.1 통일의 유형

통일의 유형에는 크게 기하학적 형태의 통일과 주요소에 의한 통일이 있다.

기하학적 형태의 통일이란 간단하고 쉽게 인지될 수 있는 정육면체, 구, 원통, 원추 등과 같은 기하학적 형태는 쉽게 통일성을 갖는다. 예를 들면, 이집트의 피라미드 또는  로마의 판테온 신전이나 콜로세움 등은 기본적인 기하학적 형태 때문에 쉽게 통일성을 갖는다. 통일이란 분해되고 분리되는 것이 아니라 집합되고 통합되어 하나를 이루는 것이므로 조형물의 통일된 힘이나 형태는 강력하고 원만한 것이다. 따라서 형태 중에서 통일이 가장 빠르고 강

그림 4.70 커피포트 및 컵

그림 4.71 장독대

그림 4.72 통일성의 획득

한 것은 원형이라고 할 수 있다.

그리고 주요소에 의한 통일은 모든 부요소를 종속시키거나 구성요소의 형태와 세부표현의 조화에 의한 통일이다. 구성요소 중 크기, 형태 등에 종속관계가 설정되어 통일성을 줄 수 있다. 통일은 주로 조화의 원리에 의해 이루어지는데 이 조화를 주도하는 요소를 주조 Dominance라고 부른다. 이 주조는 곧 통일의 원동력이 된다. 그러므로 무엇이든지 그것이 하나가 되기 위해서는 우선 유사한 것끼리 모아 주조를 형성하고, 주조를 바탕으로 하여 조화가 잘 되면 통일을 쉽게 이룰 수 있다. 즉, 통일은 서로 상반되는 시각적인 힘 사이에 대립과 긴장을 풀게 하는 것으로 통합의 원리인 주조로 인하여 통합되는 경우가 많다. 서로 반대되는 시각적 요소들로 구성하려면 그 요소들의 종속적인 부분과 대립되는 부분을 지배하는 한 단위를 형성해야 한다.

또한 통일에는 정적 통일, 동적 통일 및 양식 통일 등이 있다.

정적 통일이란 동일한 디자인 요소가 적용되거나 균일한 대상물이 연속적으로 배치되는 등의 디자인 유형으로서 안정감을 준다. 정삼각형이나 원형과 같은 규칙성을 가진 기하학적 형태의 건축물에 주로 응용되고 있다. 이것은 매우 수동적이고 생동감은 없지만 안정적인 특성을 가지고 있으므로 대칭성, 균형성, 중심성이 강조되는 건축물에 적합하다. 교육공간이나 기념공간 등에서 흔히 볼 수 있다.

동적 통일은 변화가 있고 성장성이 있는 흐름의 전개가 가능하다. 따라서 하나의 중심축으로부터 성장, 발전해 나가는 형태의 건축물에 많이 응용되거나 다목적 공간에 이용되고 있다. 매우 능동적이고 생동적이며 변화와 발전성을 나타내는 건축물에 적당하므로 상업시설이나 레저시설 등에서 주로 채택한다.

그리고 양식 통일은 동시대적 양식의 나열 또는 관련된 기능의 유사성을 이용하여 통일감을 형성하는 것으로 휴양목적 공간이나 교통관련 공간과 같은 기능목적 공간계획에 이용한다.

**그림 4.73** 국회의사당, 워싱턴, 1793~1865년

**그림 4.74** 장례식의 신전, 삭카라, 이집트, BC 2650~2630년

## 4.2 통일과 변화

통일 Unity과 변화 Variety는 부분과 부분 및 부분과 전체의 관계에서 시각적인 힘의 정리를 의미한다. 통일의 조건은 첫째, 구성요소의 구조를 강조함으로써 요소들 간의 경쟁을 억제하고 종속관계를 설정하여 대립을 해소하는 것이다. 둘째, 감각적인 통일점이 필요하다. 즉, 의미가 일치되어야 한다. 예컨대 가족이라는 울타리는 부, 모, 자, 녀를 통합하는 하나의 틀이다. 셋째, 구성원리적 통일성이 필요하다. 즉 반복적 통일, 조화적 통일, 대립적 통일, 점이적 통일 등이 그것이다. 넷째, 작가의 사상적 통일성으로서 작품마다 작가의 독특한 기법이 내재되어 있다.

**그림 4.75** 바하이 예배당, 일리노이 주, 1921~31년

그러나 통일이 너무 지나치면 지루하고 단조롭기 쉽다. 그 경우 변화라는 움직임과 흥미를 유발하는 반대작용이 필요하다. 변화 또한 그 정도가 지나치면 무질서하고 불안감을

**그림 4.76** 사비오르 교회당, 이스탄불, 터키

**그림 4.77** 루이스 설리반, 시큐러티 뱅크, 미네소타주, 1907~08년

**그림 4.78** 지붕의 모습이 통일감을 준다.

**그림 4.79** 카손 및 콘더, 코끼리와 무소 사육사, 동물원, 런던, 1966년

준다. 따라서 통일과 변화는 상호 만족할만한 한계에서 작용해야 한다.

구성에 대해서는 여러 가지 형식을 생각할 수 있는데, 모든 형식의 출발점이 되고 이것들을 지배하는 것이 통일과 변화이다. 여기서 유의해야 할 점은 변화란 무질서한 변화가 아니라 그것은 통일 속의 변화이며 통일의 변형인 것이다. 즉, 형태의 구성에 있어서 모든 형식은 통일성이 있는 구성과 변화성이 있는 구성으로 나눌 수 있으며, 이 경우 통일성과 변화성

**그림 4.80** 골드버그 및 버틀란드, 성 조셉 병원, 워싱턴, 1972년

**그림 4.81** 미노루 야마사키, 공학연구소, 하버드대학교, 1962년

**그림 4.82** 통일적인 집합주거의 형태

**그림 4.83** 창문의 형이 통일감을 준다.

**그림 4.84** 주조에 의한 통일

**그림 4.85** 반복 · 교체에 의한 통일

은 서로 대립하는 것이 아니라 통일 속의 변화 또는 변화 속의 통일이라는 유기적 관계로 이루어지는 것이다.

통일성은 유사한 형태가 결합되는 것은 물론이고 서로 다른 성격의 형태들의 이질성을 해소하여 조화롭게 만드는 역할을 말한다. 구성을 할 때 형태 간에 서로 이질성이 강하고 극단적으로 변화가 다양하면 통일성을 갖지 못하고 혼란을 가져오며, 반대로 유사한 형태의 소극적인 변화로 구성이 지나치게 단조로워지면 힘이 없고 따분한 구성이 된다. 따라서 조화, 균형, 강조 등의 요소들을 적절히 사용함으로써 극복할 수 있다.

건축에 있어서도 통일은 구성의 출발이며 건축의 부분과 부분, 전체와 부분 사이의 시각적인 힘의 정돈을 의미한다. 건축가는 건축물을 구성하는 다양한 요소에 통일을 부여하는 작업을 하는 사람이라고 할 수 있다. 그것은 외형적인 통일만을 의미하는 것이 아니라 건축물 전반적인 것에 통일성을 이루어야 한다.

우리는 건축예술의 창작을 위해 먼저 형태 구성요소에는 무엇이 있는가를 파악한 후, 이 구성요소를 어떻게 구성할 것인가에 대해 고심한다. 이것을 어떻게 구성하느냐 하는 구성원리가 그 작품의 사상이며 존재성임을 의미한다. 그러므로 미를 구성하는 것은 모든 매개체

**그림 4.86** 형태가 통일되어 있다.

**그림 4.87** 반복에 의한 통일

**그림 4.88** 서울종합운동장, 잠실, 서울, 1980년. 기하학적 형태의 통일

**그림 4.89** 정적 통일

그림 4.90 기하학적 형태에 의한 통일

들, 즉 구성요소들을 질서 있게 조화시켜 통일체를 창조하는 일이며, 또한 조화를 창조하려는 의식까지 포함한다고 할 수 있다. 작품의 성공 여부를 결정하는 구성원리는 구성요소 개개의 성질에 의존하여 전체라고 하는 하나로 통합된 독립성을 지닌 형태를 완성 짓는 원리이다. 따라서 구성원리는 구성요소와 전체 간의 상호관계 속에 이루어지는 통일 속의 변화를 대원칙으로 한다.

통일이란 다양성 Variety을 하나로 통합한다는 의미로서 형태가 구성되는 원리의 근원이다. 미의 구성원리 중 가장 중요한 것이 통일성이다. 이것은 조합이나 디자인에 있어서 필수적인 원리 중 하나이며 응집, 조화, 우세 및 단일성을 이룬다. 조화, 반복, 교체, 대칭 및 균일성 Uniformity 등에서 주로 느낄 수 있다. 통일성이란 구성체의 각 요소들 간에 이질감을 느끼지 않고 전체로서 하나와 같은 이미지를 주는 것이다. 그러나 통일성이 지나치게 강조되면 단조로워지기 쉬우므로 적절한 변화가 있어야 한다. 그리고 이 변화는 무질서한 변화가 아니라 통일이라는 테두리 속에 조화롭게 이루어져야 한다. 건축에 있어서 형태는 물론 색채, 질감, 크기, 방향 등에서 유사한 통일성을 부여할 수 있다.

그림 4.91 동적 통일

그림 4.92 성 바실리성당, 모스크바. 1560년. 통일성과 변화감

그림 4.93 획일적 반복에 의한 통일

# 5. 대칭(對稱, Symmetry)

## 5.1 대칭의 의미

대칭은 항상 축 Aaxis의 존재에 의해 이루어지는 완전한 균형상태를 의미하는 것으로 수치적 완벽을 지칭하며 균형의 완전함을 뜻한다. 축은 시각적 인지성을 부각시켜 질서와 위계감을 상징적으로 표출한다. 축에 의해 형태나 공간은 균형감을 갖는 대칭적 관계로 정렬될 수 있다.

다시 말하면, 대칭이란 균형의 가장 완전한 형으로 여기에는 항상 축이나 구심점이 존재한다. 그리고 이것은 각 부분을 일정한 비율로 대응시킨다는 의미로서, 고전건축의 가장 중요한 의장원리이다. 보통 좌우 또는 상하의 형을 축에 의해 똑같게 하여 시각적 균형을 이루는 것을 말한다.

일반적으로 이러한 형식을 대칭 (균제 ; Symmetry)이라고 하며, 이와 반대로 대칭이 아닌 것을 비대칭 Asymmetry이라고 한다. 영어의 'Symmetry'는 고대 그리스어인 'Symmetros'에서 온 것으로 '비례한다'라는 의미로 쓰여 왔으며, 이것은 균형의 가장 완전한 형으로서 대칭, 균제라는 뜻을 가진 미적 형식의 한 원리가 되었다.

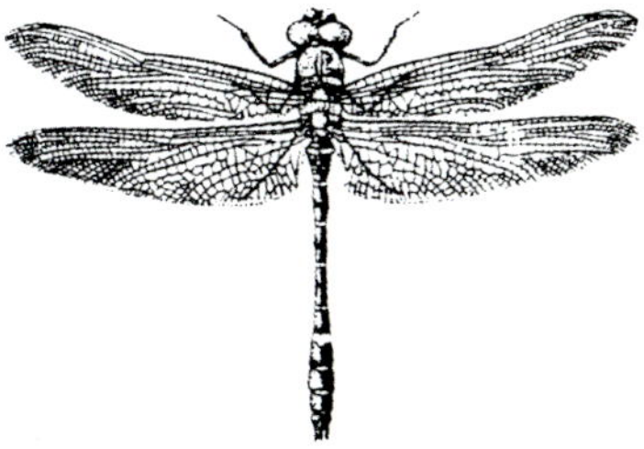

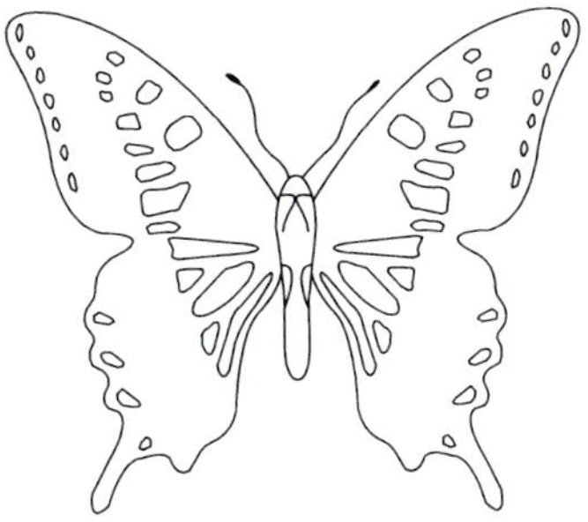

새나 곤충은 좌우대칭의 전형이다

**그림 4.94** 잠자리와 나비의 좌우대칭

눈의 결정, 꽃 등은 방사대칭이다.

소용돌이 무늬는 120° 회전 대칭이다.

**그림 4.95** 방사대칭과 회전대칭

대칭에는 반사대칭, 이동대칭, 회전대칭, 확대대칭 등 4개의 기본형식이 있다. 그리고 대칭의 유형에는 선대칭, 점대칭, 면대칭 등이 있다. 그 중에서 중앙의 분할선, 즉 하나의 선을 중심축으로 하여 좌우가 동일한 좌우대칭 Bilateral Symmetry, 즉 선대칭이 가장 많다. 또한 수평선을 중심으로 한 상하대칭도 있다. 그리고 한 점을 중심으로 하여 구성된 점대칭과 주위를 향해 방사형으로 넓힌 구성인 방사대칭 Radial Symmetry은 동적인 느낌을 준다. 또한 한 개의

**그림 4.96** 나폴레옹 1세 왕비관, 1811

**그림 4.97** 마주보고 있는 용 조각

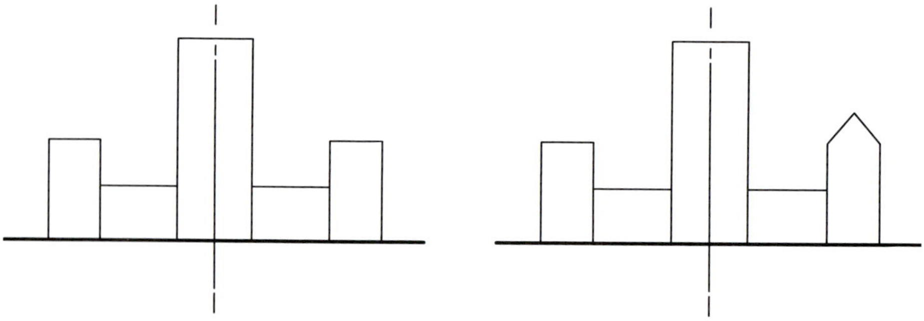

**그림 4.98** 완전대칭과 불완전 대칭

**그림 4.99** 하드리안의 빌라, 티볼리, AD 125년

**그림 4.100** 중국 고건축의 대문, 북경

형태를 180° 회전하며 배치하여 얻어진 것으로서 역대칭이라는 것도 있는데 이것은 변화적인 인상을 준다.

대칭은 자연형 중 특히 생태계의 동물이나 식물류의 형에 많으며, 인공형에서는 특히 기하학적 형에 많이 나타난다. 즉, 자연의 대부분이 이 법칙에 순응되어 있으며 나무는 물론 나비, 잠자리 등의 곤충들도 모두 한 축에 대하여 균제를 이루고 있다. 식물의 꽃이나 잎새, 눈雪이나 광물의 결정, 동물이나 인체 등의 자연물 대부분에서 대칭을 볼 수 있다.

좌우대칭은 잉크칠을 한 종이를 둘로 접었다가 펴면 좌우의 형태가 같게 된다. 이와 같은 좌우대칭형은 정면에서 바라본 사람이나 동물 등과 같은 자연물이나 자동차, 선박, 비행기 등과 같은 인공물 및 심벌, 마크 등에서 흔히 볼 수 있다. 자연물은 지구의 중력에 대해 균형을 이룰 필요성에서 좌우대칭의 형태를 취하고 있다고 생각된다. 또한 인공물에 대칭형이 많은 것은 우리들의 평형감각에 의한 것으로 생각된다. 그리고 방사대칭은 점을 중심으로 어떤 각도 회전을 하면 원래의 형태와 똑같이 되는 눈의 결정체와 같은 대칭으로 회전대칭이라고도 한다.

**그림 4.101** 인디펜던스 홀의 남측 팔라디안 창문, 필라델피아

**그림 4.102** 의사당, 윌리엄스벅, 버지니아주, 1701~05년

**그림 4.103** 점 대칭적인 정원의 형태

**그림 4.104** 이슬람 건축, 아그라, 인도, 1628년. 중고양고형 대칭

근대 초기 햄비지J. Hambidge는 그리스 도자기를 연구하다가 이들의 크기가 면적에 비례하게끔 디자인되어 있다는 사실을 발견하고 이것을 동적 균제Dynamic Symmetry라 하고, 이에 대하여 정수비가 되는 길이의 체계를 정적 균제Static Symmetry라고 하였다. 즉, 동적 균제는 어떤 축이나 중심을 가지고 있어 정확한 균형이 있으면서도 그것이 어떤 간격을 가지고 혹은 각도를 가지고 움직이면서 성장해 가는 균제를 말한다. 즉, 바닷가의 조개껍질 모양이나 물항아리 같은 성장의 변화를 가진 균제이다. 그러므로 시각적으로 매우 흥미롭고 아름답다는 평가를 받게 된다. 이에 반해, 정적 균제는 완전대칭이 되는, 즉 정통적인 형태 혹은 소극적인 현상을 말한다.

## 5.2 대칭의 성질

대칭은 시각적 · 구조적 안정성과 함께 근엄성과 완고성을 느끼게 하고, 또한 고전적 · 기계적 · 비융통적이며 딱딱함의 느낌도 준다. 때문에 고래로 대칭은 동서양 건축에 많이 응용되어 온 원리인데, 근대건축 이후 기능과의 밀접한 관계, 역동성을 표현하는 비대칭의 원리에 의해 그 포괄적인 의미가 상실되어 왔다. 그러나 대칭의 원리는 오늘날에도 많이 적용되고 있다.

하나의 축에 대해 대칭적이라는 것은 밸런스가 잡힌 안정감이 있어 만물의 안정의 기초이며, 자연계의 것은 대부분 이 형태를 취하고 있다. 대칭성에 의한 안정감은 원시건축이나 고전건축 및 중세 이전까지 절대시하고 중요시되던 것으로서, 그 정적인 안정감과 위엄성 및 웅대함으로 인하여 기념건축물이나 종교건축물 등에 많이 사용하였다. 예를 들면, 파리의 노트르담 대성당의 균제적 입면은 엄숙한 종교적 분위기를 표현하고 있다. 이와 같이 대칭이 주는 미적 속성은 근엄, 안정, 절대적인 의미를 내포하기 때문에 고래로 신전건축이나 종교

그림 4.105 한 건축물의 단면도

그림 4.106 버링톤 및 켄트, 치스위크 하우스, 중고형 대칭

건축에서 많이 이용되어 왔던 것이다. 건축의 입면에 대한 대칭성에는 주로 중고형 中高型, 양고형 兩高型, 중고양고형 中高兩高型의 세 가지가 있다.

건축의 구성은 형태와 공간을 두 가지 방법으로 구성하기 위하여 대칭을 활용할 수 있다. 즉, 대칭으로서 완전한 전체 건축물을 구성할 수 있거나 또는 건축물 일부에서만 일어날 수 있는 대칭의 조건을 중심으로 형태와 공간의 패턴을 불규칙하게 구성할 수 있다. 여기서 후자의 경우는 건축물을 대지나 프로그램상의 보기 드문 조건에도 적용할 수 있으며, 규칙적이고 대칭적인 조건 자체는 구성에 있어 의미 있고 중요한 공간을 위한 기준이 될 수 있다.

대칭은 기본적으로 축이나 구심점의 존재를 함축하고 있지 않으면 존재할 수 없는 성질을

**그림 4.107** F. 보로미니, 산 카를로 알레 쿠아트로 폰타네의 내부 돔, 1638~41년

**그림 4.108** 호수면에 비친 상하대칭, 중국

**그림 4.109** 슬레테박켄 키르케 교회당, 노르웨이, 1970년

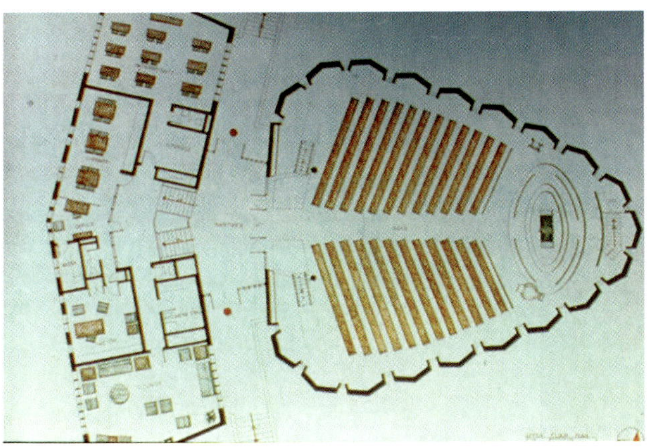

**그림 4.110** 건축물의 평면도

**그림 4.111** LDS 템플, 실버 스프링스, 미국, 중고양고형 대칭

내포하고 있다. 즉, 하나의 축이나 점에 대해 대칭이라는 것은 균형을 얻는 데 가장 손쉽고 확실한 방법이다. 대칭의 아름다움은 미학상 가장 단순하고 일반적인 것으로, 그 자체가 미

**그림 4.112** 중고양고형 대칭, 바로크 건축

**그림 4.113** 의사당 홀, 베를린, 독일, 1957년

**그림 4.114** 노트르담 대성당, 파리, 1163년, 양고형 대칭

**그림 4.115** 바르셀로나 대성당, 스페인, 1298~ 1448년

**그림 4.116** 존 포트만, 르네상스 센터, 디트로이트, 1977년

**그림 4.117** 랍 크라이어, 베를린 집합주택

**그림 4.118** 마리오 보타, 마리오비오 수페리오레 하우스, 1984년

적 원리로서는 미약하나 그 내용이 비례, 균형, 통일, 조화 등과 복잡하게 관련되므로 미적 성과를 더할 수 있다.

## 6. 균형(均衡, Balance)

### 6.1 균형의 필요성

균형이란 서로 상대되는 두 개의 힘의 시각적 무게의 평형상태를 의미한다. 이것은 좌우 또는 상하의 모양이 다르면서도 힘이나 무게가 기울어지지 않고 질서를 유지하는 상태이다. 즉, 균형은 상대적인 양자 간의 힘 또는 무게의 평형상태인데 이는 시각적 판단에서 그러하다. 균형이란 형태학적으로나 역학적으로 안정과 중심성을 의미하는 시각적 무게의 동등한 분배인 것이다.

균형은 하나의 축에 대해 양자의 면적이나 볼륨에 형평성이 있으면서 안정감을 얻는 것이다. 즉, 균형은 시각적인 선, 형태, 질감, 색채 등의 배치나 양 또는 성질 등의 조성방법으로 표현되고 동적인 것, 극적인 것, 적막함 또는 경쾌함 등을 자유롭게 표현할 수 있다.

그런데 여기서 말하는 균형은 어떤 형태상의 대칭과는 다른 비대칭의 균형을 말한다. 균형의 기준은 어떤 형태의 수적, 양적 비율로 정해지기도 하지만 도형상의 힘, 색채의 강약 등의 작용도 균형의 기준이 될 수 있다. 그러나 지나치게 완벽한 균형감은 정지된 단조로움을 느끼게 하므로 의도적이고 적절한 불균형으로 생동감과 운동감을 갖게 할 수 있다.

두 부분의 중량이 하나의 지점에서 역학적인 형태를 이루었을 때 우리는 이것을 밸런스를 갖추었다고 한다. 입체물에서는 실제의 무게를 나타내기도 하지만 평면적인 구도에서는 시각에 호소하는 밸런스가 많다. 균형을 잃고 불안한 감을 줄 때, 이것을 언밸런스 Unbalance라고 한다. 균형을 잃으면 불안정한 느낌을 주게 되므로 균형은 중요하고 기본적인 원리이다. 자연

그림 4.119 균형(밸런스)

그림 4.120 균형(밸런스)

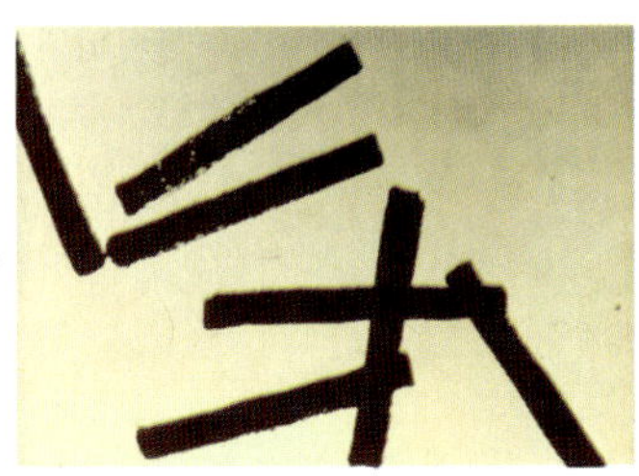

그림 4.121 불균형(언밸런스)

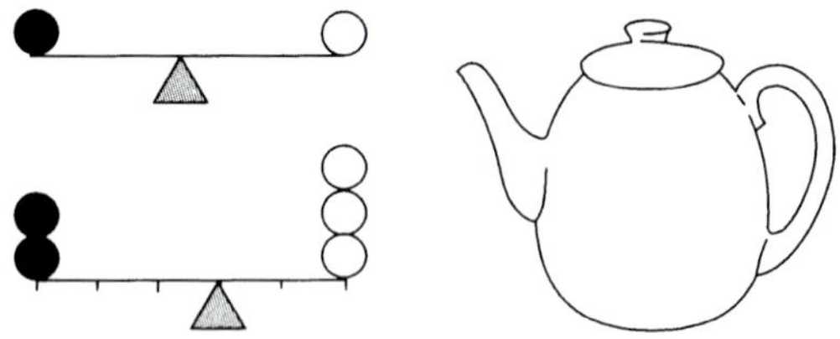

(좌) 좌우의 무게가 균형을 이루는 상태를 밸런스라고 한다. 조형의 세계에서는 시각적인 밸런스를 문제로 하고 있다. (우) 티세트(밸런스).

**그림 4.122** 시각적 균형

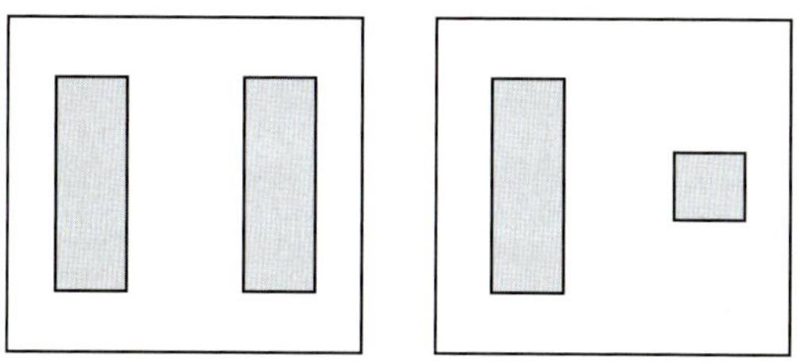

**그림 4.123** 균제와 균형

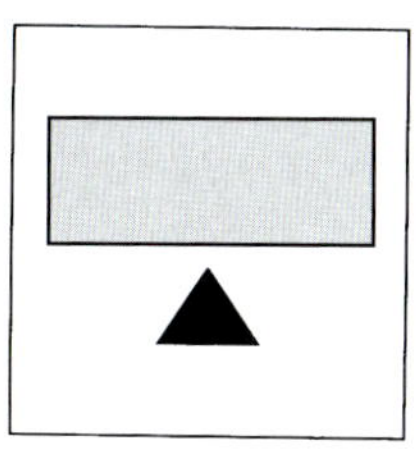

사각형+삼각형 : 아랫부분의 삼각형이 작지만 굵은 선으로 처리하여 안정감을 준다.

사각형 : 2개의 작은 사각형이 큰 사각형과 나란히 있어서 균형 잡혀 보인다.

**그림 4.124** 시각적 균형

의 생태계가 균형에 의해 존속되고 있는데, 만약 그 균형이 깨진다면 큰 사건이 될 것이다.

공간에서 시각적으로 감지되는 균형을 시각적 균형이라고 하는데, 크기가 큰 것은 작은 것보다 시각적 중량감이 크며, 따뜻하고 밝은 색상이 차갑고 흐린 색상보다 시각적 중량감이 크다. 또한 거칠고 복잡한 질감은 부드럽고 단순한 것보다 불규칙적인 형태는 기하학적인 형태보다 각각 시각적 중량감이 크다. 그리고 사선이나 톱니 모양의 선은 수직선이나 수평선보다 밝게 빛이 비치는 곳은 희미하게 비치는 곳보다 각각 시각적 중량감이 크다. 시각적 균형에 있어서 중량감이 더 큰 쪽이 우리의 주의력을 끄는 성격이 있으므로 공간을 디자인할 때 그 점에 유의해야 할 것이다.

균형은 시각적 또는 물리적으로 평형의 상태이다. 사물이 균형적일 때 평면이나 물질적 실체 내에서 균형적인 구조는 균형적이지 않은 것보다 훨씬 강하고 기능적이다. 우리의 신체는 균형이 잘 이루어진 것이다. 그러므로 인간은 불균형과 소극적인

**그림 4.125** 대칭적/정적/포멀한 균형

**그림 4.126** 좌우가 균형을 이룬다

것보다 균형과 적극적인 것을 더 좋아한다. 반드시 필요한 것은 아니지만 균형에는 세 가지 측면의 구분이 있다. 즉, 물리적 균형, 구성적 균형, 활동적 균형이다. 여기에서 물리적 균형이란 실제 무게가 균형을 이루어 물리적으로 안정 또는 평형인 상태이다. 구성적 균형은 평면적, 입체적으로 구성할 때 시각적으로 나타나는 현상이다. 그것은 정적이거나 역동적일 수 있다. 그리고 활동적 균형은 인간, 동물 및 사실적 조각에서 볼 수 있는 것으로 이것은 형태의 미묘한 이동과 긴장과 이완의 암시를 포함한다.

문 쪽의 무게와 테이블 주위의 시각적 무게가 균형적이다.

**그림 4.127** 비대칭적 균형

균형에 관한 논의에 있어서 그것이 실질적인 것이건, 느껴지는 것이건 간에 중력의 중심이 기본적인 개념이다. 그러나 문제는 공간에서 한 물체의 균형이 아니라 하나의 뚜렷한 분야의 여러 부분의 평형이다. 이것은 중심축의 점이 반대되는 힘과 평형을 이루는 주위에 있다는 것을 의미한다.

또한 균형에는 대칭과 비대칭, 비례, 주도와 종속에 의한 것이 있으며, 포멀 Formal, 즉 형식적인 것과 인포멀 Informal, 즉 비형식적인 것으로 나눌 수 있다.

대칭적 균형은 포멀한 것으로서 동일 또는 유사한 요소가 축을 중심으로 반대에 위치하여 평형을 이루는 것이다. 즉, 한 사물의 면이나 배열을 다른 사물의 반사된 모습으로 만들어지면서 얻어지는 균형을 대칭적 균형 또는 수동적 균형이라고 한다. 이것은 안정적이지만 변화가 없고 평범한 느낌을 준다.

**그림 4.128** 시카고 스쿨 대강당의 남측 퍼사드. 비대칭적/인포멀한 균형

**그림 4.129** 김석철, 오페라극장, 예술의 전당, 서울, 1985. 건물의 지붕을 갓 모양으로 만들었다. 정적/대칭적 균형

대칭적 균형은 정면에서 본 사람의 모습이나 잠자리, 나비 등의 곤충과 새, 토끼 등의 동물이나 자동차, 비행기 등의 인공물 및 사원이나 공공청사 등의 건축물 등에서 많이 볼 수 있으며, 시각적으로 단순 명확한 형태로서 우리 주위의 대부분이 이 원리에 의해 이루어져 있다. 사람, 잠자리, 새, 비행기 등과 같은 형태는 좌우대칭에 의한 균형을 이루고 있으며 프로펠러, 회전계단, 로터리, 원형무대 등은 방사대칭에 의한 균형을 이루고 있다.

비대칭적 균형은 인포멀한 것으로서 대립되는 요소가 축을 중심으로 반대에 위치하여 평형을 이루는 것이다. 즉, 물리적으로는 불균형이지만 시각상 힘의 정도에 의해 균형이 잡히는 것이다. 안정감을 주면서도 변화감, 흥미로움, 율동감, 성장감, 약진감을 느낄 수 있으므로 능동적 균형이라고도 한다. 비대칭적 균형은 자연스러운 균형의 형태를 이루지만 중심이 없으며 배열의 가능성에 제한을 받지 않는다.

한편, 균형은 정적인 것과 동적인 것으로도 분류할 수 있는데, 정적 균형은 대칭성으로 한 축을 중심으로 하여 서로 반대쪽에 위치하여 평형을 이루는 상태로서 이것은 중후한 느낌을 주고 강한 통일성을 내포하여 완결성을 나타낸다.

**그림 4.130** 크리스티앙 드 포르트잠파크, 파리 오페라 댄스 스쿨, 파리, 1994. 전체적으로 시각적 균형을 이루고 있다.

**그림 4.131** 샤르트르 대성당, 프랑스, 1194~1250년

**그림 4.1322** 팔라초 베키오, 플로렌스, 1376~1382년.이 유명한 탑은 언밸런스하게 디자인되어 더욱 유명하다. 만약 건물의 중앙에 탑을 두었다면 이 건물은 그 의미를 잃을 것이다.

**그림 4.133** 준조 요시무라, 제국의 식관, 일본, 1968년

그리고 동적 균형은 비대칭이면서도 하나의 축에 대해 조화를 이루고 안정감이 있고 균형이 잡혀 있는 것으로서 이것은 변화성과 생동적인 흐름을 가진다.

## 6.2 균형과 조형예술

디자인에 있어서 균형은 안정감을 결정해 주는 중요한 요소이다. 균형이 잘 맞도록 하려면 형체가 어느 한쪽으로 치우쳐 중량감이 느껴지지 않도록 디자인해야 한다. 만일 균형을 무시한 채 어느 한쪽으로 치우쳐 배치한다면 안정감이 없을 뿐만 아니라 전체의 이미지를 흐리게 된다. 그래서 디자인에서는 아이디어만큼이나 균형을 맞추는 일이 중요하다. 특히 그래픽디자인에서는 균형이 마치 사람의 신체구조처럼 전체적인 윤곽을 결정하는 중요한 역할을 담당하며, 균형을 상실한 디자인은 불안한 느낌을 주면서 보는 사람으로 하여금 쉽게 싫증이 나도록 한다.

종래에는 미술이나 공예, 장식, 가구, 건축 등의 디자인에 있어서 좌우대칭에 의한 균제 Symmetry가 미의 절대적 조건이었다. 이는 안정감이나 균형감을 주기 때문이다. 그러나 오늘날에는 좌우 비대칭인 불균형 Unbalance을 취하는 경우도 많은데 이는 생동감이나 변화감을 주기 때문이다.

균형의 원리는 주조 및 대립의 원리와 깊은 관련성이 있다. 평균, 균형, 대칭 등 어떤 것이든 그 속에는 중심성이 존재하게 되는데, 이 중심성은 대개의 경우 대칭축으로 표현되고, 또한 대칭축은 힘, 무게, 형태, 거리 등이 한 곳으로 모아져서 전체를 이끌어 나가는 초점으

**그림 4.134** 구성적 균형

**그림 4.135** 칼 프리드리히 쉰켈, 시각적 평형상태를 이루고 있다.

**그림 4.136** 노트르담 라 그랑드, 포와체, 1200년. 로마네스크 건축으로 대칭적 균형을 이루고 있다.

로서 주조의 역할을 하게 되기 때문이다. 어떤 구성에서든지 하나의 축이 형성되면 바로 그곳에 주조가 성립되는 경우가 많다. 그리하여 주조가 강한 하나의 통일체가 된다.

균형이 상실되면 중심을 잃게 되는데 어떤 힘이나 형태가 한쪽으로만 편중되어 두드러지고 다른 한쪽은 약해지면 결과적으로 구성이 깨지면서 중심과 안정을 잃게 된다. 따라서 균형이 잡혀 있다는 사실은 곧 확실한 질서와 존재를 의미한다.

인간의 지각 중 심리적, 물리적으로 가장 중요한 영향을 미치는 것이 균형에 대한 욕구로서 이는 본능적인 것이다. 따라서 구성체의 부분과 부분 및 부분과 전체 사이에 시각적인 힘의 균형이 잡히면 쾌적한 형태 감정을 준다. 균형을 얻는 가장 손쉬운 방법은 대칭을 통한 것이지만, 시각구성에서는 대칭보다는 비대칭의 기법을 통하여 균형의 상태를 만드는 것이 구성적으로 더 역동적인 경우가 많다.

**그림 4.137** 센트럴 타피올라, 핀란드, 좌우 양측의 건물이 시각적 평형상태이다.

**그림 4.138** 비대칭적 균형이지만 대칭적 균형에 가깝다(아돌프 나탈리니 및 슈퍼스튜디오 작품)

**그림 4.139** 헤르만 헤르쯔베르거, 한 쌍의 주택 입면, 델프트, 1967~1971년

**그림 4.140** 대칭적/정적 균형에 가깝다.

과거의 건축물들은 대부분 좌우대칭인 정적 균형 Static Balance을 이루고 있지만 현대건축에서는 동적 균형 Dynamic Balance을 추구하는 경향이 많다. 즉, 근대건축 이후에는 엄격하고 정적인 대칭의 개념보다는 변화적이고 동적인 균형의 개념에 중요성을 더 두는 경향을 보이고 있다.

건축 디자인에 있어서 균형은 강한 통일감과 함께 안정감을 주고, 시각적으로 불안과 혼란을 막아주는 중요한 원리 중의 하나이다. 따라서 균형의 원리는 미학적 기능적으로 기본이 되는 것이므로 훌륭한 건축물을 창출하기 위해서는 이에 대한 충분한 고려가 필요하다고 하겠다.

## 7. 점이(漸移, Gradation)

### 7.1 점이의 의미

점이는 점진, 점증, 점층, 계조라고도 하는데, 이것은 구성요소가 순차적으로 조금씩 변화되어 가는 현상을 말한다. 즉, 점점 커지거나 작아지는 현상과 같은 것으로 이것 또한 일정한 간격과 일정한 크기로 변화를 줄 때 리듬을 만들기도 한다. 일종의 다른 형태의 리듬이라고 할 수 있으며 규칙적으로 변화하는 형태의 반복으로서 연속적인 패턴의 느낌을 준다.

점진적인 변화는 율동감, 변화감, 성장감, 쇠퇴감, 역동감 등을 느끼게 한다. 그리고 점이 현상은 생동적이고 희망적이며 그 흐름을 지각하거나 미래를 예측할 수 있게 한다.

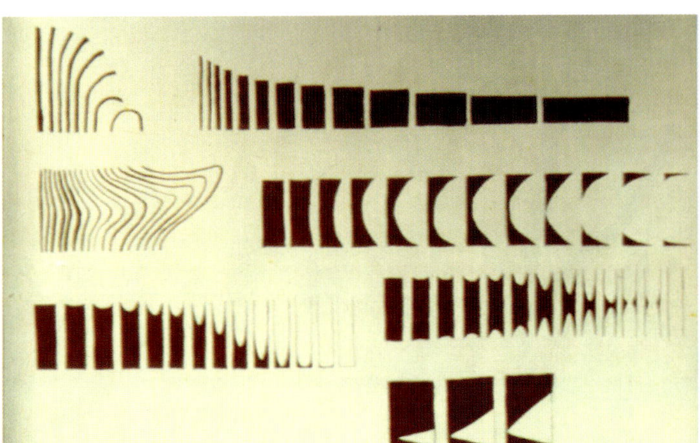

그림 4.141 다양한 점이적 변화

그림 4.142 선과 형이 점증적 변화감을 느끼게 한다.

만물의 법칙이 점이의 원리 그 자체이다. 즉, 점이는 자연질서의 보편적이고 기본적인 형태이다. 초승달이 보름달로 이행되는 과정이나 일출과 일몰의 과정이 그러하다. 밀물과 썰물이 또한 그러하며 계절이나 기후의 변화 역시 그러하다.

점이는 탄생하고 성장한 후 죽음에 이르기까지의 인간의 일생, 돌을 수면에 던졌을 때 잔잔하게 퍼져나가는 수면의 파문 등 자연의 현상에서 흔히 찾아볼 수 있는 원리이기도 하다. 그 외의 모든 자연적 질서의 다른 기본형태에서도 우리는 점이현상을 쉽게 느낄 수 있다.

점이는 생명, 변화, 운동 등의 성격을 내포하고 있기 때문에 예술가에게는 가장 유용한 표현수단의 하나로서 사용되고 있다. 이것은 계층적인 변화로서, 요소의 증가 또는 감소라는 두 가지의 방향성을 가진 리듬의 일종으로 조형적 효과와 원근의 효과, 평면상에서 입체적 효과를 낼 수 있는 시각적 효과와 선, 형, 방향, 크기, 명암, 색채 등의 각 구성요소 안에서 규칙적으로 점차 변해 가는 연속효과를 말한다. 또한 점이는 극단적 대비와 일련의 비슷하거나 조화로운 단계들에 의해 연결된 연속인 것이며, 대비의 미묘한 형태, 대비와 조화의 특별한 결합인 것이기도 하다.

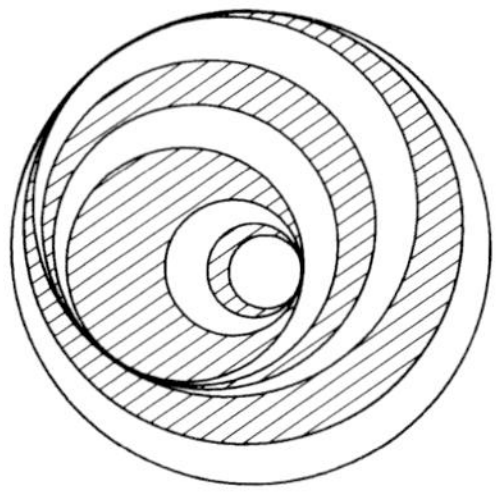

원을 확대하는 점진(전이)적 명암의 반복을 덧붙인 것으로 명암이 리듬을 생기게 한다.

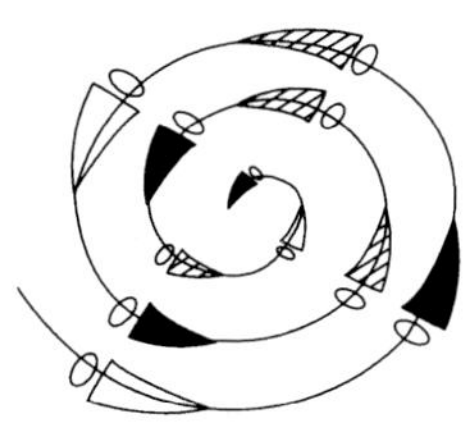

소요돌이의 점진적 배열에 세 가지의 명암을 리즘적으로 반복시킨 것

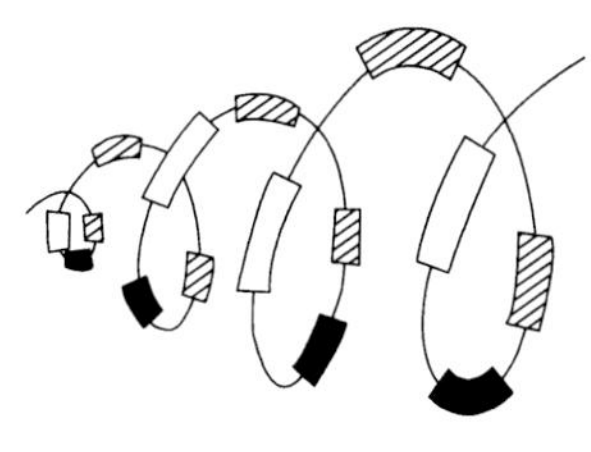

확대되는 나선형 위에 3단계의 명암을 배열시킨 것으로 그라데이션과 리듬과의 맞물림을 볼 수 있다.

**그림 4.143** 점진적인 변화(Gradation)

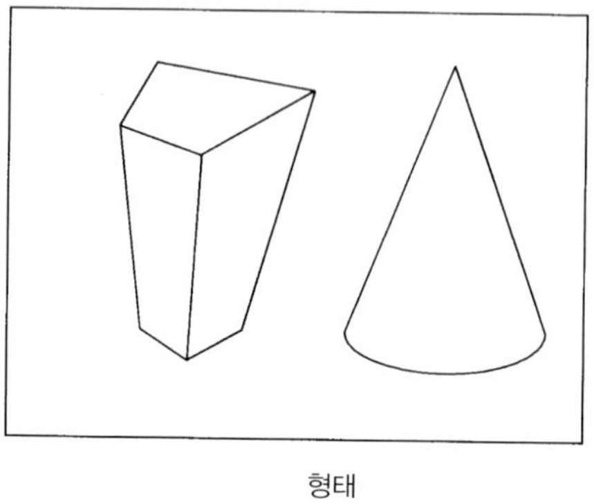

형태

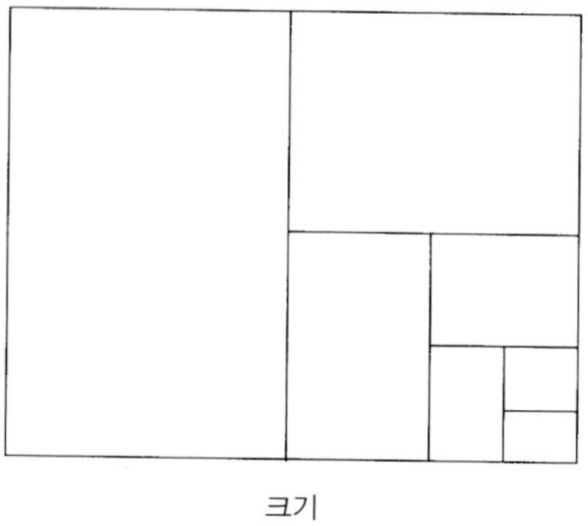

크기

**그림 4.144** 형태 및 크기의 점이

점이현상은 점점 변화되면서 이동하여 가므로 자연히 반복 또는 교체의 원리를 수반하게 된다. 따라서 조화나 대비 내에서 어떤 일정한 스케일을 가지고 연속적으로 진행되어 나가게 된다. 이와 함께 점이는 동적인 표정을 가지며, 보는 사람에게 풍부한 형의 감정과 힘찬 느낌을 준다. 시각적인 힘의 경사, 즉 힘의 강약으로부터 경쾌한 리듬감을 표출한다.

또한 점이는 시각적으로 균형 및 대칭적 현상도 수반하게 되는데, 이는 점이가 중심성을 내포하며 일정한 스케일을 가지고 발전하기 때문이다. 따라서 형태적으로 자연히 균형이 잡히는 것이다.

어떤 성질이 증가 또는 감소됨으로써 나타나는 변천을 의미하는 점이현상은 특히 반복과 밀접한 관계를 지닌 리듬이다. 이것은 유사성을 기본적 모티브로 하며, 조화적 단계에 의해 일정한 질서를 지닌 변화를 나타내는 자연적 순서를 말한다. 점이가 변화와 구별되는 이유는 단순히 단계적으로 변화되는 것뿐만 아니라 거기에 일정한 질서를 요구하기 때문이다.

## 7.2 점이의 성격과 사례

점이의 기본적 성격은 일련의 유사성으로 조화적 단계에 의한 일정한 질서를 가지는 것이며, 반복보다 더 동적인 것으로서 하나의 성질이 증가 또는 감소로 나타나는 변천을 말한다. 따라서 이것은 변화, 운동, 생명의 뜻을 내포하고 있으므로 조형예술에서 극적인 감흥을 불러일으킬 수 있는 효과적인 표현수단의 하나이다.

즉, 점이는 조화의 단계로부터 자연스럽고 일정한 질서와 규칙을 지닌 운동에너지를 가지므로 반복의 경우보다 한층 더 동적인 느낌을 주며, 보는 사람에게 역동적인 형태감을 준다. 이것은 시각적인 분배, 즉 점진적인 변화에 의한 리듬감에 의해 생긴다. 이러한 점이의 원리를 디자인에 도입함으로써 정적인 3차원의 공간을 동적인 감각으로 유입시켜 4차원의 감흥

그림 4.145 점진적 나선형의 소라껍질

그림 4.146 크기 및 색채의 점진적 변화

을 줄 뿐만 아니라 자연의 역동적 감각을 구현하는 목적도 가지고 있다. 그러므로 점이는 조형물에 생명의 힘을 불어넣어 주는 원리라고 할 수 있다.

우리는 많은 건축물 중에 이러한 점이의 원리를 적용한 것을 볼 수 있다. 건축에 있어서 점이의 사례를 살펴보면, 우리의 고건축 중 탑에서 특히 점이의 원리를 쉽게 찾을 수 있으며, 자연적 요소를 가미한 기와지붕의 처마곡선이나 초가지붕 곡선 등에서도 점차 변화하는 것을 느낄 수 있다. 그럼으로써 우리의 전통적 건축에서의 정적인 분위기에 동적인 느낌을 갖게 하는 한국적 특성의 조형원리로 나타난다.

하나의 구심점으로 인간의 시선을 집중시키기 위한 시도와 시각상 인간의 지각에 변화를 주기 위한 시도가 점이의 원리이기도 하다. 서양건축의 경우는 이집트의 피라미드나 교회의

**그림 4.147** 무타와낄 모스크, 중세 이슬람 건축

**그림 4.148** 사방향의 점진적 변화

**그림 4.149** 점진적인 변화는 생동감, 역동감을 느끼게 한다(파올로 포르토게시 작품)

**그림 4.150** 기둥의 형이 점차 감소 및 증가되고 있다.

**그림 4.151** 계층적인 변화

첨탑 그리고 에펠탑 등에서 점이의 원리를 발견할 수 있다.

현대건축에서도 적용되고 있는 사례를 많이 찾을 수 있는데, 뉴욕의 구겐하임 미술관과 샌

그림 4.152 형태의 그러데이션(C.N.I.T. 전시홀, 파리)

그림 4.153 테라스가 점층적으로 구성되어 있다.

그림 4.154 마르셀 브로이어, 휘트니 박물관, 뉴욕, 1966년

그림 4.155 점이는 단계적 질서를 갖는 변화이다.

그림 4.156 대칭과 함께 점이의 원리가 적용된 건축물

그림 4.157 파사드 및 지붕에서 점이현상을 느낄 수 있다.

그림 4.158 존 앤드류스, 스카보로 칼리지, 캐나다

그림 4.159 법주사 팔상전, 조선시대

그림 4.160 파사드의 아치형은 점이현상을 나타낸다.

프란시스코의 트랜스아메리카 피라미드 등에서 우리나라의 경우는 여의도의 63빌딩과 삼성동의 무역회관 등에서 점이현상을 느낄 수 있다.

자연적 현상인 무지개의 색깔과 형태에서도 우리는 점차 변화하는 점이의 원리를 발견할 수 있는데, 요즈음에는 대규모 아파트 단지의 외벽 채색에서도 점이의 원리에 의한 율동감과 변화감을 느낄 수 있다.

## 8. 비례(比例, Proportion)

비례란 어떤 양量과 다른 양 사이에서 대소의 분량, 장단의 차이, 부분과 부분 또는 전체의 부분과의 수량적인 관계를 나타낸다. 그리하여 길이, 넓이, 부피, 무게 등에 있어서 보기 좋은 비율을 얻기 위함이다. 비례체계의 목적은 시각적 구성요소들 사이에 질서감을 창출하는 데 있다.

조형의 기본은 구성이며, 구성이란 부분과 부분, 부분과 전체 사이에 조화를 이루도록 하

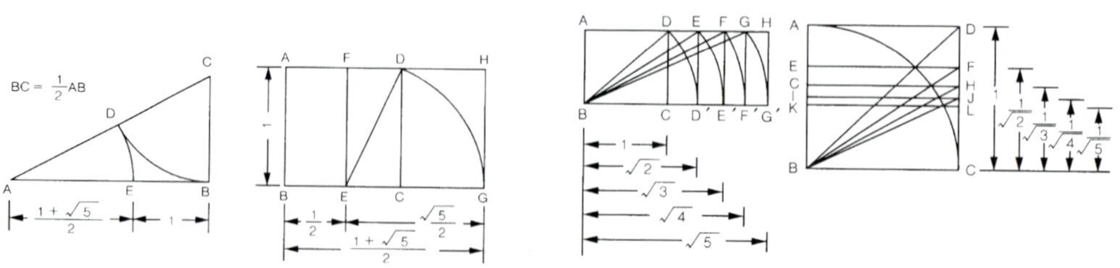

황금비　　　　루트 구형

직사각형의 대각선이 이루는 각도 : $\sqrt{2}$ =35.2°, 황금비=31.5°, $\sqrt{3}$ =30°, $\sqrt{5}$ =24.5°

그림 4.161 황금비 및 루트비 직사각형

는 것이다. 구성에 있어서 비례는 형태나 공간의 수학적인 관계라고 할 수 있는데, 이는 계량적인 접근으로서 수치적으로 그 결과를 살펴볼 수 있다.

비례는 부분이 전체에 대한 관계나 한 사물이 또 다른 사물에 대한 관계이다. 비례적 관계는 시간, 공간, 치수, 각도, 부분, 부피, 무게, 명암, 질감, 그리고 우세와 열세 속에도 존재한다. 이러한 모든 것들은 상호 공존하거나 작용하며 표현과 아름다움에 공헌한다.

비례는 디자인에서 아늑함과 편안함을 결정하는 요소이기도 하다. 비례는 구성요소들의 조화 있는 배열로서 인간공학에서는 인간이 가장 편안하게 느끼는 비율을 의미하기도 한다. 잘못된 비례는 시각적으로 혼란을 주며 촉감으로도 불편함을 줄 수 있다. 디자인의 비례는 인간의 육체와 밀접한 관계가 있다. 사람도 머리, 몸통, 손, 발의 크기와 비례가 서로 이상적으로 조화를 이루어야 보기 좋을 것이다.

## 8.1 비례의 종류

비례의 종류에는 다음과 같은 것들이 있다.

① 정수비 : 어떤 양과 다른 양과의 사이에서 정수에 의한 비례적 관계가 성립되는 것을

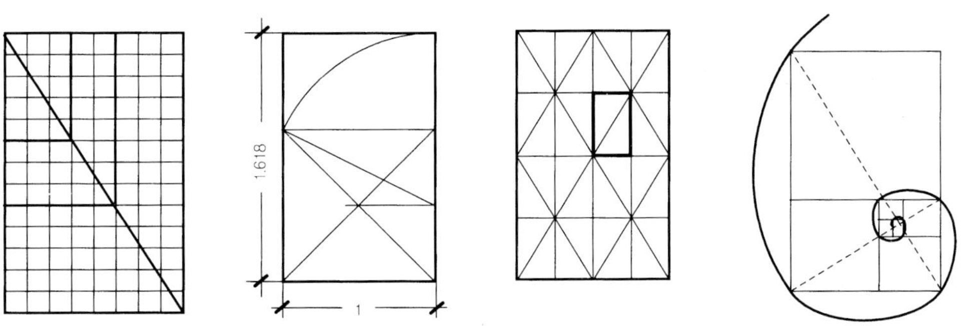


피보나치 수열　　직사각형 황금분할　　조화로운 성장의 나사

**그림 4.162** 각종 비례

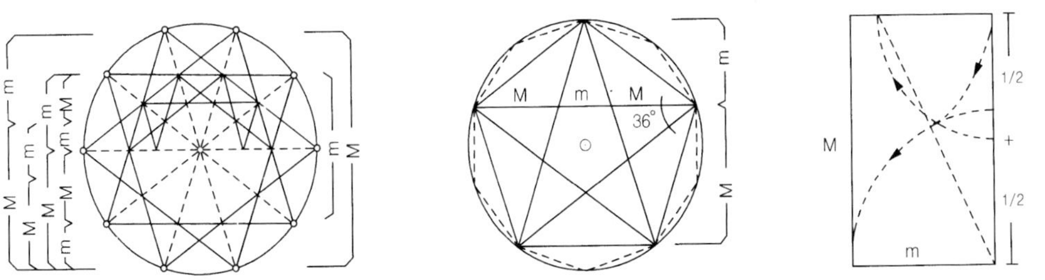


정10각형　　정5각형　　황금비의 2변을 가진 장방형

**그림 4.163** 비례에 의한 기하학적 형

말한다. 예를 들면, 1 : 2, 2 : 3, 1 : 2 : 3 등과 같은 것이다. 이것은 간단하여 사용이 용이하고 건축부분의 규격화, 공업적 양산에 알맞아 실용적이다. 단순한 반복과 호환성을 존중하는 현대건축에 알맞다.

② **황금비** Golden Mean : 선이나 형태를 나누었을 때 큰 부분과 작은 부분의 비가 큰 부분과 전체의 비와 같게 되는 것을 황금분할 Golden Section이라 하며, 그 비를 황금비라 한다. 즉, a : b = b : a + b = 1 : 1.618을 말한다[a : b = (a + b) : a ∴ a : b = (1 + $\sqrt{5}$)/2 ≒ 1.618]. 실제로 3 : 5, 8 : 13, 13 : 21, 21 : 34 등의 비가 이에 가깝다. 회화나 건축 및 일반 디자인에 널리 쓰이고 있으며, 우편엽서, 국기, 노트 등의 크기도 그 예이다. 황금비 직사각형은 두 변이 황금비를 이루는 직사각형을 말한다.

③ **루트** root**비의 직사각형** : 장방형의 양변의 비가 평방근을 이루는 장방형이다(1 : $\sqrt{2}$ : $\sqrt{3}$ : $\sqrt{4}$ 등). 형태의 조화는 길이의 비보다 면적의 비로써 느끼게 되며, 이

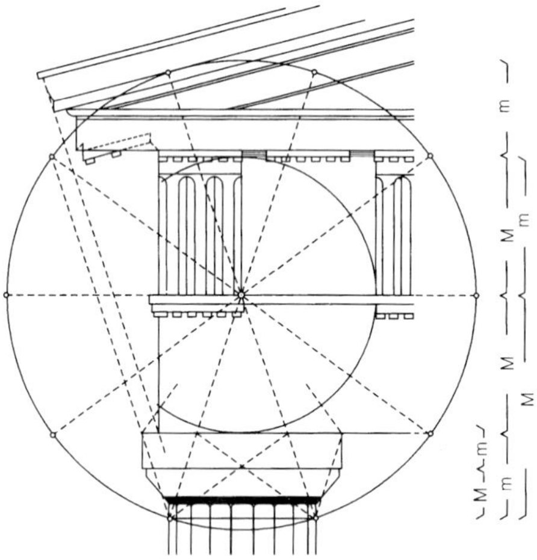


(a) 황금분할에 입각한 도리아식 페디먼트 비례

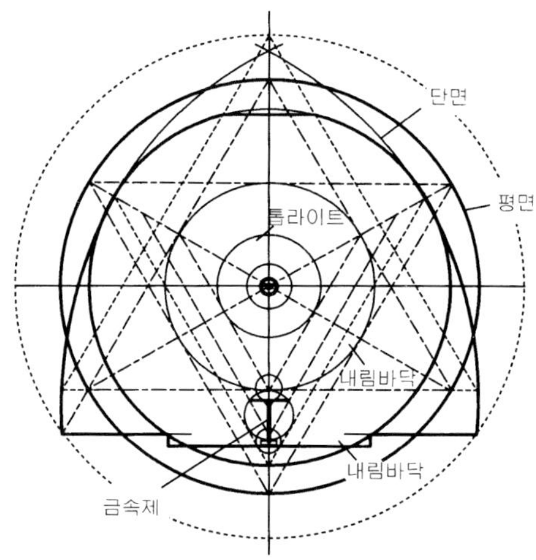


(b) 성루터파 세계교회당의 동일한 비례로 규정된 평면과 단면, 이 비례의 일치는 계획의 출발점에 있었던 것이 아니라 후일 발견되었다.

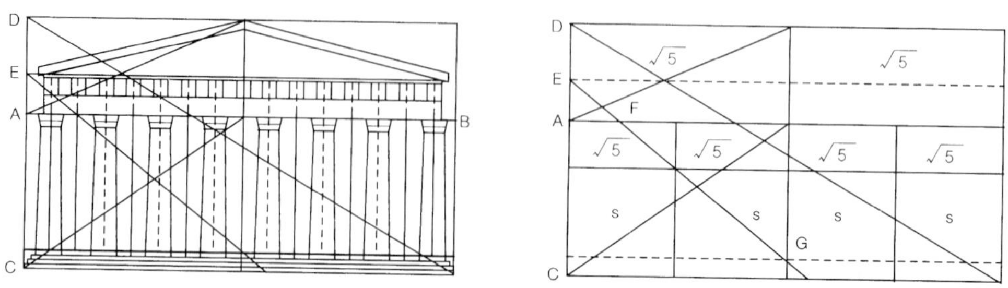


(c) 황금분할에 의한 파르테논 신전

**그림 4.164** 건축에서의 비례

때 변의 길이의 비가 1 : $\sqrt{2}$ : $\sqrt{3}$ …과 같이 2제곱하여 정수비가 되는 경우에도 조화된 비례의 관계를 얻을 수 있다. 이와 같은 비를 가지는 직사각형을 루트비의 직사각형이라 하고, 이러한 비에 의한 것을 동적 균제라고 한다.

④ **등차수열** : 하나의 기초단위를 정하고 수치에 그 배수를 사용하는 방법이다. 예를 들면, 1 : 2 : 3 : 4 : 5,… 또는 5 : 10 : 15 : 20… 등이다. 주로 동양에서 많이 쓰인다.

⑤ **등비수열** : 수열의 각 항이 그 앞의 항에 일정의 수(공비)를 곱하여 생기는 수열이다. 모듈로서 가장 중요하게 사용되는데 예를 들면, 1 : 2 : 4 : 8… 와 같은 것이다. 일반적으로 등비급수적 자극이 인간에게 쾌적감을 준다고 알려져 있다.

⑥ **상가(피보나치)수열** Fibonacci Series : 1부터 시작하여 앞의 두 개의 수를 더한 수를 다음의 항으로 나열한 수열이다. 즉, 1 : 2 : 3 : 5 : 8 : 13 : 21… 과 같이 Sn+1 = Sn + Sn−1 이라는 관계에 있는 급수를 말한다. 이 연속된 수의 비는 비례감이 잡힌 균형있는 비이다. 전형적인 생물 발전과정에서 볼 수 있는 비례이다. 이 수열이 서로 인접하는 두 항의 비는 (1+ $\sqrt{5}$ )/2, 즉 황금비에 가깝다(1 / 1 : 2 / 1 : 3 / 2 : 5 / 3… ).

⑦ **모듈러** Modular : 르 코르뷔지에 의해 창안된 비례개념으로서 황금비를 바탕으로 한 대수 개념의 모듈체계이다. 신장 183cm의 인체와 손을 들었을 때(226cm)의 인체에 대하여 적용한 피보나치수열을 각각 적색 계열, 청색 계열이라 함으로써 등비수열, 등차수열의 비례를 복합적으로 나타내고 있다. 이 경우의 수치는 설계에 따라 각각 포함되며, 미학적 원리보다는 경제적인 공업생산을 목적으로 한 것이다. 마르세유 아파트에서 그 예를 살펴볼 수 있다.

⑧ **동적 균제** Dynamic Symmetry : 햄비지 J. Hambidge에 의해 주장된 비례이론으로서 대수 나선을 기본으로 얻어지는 비례이다. 즉, 1 : $\sqrt{2}$ , 1 : $\sqrt{5}$ , 1 : $\sqrt{7}$ 과 같이 그대로 나누어 떨어지지 않으며, 이것을 제곱해야만 비례가 나온다. 이에 반해 정적 균제 Static Symmetry는 정방형을 근간으로 하고 대각선에 의하여 차례로 얻어지는 일련의 구형 ( $\sqrt{2}$ : $\sqrt{3}$ : $\sqrt{4}$ : $\sqrt{5}$ 구형 등)이다

건축에서는 선, 면, 공간 사이에서 상호의 양적인 관계를 비례라고 한다. 우수한 건축은 전체적으로나 부분적으로 적절한 비례관계를 지니고 있으며, 또한 뛰어난 건축가들은 민감한 비례감각을 가지고 있다.

## 8.2 인체와 비례

인체의 비례는 어떠한 법칙을 가지고 있다는 것은 고대부터 연구되어져 왔다. 척도의 기준

이 인체에서 근거되었으며 그것이 성립될 수 있는 이유도 인체의 비례가 일정한 법칙을 가지고 있기 때문이다. 인체에 대한 비례론으로는 다음과 같은 것들이 있다.

### 1) 비트루비우스의 황금비례

황금비례는 가장 아름다운 비례로 고대부터 사용되어 왔다. 비트루비우스는 아름다운 건축물을 건축하기 위하여 이 비례를 사용할 것을 권했고 고대의 건축물들은 이러한 황금비율로 균형미를 이루고 있다. 이러한 황금비례는 인간의 신체가 가지고 있는 비율로 양팔을 벌린 팔의 길이는 신장과 같고 또 다른 신체의 각 부위도 이렇게 일정한 비율을 갖고 있다고 한다.

고대 그리스 시대에 창안된 황금분할은 일종의 상가相加급수이며 생물학적 발전과 관계가 많다. 그리스에서는 이것을 신성한 비례관계라 하여 파르테논 신전 등 고전건축에 많이 이용하였다. 황금비는 생물의 구조나 조직 등에서 많이 발견된다. 황금분할은 안전한 법칙이기는 하지만 때로는 적용범위가 제한되거나 딱딱한 느낌을 줄 수도 있다. 현대 디자인에서는 자극적이고 실험적인 방법으로 비례 개념을 역이용하기도 하는데, 공간에서의 비율은 물체의 중량과 형태, 부피를 고려하여 균형감을 느낄 때 가장 이상적이라 할 수 있다.

### 2) 르 코르뷔지에의 모듈러

모듈러Modular란 화가이자 건축가인 르 코르뷔지에에 의한 인체 황금비례법으로 생활에 적합한 건축을 위해 인체와 관련된 모듈의 사용에 있어 단순한 길이의 배수보다 황금비례를 이

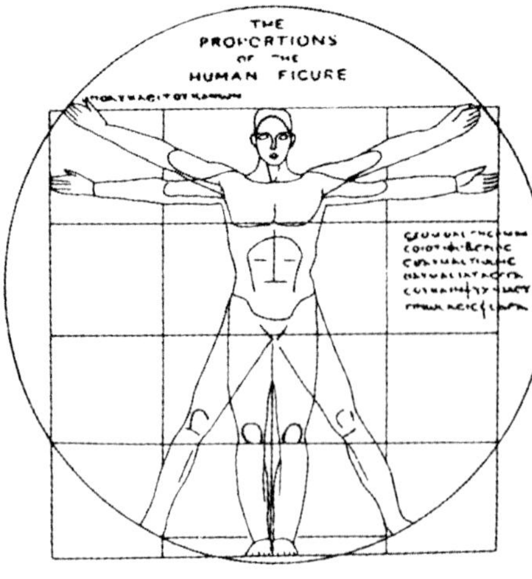


그림 4.165 비트루비우스의 인체

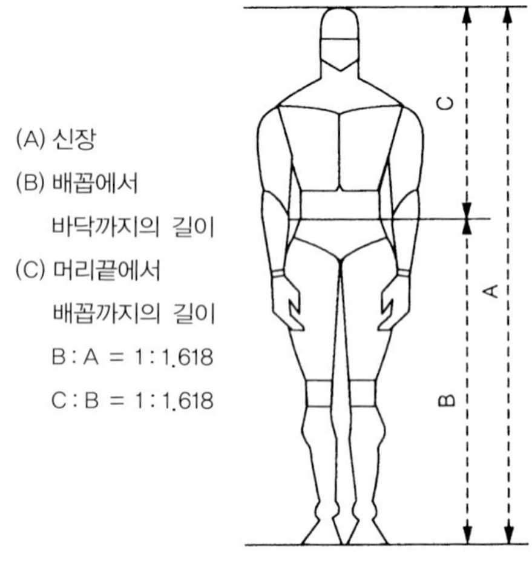


그림 4.166 인체의 황금분할

용함이 타당하다는 주장이다.

즉, 모듈러는 인체 치수와 수학에서 생긴 척도를 측정하는 도구로서 인체의 치수를 기본으로 하여 전체를 황금비 관계로 잡아가는 독자적인 조화척도이다.

모듈러에서는 인간을 네 개의 기본치수로 보고 있다. 즉, 신장 183cm의 인간을 기본으로 하고 바닥에서 배꼽까지의 높이는 113cm이며, 손을 든 손가락까지는 226cm가 된다. 배꼽의 높이 113cm를 단위로 하여 113cm의 황금비 183cm는 머리 위까지의

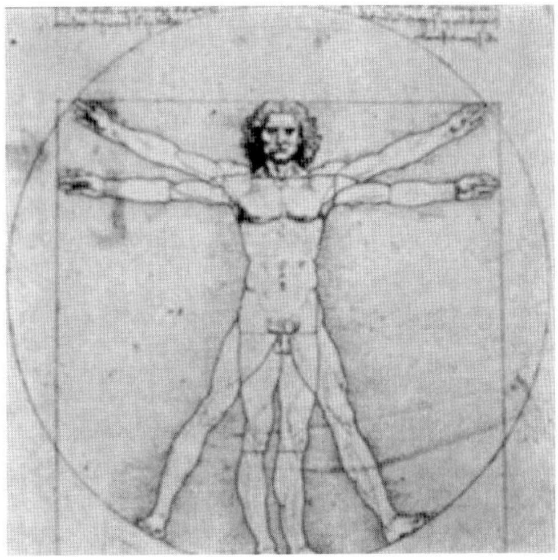

**그림 4.167** 다 빈치, 비례의 기준, 1452~1519

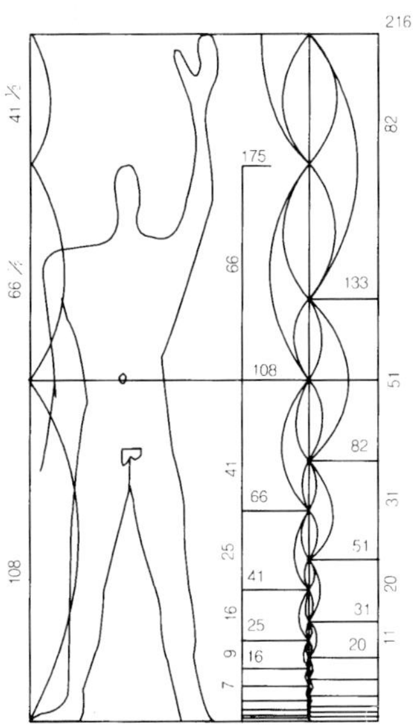

인체비례

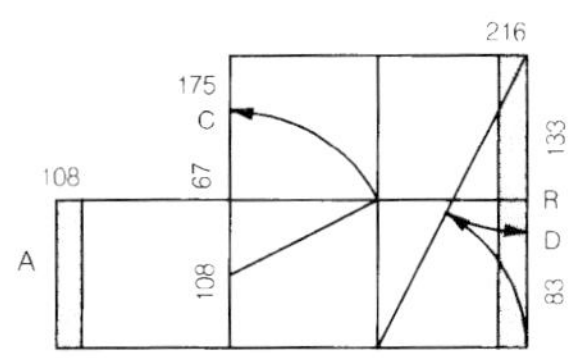


단위 A=108
A의 2배 B=216
A의 연장=D=175
B의 단축=D=83

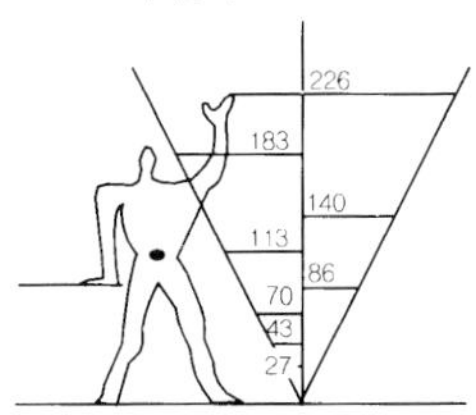


모듈러

사람의 키를 183cm로 할 때, 배꼽의 위치 113cm (183cm×0.618)를 기준으로 황금율화 시킨 것이다.

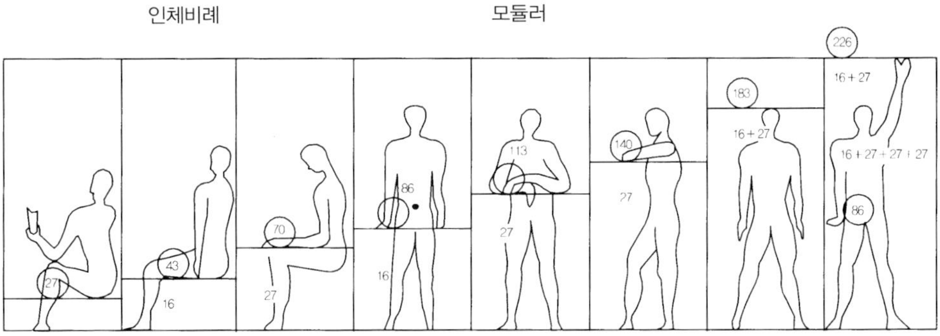


**그림 4.168** 르 코르뷔지에의 모듈러

높이가 된다. 또 113cm의 2배인 226cm는 손끝까지의 높이에 해당되고, 226cm의 황금비 140~86cm의 점은 손을 짚은 높이 86cm로 표시된다.

그는 이 113cm를 단위로 하여 만들어진 황금비례의 피보나치 급수級數를 적색열赤色列이라 칭하고, 그 2배인 226cm를 기본으로 한 것을 청색열靑色列이라 하여 기본 모듈을 만들었다. 그리고 그것을 무한한 조화요소를 가진 맞춤으로 우리의 필요에 의해 다양한 모듈을 제공할 수 있게 하였다.

### 3) 모듈의 개념 정립

고대부터 모듈의 개념이 사용되었으나 그것이 확실한 개념으로 정립되지는 못하였다. 근대에 이르러 르 코르뷔지에는 황금비례와 인체에 대한 연구로 모듈의 개념을 정립시켰다. 모듈은 건축치수의 표준이다. 어떤 일정한 크기를 1모듈로 하여 건축의 다른 부분의 크기를 이 모듈 치수에 비례관계로 정하는 것이다. 고전건축의 모듈 사용은 아름답고 균형 있는 건축물의 축조에 그 의의가 있었지만 근대의 모듈은 인간생활에 적합한 건축물을 만들기 위한 것이다. 르 코르뷔지에의 모듈이 인체치수에 근거하고 있는 이유가 그것이다. 모듈이란 말을 국제어로 사용한 것은 1960년 ISO 회의에서 결정한 이후였다. 현대의 모듈은 건축이 공업생산화에 큰 기여를 하였다.

모듈을 사용함으로써 인간에게 적합한 건축 외에 공기단축, 비용절감, 재료절약 등 여러 가지 이점을 얻을 수 있는 반면 획일화되기 쉬운 단점을 가지고 있다. 이러한 단점은 색채나 장식의 조절로 보완될 수 있다.

## 8.3 건축의 모듈계획

### 1) 건축모듈의 개요

건축모듈이란 구성재의 크기를 정하기 위한 치수의 조직을 말한다. 그리고 척도조정 Module Coordination : M.C이란 모듈에 따라 전면적인 치수조정을 성취하는 것을 말한다. 즉, 건축을 공장생산화 함에 따라 구성재 부품치수를 표준화하여 조립을 합리화하기 위한 치수계열 및 이의 적용을 위한 규칙을 정하는 것을 의미하는데, 그 목적은 건축산업의 합리화와 건설비 인하에 있다. 치수표준을 조정함으로써 구성재의 종류를 한정하고, 상호의 조합이 가능하여 호환성이 있는 구성재를 공급한다. 그러면 설계작업이 단순화되고 간편하며, 대량생산이 용이하고 공사비가 절감된다. 또한 현장작업이 단순해지고 공기가 단축되는 장점이 있다. 반면, 동일 형태가 집단을 이루어 단조로울 우려가 있으며 건축배색에 신중을 기해야 하는 단점이 있다.

### 2) M.C에 의한 설계

① 설계도는 부품도와 조립도로 구분되고 부품도는 공장생산에 의해 양산될 경우 필요 없게 되며, 조립도는 부품과 조립 기준선과의 위치 관계를 규정한다.

② 조립도는 Z도(평면), X, Y도(단면, 입면)로 구성되고 모든 요소부품의 위치가 규정된다.

③ 건축생산의 공업화에는 건축재료 생산의 공업화, 건축공사의 기계화, 건축부품의 양산화의 세 방향이 있고 현재로서 모듈과 설계에 가장 큰 과제이다.

### 3) 모듈 사용방법

① 모든 치수는 M(10cm)의 배수가 된다.

② 건물의 높이는 2M(20cm)의 배수가 되게 한다.

③ 건물의 수평치수는 3M(30cm)의 배수가 되도록 한다.

④ 모든 모듈상의 치수는 공칭치수를 말한다. 따라서 제품치수는 공칭치수에서 줄눈 두께를 빼야 한다.

⑤ 창호의 치수는 문틀과 벽 사이의 줄눈 중심선 간의 치수가 모듈치수에 일치해야 한다.

⑥ 고층 라멘 건물은 층 높이 및 기둥중심 거리가 모듈치수여야 하고 장막벽 등은 모듈 제품 사용이 가능해야 한다.

⑦ 조립식 건물은 조립부재 줄눈중심 간 거리가 모듈치수에 일치해야 한다.

## 8.4 건축과 비례

비례란 구성요소들 간에 서로의 길이, 넓이, 부피, 무게 등에 있어서 상대적인 양적 관계를 말하는데, 건축형태는 산술적이며 기하학적인 특성을 가지므로 비례는 형태의 척도와 공간의 지각을 발생시키는 자극요인으로서 역할을 한다.

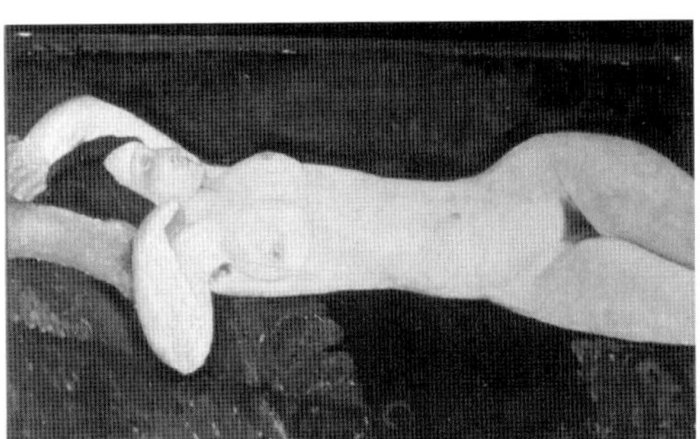

그림 4.169 인체의 비례

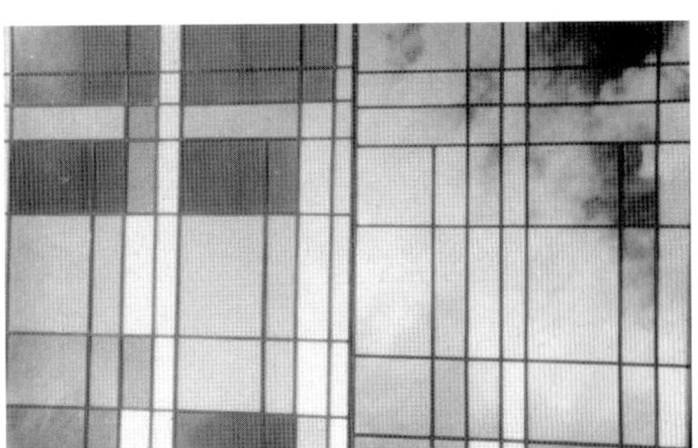

그림 4.170 크기의 비례

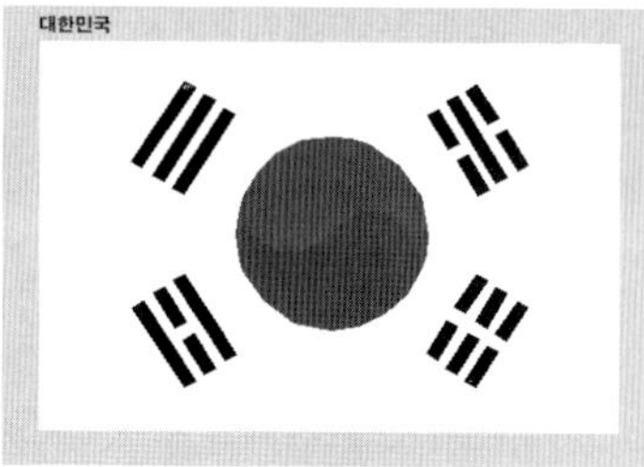


그림 4.171 태극기에서도 균형감과 함께 일정한 비례감을 느낄 수 있다.

건축 및 실내 디자인에 있어서 공간에는 항상 비례가 존재하며 전체 건축물, 실내공간 그리고 개구부, 가구 등의 건축 및 실내 구성요소들은 폭, 길이, 높이에 있어서 치수와 서로 관계된다. 따라서 한 공간의 비례는 평면, 입면, 단면의 3차원적으로 동시에 고려해야 한다.

평면의 비례는 공간에서의 기능을 위하여 필요한데, 비례가 적절하지 못하여 기능적인 요소가 불균형을 이룰 경우 실내에서의 행위, 적절한 가구배치 등은 불가능하게 된다. 그러나 상이한 비례의 평면과 그 조합은 공간에 대한 다양한 경험을 할 수 있도록 한다.

단면의 비례는 기능적인 면으로 고려되어야 하는데, 인간의 시점 視點과 천장고는 단면의

그림 4.172 알베르티, 산타 마리아 노벨라, 플로렌스, 1456~70년

그림 4.173 파사드에서 일정한 비례감을 느낀다

그림 4.174 이 건물은 어떤 비례를 가질까?

그림 4.175 르 코르뷔지에, 유니테 다비타시농, 마르세유, 1947~52

비례를 결정하는 요소이다. 예를 들면, 천장고가 낮은 실내는 사람에게 친밀한 느낌을 주지만 시각적으로 답답함을 줄 수 있다. 반대로 천장고가 높은 실내는 장대하고 초자연적인 느낌을 주지만 억제된 감정을 유발시키기 쉽다. 따라서 적절한 비례는 휴먼 스케일Human Scale을 바탕으로 하는 것이 원칙이다.

그림 4.176 창문의 크기가 비례적이다(디텐션 센터, 시카고, 1976년)

비례체계는 건축물의 각 부분과 부분 간에서 뿐만 아니라 부분과 전체와의 연속적인 시각적 연관성을 이루게 된다. 이와 같이 형태와 공간에 대해 연속성과 질서감각을 부여하는 비례관계는 우리들의 건축물에 대한 시각적 쾌감을 느끼는 데에 영향을 미치는 원리 중의 하나임에 틀림없다. 뛰어난 건축물은 대부분 세심하고도 아름다운 비례체계를 지니고 있다. 이러한 비례의 기본은 언제나 인간이며, 자연상태의 동식물에서도 훌륭한 비례체계를 찾아볼 수 있으므로 이를 더욱 연구하고 발전시켜 나가야 하겠다.

## 9. 율동(律動, Rhythm)

율동은 조형요소가 질서 있게 반복될 때 느껴지는 감각으로서 시각적으로 생동감을 불어넣어 준다. 즉, 율동은 규칙적인 조형요소들의 반복으로 나타나는 통제된 운동감으로서, 공간이나 형태의 구성을 조직하고 반영하여 시각적으로 디자인에 질서를 부여한다.

리듬은 비슷한 요소가 연속적으로 되풀이되면서 어떤 새로운 흐름을 만들어내는 것으로,

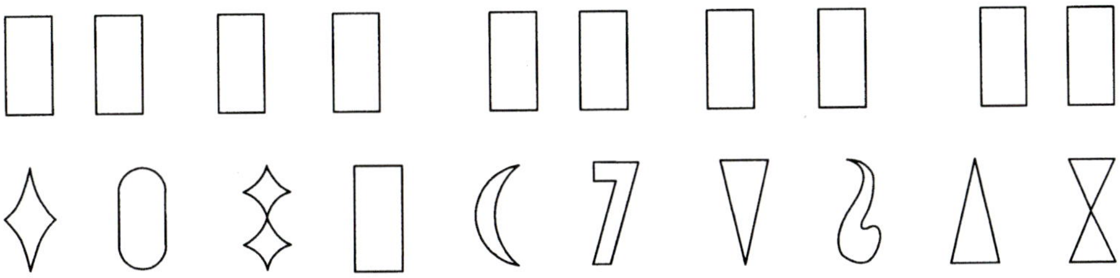

상 : 동일한 형상의 반복은 간격이 달라도 리듬을 준다.
하 : 동일한 간격의 반복은 형상에 차이가 있어도 리듬을 준다.

그림 4.177 율동과 반복

단순한 반복이 아니라 일정한 질서와 강, 약, 균형 등을 조화롭게 잘 이루어 낸 것이다.

리듬은 시간과 공간에 있어서 나타나는 요소의 주기적인 변화를 뜻하는 포괄적인 용어인데, 음악에서는 가장 중요한 원리이다.

반복구성에 강약으로 반복하는 변화를 주면 리듬을 살릴 수 있다. 리듬은 해변에 밀어닥치는 파도, 혈액순환 등의 자연현상이나 생명체 · 인공물의 운동, 기계의 왕복동작 등에서 볼 수 있는데, 그 특질은 크게 나누면 다음과 같다.

첫째, 조형요소에 강약 또는 대소의 성질이 있는 것

둘째, 주기적으로 반복하는 성질을 가지고 있는 것

셋째, 연속적 혹은 단속적으로 움직이는 것 등이다.

리듬의 기초에는 반복이 있다. 동일한 배치, 유사한 배치 등의 반복이 있으면 그 속에는 리듬이 형성된다.

## 9.1 리듬의 유형

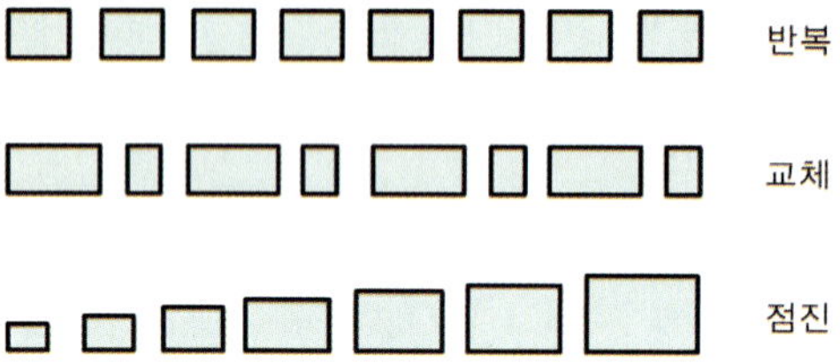

그림 4.178 각종 율동

리듬은 부분과 부분 사이에 시각적으로 강한 힘과 약한 힘이 규칙적으로 연속될 때 나타나는 현상으로, 요소의 일정한 패턴을 통한 디자인의 흐름 또는 움직임이다. 이러한 동적 질서는 활기찬 표정과 함께 시각적 운동감을 준다. 리듬에는 반복, 교체, 점진, 대조, 억양적 리듬이 있다.

### 1) 반복적 리듬

반복에 의한 율동은 명암, 색채, 문양, 질감, 선, 형태 등의 요소가 되풀이됨으로써 이어지는 리듬으로 단조로움을 피하기 위해 통일과 변화를 시도해야 한다.

### 2) 교체적 리듬

교체에 의한 율동은 주제와 주제 사이의 변화된 모티브로 인하여 보다 역동적인 효과를 낼 수 있다. 이와 같은 현상은 건축의 경우 창문과 벽의 교체 등에서 볼 수 있다.

### 3) 점진적 리듬

점이에 의한 율동은 형태들의 크기, 방향, 명암 및 색깔 등이 점차적으로 증가 또는 감소하여 변화됨으로써 생기는 리듬으로, 이와 같은 율동은 단순한 반복보다는 지루한 감이나 강요받는 듯한 느낌을 덜 주고 점진적인 흥미를 유발하며 독창적으로 보여 광범위하게 사용된다.

### 4) 대조적 리듬

대조에 의한 율동은 점진적으로 변화시키는 것이 아니라 사각형에서 원형으로 또는 빨강색에서 파란색으로 곧 바로 바뀌는 것과 같이 갑작스러운 변화를 주어 상반된 분위기를 조성하도록 하는 리듬으로서 자극적이다.

### 5) 억양적 리듬

억양에 의한 율동은 시각적인 힘의 강약을 불규칙하게 주어 구성하는 것으로, 역동적인 효과를 추구할 수 있다는 점에서 교체에 의한 율동 및 대조에 의한 율동과 성격이 유사하지만 그 느낌에 있어서는 다르다.

상기한 바와 같이 리듬은 반복, 교체, 점진, 대조, 억양을 통하여 얻을 수 있는데, 디자인에 있어서 그 효과는 음악적 감각이 조형화 되었을 때 나타난다. 여기에서 반복은 단순한 율동이고 교체는 복잡한 율동인데, 가능한 요소 상호간의 성격이 지나치게 상반되지 않은 순조로운 교체가 필요하며 점진적인 변화는 질서 있고 감미롭다.

그래픽 디자인에 있어서 리듬은 디자인을 연속적으로 전개시키는 것을 의미하는데, 이는 강한 이미지를 창출하면서 빨리 인지시키는 역할을 한다. 연속적으로 동시에 보일 때 하모니를 이루듯 리듬감 있게 보이면서 매우 아름다운 인상을 심어줄 수 있다.

디자인에서 모티프 Motif가 리듬감 있게 보이기 위해서는 우선 모티프 하나하나가 균형 있게 디자인되어야 하며, 이러한 모티프들이 연속적으로 전개되면서 하나의 리듬감이 창출될

**그림 4.179** 무용수의 율동

**그림 4.180** 율동의 원리는 시각적으로 생동감과 운동감을 불어 넣어준다.

수 있다. 리듬은 시각적으로 강한 느낌을 줄 뿐만 아니라 그 활용에서도 무한한 흥미를 유발할 수 있다. 이는 마치 똑같은 모양의 제품 여러 개가 나란히 늘어서 있어도 여전히 보기 좋은 경우와 흡사하다. 따라서 연속적으로 계속 이어져도 지루하지 않는 리듬감을 느끼도록 디자인하는 것이 매우 중요하다.

## 9.2 음악과 리듬

앞에서 언급한 바와 같이, 특히 음악에서는 리듬이 가장 중요한 원리 중의 하나이다. 건축을 포함한 조형예술 분야에서도 율동이라는 원리가 시지각적 변화감과 생동감을 느끼게 함으로써 우리를 즐겁게 한다.

건축과 음악의 공통성을 살펴보면, 괴테 Geothe는 "건축은 동결된 음악이다"라고 했으며, 이탈리아의 음악가 이아니스 코세나키스 Ianis Xenakis는 "음악이란 움직이는 건축이라 말하고 싶다"라고 하여 건축과 음악과의 상관성을 제시했다. 그리고 폴 발레리 (Paul Valery, 프랑스, 시인)는 공간체험에 대한 이야기에서 세 가지의 건축을 제시하면서 침묵의 건축, 이야기하는 건축, 노래하는 건축으로 구분했다. 즉, 예술적 감명을 주는 건축을 노래하는 건축이라고 규명했다.

**표 4.1 건축과 음악의 요소적 대조**

| 음악 | 건축 |
|---|---|
| • 음 : 시간적 인식의 대상<br>• 음의 강약 : 일원적(一元的)인 진폭의 대소<br>• 음색 : 음파형태의 종류에 따르는 변화<br>• 율동 : 시간적인 단속<br>• 선율 : 음의 변화에 따른 표현 | • 빛 : 공간적 인식의 대상<br>• 형의 크기 : 이원적(二元的)인 실재형태의 대소<br>• 질감 : 표면의 성질 및 광파의 종류에 따른 변화<br>• 억양 : 공간적인 단속<br>• 형태 : 형의 변화에 따른 표현 |

**그림 4.181** 그랜드 모스크의 입구 상부, 코르도바, 스페인

**그림 4.182** 이슬람 모뉴먼트의 주두, 북인도, 1569~1585년

건축과 음악을 비교해 보면, 음악은 시간적 인식의 대상인 반면 빛에 의해 인지되는 건축은 공간적 인식의 대상이다. 음악은 음의 강약을 통해 일원적인 진폭의 대소를 가지며, 건축은 형의 크기를 통해 이원적인 실재형태의 대소를 구분한다. 음악에서 음색은 음파 형태의 종류에 따르는 변화이고, 건축에서의 재료의 질감은 표면의 성질 및 광파의 종류에 따른 변화이다.

특히 음악의 3요소는 율동, 선율, 조화라고 할 수 있는데, 건축에서의 율동 Rhythm은 선, 면, 형태 등의 요소에 고저, 대소, 광협, 장단, 허충 虛充의 단속 斷續 등의 억양을 통하여 나타내고, 건축에서의 선율 Melody은 광음 光陰의 명암, 선상 線狀의 강약, 재질의 색채, 거칠고 섬세함, 강하고 유연함 등으로 표현할 수 있다. 그리고 건축에서의 조화 Harmony는 형태, 밝고 어두움, 재질의 대조와 통일 등에서 조화를 추구할 수 있는 것이다. 모든 음악적 또는 건축적 요소들이 상호 조화를 이룸으로써 아름다운 음악 또는 건축을 창출하는 것이다.

율동은 본래 음악이나 무용과 같은 분야에서 쓰이던 말이지만 지금은 조형분야에서도 널리 쓰이고 있다. 구성요소가 일정한 간격을 두고 배열되어 있으면 리듬이 생긴다. 어느 분야이든 각 부분이 동일하고 간격이 일정할 때는 리듬이 단조로우나 간격이 기하급수적으로 변하면 강한 리듬감이 생긴다. 그러나 변화가 너무 지나치면 리듬은 혼란스러워진다. 리듬은 질서에 의한 통일된 운동감의 표현이다. 그리고 건축이란 공간의 음악이라고 할 수 있으며, 건축에서의 리듬은 움직임과 시간의 요소까지도 포함한다고 할 수 있다.

## 9.3 건축과 리듬

리듬이란 조형요소인 선, 면, 형, 색상 등이 규칙적이거나 조화롭게 반복된 것이라고 할

**그림 4.183** 중국 정원의 파형 담장과 원형 문

**그림 4.184** 베르사유 궁전 경내 분수대. 분출하는 분수의 율동

그림 4.185 금요일 모스크, 이스파한, 1500. 출입구의 물결 모양이 율동적이다.

수 있다. 그것은 건축에 있어서도 형태와 공간을 구성하기 위한 것으로서의 반복과 기본개념이 같다. 대부분의 건축물에는 기본적으로 구성요소가 반복적으로 나타난다.

건축에서의 반복은 기둥, 벽, 창문, 기와 등의 구성재료 및 부위의 반복과 함께 선, 형, 질감, 명암, 색채 등의 시각적인 디자인 요소의 반복을 의미한다. 형상이 동일한 경우의 반복은 간격이 달라도 리듬을 주며, 간격이 동일한 반복은 형상에 차이가 있음에도 불구하고 리듬을 나타낸다.

건축에서 중요한 리듬의 유형에는 기둥, 문, 창, 벽면 등 형태의 반복이 있고, 지지체나 기둥 사이의 간격과 같은 넓이의 반복이 있다. 건축에서의 리듬이

그림 4.186 산마르코 사원, 베니스, 이태리, 1042~85년.지붕의 돔과 아치형의 반복이 리드미컬하다

그림 4.187 오페라 하우스(바로크 건축), 파리, 1861~74년

그림 4.188 줄리아 펠릭스 주택, 폼페이, AD 75년. 정원의 형과 파고라 기둥의 반복에서 율동감을 느낀다.

그림 4.189 캔터베리 성당, 영국, 1380년. 복도의 아치가 반복되어 율동감을 준다.

란 각종 요소 상호간의 관계를 나타내며 반복되는 조형요소 및 기둥, 벽, 창의 간격 등에 있어서 규칙적 질서를 의미한다. 예를 들면, 베빌라콰 궁 Palazzo Bevilacqua의 기둥간격, 페디먼트와 기둥의 형상 등에서 느낄 수 있다.

현대건축에서 형태의 리듬이란 고전적인 의미에서의 형태의 분절과 그것들의 규칙적인 반복이 아니라 리듬 속에 내재되어 있는 변화와 변형 또는 순환이라는 시간적 개념이 이른바

**그림 4.190** 한 수도원 건축, 13-14세기. 반복 및 교체적 리듬

**그림 4.191** 점진적 리듬

**그림 4.192** 월터 그로피우스, 파크사이드 스쿨, 인디아나, 1962년

**그림 4.193** 미노루 야마사키, 유대인 집회소(사원), 일리노이주, 1963년

**그림 4.194** 점진적 리듬

**그림 4.195** 반복/억양적 리듬

'운동'과 '유동성'의 의미로 확대 · 적용되면서, 선과 면과 볼륨의 결합으로 이루어져 있는 조형에서 각각의 구성요소로서 역동성을 나타낸다.

건축 디자인에 있어서 리듬은 오래 전부터 존재되어 왔다. 매스와 선에서의 리듬은 조화와

**그림 4.196** 교체적 리듬(존 조한센, 미국대사관, 아일랜드, 1964년)

**그림 4.197** 에로 사리넨, 시카고 대학교, 1960년

**그림 4.198** 반복적 리듬

**그림 4.199** 점진적 리듬(노만 포스터, 리놀트 빌딩)

**그림 4.200** 크리스티앙 드 포르트잠파크, 뮤직 시티, 파리, 1994년. 물결 모양의 지붕이 율동적이다.

**그림 4.201** 당게 겐조, 아카사카 프린스호텔, 도쿄, 1972~82년

흥미를 유발시키는 가장 확실한 방법 중의 하나이다. 예를 들면, 개구부의 간격과 형태에서 리듬이 적절하게 취급되었을 때 유기적인 아름다움을 갖는 건축물의 내·외부를 형성하게 된다.

근대건축에 있어서는 리듬이 주로 비대칭적인 배열의 균형 또는 구조의 등간격 등을 나타내는 말로 그 의미가 축소되어 왔다. 그러나 율동은 항상 우리에게 시각적으로 즐거움을 가져다준다.

## 10. 강조(强調, Accent)

### 10.1 강조의 필요성

악센트, 즉 강조는 초점이나 흥미의 중심으로 디자인의 특정 부분에 주어지는 강도를 의미한다. 강조를 다른 표현으로는 강세, 억양이라고도 한다. 디자인에 있어서 어떤 부분이 강조되는가는 시각적 중량감 또는 지배적 시각으로 평가된다.

강조란 특정한 부분의 형이나 색 등의 요소를 똑똑히 드러나게 하고 힘을 주는 것이다. 그리하여 시각적으로 중요한 것과 그렇지 않은 것을 구별하도록 하는 것을 말한다.

원래, 억양이란 음조나 말의 고저와 강약을 말하기도 하며, 문세文勢의 기복을 의미하기도 한다. 또한 언어의 연속된 음성에서 음높이의 변동이기도 하며, 이야기할 때 그 내용이나 화자話者의 의도와 감정에 따라서 달라지기도 하는 것이다. 그리고 억양의 위치에 따라 그 의

그림 4.202 대판성 천수각의 지붕장식

그림 4.203 한국의 고건축

미나 성격이 달라지는 것이기도 하다.

강조는 주의를 끌게 하거나 다소 과장되게 하는 것을 말한다. 많은 다른 구성요소들이 강조를 유발할 수 있다. 형, 방향, 명암, 크기, 색채, 세부묘사 등의 어떤 단순한 내용 밖의 요소, 또는 기대하지 않은 변화는 강조를 만들 수 있다.

악센트는 힘의 조절로서 전체의 조화를 파괴함이 아니고 전체의 성격을 더욱 명백하게 하는 것이다. 그럼으로써 강조나 초점은 어떤 형태나 공간에서의 통일감과 질서를 느끼게 하며, 다른 모든 것들은 그것에 종속되거나 2차적인 보조가 된다.

강조를 하기 위해 특정한 부분을 확실히 드러나도록 힘을 주게 되는데, 일반적으로 강조할 대상의 주변에 반대적인 요소를 배치하면 그와 같은 효과를 낼 수 있다. 디자인을 할 때 억양을 주는 경우, 어떻게 초점의 중심을 두느냐 하는 문제와 관점을 선택하느냐 하는 문제가 중요하다.

### 1) 초점의 중심

강조에서 무엇보다 중요한 것은 한 장소 외에는 악센트를 두지 않도록 하는 것이다. 즉, 하나의 초점이 있고 이에 따라 부수되는 것들이 여러 개 있는 것이 좋다.

### 2) 관점의 선택

형태 및 공간에 있어서 어느 부분을 강조할 것인가 혹은 어느 정도 주위를 끌게 할 것인가 하는 문제는 디자이너가 결정해야 할 문제이다.

한편, 디자인에서 우세는 일상생활에서의 우세와 마찬가지이다. 우리가 자신의 마음을 정

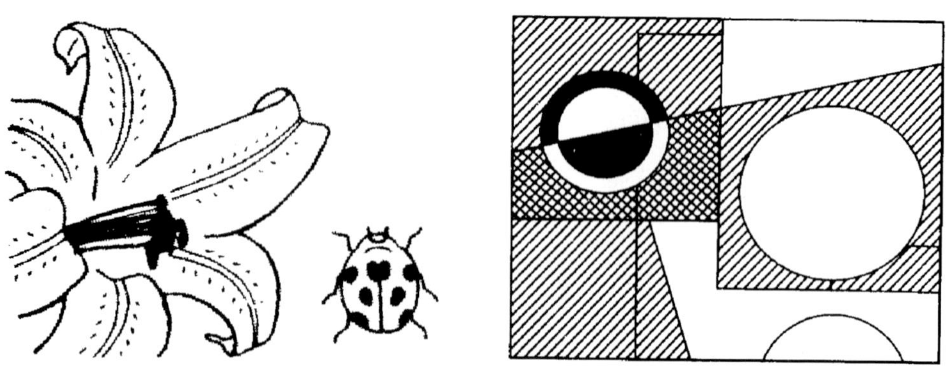

(1) 자연물에서 볼 수 있는 악센트(호박꽃과 무당벌레) (2) 명암의 대비로 악센트를 준다.

**그림 4.204** 각종 악센트

하고 하나의 사고가 지배하도록 하기 전에는 우리는 움직일 수 없다. 우세가 없다면 삶과 디자인 모두가 산만하고 무질서하게 된다. 똑같은 정도로 둘 이상의 시각적 힘이 밀고 당길 때, 어느 쪽도 그것을 얻을 수 없다. 통일성은 이러한 갈등과 긴장의 어떤 힘에 있어서 우세를 만들고 나머지를 종속되도록 요구한다. 이것은 디자인 요소들을 억양에 의한 결합을 통해 만들어질 수 있다.

**그림 4.205** 대문의 도깨비상, 진남관, 여수

콘트라스트, 즉 대조는 대립되는 두 개 혹은 그 이상의 것이 저항하고 있는 상태이지만 이 중 하나가 강화되면 강조의 법칙이 나타난다. 일반적으로 억양의 구성은 여러 개의 형태 사이에 강強, 중中, 약弱 또는 주主, 객客, 종從이라는 억양을 부여하는 구성법으로서 변화의 묘미를 갖는 리드미컬한 아름다움을 나타낸다.

## 10.2 강조의 효과적 활용

조화와 균형이 잘 이루어져 완벽한 통일감을 조성하였을 때 생길 수 있는 단조로움이나 무기력함을 화면의 어느 한 부분에 색채나 형태에 시각적인 힘을 부여하여 강조함으로써 극복할 수 있다. 이때에 비로소 완전하게 조화되고 균형 잡힌 통일감을 가질 수 있게 되는 것이다. 이러한 강조는 한 곳 이상 주어지면 그 효과는 오히려 감소되며, 크기 또한 필요 이상으로 확대되어서도 좋지 못하다. 효과 면

**그림 4.206** 처마 밑의 빗물저장고. 이것도 디자인 요소가 될 수 있으며 실용적이다.

**그림 4.207** 현관 출입구의 강조

에서 유사한 형태나 색감을 사용하기보다는 상반되는 것을 이용하여 시각적으로 산만한 것을 통일시켜주는 것도 좋은 방법이다.

건축의 평면적인 배치나 입체적인 구성은 막연히 실을 배치하는 것이 아니라 대 · 소, 강 · 약 등의 성질이 다른 것이 어떤 리드미컬한 억양적인 의도를 가지고 배열되어야 한다. 음악의 구성과 같이 건축의 구성을 주체, 객체, 전개부분, 변체變体의 네 가지 부분으로 구성하는 방법도 있고, 또한 주체, 객체 및 주객主客을 연결하는 중간적인 것을 배열하는 삼위법三位法이라고 하는 것도 억양의 하나이다.

건축에서의 강조란 흥미나 관심의 초점Focal Point이자 중심이 된다. 건축에 있어서 강조나 초점의 사례를 살펴보면, 교회건축에서의 높은 첨탑은 신神을 향한다는 이상을 표출하는 악센트라고 할 수 있으며, 불교건축의 대웅전은 경내의 많은 불사들에 비하여 웅장하게 강조되고 있음을 볼 수 있다.

또한 대부분의 건물에서 4면의 입면 중 특히 정면성을 강조하고 있으며, 현관 또는 출입구에서도 캐노피의 강조를 통해 인지성을 높이는 경우에도 강조의 원리가 필요하다. 악센트를 통하여 타 건물과의 외견상 차별성을 부여하거나 또는 일정 지역에서 랜드마크로서의 역할을 하도록 하는 경우도 많이 볼 수 있다.

그리고 실내계획에 있어서도 거실에서 벽난로나 응접세트 또는 미술품 등을 강조하여 거실의 분위기에 특징을 부여하기도 하며, 외부공간에 있어서도 광장과 같은 곳에서는 상징조형물이나 기념탑 등을 설치하여 광장 전체의 중심이나 핵심부위를 나타내는 강조의 원리를 활용하기도 한다.

**그림 4.208** 높은 첨탑이 교회임을 강조한다.

**그림 4.209** 평안신궁창용루의 지붕모습, 교토, 일본

**그림 4.210** 브라만테, 템피에토, 로마, 1502~10

지금까지 미의 구성원리를 살펴보았다. 미의 구성원리를 조형원리 또는 디자인 원리라고도 하는데, 여기서 살펴본 구성원리 외에도 착시, 동세 Movement 등을 여기에 포함시키는 견해도 있다.

착시 Optical Illusion란 지각된 형태가 물리적 · 객관적인 형태와 뚜렷이 다르게 보이는 현상이다. 착시의 유형은 다양하며, 그 원인 또한 다양하여 아직은 통일적인 이론이 확립되어 있지 않다. 그리고 동세란 앞 장의 '방향'의 말미에서 간략히 살펴본 바와 같이, 조형물의 운동감이나 이동감 또는 움직임 등의 느낌을 의미하며, 이것은 스파늉이라는 용어와도 유사한 개념인 것이다.

디자인 원리란 어떤 실체를 형성하기 위하여 그것이 이루어야 할 각 부분, 즉 요소들을 질서 있게 유기적으로 통일하기 위한 구조적인 계획이다. 다시 말하면, 디자인 요소들이 어떤 특정한 효과를 성취하기 위하여 어떻게 결합되어야만 하는가를 결정하는 하나의 연관법칙이거나 또는 구성계획이라 할 수 있다. 이러한 원리를 통하여 요소들은 의미 있는 상호관계를 갖게 된다.

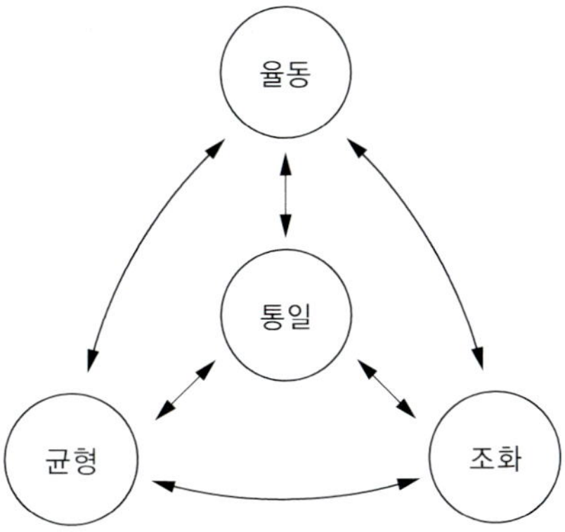

**그림 4.211** 디자인의 핵심원리

조형예술의 창조는 어떤 요소를 선정하고, 어떻게 구성하느냐의 문제이다. 건축의 형태 및 공간의 창조 역시 마찬가지이다. 즉, 디자인 요소 및 원리를 통하여 부분과 부분, 부분과 전체를 질서 있는 관계로 구성하는 일이다.

미의 구성원리의 핵심은 그림 4.212와 같다.

즉, 디자인 원리의 핵심은 ① 통일과 변화, ② 조화와 대조, ③ 균형과 균제, ④ 율동 등이다. 기타 모든 원리와 작용이 서로 유기적으로 관련되어 종합적으로 형성되는 것이다. 구성의 형식,

**그림 4.212** 조셉 마리에 올브리히, 시세션관, 비엔나, 1898~99년

**그림 4.213** 프랭크 로이드 라이트, 웨이파러 채플의 주출입구, 캘리포니아

즉 원리의 핵심을 다이어그램으로 표현하면 그림 4.211과 같으며, 이것을 좀 더 자세하게 계통적으로 나타내면 표 4.2와 같다.

**표 4.2 디자인 원리의 개요**

| 원리의 핵심 | | 시각적 힘 |
|---|---|---|
| 통일(unity)과 변화(variety) | | 힘의 정리 |
| 조화(harmony) | 유사(similarity) | 힘의 균일 |
| | 대조(contrast) | 힘의 강약 |
| 균형(balance) | 대칭, 비대칭, 비례, 주도와 종속 | 힘의 균형 |
| 율동(rhythm) | 점이(gradation) | 힘의 구배 |
| | 반복, 억양 | 힘의 강약 |

그림 4.214 루이스 설리반, 머천트 내셔널 뱅크, 아이오와, 1914년

그림 4.215 에리엘 사리넨, 헬싱키 철도역, 1910~14년. 주출입구의 전등

디자인에 있어서 일정한 구성원리가 없으면 디자인 요소들은 개별적인 목적, 기능, 그리고 형태에서 부족함이 있을 것이다. 그것들은 사용되기를 기다리며 주위의 한 곳에 재료를 쌓아둔 것이나 다름없다. 디자인 원리는 미적, 기능적, 공간적 효과를 창조하기

그림 4.216 브로이어 및 네르비, 유네스코 본부, 파리, 1954~8년

그림 4.217 오스카 니마이어, 재판소, 브라질리아

위해 요소들이 조화롭게 통합될 수 있도록 하는 동력 또는 실행규칙이다.

건축형태 및 공간의 미적 가치를 창출하고 판정하기란 쉬운 일이 아니다. 따라서 예로부터 오랜 세월 동안 미적 기준이나 척도가 탐구되어 왔지만 객관적으로 납득할 만한 판정방식은 아직 완전하다고 할 수 없다. 그러나 형태구성의 기본은 부분과 부분 및 전체와 부분간의 관계이며 전체는 부분에 의해 통일될 때 아름다움이 성립된다.

또한 어떤 전체적인 형태를 갖추기 위해서는 구성요소가 일정한 방식에 의해 구성되어야만 비로소 완성될 수 있으며 구성요소 자체만으로는 형태의 완성을 이룰 수 없다. 여기에서 일정한 방식이란 구성요소에 특정한 효과를 부여하는 구성방식을 의미하며 우리는 이를 구성원리라고 한다.

지금까지 살펴본 미에 관한 이론과 디자인의 요소 및 원리를 잘 이해하고 이를 바탕으로 하여 미적인 건축물을 창출하고 또한 평가

**그림 4.218** 지방의회 건물, 하노버, 독일. 장식을 겸한 빗물 배출관을 돌출시켰다.

**그림 4.219** 빗물 배출관의 디테일

**그림 4.220** 에로 사리넨, 미국 대사관, 런던, 1960년

**그림 4.221** 뾰족하게 돌출된 부위가 인상적이다(베를린, 1965년)

**그림 4.222** 이소자키 아라타, 기타큐슈 미술관, 1972~74년

그림 4.223 록펠러 RCA빌딩의 입구, 뉴욕

그림 4.224 건물 파사드 출입구 주변의 조각 및 분수(뮌헨, 독일)

할 수 있는 능력을 끊임없이 배양해 나가야 하겠다.

# 제 5 장

# 디자인의 기초

## 1. 디자인의 의의

과거 원시인들도 생활도구를 만들거나 집을 지을 때, 어떤 모양으로 만들까? 무슨 재료를 사용할까? 하고 골똘히 생각했을 것이다. 이와 같이 뭔가를 만들면서 이미지를 떠올리고 그것을 실현시키려고 하는 디자인 행위는 인류의 탄생과 함께 시작되었다고 볼 수 있다. 그러나 이 용어가 본격적으로 사용된 것은 1920년대 들어 이른바 근대 디자인Modern Design이 성립되면서부터였다.

사회가 발달함에 따라 기획, 계획, 노동, 생산, 분배 등이 분업화되고 복잡해졌으며, 여러 가지 지식과 정보를 많은 사람들에게 전달하고 교류해야 하는 필요성이 대두되었다. 생산과정이 분업화, 기계화, 자동화되자 분배는 물론이고 커뮤니케이션의 개혁 내지 재조정이 요구되었다.

수공업시대에는 제작과정에서 장인職人 개인의 감각과 기능으로 제품을 만들어 왔으나, 19세기 이후 기계가 발달함에 따라 상품을 대량생산하기 위해서는 재료에서 완성까지의 제작과

**그림 5.1** 구석기시대의 동굴벽화, 소와 말과 사슴, 라스코 동굴, 프랑스. 원시인들도 디자인 행위를 하였다.

**그림 5.2** 손수 만든 생활도구인 어망

**그림 5.3** 고대의 유물에 나타난 문자 및 그림

정을 모두 파악하고 제품의 원형을 신중하게 만들 필요가 있었다. 여기서 디자인이 성립되는 결정적 이유를 들 수 있다.

## 1.1 디자인의 의미

현대사회에서 디자인은 다양한 의미를 가지며, 그 영역이 확대됨에 따라 일상화되고 있다. 디자인은 은연중에 일상생활에 막대한 영향을 끼치고 있으며, 주변에 있는 모든 것이 디자인과 관계가 있다고 해도 과언이 아니다.

영어의 디자인 Design이라는 말은 프랑스어의 데생 (Dessi,n 소묘), 이탈리아어의 디세뇨오 (Desegno 의장, 원안)와 같이 라틴어의 데시그나레 (Designare, 표시하다)라고 하는 말에서 유래한 것으로, '계획을 부호에 의하여 표시한다'라는 의미로 발전되어 왔다. 현대 영어에서 디자인은 동사로도 사용되고 있지만, 명사로는 ① 계획, 기획 Plan, Scheme, ② 의도, 의향 Purpose, Aim, ③ 설계 Plan, 구상 Idea, ④ 의장, 도안 Outline, Sketch, 문양, 모형 Pattern 등의 의미로 쓰이고 있다.

우리나라에서는 디자인을 '도안' 또는 '의장'으로 번역하여 사용해 왔으며, 이 '도안'이라는 역어로 사용된 것은 아주 오래되었다. 즉, 도안의 도 圖는 '예측하다, 상상하다', 안 案은 '생각해내다'의 의미인데 디자인이라는 개념의 역어로서는 아주 적합한 것이 없다. 현재는 도안이라고 하면 평면적인 패턴 Pattern을 생각하게 하여 근대적인 조형계획으로서 디자인의 개념을 표현하는 말로는 적당하지 않게 되었다.

오늘날 '의장'이란 말은 '조형을 위한 계획'이란 의미로 아이디어 이상으로 확대되어 디자

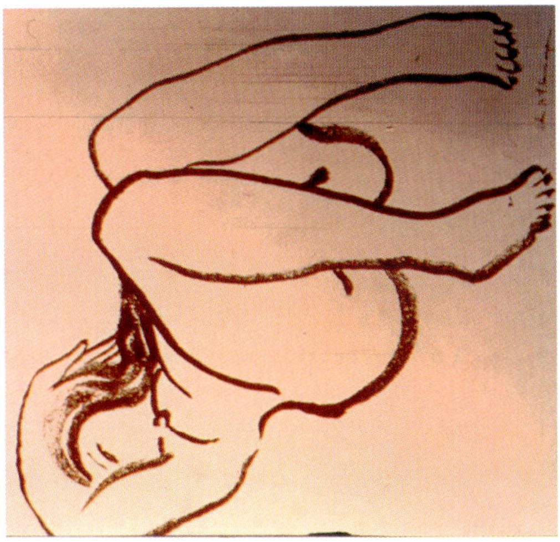

**그림 5.4** 인체 크로키 묘사

**그림 5.5** 로댕의 '생각하는 사람', 청동조상, 1880

인과 동의어로 쓰일 때가 많으나, 역시 종래의 개념이 붙어 따라 다니는 것을 부정할 수 없다. 따라서 우리나라에서는 현대적인 디자인의 개념을 나타내는 말로서는 종래의 도안이나 의장의 역어를 피하고 영어의 디자인을 그대로 사용하게 된 것이다.

일반적으로 '디자인'이라고 하면, 넓은 의미로는 '모든 조형활동에 대한 계획'을 가리키며, 기계나 건축 등의 설계에서 회화의 밑그림까지도 포함되며, 좁은 의미로는 재래의 도안이나 의장과 거의 동의어로 사용되어 왔으나 오늘의 디자인이란 말은 이것보다 새로운 개념으로 된 것이다. 즉, 이제까지의 장식이나 문양을 디자인이라고 하던 시대는 과거의 것이고, 현대의 디자인은 대량생산에 의한 제품의 기능이나 구조 등의 종합적인 조형계획을 의미하게 되었고 근대적 조형정신과 미의식에 의하여 합목적 조형을 목표로 하는 곳에 오늘날의 디자인 의의가 존재한다고 할 수 있다.

다시 말하면, 디자인이란 조형의 내용이 몹시 다양하고 또 감각적 요소가 중요한 역할을 가지므로 과학적 정의를 내리기 어려우나, 그 개념을 한마디로 정의하면 '실용적, 미적인 조형을 계획하고 표현하는 것'이라 할 수 있다.

즉, 의장Design이란 한마디로 '실용적, 미적인 창작행위'이다. 그것은 아름답고 기능적인 새로운 것을 만드는 행위이다. 따라서 모방이 아닌 독창적인 것이어야 한다.

외형적이고 표면적인 아름다움만을 추구하는 것은 큰 오류이다. 시각적인 외형과 내적인 기능을 동시에 고려해야 한다. 예를 들면, 의자가 보기에는 멋있으나 앉기에 불편하면 안 된다. 훌륭한 디자인은 항상 지속적인 가치를 지닌다. 새로운 디자인은 유익한 변화와 신선한 자극을 줄 수 있어야 하며, 많은 사람들에게 공감과 감동을 줄 수 있어야 한다.

디자인은 미술, 공예, 조각, 건축 등의 모든 미적 창작행위 그 자체이며 조형물 탄생의 밑바탕이 되는 행위인 것이다. 훌륭한 디자인을 하기 위해서는 지속적으로 많은 관심을 가지고 높은 디자인 감각을 배양해야 한다.

## 1.2 디자인의 목적

현대사회는 디자인의 사회라고 단언해도 과언이 아니다. 왜냐하면, 이제는 인간이 영위하고 있는 모든 분야에서 디자인과 무관한 것이 없을 정도로 우리의 생활환경은 디자인과 함께 하고 있기 때문이다. 산업혁명 직후의 디자인은 순수미술에서 획득한 미술적 요소를 산업에 응용하고자 하는 픽토리얼 디자인 이상으로 이해되지 못하였는데, 디자인에 대한 인식이 바뀌기 시작한 것은 19세기부터로 기계기술의 발달에 따른 대량 생산적 환경과 기능주의 철학에 입각한 새로운 개념이 디자인에 대한 인식을 새롭게 바꾸기 시작한 것이다.

그러나 디자인의 개념이 본격적으로 확대 발전되기 시작한 것은 20세기 초엽부터이다. 현대 미술이 예술과 과학의 만남을 끊임없이 추구해 온 것처럼 디자인의 목적 역시 산업 기술, 즉 과학과 예술을 조화롭게 융합하여 새로운 예술적 디자인을 성취하는 것이었기 때문에 현대 디자인은 곧 산업디자인을 의미하며, 또한 산업생산에 있어서 미의 과학으로서 이해되고 생산성을 바탕으로 기술적인 것과 예술적인 것이 조화된 실체로서 인간생활에 기여하는 것이다.

디자인은 명확한 목적을 지닌 활동이다. 여기서 목적이란 행동에 포함된 지표로서의 개념이며 정확히는 목표라고 할 수 있다. 목표를 갖는 것은 의식을 전제로 한다. 즉, 인간은 어떤 목표를 향하여 끈임 없이 노력하지만 도구는 그렇게 할 수 없으며 다만 목표에 대한 도구일 뿐이다. 목표가 앞서가고 목적으로 삼은 대상이 뒤따라 생산되는데, 디자인에 있어서도 우선 목표가 설정되고, 그것이 어떻게 구체적으로 실현되며 합목적적인 대상으로 형성되느냐가 문제이다.

디자인의 목표는 하나하나의 디자인 행위마다 다르겠지만, 모든 디자인 행위에 공통된 기본적 목표가 있다면 그것은 기능과 미의 조화이다. 디자인 활동은 일정한 실용적 목표를 효과적으로 실행할 수 있는 물건을 만들어 내는 일종의 생산활동이다. 그러나 디자인은 단순히 용도나 기능만을 목표로 하는 생산행위가 아니며, 기능만을 목표로 하는 순수 기술적인 제작 활동은 디자인과 구별된다. 왜냐하면, 디자인에는 순수 기술적 요소와 동시에 미적 요소가 포함되어 있기 때문이다.

미와 기능을 하나의 제품으로 융합하는 것이 디자인의 목표이다. 즉, 아름다움과 실용성의 가치를 조화롭게 실현하는 기술적 프로세스를 디자인이라고 한다. 광의적 입장에서 보면, 디자인은 우리가 생활하는 공간 전체를 미와 기능으로 조형하는 것이라고 할 수 있으며, 어느 학자의 말처럼 '디자인을 가장 넓은 의미로 해석하면 문명이다'라는 표현이 적절할 것 같다.

디자인의 목표가 기능과 미의 조화라고 할 때, 형태는 기능을 따른다는 기능주의적 사고와 형태는 기능을 계시한다는 표현주의적 사고로 생각할 수도 있다. 두 가지의 관점은 각각 어

**그림 5.6** 그래픽 디자인

**그림 5.7** 버섯 모양의 기둥을 한 사무소 실내디자인

느 한쪽을 약화시키거나 소홀히 다룰 위험이 따르지만, 최근에는 '형태는 인간의 편의에 따른다'는 말로 새롭게 이해되고 있다.

디자인의 목적을 실현하는 데 있어서 중요한 것으로 가치의식을 들 수 있다. 효용가치는 실제 사용하는 현장에서 발생하는 실천적 가치이며 미적 가치는 심리적 상상력에 의해 성립되므로, 실천적 효용가치와 순수한 미적 가치가 동시에 얻어지도록 디자인해야 한다.

디자인의 궁극적인 목적은 인간의 행복을 위한 물질적 생활환경의 개선 및 창조에 있으며, 디자인은 주어진 목적을 조형적으로 실체화하는 것이다. 또한 디자인은 사회적 행위이므로 지나친 개인주의적 취향보다는 대중의 미의식에 대한 최대공약수가 전제되어야만 그 목적에 도달하게 될 것이다.

디자인은 대중에게 감정, 철학, 아이디어 등의 메시지가 의미를 갖고 전달되도록 인정된 의사전달 수단의 한 방법이다. 그래서 디자인은 우리의 감정이나 생각을 조직적이고 분석적인 방법을 통해 시각적으로 전환시키는 작업을 수반한다. 디자인은 허공이나 머릿속에서 저절로 탄생되는 것이 아니라 우리들이 항상 쉽게 접하고 있는 사물들과 연관되어 있으며, 우리가 갖고 있는 지식, 상상력, 미적 감각을 통하여 합리성을 부여하며 질서 있게 발전시키는 것으로 인간의 문명을 대표하거나 인간생활을 표현하는 이미지인 것이다.

초기의 생산을 위한 디자인에서 판매를 위한 디자인으로 바뀌었고, 이제는 소비자를 위한 디자인으로 바뀌는 추세이다. 즉, 산업계는 소비자 보호에 대해서 점차 관심을 가지게 되면서 디자인의 목적이 제품의 판매나 생산보다는 제품의 사용에 필요한 요소에 더 큰 비중을 두게 되었다. 따라서 오늘날에는 사용자의 입장에서 제품을 다루거나 작동하기 쉽도록 편의성, 안락성, 안전성, 유지관리성, 심미성 등과 같은 제품의 총체적인 질을 나타내는 인간공학적 요소를 고려하기까지에 이르렀다.

디자인의 목적은 인간의 필요에 맞는 사물과 환경을 만들거나 제공하며 그들의 복지를 증진시키는 것이다. 디자인 과정을 통하여 디자이너는 인간의 모든 면을 고려해야 한다. 그것은 기본적 성격, 생리적 · 심리적 특징, 육체적 크기, 동작 또는 행동과 개인적 · 환경적 조건 등을 포함한다. 결국, 디자인의 목적은 사용자의 편의성과 쾌적함을 위해 정신적, 물리적 생활환경의 개선 및 창조에 있다고 할 수 있다.

## 2. 디자인의 조건

순수미술에서의 최종 목적은 아름다움의 추구이며 자기표현이다. 그러나 디자인은 아름다운 형태를 만드는 데에도 조건이 따른다. 작가의 의도에 따라 조형작업의 모든 과정이 진행되는 순수예술과는 달리, 디자인에는 클라이언트라고 하는 주문자가 있으며 생산자가 있고, 또한 소비자가 있는 조직적인 유통과정이 존재하기 때문이다.

디자인은 조형이긴 하지만 회화나 조각과 같은 순수미술과는 달리 실용성이 있어야 한다. 따라서 디자인의 좋고 나쁨의 평가는 미술작품의 평가와는 크게 다르다. 즉, 디자인에는 필요한 조건이 있으며, 이것을 충족시키는 것이 소위 '굿 디자인Good Design'인 것이다. 물론 디자인의 조건은 그들이 각각 다른 존재의 의의를 가져 각각의 입장에서 비판되는 것이 아니고 전체의 조건이 만족되고 그들이 융합되어 균형이 잡혔을 때 디자인으로서 가치가 있게 된다. 이들의 조건은 디자인 활동을 해나가는 원리이므로 실제로 디자인 할 때 충분히 고려해야 한다.

### 2.1 합목적성

합목적성이란 어떤 물건의 존재가 일정한 목적에 부합되는 것을 말하며, 그의 수단이나 방법이 목적에 부합되어 있는 것을 외적 합목적성이라 하고 부분이 전체에 또는 부분이 서로 부합되는 것을 내적 합목적성이라 한다. 여기서 목적이란 주로 실용상의 목적을 가리킨다. 그러므로 이것을 '실용성' 또는 '기능성'이라고도 할 수 있다. 디자인은 기능성을 1차 목적으로 한다. 따라서 디자인의 제1조건인 합목적성은 곧 기능성 문제라고 볼 수 있다.

예를 들면, 건축은 인간이 생활을 영위하기 위해, 포스터는 의사전달이 잘 되게 하기 위해, 의자는 앉기 위해, 커피 잔은 커피를 마시기 위해 사용되는 것으로 각기 나름대로의 목적을 가지고 있다. 더욱이 그 목적을 만족시키는 것이야말로 그 제품의 사명인 것이다. 따라서 의자의 형태나 색채가 아무리 독창적이며 아름답다고 해도 앉기가 불편하다든지 하면 제품으로서의 가치는 없는 것이다. 그러므로 의자를 디자인하기 위해서는 인간의 신체치수나 모습이 걸터앉았을 때 어떠한가, 체중이나 촉각에 대한 의자의 재료나 구조가 적절한가 하는 점에서 디자인의 구상이 시

그림 5.8 시각전달 목적의 포스터 디자인

작되어져야 한다.

① **물리적 기능** : 사물의 기계적 작동성을 가리키는 것으로, 모든 물체가 갖고 있는 성능, 구조, 견고성, 내구성 등이다. 도구 그 자체의 가장 본래적인 활동으로서 제일 먼저 고려되어야 할 문제이다.

② **생리적 기능** : 아무리 성능이 좋은 도구라도 인간이 사용하는 것인 이상 인간과의 관계가 충분하게 검토되어야 한다. 사용하기에 편리해야 하고 인간의 실수, 피로, 과로 등을 최소화시키는 것이 필요하다. 인간공학 또는 에르고노믹스 Ergonomics, 인간인자공학 Human Factors Engineering 등으로 불리는 과학적인 연구가 있다.

③ **심리적 기능** : 도구에 대한 인간의 심리적 욕구에서 오는 것으로, 연령이나 성별 등에 의한 형태나 색에 대한 기호, 장식적 욕구 등 인간이 요구하는 심리적이고 감성적인 요구에 부응하는 것이다. 인간에게는 이렇게 설명되지 않는 부분들이 존재하므로 디자인의 조건들은 매우 까다로울 수밖에 없다. 근래에는 이를 위해서 감성공학이라는 새로운 분야가 출현하였다.

④ **사회적 기능** : 디자인된 물건은 단지 개인의 소유물일 뿐만 아니라 사회적 존재로서의 의미를 지닌다. 그것은 공공의 장소에 놓이거나 불특정 다수가 사용하게 됨으로써 대중에게 봉사해야 한다. 따라서 사람들의 안전 등을 위한 법규나 규정된 조건을 지켜야 하며 사회적 관습 등도 고려해야 한다. 그러므로 디자이너의 손을 떠나 실체화되는 순간부터 대 사회적 기능을 갖는다. 아울러 사회가 변화함에 따라 이러한 조건도 변하게 된다.

## 2.2 심미성

디자인에는 제품의 실용성과 함께 아름다움을 필요로 한다. 인간은 아름다움을 항상 추구

**그림 5.9** 흔들의자

**그림 5.10** 다양한 목적에 맞게 디자인된 주방 용품들

하므로 일상적으로 사용하는 제품도 단지 쓰기 좋다거나 튼튼하다 등의 합목적성만으로는 만족할 수 없으며, 그 형태나 색채, 재질의 아름다움에 의하여 보기에 쾌감을 느낄 수 있는 것을 희망하고 있다. 따라서 인간이 만든 모든 도구는 인간의 생활을 보다 차원 높게 유지하려는 조건의 하나로서 미의 문제가 고려된다. 여기서의 미는 아름답게 하기 위하여 표면에 회화적인 장식을 하는 피상적인 것이 아니라, 기능과 유기적으로 연결된 형태, 색채, 재질 등의 아름다움을 창조하는 것을 의미하며, 또한 심미성이란 인간의 참다운 욕구를 충족시켜 주는 일이다.

심미성은 아름답다는 느낌, 즉 미의식을 갖추었을 때 결정된다. 미의식은 매우 주관적이며 개개인에 따라 차이가 많다. 또한 시대나 국가, 민족에 따라 공통된 미의식도 있다. 그리고 스타일이나 색채의 유행은 대중이 공통적으로 느끼는 미의식이라 할 수 있다.

디자인에 있어서 미의 표현은 미술의 경우와 같이 작가의 주관적인 표현과는 달리 대중들이 공감할 수 있는 상당한 객관성을 가져야 한다. 그것은 전통이나 유행에 의해서도 좌우되며 사용자의 기호에 대한 조사자료 등도 무시할 수 없다. 그러나 디자인이 조형활동인 만큼 그 심미성의 근간을 이루는 것은 디자인의 미적 감각인 것이다. 즉, 객관적인 조형미의 요소 위에서 뛰어난 미적 감각을 가진 디자이너가 허용된 범위 내에서 개성적인 조형표현을 해야 할 것이다. 그럼으로써 디자이너의 개성이 나타나며, 또한 생산자의 성격이 표현되어 디자인의 조형적 변화와 우열이 나타나는 것이다.

디자인이 추구하는 아름다움은 소비대중이 공감하는 공통의 미의식이다. 즉, 디자이너, 생산자, 소비자가 똑같이 공감하는 미의식이어야 한다. 심미성은 이와 같이 미의식의 전통이나 유행 또는 소비자의 기호에 바탕을 둔 조사자료를 통하여 객관적으로 추출해낼 수 있다. 왜

**그림 5.11** 아름다움을 얻기 위한 보석들

**그림 5.12** 디자인은 아름다워야 한다.

**그림 5.13** 심미적인 불상

냐하면, 미의식은 매우 주관적인 것이어서 개인, 국가, 민족에 따라 다르지만, 그것을 받아들이는 사람들, 즉 그 사회구성원들이 지니는 조형문화의 전통과 깊은 연결고리를 가지며 시대성, 사회성, 민족성, 국제성, 개성 등이 복합된 것이기 때문이다.

디자이너는 이렇게 추출된 미적 가치를 인공물에 부여하여 사용자의 미의식을 보다 차원 높게 끌어올린 심미성을 추구해야 한다. 왜냐하면 대중의 미의식은 상대적이고 유동적이며, 선전이나 유행에 따라 이끌리거나 잘못 판단될 수도 있기 때문이다. 유능한 디자이너는 추출된 객관적 요소에 자신의 디자인 감각을 더하여 주어진 범위 안에서 개성 있는 조형표현을 한다.

## 2.3 경제성

가장 적은 비용으로 가장 큰 효과를 얻으려는 경제원칙은 당연히 디자인에서도 적용된다. 최소의 재료와 노력에 의해 최대의 효과를 얻고자 하는 것은 인간의 모든 활동에 통용되는 경제적 원칙이다. 다시 말하면 허용된 여건 안에서 가장 뛰어난 결과를 만든다는 뜻이다.

고대 이집트의 피라미드나 고대 중국의 왕후나 귀족을 위해서 만들어진 건축물은 경비를 생각하지 않았다. 그러나 근대 조형물을 보면 경제성을 무시하고 만들어진 것은 거의 없다. 디자인에 있어서도 경제성을 무시할 수 없는 것이다. 한정된 경비로 최상의 디자인을 만들어 낸다는 것은 최대의 관심사이다.

즉, 디자인의 대상이 되는 제품은 대량생산되는 것이 많고, 또한 일품제작인 물건이라도 사용자에 대해서는 가능한 싼값으로 제공하는 것이 바람직하다. 이 점은 고래의 왕후나 귀족을 위한 건축이나 미술공예품이 비용을 도외시하고 정교함이나 재료적으로 호화찬란하게 하

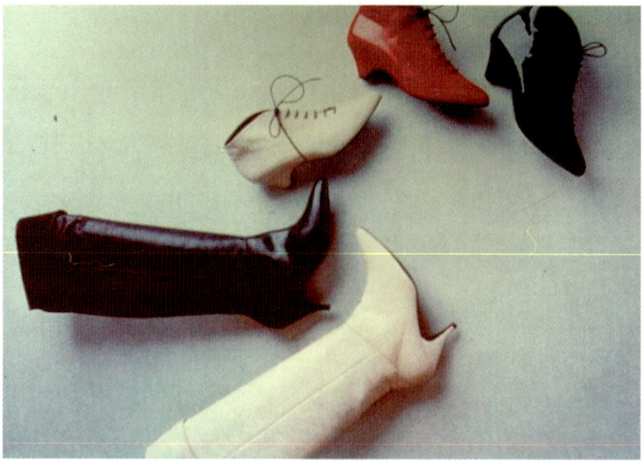

**그림 5.14** 디자인은 경제적이어야 한다.

**그림 5.15** 디자인은 일반 대중을 위한 것이어야 한다.

여 희소가치를 자랑했던 것과는 본질적으로 다른 것이다. 다만 값이 싸다는 이유로 제품이 조악품이 되는 것은 디자인 본래의 목적에 위배됨은 말할 필요도 없다. 즉, 비용을 최소한으로 한다는 것은 제품에 대해 허용된 비용으로 가장 우수한 디자인을 한다는 것이다.

가정에서 테이블 천을 바꾸거나 큰 회사에서 신제품을 기획 생산할 경우에도 경제성을 따지는 것은 당연하다. 특히, 제품이 대량생산될 경우는 재료나 가공, 조립방법 등 여러 세밀한 곳까지 경제성을 검토하지 않으면 우수한 디자인을 하기 어렵다. 따라서 디자이너는 재료의 선택에서 형태와 구조의 성형, 그리고 제작기술과 공정의 선정에 이르기까지 가장 합리적이고 효율적이며 경제적인 제작효과를 얻을 수 있게 디자인하며, 능률적으로 작업을 완수할 수 있게 계획하고 관리하는 능력을 갖추어야 한다. 또한 장식문양도 필요성이 없는 부가적인 것은 피해야 하지만, 반면에 그것이 합목적성의 심미성에서 디자인의 가치를 높이는 것이라면 그것을 실현하기 위해서 경비는 필요한 것이다.

심미성과 합목적성을 잘 조화시켜 처음부터 완성까지 구체화된 디자인은 경제성과도 모순되지 않는다. 즉, 경제성과 밀착되어야 진실된 새로운 아름다움이 창출되며, 이는 디자인 조건의 하나가 된다. 좋은 디자인은 지각된 여러 가지 요구사항을 간결하게, 또한 낭비 없이 성취하는 것이다.

## 2.4 독창성

디자인의 본질은 독창적이고 창조적이어야 한다. 독창의 반대는 모방이다. 모방은 이미 있는 것의 반복이며, 그 정도가 심할 경우에는 남의 작품을 복사하는 것이 된다. 물론 완벽한 독창이란 있을 수 없다. 전체적 분위기가 비슷하다거나 부분적으로 같다는 것은 있을 수 있지만 디자인을 구상하는 마음은 항상 창조적이어야 한다.

**그림 5.16** 디자인은 독창적이어야 한다.

**그림 5.17** 디자인은 창조적 행위이다.

그림 5.18 초기의 자전거

예술가, 과학자 등 모든 창조적인 사람들과 같이 디자이너의 창조성은 지식과 경험을 바탕으로 주어진 정보와 새로운 정보를 연관지어 독창적인 디자인을 개발하는 것이다. 디자인이 시각적 요소와 재료의 결합이라 해석되기 이전에 사회적 차원의 활동과 창조를 위한 인공물 제작의 전 과정을 총괄하는 것으로서, 모든 문제를 유기적으로 관련시키며 제기된 문제점들의 해결책을 다각적 측면에서 모색할 필요가 있다. 즉, 디자인은 실용적 목적을 명확히 설정하고 접근해 가는 창조기술이며 인간의 활동으로서 문제를 해결해 가는 실천적 과정이다.

독창성을 너무 강조한 나머지 신기한 것을 노려 사람을 놀라게 하는 것 같은 엉뚱한 디자인도 올바른 것이라고 할 수 없다. 디자인이 사람의 눈을 깜짝 놀라게 한다거나 진기함을 자랑하는 것은 특수한 경우에는 필요할지 모르나 그것이 독창성의 본질은 아니다. 오히려 평범하게 보이는 것에 수준 높은 독창성이 숨어 있을 수 있다. 독창성은 합목적성과 심미성에도 존재하는 것은 말할 것도 없다. 우수한 디자인은 보기에 평범함 속에서도 새롭게 창안하여 사용자들로부터 호감을 갖고 환영받는 것이어야 한다.

디자인의 독창성은 합목적성, 심미성, 경제성의 어느 면에서도 존재하며, 디자이너는 항상 새로운 것을 만들어 내는 조형감각을 새롭게 하여 기술에 대한 최근의 지식과 생활에 대한 풍부한 상식을 넓히는 것에 게을리 해서는 안 된다.

위에서 살펴본 디자인의 네 가지 조건들은 서로 유기적으로 관련되어 질서를 유지해야 한다.

그림 5.19 도시의 건물들은 상호 조화적이어야 한다.

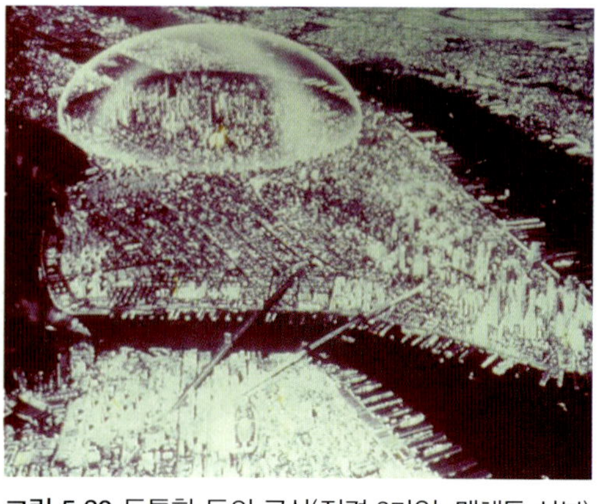

그림 5.20 독특한 돔의 구상(직경 2마일, 맨해튼 상부)

디자인의 조건도 시대와 사회적 요구에 따라 조금씩 달라져 가고 있다. 대량생산이 가속화된 산업혁명 이전에는 가격과 기능에 관계없이 예술품과 공예품을 중심으로 심미성이 가장 중요시되는 조건이었으며, 소품종 다량생산시대인 산업혁명 이후에는 기능성과 경제성이 중요시되었다. 또한 오늘날에는 소비자 개개인의 주관적 미의식을 감안하여 다품종 소량생산의 시대로 들어서면서 다시 심미성의 의미가 중요시되고 독창성이 강조되는 등 디자인의 조건도 변화되어 가는 것이다. 특히 최근에는 기능성과 경제성 그리고 심미성 등 디자인의 일반적 조건들이 향상되고 평준화되면서 인간의 본성에 호소하는 유희성도 새로운 디자인 조건의 하나로 등장, 확산되어 가는 추세에 있다.

오늘날은 토털 디자인Total Design의 시대라고 한다. 이는 디자인을 할 때, 대상물의 기능적 측면은 물론 시각적 요소 및 심리적 요인 등을 모두 고려한 디자인을 의미한다. 현대인은 복잡한 사회구조 속에서 주변의 모든 것들이 전산화, 메커니즘 등의 현상으로 인하여 심한 정확성을 강요받음으로써 인간의 로봇화에 의한 자아와 인간성이 상실되어 가고 있다. 따라서 현대건축이나 도시에서의 토털 디자인의 의미는 인간성의 회복에 기본을 두어야 성과를 거둘 수 있다. 예를 들면, 자연공간을 건물 내부로 연결하여 도입하거나 유기적인 공간을 형성한다. 또한 인접 건물과의 조화를 통하여 도시를 미화하고 균형적인 도시를 만들며 도시의 성격, 즉 개성을 부여하여 창조적인 도시공간을 형성해 나가야 하겠다.

## 3. 디자인의 역사

### 3.1 디자인의 발생

인류가 약 50만 년 전에 지구상에 등장한 이래 선사시대부터 생존을 위해 자연과의 끊임없는 연관을 통해 생활의 지혜와 기술을 발전시켜 왔다. 인간을 둘러싸고 있는 자연은 경이의 대상이었으며, 때로는 공포와 외경의 대상이었다. 이런 가운데에서 인간은 자연의 냉혹한 환경에 대처하고 적응하며 문명과 문화를 창조하고 발전시켜 왔다.

자연을 극복하고자 하는 인간의 의지는 기능과 미가 결합된 새로운 도구를 계속 출현시켰으며, 경험에 의한 지혜의 축적과 도구를 사용하게 됨에 따라 향상된 욕구는 이런 현상을 가속시켜 오늘날과 같은 고도의 과학 문명사회를 이룩하게 하였다.

주어진 자연환경 속에서 인간은 생존을 위해, 필요한 것을 충족시키기 위해, 또한 육체적인 한계를 극복하기 위해 도구나 기호를 사용했다. 이러한 사용에 있어서 초기에는 자연의 대상물을 있는 그대로 선택해서 사용했고, 그 다음에는 자연물을 모방했으며, 마지막에 이르러서는 그것을 의도대로 개선했다. 이것은 디자인을 이해하는 데 가장 중요한 요인이 된다. 왜냐하면, 디자인은 인간의 생존에 필요한 모든 것들의 개발을 통하여 생활환경을 개선하고 새로운 생활양식을 창조함으로써 인간이 희망하는 '가장 바람직한 삶'을 달성하기 위한 인간의 모든 노력을 의미하기 때문이다.

도구는 말하자면 인간의 각 기관의 연장延長인 것이다. 그리고 기계는 도구의 연장이었다. 도구와 기계는 인간을 원시적인 모습에서 끌어올려 인간사회를 자연의 속박으로부터 해방시켰다. 도구와 기계의 도움으로 인간은 보다 쉽게 물건을 만들 수 있음을 발견했다. 인간은 더 많은 것을 생산했으며 또한 더 많은 여가를 얻게 되어, 그 결과 오늘날과 같이 문명과 사상과 과학이 진보하게 되었다.

삶을 위한 도구의 디자인은 인간의 근본적인 욕구를 충족시키기 위한 행위에서 출발하기 때문에 항상 새로운 것, 즉 창조와 결합된다. 인류는 고유의 창조적 사고와 행위를 발휘하여 도구를 변화시키고 사회를 변화시켰다. 따라서 인류의 역사는 창조력에 의한 변화의 과정이라고 할 수 있으며, 디자인의 역사 또한 인류의 역사와 그 궤軌를 함께 하여왔다.

## 3.2 근대 이전의 디자인

### 1) 원시시대 및 토착디자인

인류는 선사시대인 구석기시대(50만년 ~ 1만 년 전)에 돌로 만든 석기를 사용하고 사냥과 식물을 채취하며 부족적 공동체를 형성하였다. 토템사상과 주술적 · 마술적 · 미신적 세계관으로 불을 활용하였으며 언어를 사용하였다.

신석기시대인 1만 년 전에는 티그리스 · 유프라테스 강 유역에서 인류 최초로 정착한 촌락

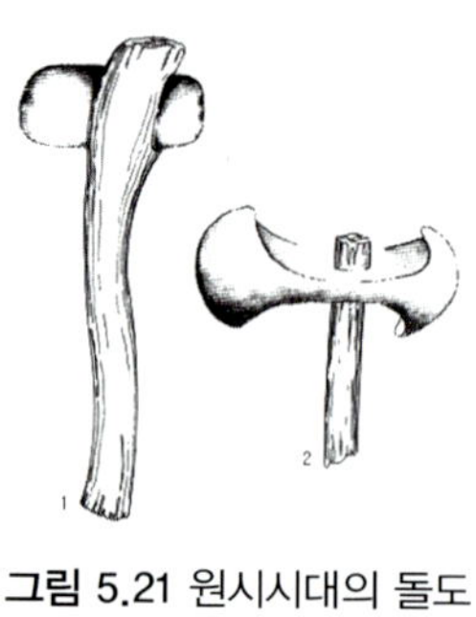

그림 5.21 원시시대의 돌도끼

그림 5.22 원시인들의 돌칼

그림 5.23 고대인들의 문자

에서 농업과 목축이 시작되었다. 마제석기와 농기구가 발전하였고 우마차와 수레바퀴의 이용 등 농업혁명은 인류문명사에서 획기적인 일로 평가되고 있다.

고대 청동기 문명인 5천 년～3천 년 전에는 나일 강, 티그리스 · 유프라테스 강, 황하강, 인더스 · 갠지스 강 유역의 고대 왕국과 제국은 관개수로사업을 통한 토목건축 기술의 발전으로 왕궁, 신전, 탑, 피라미드 건축과 상형문자 및 설형문자의 발전이 있었다. 또한 인류 최초의 금속 활용인 청동靑銅에 의한 문명기술의 급속한 발전과 고대 천문학, 수학, 의학의 발전을 이루었다.

이와 같이 인류는 삶을 위한 도구와 기호의 제작과 더불어 조형활동이 이루어졌는데, 이를 흔히 디자인 행위라고 한다. 이렇게 인간의 디자인 행위는 자신의 삶에 필요한 것을 만들어 사용하는 것으로부터 시작되었다는 것을 알 수 있고, 필요에 따라 생활용품을 만들어서 인간의 생활을 획기적으로 개선시킬 수 있었음을 알 수 있다. 이런 의미에서 프랭클린 B. Franklin은 인간을 "도구를 만드는 동물"로 정의하였다. 다시 말해서 디자인 행위의 근본적인 배경은 인간과 도구, 그리고 기호와의 관계에서 시작되었다고 볼 수 있다.

현대인이 여러 시대를 거쳐 우리에게 친숙한 좀 더 문명화된 세계의 문화에 속해 있는 작품보다 선사시대와 토착 디자인에 대해 관심을 보이는 것은 유별난 일이 아니다. 현대의 예술은 토착예술의 영향을 많이 받았다. 현대 디자인이 매우 깊은 영향을 받지는 않았다 할지라도 토착 디자인과 존경받는 현대 디자이너의 작품 간에는 종종 강한 유사성이 발견된다. 아프리카, 오세아니아, 그리고 북극과 미국 인디언 문화에서 사용되는 러그나 담요 같은 직물과 도기와 바구니, 소형 부엌용품 등은 현대에 와서도 널리 애용되는 잘 알려진 디자인의 예이다.

**그림 5.24** 선조들의 생활도구인 키

지붕을 갈잎으로 엮고 흙벽에 그림을 그린 데벨레족의 전통 가옥

**그림 5.25** 남아프리카공화국의 한 전통가옥의 토착디자인

표 5-1 서양건축의 흐름

| 고대건축 | 고전건축 | 중세건축 | 근세건축 | 과도기건축 | 근대건축 | 현대건축 |
|---|---|---|---|---|---|---|
| 서아시아<br>이집트 | 그리스<br>로마 | 초기기독교<br>비잔틴<br>사라센<br>로마네스크<br>고딕 | 르네상스<br>바로크<br>로코코 | 신고전주의<br>낭만주의<br>절충주의 | 수공예운동<br>시카코파<br>아르누보<br>시세션<br>독일공작연맹<br>미래파<br>데스틸<br>암스테르담파<br>표현주의<br>구성주의<br>아르데코<br>바우하우스<br>C.I.A.M | 형태주의<br>브루탈리즘<br>Team X<br>G.E.A.M<br>아키그램<br>메타볼리즘<br>레이트 모던<br>포스트 모던<br>해체주의 |

## 2) 고대～근대 과도기 디자인

고대 이후부터 근대 과도기 이전까지의 디자인에 관하여는 서양건축 양식의 흐름을 중심으로 간략히 시대별로 살펴본다.

### (1) 고대건축

① **서아시아 건축** : 티그리스 강과 유프라테스 강 사이의 메소포타미아 지방에서 발생하였다. B.C 4000년경부터 B.C 330년 사이에 구바빌로니아 · 아시리아 · 신바빌로니아 · 페르시아 등 서아시아의 여러 국가에서 전개된 건축양식이다.

② **이집트 건축** : 이집트 통일왕조가 세워진 B.C 3200년경부터 페르시아에 의해 정복된 B.C 530년경까지 나일 강 유역에서 형성된 고대 이집트 문명을 배경으로 전개되었던 건축양식이다.

**그림 5.26** 스핑크스와 피라미드, 기제, BC 2600년경, 이집트건축

### (2) 고전 건축

① **그리스 건축** : 에게 시대의 미노아와 미네케가 붕괴된 후 그리스 문화가 본격적으로 형성된 B.C 1100년경부터 로마제국에 의해 정복된 B.C 30년까지, 서양문화의 근원인 그리스의 헬레니즘 문화를

배경으로 그리스에서 전개된 건축양식이다.

② **로마 건축** : 로마가 건국된 B.C 753년부터 동로마와 서로마로 분리된 A.D 365년까지 이탈리아 반도의 로마제국과 유럽, 북부아프리카, 서아시아 등의 로마 식민지에서 전개되었던 건축양식이다.

**그림 5.27** 포럼(Forum), 로마. 포럼은 그리스의 아고라와 같은 기능의 광장으로 도시의 중심이다. 주위에 신전, 바실리카(공공건물), 개선문 등의 건축물이 위치한다.

(3) 중세 건축

① **초기기독교 건축** : 로마의 콘스탄티누스 황제에 의해 기독교가 공인된 A.D 313년부터 로마네스크 양식이 시작된 9세기경 사이에 이탈리아 반도를 중심으로 유럽지역에서 전개된 기독교적 건축양식이다.

② **비잔틴 건축** : 로마의 콘스탄티누스 황제가 수도를 콘스탄티노플로 환도하고 동로마제국을 건국한 A.D 330년부터 오스만투르크 족의 침입으로 콘스탄티노플이 함락된 1453년까지 동로마 지역에서 전개된 건축양식으로, 로마건축에 동양적인 건축요소를 혼합한 건축양식이다.

③ **사라센 건축** : 아라비아 유목민인 사라센 족에 의해 정복된 서아시아, 북아프리카, 스페인 등을 포함한 사라센제국에서 이슬람교를 배경으로 7C경부터 17C경까지 이슬람교 사원인 모스크에 집중되어 전개된 건축양식이다.

④ **로마네스크 건축** : 게르만 민족에 의한 프랑크 왕국이 동유럽을 지배한 8세기말부터 고딕양식이 발생된 13세기 초까지 이탈리아를 중심으로 유럽에서 교회건축에 집중되

**그림 5.28** 성 마르크 성당, 베니스, 864년, 비잔틴건축

**그림 5.29** 밀라노 대성당, 이탈리아, 1386~1577년, 고딕건축

어 전개된 건축양식이다. 교회건축의 초기 양식인 초기 기독교 양식으로부터 완성 양식인 고딕양식에 이르기까지의 과도기 건축양식이다.

⑤ **고딕 건축** : 13세기 초 프랑스에서 발생하여 르네상스 건축이 발생된 15세기까지 중북부 유럽에서 전개된 양식으로 초기 기독교, 로마네스크에 걸쳐 형성된 중세 교회건축을 완성한 역사상 종교건축의 최절정기 건축이다.

### (4) 근세건축

① **르네상스 건축** : 봉건제도와 기독교 위주의 중세가 붕괴되고 상공업 중심의 시민사회가 성립된 15세기 초 이탈리아에서 발생하여, 15 ~ 16세기에 이탈리아를 중심으로 유럽에서 전개된 고전주의적 경향의 건축양식이다.

② **바로크 건축** : 르네상스의 고전주의, 합리주의적 경향에 반대하여 17세기 초 이탈리아에서 발생되어 17, 18세기에 걸쳐 로마를 중심으로 이탈리아 · 프랑스 · 독일 · 영국 등의 유럽국가에서 전개된 건축양식으로 건축에 있어서 감각적, 역동적, 장식적 효과를 추구하였다.

③ **로코코 건축** : 프랑스의 바로크 양식은 절대적 후원자였던 루이 14세의 죽음과 함께 종료되었다. 루이 15세의 등장과 함께 바로크적 성격을 계승한 로코코 양식이 파리에서 발생하였다. 로코코 건축양식은 18세기 초부터 1770년까지 프랑스를 중심으로 전개되었다.

### (5) 근대 과도기 건축

바로크, 로코코 건축이 쇠퇴하기 시작한 18세기 말부터 근대건축이 발생한 19세기말 이전까지 양식적 혼란기의 과도기적인 건축양상이다. 신고전주의, 낭만주의, 절충주의 건축의 세

**그림 5.30** 피렌체 대성당, 이탈리아, 1296~434, 르네상스 건축

**그림 5.31** 베르사유 궁전, 프랑스, 1662~80년, 바로크 건축

가지 경향으로 전개되었다.

① **신고전주의 건축** : 18세기 전반기에는 고대유적 발굴과 고고학적 연구가 활발하여 고전건축에 대한 관심이 증가하였다. 시대를 초월하는 절대적 미는 그리스와 로마의 건축이라고 믿고 이를 모방하여 신고전주의 건축은 그리스와 로마의 건축을 정확하게 복원하는 데 주력하였다.

② **낭만주의 건축** : 중세의 고딕건축 양식에 관심을 가지고 자신들의 국가와 민족의 기원이 중세에 있는 것으로 보고 중세를 낭만주의의 이상으로 삼았다. 구조와 재료의 정직한 표현이라는 진실성이 반영된 고딕건축의 양식과 방법을 그대로 유지하였다.

③ **절충주의 건축** : 신고전주의 건축과 낭만주의 건축처럼 일정한 양식에 국한되지 않고 과거의 모든 양식을 이용하였다. 과거 양식에 대한 객관적 이해와 평가로 사라센, 비잔틴, 바로크 등 건축양식 선택대상의 범위가 확대된 것이다. 그러나 일정한 기준이 없이 건축가의 주관에 의해 각종 양식을 선택하거나 종합하였다.

## 3.3 근 · 현대 디자인의 발달

### 1) 초기 산업시대 디자인

#### (1) 산업혁명과 만국박람회

18세기 영국은 봉건사회로부터 탈출한 새로운 시민층, 자연과학과 기술의 발달, 식민지 정책에 의한 시장의 확대, 농업혁명과 자본축적 등을 배경으로 산업혁명을 일으켰다. 그리고 이 산업혁명은 수공업적 가내공업을 공장제 대량생산Manufacture으로 바꾸었다.

산업혁명의 결실로서 1851년에는 국제 산업전람회의 효시인 제1회 만국박람회EXPO가 런던에서 개최되었다. 박람회장은 팩스톤 J. Paxton에 의해 판유리를 연결하는 철로 만든 모듈

**그림 5.32** 국회의사당, 런던, 1835~60, 낭만주의건축, 고딕양식을 재현한 건물

**그림 5.33** 나쉬(John Nash), 로열 파빌리온, 브라이톤, 1821년, 절충주의 건축

Module을 현장에서 조립하는 이른바 새로운 조립공법 Prefabrication에 의하여 완성되었다. 이것이 건축양식의 새로운 분기점을 이룬 수정궁 Crystal Palace이었다. 박람회의 내용은 별로 긍정적이지 못했으나 런던 EXPO는 새로운 기계시대를 알리는 데는 충분한 공헌을 하였고, 디자인에 대한 인식에도 일조를 하였다. 그리고 1889년 파리 EXPO에서는 새로운 철골구조의 에펠탑 Eiffel Tower이 선보이는 등 각 분야에서 새로운 형태의 디자인이 창출되었다. 따라서 디자인에 대한 인식은 더욱 고조되었고 디자인 분야는 날로 확장되었다.

현대 디자인은 18세기 후반부터 19세기 초에 걸쳐 일어난 산업혁명에 의한 기계 · 기술의 발달 때문에 일어나게 된 여러 문제와 밀접한 관계를 가져왔다. 기계와 예술이 서로 만남으로써 초래된 전통과 혁신 사이의 대립과 갈등, 미학상의 혼돈 속에서 새로운 양식을 모색하려 했던 끊임없는 노력으로 디자인의 역사는 점철되어 왔다. 실로 산업혁명은 기계에 의한 대량생산이라는 생산수단의 변혁으로 말미암아 그때까지의 공예관에 커다란 혼란을 야기시켰다. 기계에 의해 재래의 생산방법이 변하였고, 제품을 사용하는 대중이나 생산에 사용할 재료 및 공예가의 기술에 대해서도 전혀 알지 못하는 새로운 제조업자의 세대가 기계로 제품을 생산하였기 때문에 일상용품은 더욱 조잡해졌으며, 훌륭한 질의 제품을 찾아보기 힘들게 되었다. 또한 당시의 디자인은 과거 양식을 쉽게 모방하거나 절충하는 역사주의에 빠져 있었고, 대체적으로 상업주의적 의도에서 생기는 장식 과잉에 몰두하고 있었다.

### (2) 미술공예운동

산업혁명으로 기계에 의해 제품이 대량생산되는 상황 속에서 J. 러스킨, W. 모리스 등이

**그림 5-34** 팩스톤, 수정궁(Crystal Palace), 런던, 1851

**그림 5-35** A.G.에펠, 에펠탑, 파리, 프랑스, 1889

최초로 문제를 제기함으로써 현대에 이르는 일련의 디자인 운동이 전개되었다. W. 모리스는 기계에 의한 대량생산 때문에 생활제품의 질이 극도로 타락하게 되었다는 비판에서, 수공예적인 생산방법을 통하여 좋은 질의 제품을 대중에게 보급해야 된다는 미술공예운동 Arts and Crafts Movement을 전개하였다.

**그림 5-36** 필립 웹, 붉은 집, 1859~1860

이 운동은 1860년대부터 시작하여 건축가와 공예가들의 큰 호응을 받았으며, 1880년대에는 직인기술의 향상을 위한 몇 개의 조직도 결성되었는데, 이들 직인적 공예운동은 기계능력의 가능성을 무시하였다는 점에서 시대를 역행한 듯하나, 예리한 문제점 제기와 세련된 미의식은 그 후의 공예발전에 커다란 영향을 주었다.

미술공예운동은 곧 유럽에 영향을 미쳐 프랑스의 아르 누보 Art Nouveau, 독일의 유겐트스틸 Jugentstil, 오스트리아의 시세션 Secession, 이탈리아의 스틸레 리베르티 Stile Liberty 등으로 확대되었다.

### (3) 아르 누보

아르 누보 Art Nouveau는 H. v. de 벨데, J. 호프만 등이 주축이 되어 곡선적이며 동적인 식물무늬가 많은 장식 위주의 디자인 운동을 말한다. 이 운동은 프랑스 로코코 French Rococo 양식이나 당시 유행하였던 일본 양식에 있었던 것은 아니고, 이러한 양식이 가지고 있는 특질을 19세기 당시의 생활에 알맞도록 새로운 형태를 창조하자는 데 있었으며, 그 목적은 미술과 산업을 통합하는 데 있었다. 회화 · 조각 그 자체로서가 아니라 실용을 위한 대상에 직접 관계하였다는 데, 모리스 이념의 다른 한

**그림 5.37** 안토니오 가우디, 사그라다 파밀리아, 바르셀로나, 1883년 ~

**그림 5.38** 빅터 호르타, 호텔 타셀의 계단실과 장식, 1895

측면을 볼 수 있으나 결과적으로는 장식에서 벗어나지 못하고 과잉장식, 쾌락주의적이기까지 하여 기계시대에서는 불가피하게 단명에 그치고 말았다. 이와 같은 이론과 실천은 후에 독일 공작연맹을 거쳐 바우하우스 Bauhaus 때 완성되었다.

### 2) 근 · 현대 디자인

산업혁명에 의한 산업사회의 디자인은 한 마디로 기능주의의 추구 및 기계시대의 미학을 구현하는 시기라고 할 수 있다. 근대 이후 디자인과 관련된 많은 운동들이 발생되었는데, 그 중 주요한 운동을 중심으로 간략히 살펴보면 다음과 같다.

#### (1) 독일공작연맹(DWB)

독일공작연맹 Deutcher Werkbund은 1907년 뮌헨에서 건축가인 H. 무테지우스의 제창으로 건축가, 공업가, 공예가들이 모여 결성하였다. 이 단체는 근대사회에서 기계화의 의의를 적극 인정하고 규격화된 기계생산품의 질적 향상을 강력히 주장한 점에서 이제까지의 신공예운동보다 한 걸음 앞섰다고 할 수 있다. 이 주장으로 미술과 근대공업이 결합한 공업디자인의 기초가 마련되었다. 독일공작연맹은 예술과 공업과 상업이 잘 협동하여 훌륭하게 만드는 굿 디자인 Good-design 운동을 실천하였으며, DWB의 목적은 제품의 규격화, 표준화 Standardization를 수립하는 데 있었다. 독일공작연맹의 취지와 사상은 유럽 각지에 많은 영향을 주어 1910년 이후에는 오스트리아 · 스위스 · 스웨덴 · 영국 등에도 비슷한 조직이 결성되었다.

**그림 5.39** 부루노 타우트, 쾰른 박람회 유리 파빌리온, 1914

#### (2) 입체주의(Cuism)

20세기 초 야수파 Fauvisme 운동을 전후해서 발생한 미술운동으로 입체파라고도 한다. 이 운동은 회화에서 비롯하여 건축, 조각, 공예 등으로 퍼지면서 국제적 운동으로 확대되었다. 그 특질은 무엇보다도 포름 Forme의 존중에 있으며, 인상파에서 시작되어 야수파 · 표현파에서 하나의 극에 달한 색채주의에 대한 반동으로 보인다. 자연을 재구성할 것을 목표로 한 세잔에서 원류를 찾을 수 있으나, 역사를 거슬러 올라가면 이탈리아 르네상스의 원근법의 대가인 우첼로, P. D. 프란체스카, 17세기 프랑스의 G. 드 라투르 등에서도 입체파적인 추구를 발견할 수 있다. 또한 나무를 쌓아올린 것 같은 입체 표현에 뛰어난 루카 칸비아노, 프라체리, 독일의 뒤러 등도 입체파의 선구자라고 할 수 있으며, 20세기를 대표하는 입체파 화가는 스페인의 파블로 피카소이다.

### (3) 표현주의(Expressionism)

20세기 초에 주로 독일 · 오스트리아에서 전개된 예술운동으로서, 그 특색은 작가 개인의 내부생명, 즉 자아 · 혼魂의 주관적 표현을 추구하는 '감정표출의 예술'에 있다. 이 운동은 회화에서 먼저 시작되어 다른 조형예술을 거쳐 문학, 연극, 영화, 음악에까지 미쳤다. 표현주의는 시대적, 미술사적으로 볼 때 후기 인상주의를 계승하게 되지만, 표현주의가 추구하는 미술 내용과 특징은 인상주의와 많은 차이점을 보인다. 즉, 표현주의는 인상주의의 특징인 빛과 색채의 유희를 벗어나려는 데에 초점을 두었다.

인상주의의 대표적 화가들인 세잔, 고갱, 반 고흐의 그림은 표현주의의 특징을 선구적으로 보여주고 있다. 이들 화가들은 이미 대상의 형태를 단순화 시키고 색채를 사용하는 데 몇몇 매우 간결하고 원색에 국한하고자 노력한 사실을 확인할 수 있다.

표현주의 화가들은 후기 인상주의의 경향을 이어받고 한걸음 더 나아가 자연 대상을 단순

**그림 5.40** 파블로 피카소, 아비뇽의 아가씨들, 입체주의, 1907

**그림 5.41** 마르크 샤갈, 마을과 나, 표현주의, 1911

아인슈타인의 상대성 이론의 시공관계를 상징적으로 유추하고 있다. 2차원의 캔버스 상에서 3차원의 사람이 시간이라는 4차원을 통과하는 모습을 보여준다.

**그림 5.42** 마르셀 뒤샹, 계단을 내려오는 누드, 미래주의, 1912

히 아름답게 묘사하는 것을 거부하며, 대상이 지닌 혹은 관찰자가 표현하고자 하는 대상의 형태와 내면세계에 초점을 맞추었다. 표현하고자 하는 대상의 주제를 강조하며, 기술적인 측면에서 색채와 구도, 형태와 대상의 조화를 과장하거나 생략하고 있는 것이 표현주의의 특징이다. 표현주의 화가로는 마르크 샤갈, 에드바르트 뭉크 등 수많은 화가들이 있다.

### (4) 미래주의(Futurism)

이탈리아에서 20세기 초에 일어난 전위예술운동으로 미래파라고도 한다. 전통을 부정하고 기계문명이 가져온 도시의 약동감과 속도감을 새로운 미美로써 표현하려고 하였다. 구체적인 방법으로는 여러 시점에서 파악한 이미지를 같은 화면에 중복시키면서 '역선力線'이라고 불리는 힘찬 선으로써 형체의 추이를 뚜렷하게 새겨 넣는다. 그들은 이것을 '면面의 상호침투'라고 부르고 '물리적 초월주의'라고 하였다. 여기에서 현대도시의 '환경'이 의식화되고 일상생활과 예술의 상호침투가 주장되었다. 이러한 경향은 전쟁을 찬미하기도 하고 미술관이나 도서관 등을 묘지로 단정하여 파괴운동을 벌일 정도의 과격한 것이

**그림 5.43** 바실리 칸딘스키(러시아), 회색 안에서, 1919년. 구성주의는 회화, 조각, 건축 등에서 기하학적 추상의 경향을 나타낸다.

**그림 5.44** 타틀린, 제3인터내셔널 기념탑, 구성주의, 1919

었다. 공업화를 서두르고 있던 이탈리아의 특수한 상황을 반영하고, 힘찬 것에 대한 성급한 찬미는 결국 무솔리니의 파시즘과 결부되었으나, 현대예술의 새로운 지평을 개척하는 데 커다란 역할을 하기도 하였다.

### (5) 구성주의(Constructivism)

러시아 혁명을 전후하여 모스크바를 중심으로 일어나 서유럽으로 발전해 나간 전위적인 추상예술 운동으로 구성파라고도 한다. 일체의 재현再現 묘사적 요소를 거부하고 순수 형태의 구성을 취지로 함으로써 회화나 조각의 영역에서는 기하학적 추상의 경향을 나타낸다. 금속이나 유리, 그 밖의 근대 공업적 신재료를 과감히 받아들여 자유롭게 쓰지만, 자기 표출로서의 예술이기보다는 공간구성 또는 환경형성을 지향했다. 기능성이 중시되고 기계주의적 또는 역학적인 표현이 강조되며, 종래의 회화나 조각의 개념을 넘어 새로운 공업시대에 적응하는 조형의 방법을 찾으려고 하였다.

1918년에는 칸딘스키의 구상으로 모스크바에 고등기예공방이 설립되어 구성주의의 하나의 거점이 되었다. 1919년에 타틀린이 설계한 '제3인터내셔널 기념탑'은 나선형 '구성'의 전형이 되었다. 구성주의는 네덜란드의 '데 스틸De Stijl'이나 '바우하우스'에 끼친 영향도 크며, 파리에서 설립된 '추상 · 창조'의 그룹도 이 계보에 속한다. 공간구성 및 환경형성이라는 구성주의 본래의 정신은 근대 디자인의 성립에 커다란 영향을 미쳤으며, 오늘날 순수형태 추구에 있어서도 그 방법과 이념은 러시아 구성주의라는 당초의 운동을 초월한 넓은 의미의 구성주의로 그 의의가 매우 크다.

### (6) 신조형주의(De Stijl)

'데 스틸'은 네덜란드어로 '양식'이라는 의미로서 1917년에 시작한 예술운동이다. 이것은 네덜란드의 화가와 디자이너, 작가, 비평가 등이 출판한 잡지의 이름으로, 이 모임의 이론을 전파시켰다. '데 스틸'은 네덜란드의 P. 몬드리안을 중심으로 한 기하학적 추상주의의 일파 또는 그 운동으로 신조형주의Neoplasticism라고도 한다. 몬드리안은 1912년, 파리에서 큐비즘을 공부한 뒤 더욱 이 경향에 빠져 수평선과 수직선, 또는 정사각형과 직사각형이 엮어내는 면

**그림 5.45** 몬드리안, 작품2, 신조형주의, 1925

과 선 및 삼원색만에 의한 청결한 색채효과의 표현에 힘썼으며, 순수한 조형회화 운동을 추진하였다. 1920년에 발간된 몬드리안의 '새로운 조형 Le Neoplasticism'은 그 이론적 해명으로, 이 책은 1925년 '바우하우스 총서'의 한 책으로 출판되었는데, 이는 이 운동이 바우하우스에게 영향을 미쳤음을 의미한다. 그가 내건 합리주의 존중과 형식의 순수성에 대한 주장은 20세기의 반사실적 反寫實的 미술운동의 일환으로서 회화는 물론 건축, 공예, 상업미술 등에 광범위한 영향을 미쳤고 신조형 이념의 창조에 크게 기여하였다.

### (7) 바우하우스(Bauhaus)

바우하우스는 1919년, 독일 바이마르에 건축가 월터 그로피우스 Walter Gropius가 미술학교와 공예학교를 병합하여 설립하였다. 주된 이념은 건축을 주축으로 삼고 예술과 기술을 종합하려는 것이었다. 초기에는 공예학교 성격을 띠다가 1923년에 이르러서야 예술과 기술의 통일이라는 연구성과를 평가받기 시작하였다. 바우하우스는 산업과 접촉함으로써 디자인의 사회화 운동에 기본이 되는 교육적 성취와 현대 디자인의 이정표를 정립하였다.

1925년부터 ≪바우하우스 총서≫ 14권을 간행하여 디자인 사고의 형성에 많은 기여를 하였다. 그리고 1926년에 그로피우스는 바우하우스 교사 校舍를 설계하였는데, 공업시대 특유의 구조와 기능미가 잘 나타난다. 바우하우스는 1933년 나치스에 의해 폐쇄되었지만 이곳에서 제작한 제품들은 많은 곳에서 모방되었다. 또한 일상생활에 사용하는 물건들을 단순하고 편리하게 설계하는 방법 역시 바우하우스의 영향을 받은 것이며, 교수법과 교육이념 역시 세계 곳곳에 널리 보급되어 오늘날에도 대부분의 예술 교육과정에 포함될 만큼 현대 조형예술 분야에 지대한 영향을 미쳤다.

**그림 5.46** 해리트 리트펠트, 적청색 의자, 1917

**그림 5.47** 클라이슬러 빌딩, 뉴욕, 아르데코 양식, 1930

### (8) 아르 데코(Art Déco)

1925년 파리에서 개최된 현대장식미술 · 산업미술국제전'에 의해 붙여진 이름으로, 파리를 중심으로 한 1920~1930년대의 장식미술을 말한다. 아르 누보 Art Nouveau의 흐르는 듯한 곡선을 즐겨 썼던 것과는 대조적이며 기본형태의 반복, 동심원 同心圓, 지그재그 등 기하학적인 것에 대한 취향이 두드러지게 나타났다. 기계시대로 들어선 신생활과의 관련을 당연히 지적하며, 기하학 형태는 꼭 합리적 또는 기계적인 해결에 의해서만 처리되지 않았고, 오히려 우아한 취미에 뒷받침되었다.

아르 데코는 때에 따라 화려한 색채의 기하학적 형태로 펼쳐지기도 하였는데, 1925년 르코르뷔지에가 순정 純正한 기하학에 의거하여 출품, 전시하였던 '에스프리 누보관[新精神館]'은 뛰어난 합리적 정신에서 아르 데코와는 전혀 다른 경향을 나타냈다. 아르 데코를 대표하는 디자이너는 공예의 폴로, 브란트, 르그랑과 포스터의 카상드르 등이며, 패션계에서는 포와레와 샤넬 등이 있다. J. 호프만이 주재하였던 빈공방 (Wien 工房)의 작품은 고아한 취미의 아르데코와 근접하며, 1930년 전후 뉴욕의 건축장식에도 흥미 있는 아르 데코 양식이 나타났다.

### (9) 모더니즘(Modernism)

1920년대에 일어난 근대적인 감각을 나타내는 예술상의 여러 경향을 말한다. 넓은 의미로는 종교적 권위 또는 봉건성을 비판하며 과학이나 합리성을 중시하고 근대화를 지향하는 것을 말하지만, 좁은 의미로는 기계문명과 도회적 감각을 중시하여 현대풍을 추구하는 것을 뜻한다.

예술상에서의 모더니즘은 20세기 초, 특히 1920년대에 일어난 표현주의, 미래주의, 다다이즘, 형식주의 Formalism 등의 감각적, 추상적, 초현실적인 경향의 여러 운동을 말한다. 서구에서는 이와 같은 여러 운동을 통틀어 모던 아트 Modern art라고 흔히 말하는데, 이것은 19세기 예술의 근간이라고 할 수 있는 사실주의 Realism에 대한 반항운동이며, 제1차 세계대전 후에 일어난 전위예술 Avant-garde 운동의 한 형태였다.

**그림 5.48** 엠파이어스테이트 빌딩, 뉴욕, 1929~31

**그림 5.49** 루이스 설리반, 카슨 피리에 스코트 백화점, 시카고, 1899

이 운동은 대량시장에 공급할 수 있는 새로운 대량생산 형태의 개발을 모색하였으며, 모더니즘이 추구한 형태는 꾸밈과 장식이 없는 간결성, 명쾌성, 균등성, 순수성, 질서성, 합리성 등으로 표현되는 기하학적 형태였다. 때문에 모더니즘은 과거의 것, 전통적인 것을 거부하고 새롭고 독창적인 것을 우선으로 했다. 새로운 세계의 창조를 위해 옛 질서를 파괴하자고 할 정도로 역사성을 배제했다. 또한 국가적, 지역적, 자연적 양식을 부정하고 세계를 하나로 동일시하는 국제주의적 Internationalism 양식을 찬성했다.

### 3) 최근의 동향

진행 중인 현재의 디자인을 언급하는 것은 과거의 그 어느 양식을 이야기하는 것보다 어려운 일이다. 그것은 아직까지 그 한계를 짓기가 불분명하며 계속적으로 변화하고 있고, 또한 미처 인지하지 못했던 새로운 것들이 도처에 싹트고 있을지도 모르기 때문이다. 여기서는 특히 건축과 관련이 많은 대표적인 최근의 동향을 몇 가지만 간략히 살펴본다.

#### (1) 레이트 모더니즘(Late-modernism)

1970년대와 1980년대에는 모더니즘에 대한 여러 가지 도전이 표면화되었다. 이 양식은 계속 발전되고 있으므로 미래의 디자인 경향을 지배하기 위해 상이한 경향들이 갈등과 혼란을 야기하고 있다는 것은 놀라운 사실이 아니다.

레이트 모더니즘은 이러한 경향 중 가장 보수적인 경향을 정의하는 새로운 말이다. 이 경향의 작품들은 유명한 네 명의 개척자들에 의해 확고한 기반을 두고 있지만, 그들은 모더니스트의 후세대들이 행했던 도식적인 디자인보다는 더 과감하고 심미적인 새로운 형태로 전이하고자 했다. 페이(I. M. Pei)의 워싱턴 국립미술관의 동관 같은 작품이 이 범주에 속한다. 마이어 Richard Meier와 과스메이 Charles Gwathmey의 작품 또한 초기의 모던한 성격에서 발전되어

**그림 5.50** 미즈 반 데어 로에, 판스워드 하우스, 모더니즘, 1945~50

**그림 5.51** 페이(I. M. Pei), 소사이어티 힐 타워, 필라델피아, 1958

왔으므로 여기에 포함된다.

**그림 5.52** 페이, 워싱턴 국립미술관 동관, 미국, 1978년

### (2) 하이테크(High-tech)

하이테크는 하이스타일 High-style과 테크놀로지 Technology의 합성어로, 처음에는 건축분야에서 조립식 부분들을 사용한 건축물들을 특징짓기 위해 쓰였다. 이 경향은 과학과 기술요소, 특히 컴퓨터 지향적이고 우주항공에 관련되며, 자동화된 산업분야 첨단기술의 사용과 시각적 디스플레이를 더욱 강조하고 있다. 초기의 모더니즘은 기계에 대해 흥미를 가지고 기계화된 현 세계에 맞는 디자인을 창조하려는 의도로 기술과 밀접하게 연계되어 있었다. 그러나 하이테크 디자인은 기계화 시대 이후에는 전자공학과 우주공간 탐험기술로 결합되어 그와 관련된 첨단기술을 배우고 그 제품에서 미학을 탐구하려 했다.

**그림 5.53** 노만 포스터, 상하이 은행, 홍콩, 1986

**그림 5.54** 리차드 로저스, 로이드보험사, 런던, 1986

디자인에 있어서의 하이테크는 기본적인 산업사회의 영역에서부터 가정 내의 사적 세계에 이르기까지 테크니컬한 요소가 투입되는 과정을 의미한다. 즉, 기술적인 요소들이 산업의 기본적인 영역으로부터 집이라는 개인적인 세계로 전이되

**그림 5.55** 피아노 · 로저스, 퐁피두센터, 파리, 1977

는 과정 위에 있는 것이다. 이러한 스타일은 미적 가치를 구조적이고 건축적인 데 둔다. 그리고 산업에서 사용되었던 요소들이 자주 사용된다.

하이테크는 첨단기술과 동일시되므로 미래적 양식으로 간주된다. 이러한 양식을 채용한 건축가와 디자이너로는 피아노 Renzo Piano와 로저스 Richard Rodgers, 스털링 James Stirling과 영국의 포스터 Norman Foster가 있다. 피아노와 로저스가 디자인한 파리 퐁피두센터(1971 ~ 77년)는 하이테크의 상징이 되었다.

### (3) 포스트모더니즘(Post-modernism)

1960년에 일어난 문화운동이면서 정치, 경제, 사회의 모든 영역과 관련되는 한 시대의 이념이다. 이 운동은 미국과 프랑스를 중심으로 학생운동, 여성운동, 흑인민권운동, 제3세계운동 등의 사회운동과 전위예술, 그리고 해체 Deconstruction 혹은 후기 구조주의 사상으로 시작되었으며, 1970년대 중반 점검과 반성을 거쳐 오늘날에 이른다.

포스트모더니즘을 알기 위해서는 모더니즘에 대한 이해가 필요하다. 서구에서 근대 혹은 모던 Modern 시대라고 하면 18세기 계몽주의로부터 시작된 이성중심주의 시대를 일컫는다. 종교나 외적인 힘보다 인간의 이성에 대한 믿음을 강조했던 계몽사상은 합리적 사고를 중시

**그림 5.56** 마이클 그레이브스, 포틀랜드 빌딩, 1982. 찰스 젱크스가 포스트모더니즘적 경향을 가진 첫 번째 공공건물로 지적하였다.

**그림 5.57** 필립 존슨, AT&T 빌딩, 1984년. 포스트모더니즘의 대표적인 건축물이다.

했으나 지나친 객관성의 주장으로 20세기에 들어서면서 도전받기 시작하였다. 니체, 하이데거의 실존주의를 거친 후 포스트모던 시대는 J. 데리다, M. 푸코, J. 라캉, J. 리오타르에 이르러 시작된다.

**표 5.2 모더니즘과 포스트모더니즘의 일반적 특징**

| 순 | 모더니즘(1920 ~ 1960) | 포스트모더니즘(1960년대 말~) |
|---|---|---|
| 1 | 일원론(一元論) | 다원론(多元論) |
| 2 | 이성 중심주의 | 탈이성 중심주의, 절충주의 |
| 3 | 통일성, 획일성 | 비통일성, 비획일성 |
| 4 | 형식주의, 합리적 | 탈형식주의, 비합리적 |
| 5 | 서구중심의 문화 | 제3세계, 민족주의, 문화의 다양성 인정 |
| 6 | 유토피아적, 이상주의 | 대중적이고 다원적 주의 |
| 7 | 단순성 | 복합성 |
| 8 | 추상적 형태(순수주의) | 흔히 있는 추상적 형태(절충적) |
| 9 | 장식의 거부 | 장식적 |
| 10 | 비유머적 | 적극적 유머 |
| 11 | 반재현적 | 재현적 |
| 12 | 대량생산 | 다품종 소량생산 |
| 13 | 순수예술과 응용미술(공예, 디자인)의 구별이 명확함 | 각 장르 간의 경계 허물기 (예술, 공예, 디자인 장르 와해) |
| 14 | 기능 위주의 디자인 | 장식성의 회복 디자인 |
| 15 | 형태는 기능을 따름 | 형태는 재미를 따름 |

문화예술의 경우는 시기구분이 좀 더 세분화된다. 19세기 사실주의 Realism에 대한 반발이 20세기 전반 모더니즘 Modernism이었고, 다시 이에 대한 반발이 포스트모더니즘이다. 사실주의는 대상을 그대로 옮길 수 있다는 재현 Representation에 대한 믿음으로 미술에서는 원근법을 중시하고 어떻게 하면 실물처럼 그릴까 고심했다.

개성, 자율성, 다양성, 대중성을 중시한 포스트모더니즘은 절대이념을 거부했기에 탈이념이라는 이 시대 정치이론을 낳는다. 또한 후기산업사회 문화논리로 비판받기도 한다. 산업사회는 분업과 대량생산으로 수요에 의해 공급이 이루어

**그림 5.58** 피터 아이젠만, 베를린 집합주택, 베를린, 독일, 1985

지던 시대이다. 이제 컴퓨터, 서비스산업 등 정보화시대에 이르러서는 공급이 넘치고 수요는 광고와 패션에 의해 인위적으로 자극하게 된다. 빗나간 소비사회는 때로 포스트모더니즘의 실험적이고 긍정적인 측면을 무력하게 만들기도 한다.

모더니즘에 대한 반동으로써 60년대 중반부터 나타나기 시작한 포스트모더니즘은 지난 20세기에 걸쳐 넓게는 서구의 문화 전반에 걸쳐, 좁게는 건축, 미술, 문학, 연극, 음악 등의 구체적인 예술 속에서 우리들의 삶과 사고를 지배해 왔다고 할 수 있다. 조형예술에서 포스트모던에 대한 논의는 미국의 건축가인 벤츄리 Robert Venturi와 젱크스 Charles Jencks에게서 활발하게 논의되었다.

포스트 모던한 작품으로 가장 유명한 미국의 디자이너는 그레이브스 Michael Graves이다. 1980년 그가 디자인한 오리건 주 포틀랜드의 공공 서비스빌딩은 그 시기에 가장 격렬한 논쟁의 대상이 된 프로젝트 중 하나였으며, 갖은 찬사와 통렬한 비난을 함께 받았다. 오랫동안 미국의 모더니즘의 옹호자였던 존슨 Philip Johnson이 뉴욕 AT&T 본부 사무실 건물과 같은 프로젝트(1984)에서 로마 양식, 로마네스크 양식, 그리고 조지안 왕조 양식의 디자인을 참고하며 포스트모더니즘 건물로 만들었다는 것은 매우 흥미 있는 사실이다.

디자인에서 포스트모더니즘은 모던 디자인의 기능주의적인 경향에 반대하는 20세기 후반 미국을 중심으로 발생한 반反기능주의적인 문화적 양상으로서, 특히 건축을 비롯하여 패션, 디자인의 모든 영역에서 매우 다양하게 표출되고 있으므로 하나의 일련된 양식으로 설명하기는 어렵다.

### (4) 해체주의(Deconstruction)

종래의 로고스 Logos 중심주의적인 철학을 근원적으로 비판하는 프랑스 철학자 J. 데리다(1930~2004)의 독자적인 중심 사고방식으로 탈구조 혹은 탈구축이라고 표현되기도 한다.

**그림 5.59** 베르나드 츄미, 라 빌레뜨 공원, 파리 1983

**그림 5.60** 피터 아이젠만, 막스 라인하르츠 하우스, 독일, 1992

그는 지금까지의 서유럽의 전통적 형이상학을 철저하게 비판하고 그 사상의 축이 되었던 것을 모두 상대화시킴으로써 새로운 사상을 구축하려 하였다. 그 경우에 먼저 비판의 대상이 되는 것은 미리 주어진 것으로서 존재하는 '전체성'이라는 사고방식이고, 그 다음이 그 배후에 있는 신神이라는 궁극의 존재를 지주支柱로 하는 서구의 '전통적 형이상학'이다.

이 형이상학적 사고에 대한 디컨스트럭션은 서구사상의 근저에 관계되는 어려운 작업이어서 결코 쉽게 이루어지는 것이 아니다. 왜냐하면, 디컨스트럭션의 대상은 사물과 언어, 존재와 표상, 중심과 주변 등 형이상학적 사고에 의하여 지탱되어 온 모든 2원론의 입장을 모두 새롭게 고쳐 구축하려고 하기 때문이다. 그 결과 의미의 불확정성을 비롯한 일종의 혼란상태가 생기는 것도 당연하다.

'해체주의' 또는 '탈구조주의'는 각각 문학, 예술, 철학, 사회과학 분야에 나타나는 넓은 의미의 포스트모더니즘 현상으로, 이론적 혹은 시대적으로 포스트모더니즘의 하위 개념으로 볼 수 있다. 해체는 혼란스러웠던 1960년대 말 프랑스의 실천적 사회주의 학자들이 사회개혁의 한 방법으로서 활용하였고, 언어학 분야에서 비롯되어 철학자인 데리다에 의해 해체주의로 전개된 이론이다.

현재 디컨스트럭션은 프랑스에서보다도 미국의 문예비평에서 중요한 기본용어가 되었는데, 이 경우에는 사상의 변환을 요구하는 급진적인 개념으로 쓰인다.

해체주의의 특징은 분해되었다가 비논리적이거나 혼란스러운 방식으로 재조립되는 듯한 요소들을 강조한다는 것이다. 해체주의 프로젝트에서 디자인 요소들은 통일된 전체로 구성되는 대신 해체되고 전체에서 분리되어 대개 날카롭게 각지고 중복되며 상호 침투하는 형태를 띤다. 또한 의도적으로 건축과 디자인의 전통적 미학을 부정한다. 모든 해체주의 작품의 저변에 깔려 있는 사상은 일반적인 아름다움과 대중적 공식에 맞추려고 하는 모든 디자인에 대한 도전이다. 오늘날 포스트모던의 말기 경향인 해체 디자인에서 이러한 반이성적인 경향을 잘 알 수 있다. 대표적인 건축가로서 미국의 게리 Frank Gehry, 아이젠만 Peter Eisenman, 추미 Bernard Tschumi 등이 있다.

**그림 5.61** 프랭크 게리, 네덜란드보험회사 건물, 프라하, 체코, 1996

### (5) 디자인의 미래

많은 미래학자들은 앞으로 다가올 사회에 대해서 '탈산업사회'로 규정지어지는 새로운 인간환경의 출현을 예고하고 있다. 이러한 변화는 지금까지 물질과 실체로서 일관하면서 강력한 물리적인 힘이 우위였던 산업사회의 인간환경에서, 정신적인 면의 강조와 함께 보다 유연하면서 다원적이고 유기적인 생태계로서 존재하는 새로운 인간환경으로의 전환을 의미하고 있다. 그것은 또한 기술이 지향하는 개념의 변화, 가치관의 변화, 생활환경의 변화, 구조의 변화, 나아가 인류문명의 근본 현상의 변화 등을 지적하고 있다.

물질의 풍요에서 마음의 풍요로 이어지는 현 상황에서 디자인에서의 기본 개념은 하드 사이언스 Hard Science에서 소프트 사이언스 Soft Science로의 자리바꿈을 요구하게 되었다. 이는 하이 터치 High Touch의 새로운 감성과 품격을 기대한다는 의미로 해석할 수 있다. 또한 앞으로 예측되는 디자인 커뮤니케이션의 고양은 생태학적 균형을 소프트 사이언스로 회복시켜 주어야 한다는 명제를 제시한다.

기술혁신은 디자인 혁신으로 이어져 새로운 문화로서 인간의 존엄성을 회복시키게 될 것이다. 디자인의 기술혁신은 디자인 이노베이션 Innovation에서 인벤션 Invention으로의 전이를 요구하게 되고, 이러한 일련의 현상들은 인간 우위의 디자인 르네상스의 실현을 위한 신생활문화 창달을 앞당겨 줄 것이며, 미래의 디자인을 다음과 같이 예측할 수 있게 한다.

① 기술혁신적 디자인으로의 경향을 띨 것이다.

② 정보화 사회에 걸맞은 새로운 언어의 형태를 창조하는 디자인이 될 것이다.

③ 시스템 해결로의 경향을 띨 것이다.

④ 미래 디자인은 자연 생태학적인 것에 중점을 두는 디자인이 될 것이다.

⑤ 디자인의 국제화가 증대될 것이다.

**그림 5.62** 디자인의 미래는 생태적, 기술혁신적일 것이다.

**그림 5.63** 미래의 디자인은 정보화사회적, 첨단적일 것이다.

# 4. 디자인의 분야

## 4.1 디자인의 범위

인간이 환경에 적응하기 위해 필요하여 만든 모든 인위적인 것은 디자인의 대상이다. 이렇게 광범위한 디자인 분야는 지금 각기 대상을 확대하며 상호 침투하면서 전체로서 영역을 확대하고 있으며, 우리는 그러한 물질적, 정신적 영향하에서 생활하고 있다고 할 수 있다.

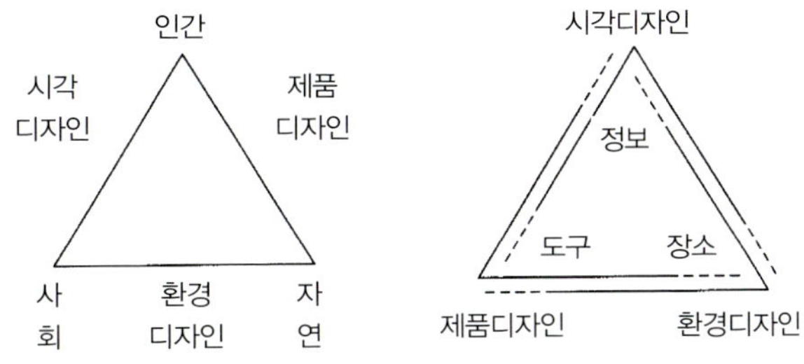


**그림 5.64** 디자인의 3영역

즉, 디자인이란 인간이 환경에 적응하여 생활하면서 보다 좋은 상황을 만들기 위해 그 신체적, 정신적 기능을 확장시키는 행동으로 볼 수 있다. 예를 들면 언어와 표상(表象, Symbol)은 사람과 사람을 연결해 주는 매개체이며, 우리 모두가 함께 사용하는 공유재산이다. 우리는 이 기호를 매개로 하여 사람과 사람의 관계를 만들어 나간다. 또 개인이 집합된 사회는 단순한 인간과의 집합이 아니라, 복잡한 조직을 구성하여 삶의 구체적 세계를 만들고 있다. 이와 같은 총화로서의 사회는 정보의 연결이 있음으로써 비로소 원활하게 그 기능을 발휘할 수 있다.

인간을 둘러싼 자연은 생활의 바탕으로 생명 유지에 필요한 물질과 에너지를 공급해 주고 있다. 사람은 자연을 이용해서 자신들의 생명을 유지하고 여러 활동을 발전시키고 있다. 디자인은 이와 같은 물질적 환경 속에서 사람과 사람, 사람과 사회 간에 교류를 이루어 물질과 에너지에 질서를 부여한다.

**그림 5.65** 디자인의 범위는 매우 넓다.

환경은 어디까지나 인간생활을 바탕으로 질서를 세우는데, 그 첫 번째 의미가 있는 것이지, 건물을 짓는다거나 도로를 건설하는 일의 디자인에 의미가 있는 것은 아니다. 피난처로서의 거주공간이나 커뮤니티로서의 사회공간이나 그것을 연결하는 교통공간도 모두 공간 본래의 상태나 시스템의 여하에 따라 각기 다른 형태를 갖고 있다.

### 4.2 디자인의 분류

디자인은 오늘날 예술분야는 물론 일상생활에서부터 고도의 산업분야까지 전반적으로 적용되고 있다. 시각적 영역내의 모든 분야에 적용되고 있는 것이다. 여기에는 기능, 구조까지도 포함하며 공학은 제외된다. 즉, 그림, 조각, 공예 등의 예술품은 물론 일상생활용품인 조그마한 머리핀에서부터 볼펜, 컵, 책, 가구 등과 자동차, 건축, 조경, 도시, 조선, 항공기 등 모든 산업분야에까지 적용되고 있다.

디자인의 영역은 그 관점에 따라 몇 가지로 분류할 수 있다. 평면 디자인, 입체 디자인, 공간 디자인으로 분류하기도 하며 2차원 디자인, 3차원 디자인, 4차원 디자인 등으로 분류하기도 한다. 또는 다섯 가지의 영역으로 묶어서 시각, 제품, 공간, 타입, 패션 디자인으로 나누기도 한다. 이 밖에도 상업디자인, 공업디자인, 건축디자인으로 나눈 학자도 있으며, 인간과 사회를 맺는 커뮤니케이션 디자인, 인간과 자연을 맺는 프로덕트 디자인, 사회와 자연

**그림 5.66** 디자인은 인간 · 사회 · 자연 간에 질서를 부여한다.

**그림 5.67** 디자인은 시각 · 제품 · 환경 디자인의 3영역으로 대별된다.

을 맺는 환경디자인으로 분류하는 사람도 있다.

본서에서는 디자인의 분야를 크게 시각디자인, 제품디자인, 환경디자인의 3종류로 분류하고 살펴보기로 한다.

**표 5.3 디자인의 3영역**

<table>
<tr><th rowspan="2">구 분</th><th colspan="3">종적 분류</th><th rowspan="2">횡적 분류</th></tr>
<tr><th>시각디자인</th><th>제품디자인</th><th>환경디자인</th></tr>
<tr><td>2차원 디자인</td><td>사인, 심벌, 레터링 디자인, 타이포 그래픽, 편집디자인, 커머셜 디자인, 그래픽 디자인, 포토 디자인, 일러스트레이션</td><td>텍스타일 디자인, 벽지 디자인, 타피스트리 디자인, 인테리어 패브릭 디자인</td><td>–</td><td rowspan="3">시스템 디자인<br>기타</td></tr>
<tr><td>3차원 디자인</td><td>포장디자인, POP디자인, 전시디자인, 엑시비션 디자인, 윈도우 디스플레이 디자인, 슈퍼그래픽</td><td>액세서리 디자인, 커스텀 디자인, 패션 디자인, 공예디자인, 가구디자인, 기계디자인, 엔지니어링 디자인</td><td rowspan="2">점포디자인<br>인테리어디자인<br>조경디자인<br>건축디자인<br>지역디자인<br>도시디자인</td></tr>
<tr><td>4차원 디자인</td><td>TV디자인, CF디자인, 애니메이션, 스테이지 디자인</td><td>–</td></tr>
</table>

## 1) 시각디자인

인간생활에 필요한 정보와 지식을 넓히고 보다 신속·정확하게 전달하기 위한 것을 시각디자인 Bisual Design 또는 시각전달 디자인 Visual Communication Design이라고 한다.

시각디자인은 먼저 인쇄물을 통해서 발전하였으며 텔레비전, 상업방송광고(CF), 영화 등에서 영상기술이, 대형 빌보드나 슈퍼그래픽에서 환경디자인 기술이 탄생하였다. 그리고 기업의 디자인 정책과 이미지를 효과적으로 나타내는 디자인 이미지 통합 C.I. : Corporate Identity, 즉 디자인 코디네이션을 통하여 새롭고 합리적인 시각전달의 체계적인 방법이 발달되었다.

시각디자인은 매우 다양한데 여기에는 광고디자인, 그래픽 디자인, 포장디자인, 편집디자인, 시각환경디자인, 멀티미디어 디자인, 영상 디자인, 일러스트레이션, 타이포그래픽, 이미지 디자인 등이 있다. 다시 광고디자인 Advertisement Design에는 신문광고, 잡지광고, TV광고, DM Direct Mail광고, POP (Point of Purchase : 구매시점)광고, 옥외광고 등이 있고, 그래픽 디자인 Graphic Design에는 포스터 디자인, 캘린더 디자인, 카드 디자인, 우표 디자인, 라벨 디자인, 레코드 재킷/CD

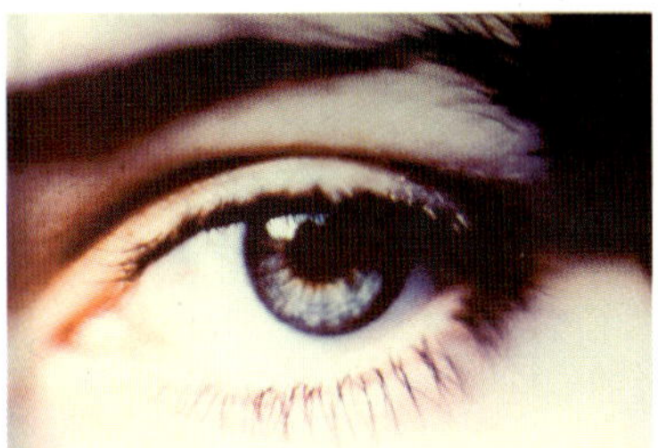

**그림 5.68** 시각디자인은 디자인의 3대 영역 중 하나이다.

디자인, 각종 지도 및 도표 디자인 등이 있으며, 포장디자인 Package Design에는 케이스 디자인, 쇼핑백 디자인, 포장지 디자인 등이 있다. 편집디자인 Editorial Design에는 서적편집, 신문편집, 잡지편집, 팸플릿, 카탈로그, 브로슈어 Brochure 디자인, 애뉴얼 리포트 등이 있고, 시각환경디자인 Visual Environmental Design에는 사인 디자인, 바리게이트 디자인, 점두간판 디자인, 전광판 디자인, 네온사인 디자인, 옥외 POP 디자인 등의 옥외 사인이 있으며, 멀티미디어 디자인 Multimedia Design에는 CD-ROM 타이틀 디자인, 홈페이지 디자인 등이 있다. 영상 디자인 Animation Design에는 상업사진, 애니메이션, 멀티스크린, 홀로그래피, 컴퓨터 그래픽스, TV CF, 레이저 기술 등이 있고, 일러스트레이션 디자인 Illustration Design에는 신문 잡지 일러스트, 팬시 일러스트, 캐릭터 디자인, 애니메이션 일러스트, 아동서적 일러스트 등이 있으며, 타이포그래픽 Typographic에는 폰트 디자인, 로고타입 디자인, 각종 디자인의 타이포그래픽 등이 있다. 그리고 이미지 디자인 Image Design에는 심벌, 로고, 서식류, 유니폼, 차량 디자인 등이 포함된 C.I. / B.I. / E.I 등이 있다.

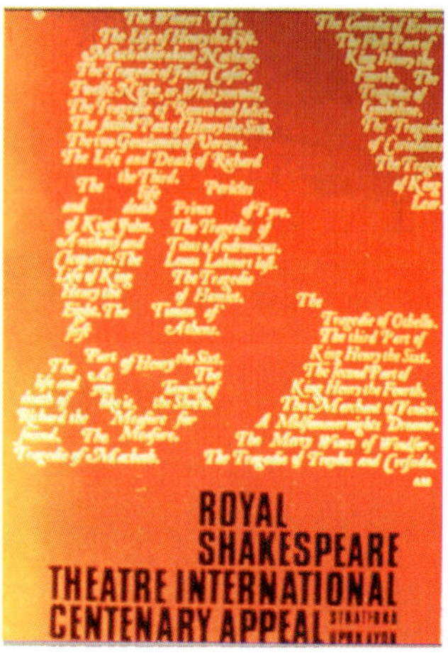


그림 5.69 포스터 디자인

그림 5.70 그래픽 디자인

그림 5.71 광고 포스터(빅터 자전거)

그림 5.72 심벌디자인

그림 5.73 광고디자인

### 2) 제품디자인

"인간은 도구를 만드는 동물이다"라고 프랭클린B. Franklin은 인간을 정의했다. 오래 전 인간의 직립보행이 가능해지고 자유로운 두 손을 가지게 되면서부터, 인간은 자연환경에 적응하고 생존하기 위하여 자연에 대응할 수 있는 도구를 창조하기 시작했다. 인류는 고유의 창조적 사고와 행위를 발휘하여 도구를 변화시키고 사회를 발전시켰다. 인간은 점차 도구를 사용함으로써 축적된 경험에 의해 지혜가 향상되었고 기능과 미가 결합된 새로운 도구들을 계속 만들 수 있었다. 이러한 과정이 지속되면서 오늘날과 같은 고도의 과학 문명사회를 이룩하였다. 따라서 인류의 역사는 창조력에 의해 인간이 만든 도구의 역사와 맥을 같이 하며, 자연에 대응하기 위한 도구적 장비에 관한 것이 곧 제품디자인의 영역에 해당된다.

인간생활의 발전에 필요한 제품 및 도구를 보다 다량으로 보다 완전하게 생산하기 위한 제품디자인Products Design에는 생활용품 디자인, 산업기기 디자인, 운송기기 디자인, 공예디자인 등이 있다. 생활용품 디자인에는 컵, 그릇, 믹서기, 싱크대 등의 주방용 기기와 선풍기, 라디오, 전축, TV, 냉장고 등의 가전제품 그리고 전화기, 무전기 등의 통신기기 디자인이 있

**그림 5.74** 제품디자인

**그림 5.75** 다양한 시계디자인

**그림 5.76** 도자기 디자인

**그림 5.77** 의상디자인

**그림 5.78** 생활용품 디자인

**그림 5.79** 안락의자, 1851년

고, 산업기기 디자인에는 휴대용 전기톱과 같은 소형 수공구와 전기드릴과 같은 전동공구, 각종 공작기계, 농기계 그리고 굴삭기, 불도저, 크레인 등과 같은 건설 중장비 디자인 등이 있으며, 운송기기 디자인에는 자동차 디자인, 기차, 항공기 및 선박 디자인 등이 있다. 제품 디자인에는 그 외에도 각종 용기 디자인 Container Design, 복식 디자인 Costume Design, 가구디자인 Furniture Design, 섬유제품, 문구 및 완구 디자인 등도 포함된다. 그리고 공예디자인 Crafts Design에는 도자기공예, 금속공예, 목공예, 섬유공예, 유리공예, 플라스틱공예, 종이공예, 염직공예, 가죽공예, 칠기공예, 박공예, 등나무공예, 죽세공예 등이 있다.

오늘날의 산업분야는 상업디자인 Commercial Design 분야이건 공업디자인 Industrial Design 분야이건 간에 디자인 전쟁이라고 해도 과언이 아니다. 조그마한 머리핀 하나를 살 때도 디자인이 잘된 것을 선택하며, 옷을 맞추거나 머리를 파마할 경우에도 디자인을 잘하는 의상 디자이너에게 또는 헤어 디자이너에게 간다. 요즘은 옷이 몸에 맞지 않거나 헤져서 입지 않는 경우보다는 디자인이 마음에 들지 않아서 입지 않는 경우가 많다.

오늘날에는 전화기나 화장품의 병 모양만 하더라도 매우 다양한데, 이는 포장디자인의 결과이며 성능이 동일한 제품이라도 디자인에 따라 값이 큰 차이가 나고 있다. 코카콜라의 병 모양이 여체의 곡선 모양을 하고 있어 독특하여 더욱 유명하다. 이것은 의장등록이 되어 있어 그 가치가 엄청나다고 한다. 오늘날 제품을 생산하는 회사는 디자인 때문에 회사의 사활

**그림 5.80** 미즈 반 데어 로에가 디자인한 소파, 1929년

**그림 5.81** 가구디자인, 1965년

**그림 5.82** 자동차디자인

**그림 5.83** 기차디자인

**그림 5.84** 선박디자인

**그림 5.85** 항공기 디자인

이 걸리기도 한다. 디자인의 양부에 따라 제품이 잘 팔리기도 하며, 안 팔리기도 하는 것이다. 수출에도 큰 영향을 미치는데 우리나라의 경우 제품의 질은 상당히 좋은데 포장디자인이 뒤져 수출이 잘 되지 않는 경우도 많다고 한다. 오늘날은 개성의 시대이다. 다품종 소량생산의 시대인 것이다. 따라서 제품의 양부는 디자인이 좌우하는 시대이다.

### 3) 환경디자인

인간생활에 필요한 환경 및 공간을 보다 적합하고 쾌적하게 하기 위한 환경디자인 Environmental Design은 대별하면, 건축물을 중심으로 하여 내부환경을 취급하는 내부설계 Interior Design와 외부환경을 다루는 외부설계 Exterior Design로 분류할 수 있으며, 여기에는 다시 실내디자인, 전시디자인, 건축디자인, 조경디자인 및 도시 디자인 등이 있다.

오늘날, 인위적 환경과 자연환경의 불균형이 가져오는 환경의 파괴와 공해는 날로 심각해지고 있다. 이러한 문제의 해결을 위하여 미래지향적 입장에서 환경디자인에 접근하고 있으며, 환경의 보호와 보존 그리고 개발에 균형을 이루는 디자인이 새롭게 연구되고 있다.

환경디자인은 인간이 생존을 유지하는 데 필요한 생활공간과 생태계를 보다 조화롭고 아름답게 보존하고 관리하는 과정을 다루는 디자인이므로 자연환경의 보존, 도시환경의 개발, 옛 건물들의 재순환과 조화, 도시계획 등에 있어서 보호와 보존과 개발이 상호 균형을 유지하도록 해야 한다.

실내디자인 Interior Design은 초기에는 실내장식 Interior Decoration의 의미로만 사용되었으나 요즘에는 실내건축디자인 Interior Architectural Design이라고도 한다. 인간을 위한 실내공간을 목적별로 분류해 보면, 작업공간, 생활공간, 공공공간 및 특수목적공간 등으로 크게 나누어 생각할 수 있다. 그리고 실내디자인 분야는 객실 인테리어로 개인이 사용하는 실내로서 주택의 방, 호텔의 객실, 병원의 병실, 기숙사의 침실 등이 있다. 업무를 보는 공간으로서는 사무실이

**그림 5.86** 실내 디자인(버킹엄 궁전)

**그림 5.87** 실내 디자인(주택 거실)

있는데 일반사무실, 연구실, 오피스텔 등이 있으며, 상업 인테리어에는 유흥음식업계로서 다방, 식당, 스탠드바, 라운지, 나이트클럽, 극장, 공연장 등과 판매업계로서 백화점, 쇼핑센터, 아케이드, 지하상가, 쇼룸 등이 있다. 공공 인테리어는 대중이 이용하는 실내공간으로 미술관, 박물관, 공항, 역사, 터미널 등을 대상으로 한다. 실내디자인 분야에는 조명 디자인, 코디네이트 디자인 Coordinate Design 등의 특정 목적의 디자인도 있다. 후자는 여러 가지 실내 장식 액세서리를 이용하여 실내 분위기를 새롭게 연출하는 장식 디자인의 분야이다.

전시디자인 Display Design은 시각디자인 분야에서 공간 전시를 목적으로 하는 의사전달 수단이다. 전시디자인은 단순한 진열이나 장식뿐만 아니라 공간, 시간, 음 등을 사용하므로 광범위하며, 그 자유로운 표현은 매장, 윈도우, 전시장, 엑스포 등의 규모로 확대된다. 전시디자인의 구성요소는 상품, 장소, 소도구, 조명 그리고 상품의 정보나 가격 등을 보여주는 쇼 카드 Show Card이다. 전시디자인은 그 목적에 따라 세 가지로 분류할 수 있다. 첫째, 판매 촉진을 위한 것으로 점포나 전문점, 백화점, 쇼핑센터 등의 상품진열 전시디자인. 둘째, 문화보급이나 사회개발을 목적으로 하는 만국박람회 전시관, 박물관, 자료관 등의 전시디자인. 셋째, 오락과 행사의 성격을 지니는 공원 유원지, 의상 쇼, 연극이나 영화의 무대장치 등의 연출 전시디자인이다. 전시디자인의 구성단위에는 전시 레이아웃, 쇼윈도 디자인, 쇼 케이스, 아치 디자인 등이 있고, 보조적으로 사인보드 디자인, 네온사인, 조명광고, 옥외광고판, 공공시설, 픽토그램 Pictogram 등과 같은 사인시스템 디자인이 같이 쓰이기도 한다.

건축디자인 Architectural Design은 주택, 사무소, 상점, 공장 등과 같은 각종 건축물에 대한 디자인으로서 건물 자체를 설계의 대상물로 삼지만, 여기에는 건축물의 내부공간에 대한 실내디자인이나 전시디자인과 필연적으로 관련이 되며, 건축물의 외부공간에 대한 조경디자인이나 도시 디자인과도 항상 관련이 되는데, 특히 건물이 두 개 이상이거나 프로젝트의 규모가 단지 이상으로 클 경우에는 더욱 그러하다. 건축물을 대별하면 단독주택 · 아파트 · 기숙사 등의 주거건축, 사무소 · 은행 · 백화점 · 쇼핑센터 · 호텔 등의 상업건축, 학교 · 유치원 등의

그림 5.88 마을 어귀에 세워진 장승

그림 5.89 환경 조형물

교육용 건축, 교회 · 사찰 등의 종교건축, 미술관 · 박물관 · 도서관 · 극장 · 영화관 등의 문화건축, 그 외에도 체육관 · 경기장 등의 각종 스포츠시설, 교통시설 및 공장 · 창고 등의 산업건축 등이 있는데, 모든 건축물들은 기능적으로 편리하고 구조적으로 안전하며 미적인 아름다움을 갖도록 디자인되어야 한다.

조경디자인 Landscape Design은 건물과 도로를 제외한 크고 작은 각종 도시 시설물이나 장치물들이 수목, 초지, 화훼 등의 주 조경 대상물을 포함한 것을 그 대상으로 한다. 오늘날의 사회에는 산업개발로 인한 경관의 파괴, 무질서한 도시의 시각적 환경의 정비, 파괴된 자연생태계의 복구 및 보존 등의 문제가 산재해 있으며, 이러한 물리적 환경의 문제를 해결하기 위하여 조경디자인이 요구되고 있는 것이다. 조경이란 일반적으로 자연 산수의 아름다운 경치의 느낌이 나도록 인공적으로 정원이나 공원 등을 꾸미는 일을 말하는데, 건축법에는 도시 내 녹지를 확보하여 조경식수를 통하여 공해방지, 가로경관의 미화 등으로 도시미를 향상시키고 쾌적한 생활환경을 조성하도록 하고 있다.

도시 디자인 Urban Design은 도시계획 디자인, 거리시설물 디자인 Street Furniture Design, 도시위락시설 및 공원 디자인 등이 있고, 도로 미화와 교통표시기구 디자인, 유원지 유도도로 색채계획 등 도시 환경물 디자인 부문이 있다. 오늘날 도시의 인구과밀, 각종 공해 및 교통문제 등으로 인한 도시환경이 열악하므로 합리적이고 계획적인 도시 디자인의 중요성이 강조되고 있다. 도시설계는 전체적인 이미지 구상에서부터 시작하여 지역, 지구, 상세설계에 이르기까지 거시적으로 보는 안목이 요구된다. 특히 도시미화 환경디자인은 도시계획 전문가와 도시환경 디자이너들이 협력하여 계획적인 디자인을 해야 한다. 근래에는 슈퍼그래픽을 활용하여 일정 건물의 벽면을 빈 공간으로 그냥 두지 않고, 이를 형상화시키거나 도시미관과 경관을 위한 벽화구성으로 그림 또는 부조형식 등으로 조형해 나가는 작업이 성행되고 있으며, 건축비의 1%에 해당하는 비용으로 의무적으로 미술작품 또는 벽장식 디자인을 시행해야 준공허가가 가능케 하는 법적인 장치까지 마련된 바 있다. 따라서 앞으로의 도시환경 개선과 도시경관 또는 미관을 위한 사회적인 요구가 한층 더 증대하게 될 것이다.

**그림 5.90** 헤어 디자인

이상에서 살펴본 디자인 외에도 오늘날 디자인이 전문직업 분야로 세분화되면서 의상 디자인 Fashion Design, 헤어 디자인 Hair Design 등도 있으며, 최근에는 토털 패션 Total Fashion이라 하여 몸에 지니는 작은 액세서리에서부터 몸에 입고, 화장하고,

그림 5.91 세련된 디자인의 전화 부스

가꾸는 일체의 행위 자체를 의도된 디자인으로 계획하는 것으로까지 발전하고 있다.

또한 현대산업의 무한한 발전이 급기야 자연환경과 인간 및 생태를 파괴하기에 이르자 환경문제는 이제 전 세계적으로 심각한 과제가 되었고, 디자인 역시 이러한 추세에 부응하기 위하여 환경보호 디자인의 의미인 그린 디자인 Green Design이라는 것도 있는데, 최근 그린 디자인의 확대는 기업의 이미지 관리와 관련되어 있는 측면이 많으며 제품설계에서 재활용 가능성의 배려는 물론 환경 산업용품 및 선전, 홍보에 이르기까지 여러 단계에서 적용될 수 있다. 세계보건기구 WTO에서 가장 단순하고 흔한 재료로 직접 만들 수 있는 목발 디자인을 내놓은 경우도 있는데, 이와 같은 신체부자유자를 위한 디자인과 같은 공공복지 디자인 Design for Public Good이라는 것도 있다.

미래의 디자인은 끊임없이 변화될 것이다. 디자인의 문제가 유동적인 이유는 사회적이기 때문이다. 즉, 사회도 기술이나 공학과 마찬가지로 급속하게 변화한다. 디자인이 사람의 생활양식과 밀접한 관계에 있는 이상 항상 새로운 디자인이 우리 앞에 나타나고, 또한 우리들 스스로가 새로운 디자인의 분야를 만들어 나갈 것이라는 것은 분명한 사실이다. 특히 물질적 풍요의 단계를 넘어서는 이른바 후기 산업사회 Post Industrial Society와 정보사회 Information Society에 이르러 지금까지와는 좀 더 다른 생활양식과 이에 근거한 디자인이 나타날 것이다. 디자이너들은 앞 시대에는 존재하지 않았던 사태와 요구에 대처하기 위해 새로운 제품을 끊임없이 고안하고 개발해야 할 상황에 있다.

그림 5.92 사무소 건축 중정의 한 조형물, 캔버라

그림 5.93 해리 세이들러, 홍콩클럽 및 사무소 건축, 홍콩, 1980~1984년

## 4.3 디자인 관련 학문

디자인 과학의 연구방법은 다른 어느 과학이나 마찬가지로 다음과 같이 나눌 수 있다. 즉, 철학적 디자인학(인식론), 사회과학적 디자인학(가치론), 심리학적 디자인학, 공학적 디자인학(기술론), 디자인 사학, 디자인 교육학 등이다. 이러한 학문들은 철학이나 과학적인 방법으로 디자인을 응용 연구하는 과정이며, 디자인 과학은 체계화된 다른 과학의 역사에 비하면 근래에 탄생한 분야이다.

디자인은 전문과학 분야이므로 연구방법도 독자적이고 경험적인 것이어야 한다. 따라서 사실관찰에 의한 가능한 계획을 세우고 검증 가능한 자료를 얻어내야 한다. 우선 목표를 세우고 계획을 수립함으로써 각종 디자인 서베이Survey의 방법론을 확립할 수 있으며, 그 적용하는 방법에 따라 학문의 방향도 결정된다.

디자인 서베이를 대별하면 다음과 같이 두 종류이다.

① **사회조사, 통계조사, 소비조사** : 흥미, 관심도, 이미지 등의 가치판단을 하고 기준을 정하며 효과도 측정할 수 있다.

② **관능검사** : 직접적인 감각기관에 의해 판단조사를 한다. 이것으로 디자인의 좋고 나쁨, 디자인의 가능성 등 직접적인 활용자료로 삼는다.

디자인은 우리의 생활환경을 새롭게 조성하는 과정이므로 이에 대한 심층적, 유기적인 연구가 필요하다. 다시 말하면, 단순한 사회조사나 관능검사에 그치지 말고 사회의 저변구조, 즉 사회학, 역사학, 문명사학, 민속학, 인류학 등을 두루 조사해야 하고 인간공학, 생리학, 인체해부학 등에 이르기까지 다양하게 조사해야 한다.

디자인 연구를 위한 주변의 여러 과학들은 디자인과 직접적으로 관계되는 것은 아니지만 디자인의 전제조건이자 디자인과 인간의 관계를 발전시켜나가기 위한 필수조건이기도 하다. 그 외에도 예술학, 철학, 심리학, 행동과학, 정보공학, 시스템공학, 기구학機構學, 재료공학 등 매우 다양하다고 하겠다.

디자인의 이미지에 관한 조사로는 색채, 형태, 공간에 관한 연구가 있다. 그

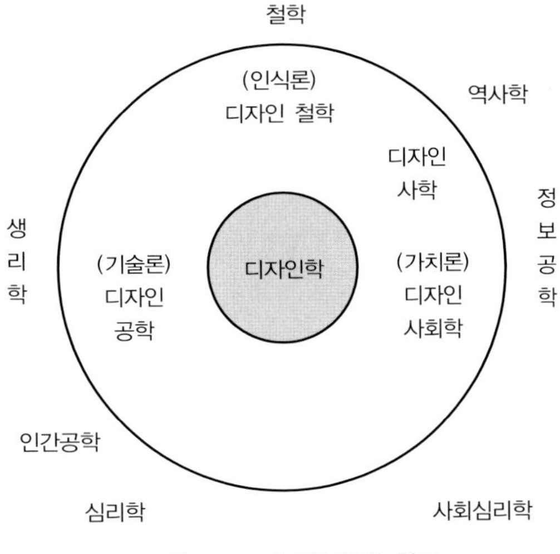


**그림 5.94** 디자인 관련 학문

중 주요내용을 살펴보면 다음과 같다.

첫째, 언어와 이미지의 연상기구連想機構 분석이다. 언어와 이미지의 관계는 심리학 분야에서도 연구한 논문이 많으며, 언어와 형태에 관한 연구는 'SD법에 의한 공감각共感覺의 연구' 등이 있다. 여기에서 SD법Semantic Differential Method, Semantic Differential test이란 오스굿Charles E. Osgood을 중심으로 한 일리노이대학의 연구팀이 개발한 의미분석 테스트 방법이다. 언어의 의미 또는 사물의 의미는 항상 확산의 의미를 가지고 있으며 상호적 형용사를 사용하는 말이다. 특정한 기호나 개념이 의미로서 지시되는 내용을 객관적, 다차원적, 정량적으로 측정하는 방법이다.

둘째, 'SD법을 토대로 한 컬러 이미지의 연구'로서 정성적定性的, 정량적定量的 연구가 있다. 색채의 이미지 연구는 비교적 오래 전부터 실행되어 왔으며, 염색표에 의한 이 연구는 전문적인 방향성을 제시하고 있다.

셋째, 형태의 시각적 인식과 촉각적 인식의 관계에 관한 실험연구이다. 형태의 이미징과 같은 시각과 촉각의 이미지의 상관관계 연구는 시각형과 촉각형으로 나눈 로웬펠드의 연구와 서로 비슷하다.

넷째, 공간에 관한 행동실험으로 '인테리어 공간에 있어서의 행동연구'와 '공간의 행동 실험적 연구' 등이 있다.

다섯째, SD법에 의한 인자분석 연구인 '디자인에 대한 소비자의 반응분포 분석' 등의 연구도 있다.

그 외에도 디자인에 관한 많은 연구들이 있다. 그리고 디자인은 향후에도 무한히 연구되고 발전될 것이다. 디자인과 인간 및 사회적 관계는 결코 분리될 수 없기 때문이다.

## 4.4 디자인과 교육

### 1) 디자인 교육의 역사

과거 전통적 관습 속에서 생활하던 시대에는 적극적 의미의 디자인 교육은 없었다. 단지 전해오는 양식의 전수와 형태 또는 표면에의 장식적 표현기교 등을 가르쳤을 뿐이다. 과학기술의 발전에 따른 신재료와 민주적 풍조가 사회 전반으로 퍼지면서 마침내 디자인 분야에도 변화가 시작되었다. 특히 1920~30년대에 걸쳐 형성된 '바우하우스'에 의한 디자인 교육의 이념과 그 시스템은 큰 영향을 주었다.

오늘날에는 디자인에 대한 전문교육이 보편화되었으며, 이에 따라 디자이너는 새로운 전문직업으로 자리를 확실히 잡게 되었다. 그러나 디자인 전문교육은 방법 및 수단에 있어서 여러 가지 문제가 많았다.

디자인에 대한 교육이 오늘날에는 체계적으로 진행되고 있지만, 그 역사는 그다지 길지 않다고 하겠다. 디자인 교육이 탄생하게 된 배경은 18세기말 유럽에서의 산업혁명이 시작되고 난 이후이다. 그로 인하여 19세기에는 기계에 의하여 대량으로 상품이 생산되자 수공업에 의해 생산된 제품보다 멋이 없는 제품으로 획일화되었다. 이때 독일에서 피터 베런스 Peter Behrens를 중심으로 건축가, 미술가, 공예가 등이 모여 '독일공작 연맹'이라는 단체가 조직되었는데, 그들은 기계로 예술적인 제품을 대량으로 생산할 수 있는 연구를 시작하였다. 물론 그와 같은 움직임은 영국 등 다른 나라에서도 있었다.

1919년에는 독일 바이마르에 피터 베런스의 수제자이자 건축가인 월터 그로피우스가 '바우하우스 Bauhaus' 학교를 창립하였다. 이 학교는 국립 공예학교로서 당시의 화가, 조각가, 공예가, 건축가 등의 일류 예술인이 대거 참여하였으며, 현대 디자인 교육의 발상지로서 건축가, 미술가, 공예가 등의 광범위한 디자이너 양성이 목적이었다. 1933년 '바우하우스'는 나치스 정권에 의해 해산되었으며, 이때 많은 예술가들이 해외로, 특히 미국으로 이주하였다. 그로피우스도 미국으로 망명하여 하버드대학에서 강의를 하였으며, 그들에 의해 미국에서 전 세계로 디자인 교육이 파급되었다. 미스 반 데어 로에 Mies Van Der Rohe도 바우하우스 학교의 3대 교장이었으며, 뒤에 미국 일리노이 주 공대 건축과 교수로서 시카고 지방의 건축에 크게 영향을 미쳤다.

### 2) 디자인 교육의 실제

디자인은 과학, 예술, 사회의 세 가지 측면을 함께 내포하고 있다. 따라서 디자인 교육을 종적으로 나누어 보면 과학성, 예술성, 사회성으로 대별할 수 있다.

과학성은 기능, 재료, 기술, 구조 등의 사물에 관한 공학적 이해를 탐구하는 학습과 분석적, 합리적으로 생각하고 행동하는 과학적 태도를 기르는 것이다. 즉, 진실을 추구하는 자세이다. 예술성은 형태, 색채, 재질 등에 대한 미적 감각과 조형력을 높여 통일된 창의성을 배양하며 미를 추구하는 자세이다. 그리고 사회성은 인간과 사회를 인식하고, 그것이 환경과 어떤 관계인가를 학습하는 것이다. 즉, 디자인에 의한 시

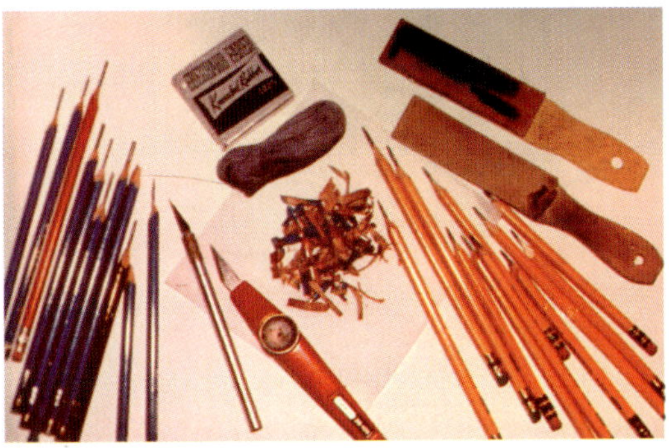

그림 5.95 각종 디자인 도구들

간, 공간의 유기적 관계를 학습하게 하는 것이며, 선을 행하는 태도를 기르는 것이다.

이와 같은 종적 면에서 추구해야 할 사항은 항상 디자인하는 행위가 통합된 하나의 개념으로 정착될 때 그것이 바람직하게 해결된다는 것이다.

디자인 교육의 횡적인 측면도 3단계로 생각할 수 있다.

제1단계는 형태, 색채, 재질 등에 관한 기초적인 조형훈련을 하는 것이다. 여기서는 자연관찰이나 추상적인 구성에 의한 연습, 재료와 구조에 대한 공학적 볼륨 연구와 데생에 관한 미적 훈련을 한다.

제2단계는 실제 디자인에서 표현하는 방법 등을 학습하게 된다. 디자인은 질서 있는 행동과 사고의 추리에 의해 행해져야 하는데, 디자인의 기본자세와 전문교육의 표현능력은 여기서 양성된다.

제3단계에서는 주어진 테마에 관한 복잡한 조건을 소화하고, 사회와 연결 지으며, 또한 스스로 문제의식을 찾아 조건을 설정하고 전개와 종합을 이루어내는 능력을 기른다.

학교교육은 디자이너로서의 기본적 사고방식과 자세 그리고 최소한의 기술을 연마하는 데 그친다. 그러나 실제 현장에서 구체적으로 즉시 적응하는 훈련기간이 필요하다. 그리고 중요한 것은 아무리 많은 어려움이 있어도 디자이너로서의 길을 걸어 갈 강한 정신을 길러야 한다.

디자이너는 복잡한 사회현상 속에서 항상 넓은 시야로 관찰하는 자세를 가져야 한다. 그리고 편견을 없애고 보다 폭넓은 인간성을 기르는 것이 중요하다. 디자인은 사물, 인간, 사회, 자연 등 모든 분야에서 아름다움을 지향하는 작업이며 교육은 이러한 것을 종합할 수 있는 능력을 길러준다.

유럽의 영국 등 선진국의 디자인 교육현황은 의무교육과 같은 수준으로 수공예 교육을 중요시하고 있다. 그럼으로써 직물이나 가구와 같은 전통산업을 지속시켜 왔으며, 나아가 우수한 산업디자인을 발전시키는 기반으로 삼아왔다.

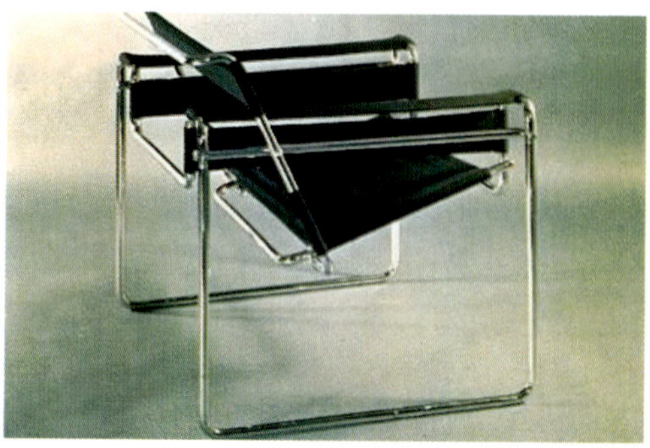

**그림 5.96** 마르셀 브로이어, 암체어, 1925년

**그림 5.97** 월터 그로피우스, 바우하우스학교

우리나라도 향후 디자인 교육을 더욱 강화해야 함은 물론, 기능 및 기술인력을 중시하는 사회로 하루 빨리 전환해야 하겠다.

## 4.5 디자이너의 역할

인류는 오래 전부터 가축을 기르고, 그릇을 만들고, 농업에 필요한 여러 가지 생활도구를 만들어 쓰던 농경사회 속에서도 자신들의 독특한 방법으로 개발하여 사용하였다. 이렇게 자신들에게 필요한 물건을 직접 만들던 시대에 이미 모든 사람은 디자이너였다. 그러나 그들을 현대적인 의미의 전문적인 디자이너의 시초로 볼 수는 없다.

18세기 이후 예술가적인 장인 Artistic-craftsman, 공예가, 건축가, 그 밖의 다른 예술적인 분야와 창조적인 분야에 종사했던 사람들에 의해 디자인은 주도되고 발전되어 왔으며, 20세기 초에 이르러서야 디자인의 독자적인 영역이 개척되었으므로 디자이너의 기원은 이들 장인들로부터 그 기점을 잡는 것이 타당하다. 그러나 이러한 장인들도 전문적인 디자이너의 효시라고 하기에는 좀 미흡하며, 1930년 미국 정부에서 산업디자인이 정식직업으로 인정받음으로써 근대적 의미의 전문 디자이너라는 직업이 새롭게 탄생되었다. 이와 같이 탄생한 디자이너는 어떤 사람이며, 무엇을 하는 사람인가?

디자이너란 '특정한 기능이나 목적을 위하여 어떤 것을 만들어내는 사람' 또는 '자연의 법칙이나 인간의 성격을 이해하고서 자신의 상상력과 관념을 총동원하여 디자인의 세계를 펼치는 사람' 등으로 정의할 수 있다. 또 어떤 사람은 디자이너를 3H를 가진 사람으로 표현하는데, 이는 과학자의 냉철한 이성 Head과 기술자의 숙련된 재주 Hand와 예술가의 뜨거운 감성 Heart을 포괄적으로 갖고 있는 존재라는 뜻이다. 여기에 오늘날은 정보 Foot를 덧붙이기도 한다.

종래 수공업 사회에서의 디자인은 대부분 생산자와 사용자가 동일했기 때문에 하나의 물건을 만든다는 것은 거의 개인적인 차원에서 이루어졌다. 반면 오늘날 생산과 소비가 분리된 기계에 의한 대량생산은 사회적인 차원에서 다루어지게 되었다.

**그림 5.98** 고대 그리스 미술

그러므로 현대의 디자이너는 그의 구체적인 작업을 하기 전에 사회변화에 수반되는 모든 요소들을 우선 조사, 분석하고 새롭게 창작될 디자인의 궁극적인 효과를 제시해야 할 뿐만 아니라, 그것이 대중의 생활에 미칠 영향에 대해서도 자세히 검토함으로써 적어도 인공적인 환경에 관한 한 보다 많은 사람들에게 혜택을 줄 수 있도록 배려해야 한다. 때문에 현대의 디자이너는 직접 물건을 만드는 기술보다는 해박한 지식과 창조적인 사고력을 더 필요로 하게 되었으며, 디자인 방법에 있어서도 기존의 디자인이 개인의 능력과 기술을 중심으로 이루어진 반면, 새로운 디자인의 개념은 매우 학제적이기 때문에 그 방법 또한 팀워크 Teamwork에 의해 서로 다른 영역과의 관계를 이루는 그룹 활동을 통해야 가능하게 되었다.

따라서 팀의 구성원은 디자이너들로만 이루어질 때는 그 효과를 기대할 수 없기 때문에 여러 분야의 전문가들로 구성되어 팀워크에 의해 결과물을 생산하게 되었다. 즉, 전통적인 방법은 개인이 자신이나 특정한 사람들을 위해 작업을 함으로써 한 개인의 능력이 모든 것을 좌우한 반면, 팀워크에 의한 디자인은 한 개인의 능력보다는 팀의 능력을 우선시하고 팀의 성격에 따라 모든 것이 결정됨으로써 팀워크가 매우 중요한 요인으로 작용하게 되었다.

디자이너는 새로운 가치 추구를 위해 미래 세계를 창조하는 일을 하며, 이런 의미에서 그의 작업은 불가피하게 많은 의문과 불확실성으로 가득 차 있다. 디자이너들은 대두되는 모든 문제를 다루어야 할 뿐만 아니라, 그것도 제한된 시간 내에 처리해야 한다. 그러므로 디자이너에게는 많은 능력과 자질이 요구되는데, 그들에게 요구되는 총체적인 자질은 창의력, 호기심, 감수성, 지성, 재능 등 다섯 가지로 요약할 수 있다.

즉, 창의력이란 상상력, 직관, 발명심 등과 관련되는 것으로 새로운 것을 존재하게 하는 능력이고, 호기심이란 관찰력, 관심, 조사 등에 관한 것으로 사물이 어떻게 만들어지고 작용하는지 또한 존재하는지를 궁금해 하는 것이며, 감수성은 미, 가치, 품질 등과 관계되는 것으로 주변에 있는 자연과 환경에 민감해야 하며 미적 감각과 문화적 가치에 대한 공감을 갖고 있어야 한다. 그리고 지성이란 정보력, 상식, 지식 등에 관한 것으로 자료를 수집 및 이해하고 그것을 지식으로 조직화하여 적절한 해결책을 강구할 수 있는 능력을 갖추어야 하며, 재능이란 언어, 드로잉, 모형제작 등을 통해 그들의 아이디어를 의사소통 또는 조형적 실체로 시각화하여 다른 사람에게 잘 전달할 수 있는 능력을 필요로 한다.

그림 5.99 주택 디자인

그림 5.100 집합건축 디자인

이상의 자질을 디자이너의 구체적인 작업에서 필요한 개별적인 능력으로 구분하여 다시 살펴보면, 디자이너는 우선 요소적 능력으로서 표현기술, 조형력, 기술 및 인간공학에 대한 지식, 기획력, 디자인에 관한 지식과 문제의식, 관리력 등이 필요하다. 또한 이러한 요소들과 함께 행동적 능력으로서 필요한 것이 전개적 능력과 총합적 능력인데, 전자는 주로 양적 범위를 진행하기 위한 능력으로서 이해력, 흡수력, 해석력, 상상력 등이며, 후자는 질적 높이를 집약시키기 위한 능력으로서 집중력, 판단력, 표현력, 조정력 등이라고 말할 수 있다.

디자이너의 자질이 창조적인 디자인 개발을 위한 능력에 관한 것이라면, 디자이너들은 그 능력을 사용하여 그들이 소속된 단체나 사회에 기여해야 한다. 또한 디자이너들은 그들의 행위에 대하여 책임과 의무를 동반하게 된다. 이것은 디자이너의 역할에 관한 문제인데, 디자이너는 인간의 세계를 생각하고 사람의 기쁨과 심리를 간파하여 그것을 실체화시켜 어떤 형태로 창조해야 하므로 디자이너는 인간의 세계와 물질의 세계를 잘 융합시켜야 한다. 따라서 디자이너는 정신적이며 지적인 리더십이 있어야 하고, 균형과 조화의 감각을 지녀야 하며, 사용하는 분위기와 그 나라의 역사 및 전통도 생각해야 한다.

디자이너는 자기 계발자로서의 역할, 통합자로서의 역할, 대중의 대변자로서의 역할, 사회봉사자로서의 역할, 그리고 환경보호자로서의 역할을 해야 한다. 즉, 디자이너는 디자인의 목표를 효과적으로 달성하기 위해서는 끊임없이 자기계발을 해야 하고, 다른 분야의 전문가들과 협력하여 기획하고 개발하고 생산된 제품에 대해 책임을 짐으로써 제품에 관련된 업무를 종합적으로 다루어야 하며, 산업계에서 소비대중을 의식하여 그들에게 이익을 주고 그들의 일상생활을 보다 윤택하게 할 수 있어야 한다. 또한 디자이너는 사회의 한 구성원으로서 임무에 충실하기 위해서 그 사회의 구성원들이 무엇을 필요로 하는가를 파악하고 그들을 위해 봉사해야 하며, 주어진 환경에 순응하고 만족하기보다는 인류를 위해 보다 나은 인공환경을 끊임없이 조성해 나가야 하는 것이다.

그러나 무엇보다도 중요한 디자이너의 역할은 문제를 해결해내는 일이다. 때때로 디자이너는 이제까지 그 누구도 파악하지 못했던 문제점들을 발견해내고, 그 문제를 정의하고 해결하고자 시도한다. 이러한 것이 바로 창조의 과정이라 할 수 있을 것이다. 이를 위하여 다양한 관련 학문 및 사물에 대한 깊은 통찰력이 있어야 한다.

디자이너의 자질과 역할은 디자이너의 성격을 형성하는 데 결정적인 영향을 미치며, 그것은 곧 디자인의 성향으로 나타난다. 그리고 디자인을 통한 인류의 번영은 디자이너의 높은 이상과 도덕철학에 근거를 두고 상황에 따라 가장 적절한 방법을 모색함으로써 그 목표에 도달할 수 있을 것이다.

# 5. 건축디자인

앞에서 살펴본 바와 같이 디자인에는 크게 시각디자인, 제품디자인, 환경디자인이 있다. 시각디자인은 직접 시각에 호소하여 전달하는 디자인으로서 상업 · 그래픽 · 광고 · 포장디자인 등이 여기에 포함된다. 제품디자인은 생활용품 등의 제품을 생산하는 디자인으로서 공업 · 공예 · 가구 · 의상 디자인 등이 여기에 해당된다. 그리고 환경디자인은 생활환경을 조성하기 위한 디자인으로서 실내 · 건축 · 토목 · 조경 · 도시 디자인 등이 그 것이다.

이와 같이 건축디자인은 넓게는 환경디자인에 속하며, 더 나아가서는 디자인이라는 범주 속에 포함된다. 디자인에 관한 일반적인 의미는 앞에서 살펴보았으며, 여기서는 건축디자인에 한정하여 그 개념 및 관련분야를 살펴본다.

## 5.1 개념

건축의장 Architectural Design이란 한 마디로 건축의 실용적, 미적인 창작행위를 말한다. 즉, 아름답고 기능적이며 안전한 건축을 독창적으로 창조하는 행위를 의미한다. 따라서 건축을 설계하는 과정에서 여러 가지 자료에 입각하여 건축을 기능적 · 미적으로, 또한 창의적으로 구체화해 나가는 과정이라고 할 수 있다.

그런데 건축의장은 다른 조형예술 또는 디자인 분야와는 다른 또 하나의 과제를 갖고 있다. 즉, 만들어 놓은 실체 그 자체를 사용하는 것이 아니고 사람들은 그 실체들로 인하여 형성된 빈 공간을 쓰게 되는 것이다. 공간은 우리를 둘러싸고 있으며, 우리는 볼륨을 통해 그 속에서 보고, 듣고, 느끼며 생활한다.

빛의 조절, 색, 질감, 크기 등 조형을 구성하는 요소들에 의해 특성 있는 공간이 형성되면서 비로소 건축은 탄생된다. 즉, 편안하고 아늑한 곳, 웅장하고 감동적인 곳, 설레임이 있는 곳, 이러한 공간을 만드는 것이다. 그러므로 건축의장이란 형태를 만들고 장식하며 아름답게 꾸미는 작업으로서 공간을 인식하고 새로운 공간을 창조하며 목적에 부합되는 공간미학을 위해 이루어지게 하는 것이다.

**그림 5.101** 실내 디자인

건축의장은 넓은 의미에서 건축설계의 일부분이다. 광의의 건축설계란 건축의 기획, 계획, 설계, 제도 등을 모두 포함한다. 그중 계획 및 설계가 광의의 건축설계의 중심을 이루는데, 이것을 부문별로 다시 정리해 보면, 계획 Plan, 의장 Design, 공학 Engineering적인 업무로 나눌 수 있다.

여기에서 플랜은 건축설계의 전반부에 해당되며, 주로 분석적이고 수많은 가능성을 검토하는 과정이다. 디자인은 주로 기능과 미적인 측면을 위주로 하여 많은 대안을 마련하여 종합하고 평가하는 등의 과정이 진행된다. 그리고 엔지니어링은 구조 등의 공학적 · 기술적인 문제들을 다룬다. 물론 이들 상호간의 경계를 명확하게 설정할 수는 없다. 또한 건축디자인을 광의로 해석한다면 넓은 의미의 건축설계와 동일하게 해석할 수도 있다고 하겠다.

하나의 건축물이 허공으로부터 탄생되기 위해서는 각종 자료가 수집 및 분석되고 건축설계가 이루어진 후, 건축시공을 거쳐야 비로소 그 실체로서 존재하게 된다. 그 과정에서 건축설계 내에서의 건축의장의 위치와 역할을 살펴보면 그림 5.102와 같다.

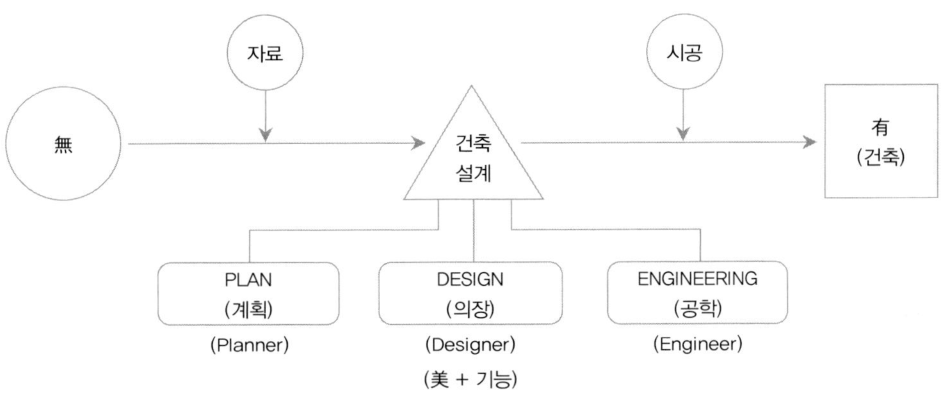


**그림 5.102** 건축의장 역할

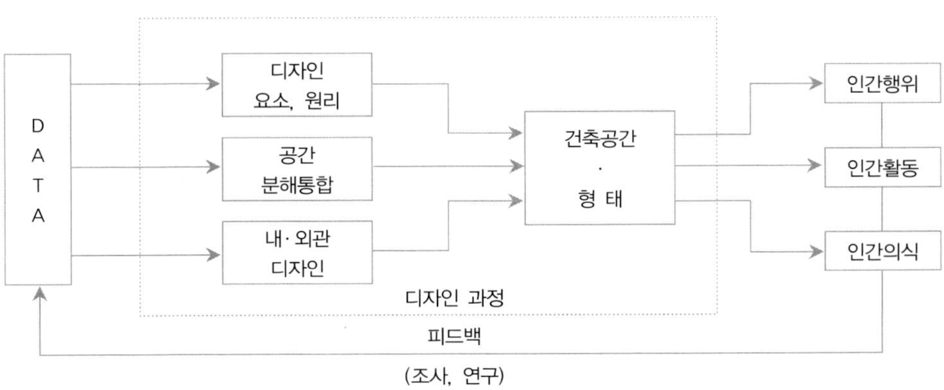


**그림 5.103** 건축의장 진행

앞에서 언급한 바와 같이 디자인 과정은 어떤 디자인에 관한 문제 제기가 있은 후, 이에 대한 문제해결의 시작에서부터 디자인이 최종 완성될 때까지 계속되는 일련의 모든 진행과정을 말한다. 여기에는 각종 자료의 분석, 디자인 요소 및 원리의 적용, 공간의 분해 및 통합, 내·외관의 디자인 등을 통한 건축공간 및 형태가 형성되는 과정 전체가 포함될 수 있다.

그리고 이렇게 형성된 실제의 건축공간 및 형태는 이곳에서 생활하는 인간의 행위, 활동 및 의식에 영향을 미치게 된다. 이와 같은 건축이 인간에게 미치는 영향을 연구하여 얻은 자료는 다시 이후에 디자인되는 건축에 피드백되고 반영된다.

건축의 모든 공간은 인간의 행위와 활동 및 의식을 위한 충분한 크기여야 하며 적절한 형태를 가져야 한다. 건축의 물리적 공간 및 형태상의 기능적, 구조적, 미적 적합성은 인간의 쾌적한 삶을 위한 필수 불가결한 요소이기 때문이다.

**그림 5.104** 도로디자인

**그림 5.105** 조경디자인, 1920년

**그림 5.106** 도시디자인

**그림 5.107** 교량디자인

**그림 5.108** 필립 존슨, PPG 사무단지, 피츠버그, 1985년

## 5.2 관련분야

건축학이란 인간의 주생활 및 사회활동과 밀접한 관련이 있고, 생활환경 전반에 걸쳐 개발 및 창조를 하는 학문이기 때문에 그 인접 학문과의 관계가 매우 폭넓게 이뤄지고 있다.

따라서 건축디자인은 1차적으로 건축계획 및 설계와 집적 관련되는 분야로서 건축사, 건축의장 및 조형론, 건축CAD, 건축환경학, 도시계획학, 조경학 등의 분야 외에도 건축재료 및 시공학, 구조역학 · 철근 · 철골구조 등의 건축구조학과 건축설비학 등의 공학 및 기술에 관련되는 분야가 있다. 2차적으로 관련되는 분야로는 동서양사, 색채학, 인체공학, 지역계획학 등과 재료 · 교통 · 토목 · 도시 · 환경 · 구조 · 설비공학 등이 있다. 그리고 이들 분야의 기초를 이루고 있는 3차적인 분야로서 사회학, 인류학, 역사학, 철학, 경제학, 물리학, 화학, 지구과학, 수학 등의 분야가 있다. 따라서 건축디자인은 건축학은 물론 예술학, 인문과학, 사회과학 및 자연과학 전반의 학문 분야와 직접 또는 간접적으로 관련되는 등 매우 광범위하다.

**표 5.4 건축 관련 학문 분야**

| | 관련 분야(I) | 관련 분야(II) | 관련 분야(III) | 비 고 |
|---|---|---|---|---|
| 건축디자인 | 건축계획학<br>건축설계학<br>건축사<br>건축의장론<br>건축조형론<br>실내건축학<br>건축CAD<br>건축심리학<br>건축사상<br>건축환경학<br>건축설비학<br>도시계획학<br>단지계획학<br>조경학<br>건축경제학<br>건축재료학<br>건축시공학<br>건축구조학<br>(역학, CONC, 철골 포함) | 동서양사<br>미학<br>예술론<br>색채학<br>심리학<br>생태학<br>인체공학<br>형태학<br>지역계획학<br>국토계획학<br>사회조사방법론<br>재료공학<br>교통공학<br>도시공학<br>토목공학<br>환경공학<br>열역학<br>구조공학<br>설비공학 | 사회학<br>인류학<br>역사학<br>언어학<br>철학<br>논리학<br>경제학<br>통계학<br>관리학<br>법학<br>문학<br>신학<br>지리학<br>천문학<br>물리학<br>화학<br>지구과학<br>수학<br>정보이론 | 관련분야 I · II · III은 숫자가 작을수록 관련성이 더 크다. |

제 6 장

# 디자인의 진행

# 1. 디자인 방법론

## 1.1 디자인 행위

디자인 행위에 대하여 정의하면 다음과 같다.

알렉산더(C. Alexander, 1965)는 "실체구조의 올바른 실체가 되기 위한 구성요소를 찾아내는 일이다. 형태와 내용 사이의 상호관계에서 문제를 찾고 해결하며, 새로운 형태를 찾는 과정이다"라고 하였고, 아처(Bruce L. Archer, 1965)는 "목표를 향한 문제해결 활동이다"라고 하였으며, 애스몬(M. Asimon, 1962)은 "잘못하면 커다란 실수를 유발시키는 불확정성에 대한 의사결정이다"라고 하였다. 버커(D. J. Buker, 1962)는 "만들거나 행하기 전에 최종결과에 신뢰성을 부여하기 위하여 몇 번이고 시뮬레이션 해보는 일"이라고 하였고, 필든(G. B. K. Fielden, 1963)은 "엔지니어링 디자인이란 최고의 경제성 및 효율을 갖도록 예정된 기능에 필요한 기구, 구조, 기계 또는 시스템을 결정할 때 과학적이고 기술적인 정보와 상상력을 구사하는 일"이라고 하였으며, 케빈 린치(Kevin Lynch, 1962)는 "물리적 환경을 그 세부까지 배열해 나가는 기술"이라고 하였다. 그리고 존스(C. Jones)는 "대단히 복잡한 내용의 신뢰성을 갖춘 행위(1966)"라고 하였으며, 또한 "설계를 수행하기 위해 예술, 과학, 수학 등이 올바르게 조화되도록 그것을 일체화하여 사용하는 활동(1970)"이라고 하였다.

이상과 같이 여러 가지로 정의되고 있는데, 이를 종합하여 살펴보면 디자인 행위란 시대적 상황 변천과 과학적, 기계적 문명의 발전에 따라 안전하고 만족스러운 상황으로 어떤 문제를 과학적, 합리적으로 새롭게 해결하는 일이라고 하겠다.

그림 6.1 드로잉 하는 모습

그림 6.2 피사 대성당, 이태리, 1063~1092년, 로마네스크 건축

## 1.2 디자인 방법론

디자이너의 경험이나 자의에 의해 계속되어 왔던 종래의 디자인 방법은 산업이나 기술의 급속한 진보와 더불어 증대한 디자인에 관한 각종 정보에 대하여 적절히 대응할 수 없게 되었다. 이와 같은 시대적 배경 속에서 디자인은 어떠한 방법으로 진행되어야 하는가를 중심과제로 하는 디자인의 실천적 철학이 세계의 각지에서 전개되게 되었다. 디자인 방법론도 그 일환으로서 근년에 등장한 것으로, 디자인의 과학적 · 객관적 · 체계적 방법의 탐구와 개념의 명확화가 지향되고 있다.

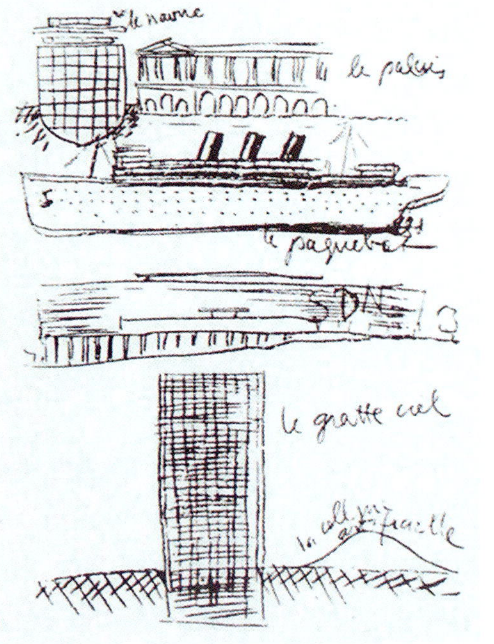

그림 6.3 건축디자인을 위한 스케치의 한 예

디자인 방법론이란 광의적으로 해석해 보면 디자인의 원리, 실행 및 그 과정에 관한 것으로 디자인이 어떻게 수행되어 나가야 하는지의 방법을 다루는 것이라고 하겠다. 디자인 방법론은 디자인 방법, 디자인 과정, 디자인 기법 등 세 가지를 포함한다.

디자인 방법 Design Method이란 설계의 접근 및 자료를 종합화하는 방법을 의미하며, 디자인 과정 Design Process은 방법을 보다 구체적인 내용 또는 절차에 의해 수행해 나가는 일이다. 그리고 디자인 기법 Design Technique이란 방법이나 과정에서 발생하는 모든 사안을 표현하는 기술을 말한다.

그림 6.4 판테온, 로마, AD 118~125년

그림 6.5 프랭크 로이드 라이트, 구겐하임 미술관, 뉴욕, 1959년

여기에서 디자인 방법은 디자인 과정과 뚜렷하게 구별되지 않은 채 혼용되는 경우가 있다. 흔히 디자이너들이 디자인 프로세스를 창안하였을 때, 프로세스와 함께 방법을 소개하였기 때문에 둘 사이의 분명한 경계가 어려웠던 것이다. 디자인 과정은 일련의 적절한 단계들로 정의되며, 디자인 방법은 그러한 단계를 수행하는 데 있어 사용되는 적당한 기술로 정의된다. 다시 말해서, 디자인 과정은 디자인을 완성할 때까지 시간적 흐름에 따라 일어나는 모든 상황을 의미하며, 디자인 방법은 각 상황을 해결하기 위하여 사용되는 기술이라고 할 수 있다. 전자는 디자이너가 실질적으로 하는 행동의 양식인 반면, 후자는 디자인 과정에서 디자이너가 해야 할 일을 효율적으로 수행할 수 있도록 돕기 위한 일련의 방법과 지시문이다.

## 1.3 디자인 방법(Design Method)

디자인의 각 과정에서 보다 합리적이며 체계적인 문제해결을 위해 여러 가지 방법들이 활용된다. 독창적이고 참신한 아이디어를 구하는 것으로부터 디자인 안을 발전시키는 문제해결 과정을 거쳐, 최종적으로 가장 훌륭한 디자인 안을 선택하는 평가과정에서 사용된 방법들은 매우 다양하다. 디자인 방법에는 여러 종류가 주장되고 있지만 여기서는 몇 가지만 개략적으로 소개한다.

### 1) 대분류

디자인 방법에는 크게 직관적 접근방법과 체계적 접근방법이 있다. 직관적 접근방법 Intuitive Approach이란 디자이너 자신이나 그룹의 누적된 지식 및 경험 등의 정보와 창조력, 통

**그림 6.6** 필립존슨, 리퍼블릭컨뱅크 센터, 휴스턴, 1984년

**그림 6.7** 건축 표현기법

찰력을 기초로 하는 방식이다. 추상적인 막연한 상태에서 구체적인 결과물로 점차 불확실성을 줄여가면서 의사결정에 도달하는 총괄적 과정으로, 조건의 변동상황에 유연하게 대처할 수 있는, 디자이너 자신에게는 비교적 친숙한 접근방식이다. 즉, 전통적·재래적 방식이라 할 수 있으며 주관적이고도 경험적인 접근법이다. 설계자의 아이디어의 근거나 전개의 당위성이 타인이 알 수 없는 상태로 진행되며, 불규칙하고 임의적으로 진행된다. 장점은 설계과정이 작가의 사고 속에서 전개되므로 설계의 진행이 빠르다는 점과 설계자의 창의적인 아이디어가 부각될 수 있다는 점이다. 단점으로는 독단적인 자기표현이 강하고 작가가 인식하지 못한 정보는 무시되며 새로운 정보에 대한 개발성이 없다.

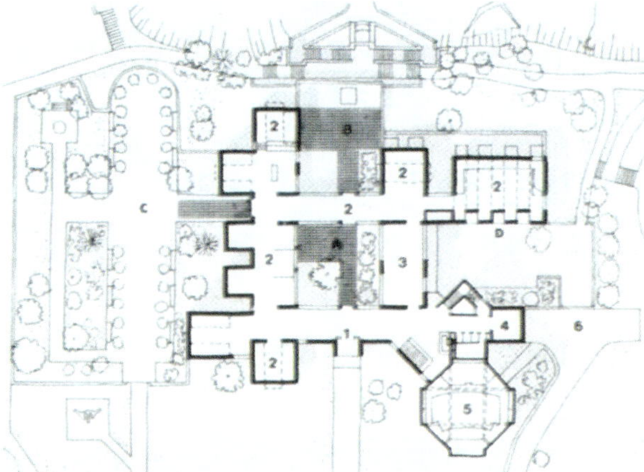

**그림 6.8** 건축배치 및 평면계획의 한 예

그리고 체계적인 접근방법 Systematic Approach이란 과학적 방법의 틀과 기법들을 의사결정 단계에 적용하는 방법이다. 이러한 체계적 틀에 의해 단계적인 정보처리 과정을 거침으로써 형식적이며 논리적인 방법으로 진행될 수 있는 접근방식이다. 또한 객관적이고 합리적인 접근법이다. 모든 설계의 전개 및 진행과정을 타인이 보아도 알 수 있는 형태이며, 엄격한 Step-by-Step으로 순차적, 연속적으로 진행된다. 단계적 정보처리 과정을 통해 누락부분을 최소화할 수 있는 기법이다. 따라서 목표, 변수, 평가에 대한 기준이 미리 설정되어야 하며,

**그림 6.9** 론 헤론, 집합주거의 모습, 런던 근교

**그림 6.10** 아파트 건물의 모습, 파리 근교, 1969년

최적치의 선정 및 보완과 피드백 Feedback 과정을 통하여 진행되는 방법이다. 장단점은 위의 반대이다.

### 2) W. E. Eder의 분류

① **경험법** 經驗法, Experience : 각자가 실제로 디자인을 경험해 봄으로써 자기방식의 방법론을 터득한다는 것이다. 즉, 경험에 의해서만이 효과적으로 이루어질 수 있다고 하는 것이다.

② **수정법** 修正法, Modification : 과거 기존의 디자인된 것을 수정하여 전개해 나가는 것이다. 기존의 디자인에 대해 개선이 필요할 때 이용하는 방법이다. 피드백에 의한 순환법이 대표적인 예이다.

③ **검사법** 檢査法, Check List : 디자인 과정에서 영향을 미치는 요소들을 리스트로 작성하여 각 단계를 완성해 나가는 방법이다. 디자인 과정에서 좌표역할을 하는 필요조건을 설정하여 평가하는 것이다. 각 요소에 가중치를 주어 중요도를 평가하는 가중치 처리법도 있다.

④ **수형법** 樹形法, Design Trees : 복잡한 문제의 답을 얻는 데 사용하는 방법으로 디자인 요소들을 분리시켜 가장 간단한 해답을 얻을 때까지 축소시켜 나간다. 그리하여 해답을 서로 조합시켜 또 다른 이상적인 해결책이 나오도록 도식으로 나타내는 기법이다.

⑤ **체계법** 體系法, Systematic Method : 디자인 과정을 몇 단계로 분리하고 전체 디자인 내용을 얻기 위해서 체계적인 패턴을 세우는 방법이다. 각 단계마다 풍부한 자료를 준비함으로써 디자인 문제에 대한 많은 유사한 패턴이나 기술을 나타낼 수 있다. J. C. Jones method, D. G. Thornley method, 형태학적 분석법, L. B. Archer method 등이 있다.

⑥ **조직탐색법** 組織探索法, System Search : 조직의 특성을 세우고 설계요소와 해결책 사이를 잇는 여러 관계를 찾아내는 방법이다. 한 설계요소를 다른 요소와 조합 또는 분리시켜 해답을 구할 수 있으며, 피드백이 가능하다.

### 3) 기타 분류

① **블랙박스** Black Box**형(검은 상자법)** : 디자이너의 직관을 중심으로 행해지는 방법이다. 디자인 과정의 전개에 따른 각 결과가 작가의 머릿속에서만 설정되어 있다. 디자이너의 아이디어 근거나 전개의 당위성이 타인이 알 수 없는 상태로 진행되는 방법이다.

② **유리상자**Glass Box**형** : 디자인되는 과정이 비교적 명확하게 진행되는 방법이다. 즉, 계획 및 설계의 모든 진행과정을 타인이 알 수 있도록 전개하는 방법이다. 각 과정별로 전문가에 의해 평가를 받을 수 있으며 신뢰성을 부여받을 수 있는 방법이다.

③ **네트워크**Network**형** : 문제해결을 위해 요구조건에 따라 연쇄적으로 찾아나감으로써 해답을 얻는 종적인 진행방법이다. 각 과정마다 결과와 연계성이 결여되면 오류를 범할 수도 있다.

④ **메트릭스**Metrix**형** : 디자인 조건을 격자형태와 같이 서로 연계시켜 조건의 범위 내에서 해답을 구하는 방법이다. 조건설정이 정확하지 않으면 결과가 잘못될 수 있고, 조건의 범위가 명확하지 않으면 중복된 해석을 행할 수 있다.

⑤ **체계적 프로세스**Systematic Process**형** : 디자인의 각 과정별 결과를 순차적, 연속적으로 발전시켜 완성해 나가는 방법이다. 신뢰도를 증대시킬 수 있으며, 작가의 경험적 생각 외에 인식하지 못한 정보를 창출해낼 수 있다. 오늘날의 건축공간은 규모의 거대화, 내용의 복잡화, 상호관계성의 확대 및 다양화로 인하여 합리적이고 체계적인 건축설계 방법론이 요구되고 있다.

한편, 이러한 방법들을 체계화시키는 사고의 유형으로 수평적 사고방식과 수직적 사고방식이 있다.

수평적 사고방식은 확산적 사고, 창조적 사고, 직관적 사고라고도 한다. 이것은 직접적이고 비논리적이며 실제의 경험을 기반으로 하는 종합적, 비직선적, 생태적, 전일적 사고방식이다. 고정된 관점의 지배에서 탈피하려고 하는 사고방식으로 이 사고가 지향하는 이상은 실제의 행동에 유용하며, 또한 기본적인 형태를 가진 극도로 단순화된 아이디어이다. 그리고 수직적 사고방식은 수렴적 사고, 논리적 사고, 분석적 사고로서 논리적으로 분석하고 종합하는 사고이다. 머리를 사용하는 방법으로 뚜렷하고 확실한 방향선을 따라 오르내리며 사고를 직진시킨다. 때문에 직선적이고 분석적이며 자기중심적이며 직관이나 감성보다는 지성의 영역에 속하는 사고방식이다.

**그림 6.11** 해리 세이들러, 로즈 세이들러 하우스, 시드니, 1948~50년

그런데 이 두 가지 사고는 서로

대립되는 것이 아니고 상호 보충해주는 보합관계에 있다. 수직적 사고만으로 어떤 문제에 대한 해결책을 구하지 못하며, 새로운 아이디어를 필요로 할 경우에는 수평적 사고를 해야 한다. 수직적 사고에는 한계가 있으며 새로운 아이디어를 창출하는 데에는 효과적인 사고방법이 되지 못한다. 그렇다고 수직적 사고를 소홀히 취급할 수는 없다. 왜냐하면, 그것은 사물을 효과적으로 분석, 정리하는 데에 유익하기 때문이다. 그러므로 수평적 사고에 의해 새로운 아이디어를 낳고 수직적 사고에 의해 그것을 전개시키는 것이 바람직하다.

## 1.4 디자인 과정(Design Process)

디자인은 많은 종류의 정보를 조작하고 그들을 모두 종합해서 하나의 일관된 생각들로 만들어 종국에는 그런 생각들을 실체화하는 고도로 조직화된 정신적 과정을 내포하고 있다. 이 정신적 과정을 우리는 '문제해결 과정' 또는 '디자인 프로세스'라고 한다.

이 디자인 과정은 디자인이 실행되는 폭넓은 사회, 문화적 변화에 대한 반응으로 얻어진다. 그러나 디자인을 수행함에 있어 체계적으로 확립된 하나의 프로세스만이 모든 디자인 문제를 해결할 수는 없다. 새로운 인공물을 만들기 위해서는 그것을 디자인하기 위한 새로운 프로세스를 적용해야 되는 경우가 발생하기 때문이다.

디자인 과정은 디자인 대상에 따라 다르며, 또한 같은 유형의 대상이라고 하더라도 디자인하는 사람에 따라 각자 다르므로 매우 다양하다. 산업 디자인의 경우, 일반적으로 디자인 프로세스는 콘셉트 메이킹 Concept Making, 아이디어 스케치 Idea Sketch, 엔지니어링 스케치 Engineering Sketch, 목업 Mock-up 등의 순서를 거치며, 단계가 진행됨에 따라 세부에 이르기까지 결정해 나가게 된다. 이들 단계의 목적은 형形을 결정하는 정밀도의 향상과 동시에 위험을 최소로 억제하기 위한 것이다. 또한 프로세스의 표준화는 디자인 프로세스의 효율화와 경험

**그림 6.12** 폴 위르즈, 킬처공장, 리체르스윌, 스위스, 1966년

**그림 6.13** 건축 스케치

의 공유화에 의한 공통의 척도를 갖게 됨으로써 정밀도의 향상을 도모하기 위한 것이기도 하다. 이것은 아직 존재하지 않는 사물을 스케치, 모델 등의 시뮬레이션 수단에 의해 객관화하는 것이기도 하다.

디자인 프로세스는 디자인 문제의 성격에 따라 달라져야 하므로 디자인 문제가 다양한 만큼 디자인 프로세스도 각각 다를 수밖에 없다. 디자인 프로세스 중 대표적인 것을 몇 가지 소개해 보면, 존스 C. Jones는 디자인 프로세스를 분산 Divergence, 변환 Transformation, 수렴 Convergence의 세 단계로 보았으며, 아처 B. Archer는 프로그래밍 Programing, 자료수집 Data Collection, 분석 Analysis, 발

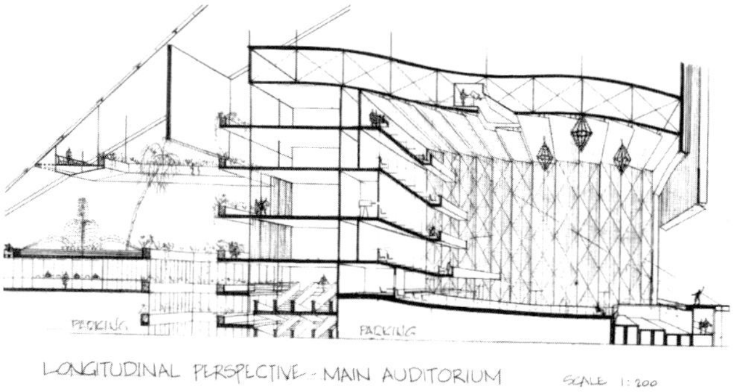


그림 6.14 건축단면 계획의 한 예

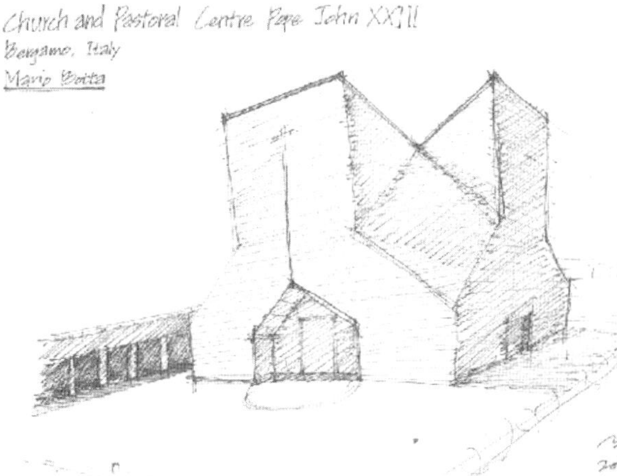


그림 6.15 마리오 보타, 건축 스케치의 한 예

그림 6.16 시옹성, 레만 호수변, 몽트뢰, 스위스, 9세기

그림 6.17 백설공주와 일곱 난장이, 디즈니랜드, L.A, 1955년 건설

전 Development, 전달 Communication의 다섯 단계로 나누었다. 그리고 애시모프 M. Asimov는 분석단계, 종합단계, 결정 및 평가단계, 최적화단계, 수정단계, 실행단계 등 여섯 단계를 제시하였다.

그 외에도 대단히 많지만, 여기서는 건축 디자인 분야에 초점을 맞춰 계획 및 설계과정을 몇 가지만 간략하게 살펴보면 다음과 같다.

### 1) 3단계 분류

디자인의 각 단계를 분석, 종합, 평가의 세 단계로 나눈 것이다.

① **분석** : 자료의 수집, 분석 및 종합과 의사전달의 단계이다.

② **종합** : 대안의 설정 및 평가, 계획설계 및 실시설계가 이루어진다.

③ **평가** : 설계결과에 대한 평가 및 의사결정의 단계이다. 그리고 최적화 및 보완작업을 행하기도 한다. 각 단계마다 피드백이 이루어진다.

### 2) 4단계 분류

디자인의 과정을 4단계로 구분한 것이다. 건축설계 과정에 대한 여러 가지 중 가장 일반화된 분류이다.

① **조건 파악** : 기획, 자료수집, 조사(현지, 사례, 문헌 등) 및 분석, 이론정립 등의 단계이다. 이때 기획서, 계획개요서 등을 작성한다.

② **기본계획** : 부지의 이용방법, 건축물의 크기, 형상, 층수 등의 구체적인 스케치도를 표현하는 단계이다.

③ **기본설계** : 배치도, 평면도, 입면도, 주단면도, 투시도 등의 기본도면의 표현단계이다.

④ **실시설계** : 위에서 결정된 설계내용을 시공자에게 정확히, 알기 쉽게 전달하기 위하여 도면을 작성하는 단계이다.

설계를 진행하는 과정에는 수없이 피드백하고 수정 · 보완을 하며, 설계자는 공사감리, 관청에서의 건축허가, 준공검사 등의 업무를 실시하거나 대행하기도 한다.

### 3) 5단계 분류

① **목표설정 단계** : 건물의 규모 및 종류, 용도, 예산, 대지선정 등의 목표를 설정한다.

② **정보수집 및 정리단계** : 목표와 개념 파악, 관련자료, 법규 등을 수집하고 자료목록을 작성하며, 수집된 정보 중 과제에 적용하여 그 대책을 추출 · 정리한다.

③ **정보분석 및 판단단계** : 정보 및 대책에 대한 분석과 선택을 행한다. 유용성, 상호관

련성, 적합성 등의 요구조건을 결정한다.

④ **결정단계** : 설계지침 및 방향을 설정하여 설계의 종합대책을 수립하고, 디자인 프로그램, 기능도 등의 Diagram과 Block, Mass 등에 대한 각종 스케치를 행한다.

⑤ **표현단계** : 배치, 평면, 입면, 단면, 투시도 등의 계획도면을 작성하고 계획도면 검토 및 승인 후 실시도면을 작성한다.

**그림 6.18** 건축디자인

그 외에도 수많은 설계과정에 관한 이론이 있지만 여기서는 이 정도만 살펴본다. 여기서 상기할 점은 디자인 과정에 있어서, 물론 디자인의 매 단계가 이렇게 직선적이고 순차적일 수만은 없다. 실제로 디자인 프로세스는 일련적인 것만이 아니라 계속 피드백하는 순환적 프로세스인 것이다. 이러한 디자인 프로세스의 주된 목표는 디자이너의 마음속에 두었던 직관적, 합리적, 절차적 사고를 공동화하는 것이다.

## 1.5 디자인 기법(Design Technique)

디자인을 수행해 나가는 과정에 있어서 분석, 종합, 평가의 각 과정에서 적용할 수 있는 기법은 매우 다양하다. 디자인 과정에서 각 단계별로 활용될 수 있는 기법을 살펴보면 표 6.1과 같다.

**표 6.1 디자인 과정의 각 단계별 활용기법**

| 분 석 | 종 합 | 평 가 |
|---|---|---|
| 1. 자료수집단계 | 6. 대안설정단계 | 10. 평가단계 |
| 배경자료조사, 실태조사, 면접법, 설문지법, 자료일지, 표준자료양식, 참여관찰법, 직접관찰법, 자취관찰법, 행동지도작성법, 행동표본기록법, 장치를 이용한 관찰법, 어의차별법, 형용사대조법, 속성차별척도법, 등급분류법, 선호매트릭스, 행동환경조사, 활동조사 모델, 시간예산 분석, 공간단위 표준화, 행태도, 분석카드, 작업일지, 영감착상법, 공개토론회 | 창안, 스케치, 영감착상법, 유추착상법, 유형학적 방식, 주제의 활용, 그리드, 형태언어, 기하학적 형태 활용, 버블다이어그램, 블록다이어그램, 2원적 그래프, 기호론적 방법 | |
| 2. 자료분석단계 | 7. 대안의 평가단계 | |
| 어의차별법, 형용사대조법, 속성차별척도법, 등급분류법, 선호매트릭스, 서술적 통계학, 추론적 통계학, 행동환경조사, 활동조사 모델, 시간예산 분석, 공간단위 표준화, 에너지 예산, 프로젝트 비용 견적, 시공비용 견적, 수명주기비용 분석, 가치 분석, 비용-편익 분석, 막대그래프, 활동시간도표, CPM, PERT, PDM, 관계매트릭스, 사회도, 사회 관련도, 흐름도, 상호작용망, 이중그래프, 분석카드, 작업일지, 유추착상법, 가중치법, 체크리스트, 디자인 정보의 분류시스템 변환, AIDA. | 체크리스트, 상호작용행렬, 상호작용망, 등급분류표, 의미론적 분석. | 체크리스트, 가치 분석, 등급표, 시뮬레이션 |
| 3. 종합단계 | 8. 계획설계단계 | |
| 배경자료조사, 표준자료 양식, 활동조사 모델, 패턴 랭귀지, 시공비용견적 스페이스 프로그램, 사회도, 구성도, 프로젝트 비용 견적, 막대그래프, 활동시간도표, CPM, PERT, PDM, 관계매트릭스, 버블다이어그램, 연결점 다이어그램, 블록다이어그램, 이중그래프, 흐름도, 분석카드, 작업일지, 집단계획, 상호작용망 | 스케치, 유추착상법, 주제의 활용그리드, 형태언어study 모델, 기하학적 형태 활용 | |
| 4. 의사전달단계 | 9. 실시설계단계 | |
| 행동지도 작성법, 장치이용 관찰법, 패턴 랭귀지, 에너지 예산, 관계매트릭스, 행태도, 버블다이어그램, 블록다이어그램, 인접성 다이어그램, 관계다이어그램, 배열다이어그램, 구성도, 분석카드, 유추착상법, 영감착상법, 자유토론회, 놀이집단계획, 서술, 도식, 시청각 매체, 구두설명, 공개토론회, 패널토론회, 업무지침서 | CAD, 제도 도면, 모델, 투시도 | |
| 5. 평가단계 | | |
| 추론적 통계학, 행동환경조사, 활동조사 모델, 수명주기비용 분석, 가치 분석, 비용-편익 분석, CPM, PERT, PDM, 등급화와 등급척도, 사다리척도, 등급표, 평가매트릭스, 가중치법 | | |

# 2. 디자인 유형

디자인 방법론이 발생하게 된 배경을 살펴보면 철학적, 사회적 및 건축적 배경 등이 있다.

철학적 배경은 디자인 방법론이 철학적 태도의 변화에 따라 바뀐다는 입장이다. 이는 과학과 기술이 철학의 영향을 받기 때문이다. 체계적 방법론의 디자이너들은 대부분 합리주의의 철학적 바탕을 두고 있다.

사회적 배경은 디자인 방법론이 산업계에서 먼저 시작되었다는 입장이다. 즉, 19세기의 산업혁명과 그 이후의 수공예 운동이 실패한 후 공장생산은 고도로 기계화되어 대량생산 체계로 변화하였다. 사회구조 및 인간의 요구가 복잡하고 다양화되어 생산, 공급, 분배, 소비의 단계별 제반문제의 예측 및 해결이 필요했기 때문이다.

그리고 건축적 배경은 건축물의 고층화, 대규모화, 다기능화, 복잡화 등과 공익성 증대, 건축주 및 사용자의 요구사항 다양화 등에 의해 설계방식이 객관화, 체계화될 필요성이 발생한 것이다. CIAM의 해체 시점에서 건축기호론 및 유형학에 대한 이론이 전개되었으며, 건축형태의 상징적 의미에 대한 분석을 하게 되었고, 환경심리학적 접근 및 과학적 방법을 도입한 건축디자인 방법론을 추구하게 되었다.

브로드벤트 Geoffrey Broadbent는 디자인 방법은 발전과정에 있어서 역사적으로 그 유형을 살펴보면 실용적, 인습적, 유추적, 규범적 디자인이 있다고 하면서, 그는 오늘날까지 건축가들은 일반적으로 3차원 형태의 도출에 있어 명확히 네 가지로 구분되는 이 방식들을 사용해왔다고 하였다.

## 2.1 실용적 디자인

실용적 디자인 Pragmatic Design이란 원시의 사용자들이 구하기 손쉬운 재료인 돌, 나무, 흙 등을 이용하여 많은 시행착오를 거듭하면서 원하는 형태로 디자인하는 방법으로, 실용주의적으로 접근하여 적절하게 새로운 것을 만들어 나가는 방법이다. 이것은 인류 최초의 건축방식으로서 어떤 상황, 특히 새로운 재료의 사용방법을 강구할 때 등에서는 오늘날에도 여전히 이 방식을 사용하고 있다.

인류 최초의 디자이너인 원시인들은 입수되는 재료는 무엇이나 이용하여 시행착오를 거듭하면서 의식적으로 사용법을 강구함으로써 그 적절한 용도를 알아냈을 것이다. 그리고 신석기인들은 돌을 활용하여 문지르는 도구로, 자르는 칼 또는 도끼로, 그 밖의 여러 가지 용도로 이용할 수 있다는 사실을 알게 되었는데, 참으로 획기적인 일은 누군가 최초로 부싯돌을 주워 그것을 하나의 도구로 활용했다는 점이다.

신석기인들은 건물을 짓는 경우에도 이와 비슷한 과정으로 진행하였다. 처음에 이들은 동굴 속에서 생활을 하다가 악천후나 야수로부터 자신을 보호할 피난처 Shelter로서의 더 쾌적한 건물이 필요했던 것이다. 이 최초의 건축인들에게 유용했던 재료는 별로 바람직스럽지 않은 것으로 작은 돌, 나뭇조각과 잎, 매머드 Mammoth 등 동물의 뼈, 빼드렁니, 가죽 등이었다. 땅을 조금 파내고, 이런 재료들을 엮고 집을 지어 최악의 기후를 피하고 먹이를 찾아 헤매는 동물로부터 자신을 보호할 수 있었다.

이와 같은 건축방식이 일단 정해지면 흔히 이것과 본질적으로 같은 형태가 수천 년 동안 사용되었다. 매머드 사냥꾼의 텐트가 하나의 건축형태로서 유럽에서는 3만년 동안 광범위한 지역에 걸쳐 이용되어 왔으며, 유목민들은 오늘날에도 그들의 이동식 주거형태를 고집하는 경향이 있다. 이 점은 아메리카 인디언의 티피 (Tepee : 모피로 만든 원추형 천막), 아랍인의 대형 블랙 텐트, 그리고 에스키모인의 이글루 Igloo도 마찬가지이다.

포르데 (Forde, 1934)는 그의 저서에서 세계 여러 지역 특유의 주거형을 분류하였는데, 건축방식은 돌, 초목, 짐승의 털과 가죽 등 가용자원을 최대한 활용하여 주어진 기후조건의 수정을 꾀하는 것이다. 한랭지역의 주거형태는 가능한 최대로 열을 보존할 수 있도록 설계되어

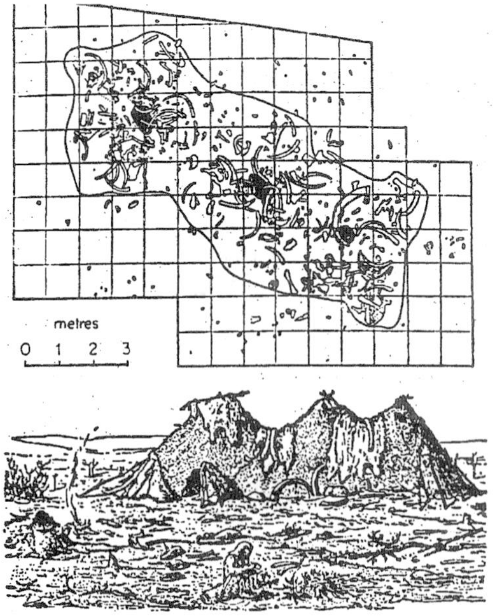


**그림 6.19** 키예프 근교의 Pushkari에 위치한 후구석기 시대(BC 4만 년경)의 접지주택인 매머드 사냥꾼의 텐트 (Mongait, 1961) 계획도(상), 원형복원도(하)

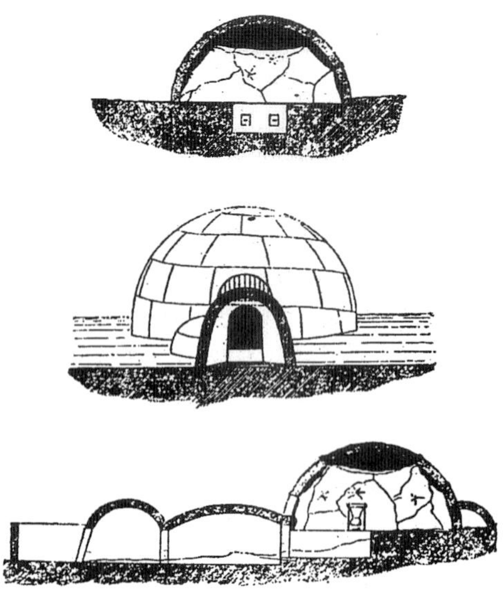

**그림 6.20** 에스키모인의 이글루(igloo)

있고, 열대지역의 주거는 건조기에 대비할 수 있도록 통풍이 고려되어 있으며, 아랍인의 블랙 텐트의 경우는 필요하면 풍향에 맞춰 조절할 수 있도록 되어 있다.

결국 건물의 주목적은 인간의 요구와 그 지역 기후조건과의 조화를 꾀하는 것이다. 이 점은 지금도 건물이 필요한 기본적 이유인, 즉 자연 그대로의 환경은 지속적으로 안락한 기후를 제공하지 못하므로 우리 인간은 건물을 짓고자 하는 것이다.

오늘날 건물은 물리적 기후의 수정 이상을 필요로 한다. 건물은 사회적, 정치적, 경제적, 도덕적, 심미적 요소 및 그 외 각종 요소들과 같은 어떤 문화적 기후를 수정하게 되며 또한 이런 문화적 기후에 의해 수정을 당하기도 한다.

실용적 디자인이란 처음에는 건물형태를 만들기 위하여 시행착오를 거듭하는 가운데 재료를 사용해 본다는 데 근거를 두고 있다. 이 방법은 지금도 새로운 재료를 사용해 보는 문제에 직면했을 때나, 혹은 옛 재료를 새롭게 사용하여 보다 큰 경제성 및 더욱 훌륭한 수행도를 성취하거나 과거식대로 사용할 때보다는 더 나은 이점을 도모할 때 적용된다. 오늘날 우리가 일상적으로 사용하기는 무리인 듯하나, 여전히 이 실용주의를 디자인에 이용할 수 있는 여지는 많다고 하겠다.

## 2.2 인습적 디자인

인습적 디자인Iconic Design은 실용주의적인 접근으로 규격화된 것을 가장 훌륭하고 정확한 설계로 믿고 전통적으로 전해 온 고정관념에 의해 디자인하는 것으로, 독창성에 문제가 있으나 가장 손쉬운 방법이다. 그러나 건축의 경우, 가능한 한 어떤 건물도 다른 건물의 복사판이 되어서는 안 된다. 왜냐하면, 대지조건, 사용자의 구성 및 성향 등 주어진 조건이 똑 같지 않기 때문이다.

건축물은 조절되어야 할 기후와 그 조절에 유용한 자원이 상응한다면, 일단 거주하기에 편리하다고 인정된 건축형태가 반복되는데 이는 그 자체로서 충분한 타당성이 있다. 그러나 건축형태가 반복되는 또 다른 요인이 있는데, 이는 건축형태와 생활양식은 서로 조화를 이룬다는 점이다. 예를 들면, 에스키모의 가족집단은 이글루에 서로 통로를 내어 장기간의 겨울 동안 사회적 상호작용이 가능토록 한다. 보르네오 일부 지역의 폴리네시아 모든 부족은 기다란 공동주택에서 동거하는 반면, 아랍인의 블랙 텐트는 남자와 여자 방을 구분하게 되어 있다. 그러므로 주택형태와 주거양식, 생활방식과 주택형태 간에는 서로 상호적응의 관계가 있다.

건축의 기존 방식을 유지토록 하는 또 다른 요인이 있는데, 장인匠人은 오랜 세월에 걸쳐 재료의 성질을 알게 되고 도구를 다루게 되며 그 외 자기 기술에 관한 모든 것을 알게 된다

Sturt, 1923. 자기 기술 분야에서 일단 장인이 되면 이런 전통적인 방식은 그의 뇌리 속에 남아 있게 된다. 기술을 오래 유지하려는 개개 장인들의 성향에 따라 건축의 모든 양식이 면면히 이어져 내려오게 된다. 그리고 건축양식이 명맥을 잇게 되는 원인으로서 문화적 이유를 또한 들 수 있다. 건축방식은 부족민의 뇌리 속에 자리 잡게 되어 부족의 성원은 누구나 건축형태에 관한 전반적인 고착된 이미지를 갖게 됨으로써 인습적으로 디자인을 하게 되는 것이다.

인습이라는 말의 의미처럼 이것은 과거에 시도된 공인된 형태를 그대로 사용한다는 것인데, 역사적으로 인습적 디자인은 시행착오의 결과이다. 건물형과 시공법이 실용적으로 설정되어 반복 사용된 까닭은 그것들이 건물에 수용될 필요가 있는 활동들에 대한 기후의 수정과 시공이라는 측면에서 사람들에게 훌륭하다고 알려졌기 때문이다. 인습적 디자인은 과거에 비해 우리에게 크게 도움이 되지 않더라도 그 이점은 오늘날에도 여전히 유효하다. 사람들은 이미 경험을 해 왔기 때문에 인습적 디자인의 기대치를 알고 있다. 가령, 환경적 측면에서 공간의 형태와 크기, 조명 · 난방 · 음조절의 양과 질, 가구의 배치방식, 커뮤니케이션의 방식을 알고 있다. 또한 건축의 질적 측면에서 건물이 어떻게 되리라는 것을 알고 있다. 주택, 학교, 병원, 사무실 등 여러 가지 건물유형에서 어느 디자인의 가치가 입증되었다면 구태여 그것을 변화시킬 이유는 없는 것이다.

## 2.3 유추적 디자인

유추적 디자인 Analogic Design이란 새로운 재료와 기술이 발달하여도 기존의 사물이나 과거의 작품에서 형태와 상세를 직관적으로 이용해 디자인하는 경우이다. 즉, 어떤 하나의 사물이나 형태로부터 유추하여 건축물의 외형을 이끌어 내는 방법이다. 예를 들면 고대 이집트의 석조 건물은 진흙과 갈대로 만든 벽체의 건물에서 발전한 것이며, 고대 그리스 후기의 대리석 사원

**그림 6.21** 몽고인의 전통가옥 게르(ger)

**그림 6.22** 아랍인(베두인족)의 전통 이동식 가옥

은 본래 목재였던 것이 점차 발전된 것이다.

언어의 경우, 새로운 낱말은 대부분 유추에 의해서 형성된다. 한 어린이가 bean의 복수가 beans라는 것을 알게 되면 논리적 귀결로서 deer의 복수는 deers라는 것을 상정하게 된다. 이와 같이 새로운 시각적 형태는 흔히 유추과정에 의해 생겨나는데, 새로운 형태를 도출하는 이런 방법은 인간이라면 누구나 그 마음속에 근원적으로 가지고 있는 것이다.

건축형태에 유추가 적용된 곳으로 현존하는 최초의 건축물은 이집트 멤피스 Memphis 근교의 사카라 Saqqara에 위치한 조세르 Djoser 왕의 광대한 분묘군이다(B.C 2800). 오늘날까지 나일 강 계곡에 남아 있는 건물은 석실 분묘인 마스터바 Mastaba로서, 그 재료는 햇볕에 구운 벽돌이며 평평한 상면부의 사방은 경사로 되어 있는데, 그 자체 관실 棺室에 덮어야 했던 돌산의 형태를 유추한 것으로 바람에 날려 오는 모래를 방지하기 위한 실용적인 장치였다. 그리고 고대 이집트의 최초 피라미드인 계단식 피라미드는 이보다 규모가 작은 마스터바를 경사지게 쌓아올린 것이다.

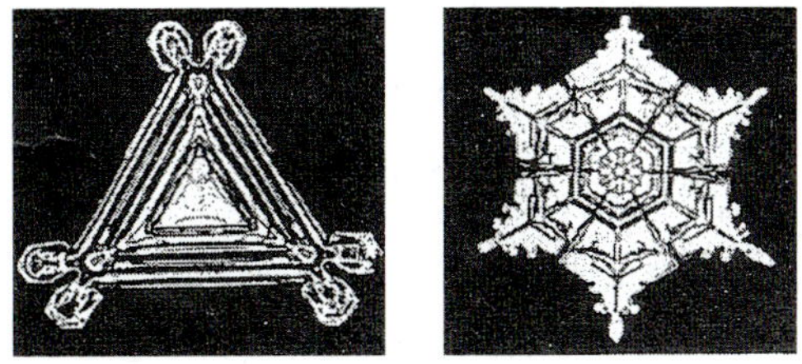

눈의 결정

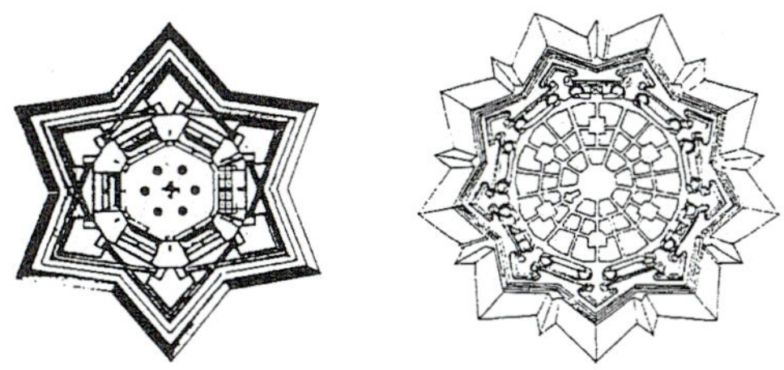

별 모양의 요새

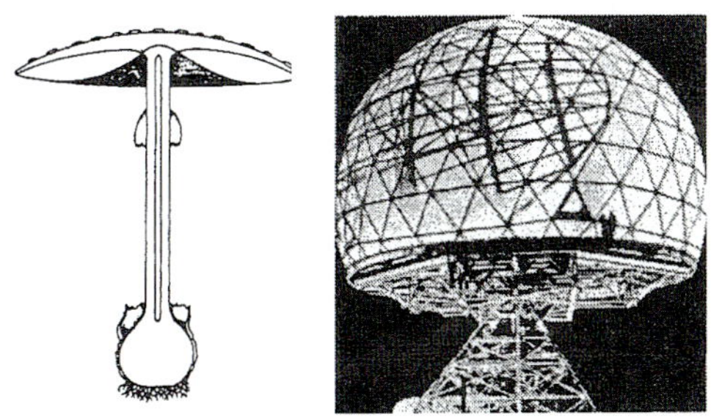

버섯의 단면도

**그림 6.23** 자연물에서의 유추

디자인의 유추물이 무엇이든 간에 일단 그것을 도면, 컴퓨터 그래픽, 모형 등으로 나타내

**그림 6.24** 고대 이집트의 계단형 피라미드, BC 2600년경.

**그림 6.25** 피에르 루지 네르비, 팔라초 델 라보르, 토리노, 1960년. 기둥과 보의 모양이 예술적이다.

게 되면 유추물 자체가 대부분 그 고유의 속성을 우리의 디자인에 부여하게 됨으로써 원래의 의도가 왜곡되게 된다. 디자인 유추물의 사용 여부에 관계없이 유추적 디자인은 지금도 건축 설계에 있어 창조적 아이디어의 가장 유력한 원천이다. 라이트 F. L. Wright는 자신의 작품과 관련된 이러한 다수의 사례를 보여 주고 있다. 존슨왁스회사의 관리동 건물(1936)과 타워(1951)의 구조단위는 수련 또는 버섯을 유추한 것이며, 위스콘신 주 메디슨의 유니테리언 Unitarian 미팅 하우스(1951)는 기도하는 자신의 손을 유추한 것이다. 코르뷔지에 Le Corbusier 역시 롱샹 교회당(1953)의 구상을 위해 게 껍데기를 포함하여 수많은 유추물을 그렸다.

유추는 창조성의 중심 메커니즘으로서 창조적인 많은 건축가들도 그들의 작품에서 직관적으로 유추를 사용해 왔는데, 대부분의 경우 창조적 유추는 건축 외의 분야로부터 도출하였다. 그러나 작가가 다른 사람의 작품을 유추하는 경우도 많다. 예를 들면, 코르뷔지에가 페레 Perret의 작품에서, 미스 Mies van der Rohe가 베렌스 Behrens와 싱켈 Schinkel의 작품에서, 그로피우스 Gropius가 베렌스와 라이트의 작품에서 도출한 여러 유추의 사례를 찾아볼 수 있다. 그리고 코스타 Costa, 니마이어 Niemeyer, 프라이 Fly, 라스던 Lasdun, 당게 Dange 등의 작품을 보면 거기에서 코르뷔지에 작품과의 유사성을 찾아볼 수 있다. 또한 스털링 James Stirling의 케임브리지대학 역사학부 건물에서 분명한 유추를 볼 수 있는데, 그것의 유추원은 페어허스트 Harry Fairhurst Senior가 설계한 맨체스터의 요크 하우스 York House이다.

유추적 디자인은 모방의 일종이지만 창조적 아이디어의 가장 유력한 원천이 되고 있다. 따라서 기존의 사물이나 건축 이외의 작품 및 다른 건축가의 작품들이 풍부한 유추원이 될 수 있다. 그 유추원이 자신에게 적당한 것이라면 그것을 외면할 이유는 없다. 하나의 훌륭한 유추는 어떤 적절하지 못한 '오리지널'보다 훨씬 바람직한 것이다.

**그림 6.26** 르 코르뷔지에, 롱샹 교회당, 1953년

**그림 6.27** 페이(I. M. Pei), 유리 피라미드, 루브르박물관, 파리, 1989. 재료는 다르지만 형태가 이집트 기자에 있는 피라미드와 같다.

## 2.4 규범적 디자인

규범적 디자인Canonic Design은 일정한 법칙이나 규칙에 따라 디자인 하는 것으로, 설계를 공식화하기 위해 제도가 시작되면서 생긴 방식이다. 예를 들면, 일련의 기하학적인 자기 모듈Module을 갖고 디자인하는 경우이다. 디자이너가 실제 건물을 설계하기 전에 일단 도면을 준비하게 되면, 그는 자신의 도면 자체에 매료되어 버린다. 즉, 질서와 규칙성의 양식에 몰두한 나머지 다른 영역을 침범하는 형태를 낳게 되는 경우가 많다.

디자인에 있어서 어떤 법칙, 규칙, 격자, 비례체계, 규범적 체계, 기하학적 패턴, 황금분할, 계획격자, 모듈러 패턴, 규칙적(규범적) 격자, 매트릭스 등의 용어들은 규범적 성격을 갖는 것들이다. 그중 비례체계는 디자이너에게 있어서 인물의 형상, 건물 정면의 크기와 모양, 현관이나 창문의 규격 등에 관한 많은 의사결정의 권위로서, 이것이 없다면 디자이너는 자신의 개인적인 판단에 의존하게 된다. 가령, 고대 그리스 건축의 표현양식에서 오더Order 자체는 기둥의 직경, 높이, 간격 등의 사이에서 일정한 비례관계를 가진 규범적 체계를 의미하는 것이다. 프랭클Frankl, 1946에 의하면 플라톤의 기하학이 특별한 건축적 중요성을 갖게 된 것은 중세로서, 당시에 플라톤의 기하학은 대성당 계획에서 3차원 형태를 도출하는 수단이었다고 한다.

건축 디자인에서 규범적 비례체계가 명백히 보이는 건물을 의식적 · 무의식적으로 생각하는 사람이 많다. 이 같은 접근방법은 오늘날의 모듈러 시스템, 척도조정 및 시스템 건축에 매우 관심이 많다. 예를 들면, 미스(Mies van der Rohe, 1960)는 자신이 설계한 IIT 캠퍼스에 규범적 접근방법을 사용하며, 다음과 같이 기술하였다. "나는 캠퍼스 전체에 격자를 그려 넣었는데, 이는 기계적으로 보다 편리하게 디자인할 수 있기 때문이다. 그 다음 기둥의 위치를 고려해야만 했다. 우리는 격자의 교차점에 기둥을 두었으며, 이런 식으로 모든 기둥을 설치해 나갔다."

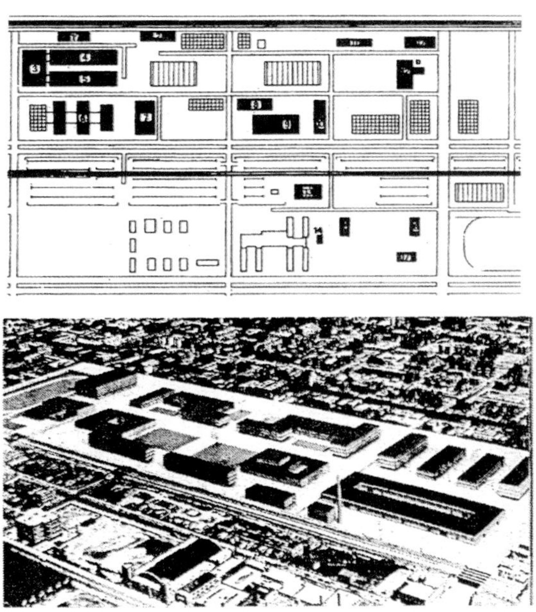

**그림 6.28** 미즈 반 데어 로에, IIT 캠퍼스 마스터플랜과 모델

규범적 디자인은 디자인에 있어서 모듈 또는 척도좌표계를 나타내는 2차원 혹은 3차원의 격자 등의 규범적 시스템

을 설정하는 일이다. 바람직한 방의 형태와 크기가 미리 작성된, 하나의 기초가 될 만한 환경 매트릭스가 주어졌다면 규범적 시스템을 설정하는 데 매우 효과적일 것이다. 주어진 이들 형태와 크기를 참조하여 격자의 기본 축척을 입체적으로 결정할 수 있으므로, 격자 자체를 하나의 수리적 추상체로 보고 시작할 때보다는 더욱 효과적으로 격자와 활동들 사이의 적합성을 꾀할 수 있다. 격자를 실제의 건물 구성재와 일치시키자면 여전히 어려움이 따르게 마련인데, 이는 많은 구성재가 활동의 크기에 관계없이 격자의 크기에 맞추어 만들어졌기 때문이다.

지금까지 실용적, 인습적, 유추적, 규범적 방법에 대한 네 가지 디자인 방법을 살펴보았다. 건축가들은 3차원의 형태를 도출하게 될 때는 디자인 행위의 대상이나 의사결정에 관계없이 항상 실용적, 인습적, 유추적 및 규범적 접근방법을 조합·사용하였다. 그러나 이러한 방식의 형태 도출이 결코 건축디자인의 전부라고 말할 수 는 없다. 또한 건물이 공간계획, 환경조절, 건축비용 등에서 전반적으로 사용자의 요구를 만족시키지 못하게 되면 형태 자체는 사실상 전혀 의미가 없는 것이다.

작가는 실제에 있어 차이는 있겠지만 기질적으로 이들 네 가지 접근방법 중 어느 하나에 더 끌리게 될 것이다. '창조적'인 건축가는 인습적 디자인을 기피하고 유추적 디자인의 경향을 보일 것이며, '합리적'인 건축가는 규범

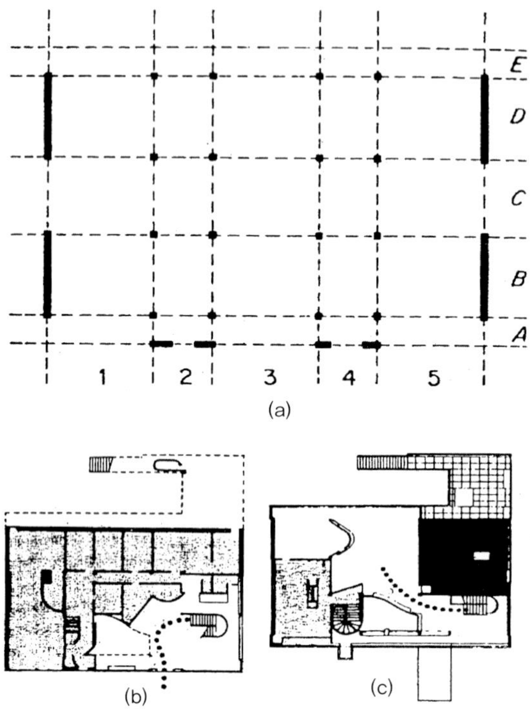


**그림 6.29** 르 코르뷔지에, 스테인(Stien) 별장, Garches(현재는 Vaucresson) 소재, 1927년

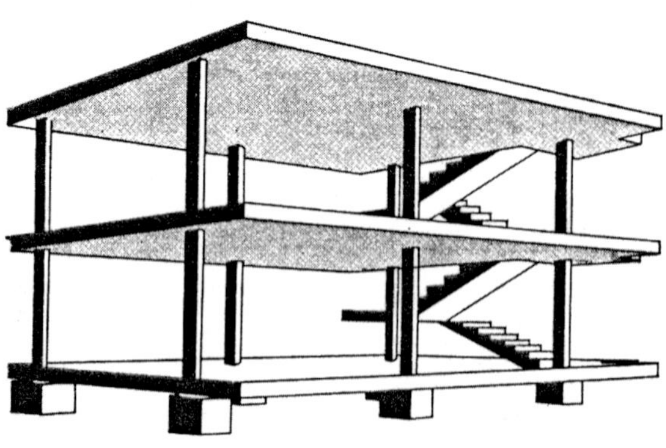

**그림 6.30** 르 코르뷔지에, 도미노 주택, 1914년. 캔틸레버식 계단에 철근콘크리트 기둥이 철근콘크리트 바닥을 지지하고 있다.

적 디자인을 택하는 경우도 있겠지만 보통 실용적 디자인의 경향을 보일 것이다. 디자인을 하는 경우, 디자인 행위 그 자체가 디자인의 방향을 결정하기도 한다. 이때 주의할 점은 유추물은 어느 단계에서나 바뀔 수 있다는 점이다. 예를 들면 일단 매트릭스로 방의 형태가 작성되면, 이번에는 도면 그 자체가 유추물 또는 심지어 인습적으로 발전될 수 있는 어느 특정 건물형태를 시사한다. 디자인의 네 가지 방법, 즉 실용적, 인습적, 유추적, 규범적 방법의 효과적 사용 여부는 그것을 사용하는 사람에 따라 크게 좌우된다고 하겠다.

## 3. 형태의 도출방법

### 3.1 형태발상의 방법

사람들은 흔히 조형발상을 순간적인 영감이나 천부적인 재능에 의해 얻어지는 아이디어 정도로 생각하지만, 조형발상의 시초에는 보다 다양한 동기와 집약적으로 개발된 능력들이 작용하는 경우가 많다. 조형발상은 개인의 창의성과 응용력에 따라 그 표현 가능성을 무한대로 확장시켜 구체화할 수 있지만, 때로는 표현의 주제와 여건 등에 따라 제한을 받기도 한다. 특히 디자인의 영역에서는 구체적인 목적 아래 대중을 만족시키기 위한 작업을 하는 경우가 많기 때문에 일반적으로 대중과의 소통을 위하여 보편적 표현형식에 따른 제한을 받기도 한다.

창의적인 형태발상은 조형작업의 바탕을 이루므로 형태발상은 조형표현을 위한 가장 기본적이고 필수적인 단계로서 그 중요성은 아무리 강조해도 지나치지 않다. 형태발상은 조형의 요소 및 원리를 바탕으로 2차원적인 평면에서 출발하여 입체적인 3차원, 4차원의 형태로 그 범위를 확산시켜 나가는 것이 일반적이다.

이미지를 구상하는 단계에서 아이디어 스케치, 즉 드로잉 작업이 수반되는데 이는 사고의 영역이 실제의 시각영역으로 전환되어 표현되는 과정이다. 그림 Drawing은 불분명한 내적 심상에 초점을 맞출 뿐만 아니라 발전된 사고의 흐름에 대한 기록이 되기도 한다. 또한 그림은 기억능력의 한계를 뛰어넘게 해주는데, 이는 아무리 기억력이 좋은 사람도 그림으로 그려

**그림 6.31** 김종영(1915~1982), 여인상(수묵화), 한국

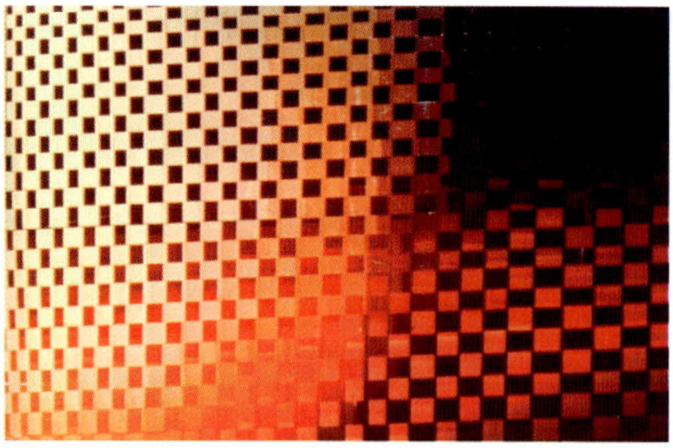

그림 6.32 점의 반복 그래픽

그림 6.33 건축 드로잉의 한 사례

놓은 것만큼 또렷하게 기억할 수는 없기 때문이다.

조형발상의 기본단계에서는 필수적으로 드로잉을 하는 습관이 필요하다. 드로잉은 조형작업을 진행하기 위한 초기 아이디어 스케치에서부터 건축의 세부설계 도면에까지 매우 폭넓고 다양하게 적용된다. 오늘날의 드로잉 표현매체는 전통적인 목탄이나 연필 등에 국한되지 않고 컴퓨터와 마우스, 디지타이저 등으로 다양화되고 있다. 그러므로 수작업에 의한 전통적인 드로잉뿐만 아니라 CAD, 컴퓨터그래픽(CG) 등의 컴퓨터 드로잉까지 포함하는 현대의 드로잉은 많은 예술가들에게 시각적 개념을 빠르고 손쉽게 표현하는 기초수단으로 활용되고 있다. 이러한 테크닉적인 측면과 함께 창의적 아이디어 발상을 위한 기본적인 요소로는 감수성 Sensitivity, 직관력 Intuition, 상상력 Imagination 등을 들 수 있다.

드로잉을 하는 사람은 자신의 이미지 발상에 따라 자연이나 일상의 구체적인 대상을 단순화 · 추상화할 수도 있으며, 또한 추상적인 개념을 시각적으로 구체화할 수도 있을 것이다. 그러므로 이와 같은 다양한 이미지 발상은 결국 개개인의 창의성과 불가분의 연관성을 갖게 되는 것이다.

## 3.2 형태발상의 기본유형

형태발상이란 구체적인 대상이나 형태를 보고 그것을 재현하거나 단순화시키는 것을 포함하여, 그것을 통한 개인의 내적인 감흥, 체험, 영감 등을 바탕으로 이미지를 구상하고 표현하는 일련의 과정을 말한다. 형태발상은 초기의 발상단계와 구체적인 이미지가 실현된 단계로 구분할 수 있는데, 초기의 발상단계에서는 추상적인 개념으로부터 구체적인 이미지를 표현하기도 하고, 또한 자연의 구상적인 이미지를 추상화하기도 한다. 형태발상의 내용적인 측면에 있어서는 개인의 작업의식, 작가가 속한 사회 · 문화현상, 개인의 관심 등에 따라 매우 다양하게 나타날 수 있다.

형태의 유형은 이미지 발상에 의해 크게 현실적 형태 Real Form, 이념적 형태 Ideal Form로 분류할 수 있다. 현실적 형태는 다시 자연적 형태와 인공적 형태로 분류할 수 있다. 자연적 형태는 생물의 형태와 무생물의 형태로 구분되며, 생물의 형태는 또 동물의 형태와 식물의 형태로 분류된다. 인공적 형태는 다시 구상적 형태, 반半추상적 형태, 추상적 형태로 구분할 수 있다. 이념적 형태는 대부분 추상적 형태로 표현되며, 이것은 세부적으로 점, 선, 면 등의 기하학적인 추상형태와 개인적인 감정을 추상적으로 표현한 서정적 추상형태로 분류된다.

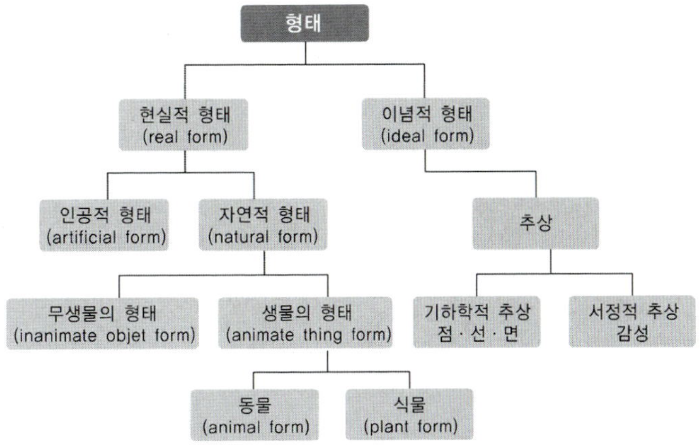

그림 6.34 형태발상의 기본유형 분류

상기와 같은 분류에 따라 이미지 발상의 개략적 형태를 자연의 형태, 동 · 식물의 형태, 기하학적 형태, 서정적 형태 등으로 구분할 수 있다. 그리고 형태발상에 의한 다양한 이미지들을 외형적으로 구상적 이미지, 반半추상적 이미지, 추상적 이미지 등으로 분류할 수 있다.

## 3.3 형태발상의 기본단계

형태발상의 기본단계는 자연형태의 사실적 형태발상, 추상적 형태발상, 확대에 의한 형태발상, 작가의 추상적 개념에 바탕을 둔 기하학적 추상, 서정적 추상 등으로 분류할 수 있다.

그림 6.35 레버 하우스(고층 사무소 건축), 뉴욕, 1952년

그림 6.36 시영 아스팔트 플랜트의 외관

그림 6.37 프란즈 스타인브루셀, 마틴 루터교회, 취리히, 스위스, 1958년

이와 같이 우리가 어떠한 이미지를 구상하고 시각적으로 구체화하는 단계에는 여러 가지가 있으며, 조형의 근원이 되는 많은 요소는 매우 다양하고 복잡하다. 구체적인 대상이나 형태를 보고 재현하거나 생략·단순화시키는 경우가 있고, 개인의 내적인 감흥·체험·영감 등을 바탕으로 주관적 이미지를 구상하여 표현할 수도 있다. 이미지 발상법에는 자연이나 일상의 구체적인 대상을 단순화·추상화하는 방법이 있으며, 또한 추상적인 개념을 시각적으로 구체화하는 방법도 있다. 따라서 우리는 최종적인 이미지만을 보고는 그것이 구체적인 대상을 가지고 그려진 것인지 아닌지의 여부를 알 수 없는 경우가 많다. 일련의 전개과정을 통해서만 우리는 이미지의 보다 구체적인 발전과정을 알 수 있다.

우리는 일상의 구체적인 대상뿐만 아니라 다양한 주제와 요소들로써 시각적인 이미지를

**그림 6.38** 루이스 칸, 경영학 연구소, 아헴다바드대학교, 인도, 1974년

**그림 6.39** 계단 난간의 생체곡선

**그림 6.40** 식물의 아름다운 곡선

**그림 6.41** 랑스 대성당의 정면 중앙 게이블과 장미창, 라임, 프랑스, 1211~90년

**그림 6.42** 옥수수 모양 같은 발코니의 반복구성

발상할 수 있는 조형요소로 삼을 수가 있다. 뿐만 아니라 하나 또는 몇 개의 조형요소를 가지고 공간에 구성하는 방법에 따라 다양한 이미지를 연출할 수 있다. 이러한 연출방법은 인간의 형태심리학 Gestalt Psychology 측면을 바탕으로 하고 있으며, 조형요소의 연출방법에 따라 무궁무진한 변화감을 가져올 수도 있다.

조형의 근원이나 발상의 근원은 때로는 논리적으로 설명할 수 없는 무작위적인 요소를 가지기도 하지만, 일정한 체계에 의한 미적 패턴을 가지는 경우도 많다. 인간의 시지각 특징은 불규칙한 형태 속에서도 일련의 일정한 규칙을 찾아서 공통의 이미지로 인식하려는 경향이 있다. 이러한 시지각의 특성에 의하여 우리는 자연을 조형적으로 이해하게 된다.

전통적으로 자연은 예술가들의 직접적인 모방의 대상이 되어 왔으며, 인간은 자연의 형태에서 조형의 이미지를 많이 가져왔다. 특히 과거의 많은 예술가들은 건축, 공예, 풍경화, 정물화 등에서 자연형태의 재현에 충실하였다.

꽃이나 잎과 같은 식물의 형태는 조형예술 표현에서 사실적 이미지뿐만 아니라 상징적 의미와 추상적 이미지로도 널리 사용되어 왔다. 식물의 형태는 그리스 시대의 건축양식, 아르누보의 건축양식, 아르데코 스타일의 작품을 포함한 다양한 조형작업에서 사실적인 자연의 형상을 표현한 예로서 가장 쉽게 발견할 수 있는 것이다.

동물의 형태 역시 훌륭한 조형의 아이디어가 되며, 식물의 형태와 마찬가지로 사실적 재현 표현뿐만 아니라 상징적 의미와 추상적 이미지로 사용되어 왔다. 조형에 있어서 유기적 형태를 이루고 있는 많은 부분은 자연의 형태, 특히 동물의 형태로부터 유추되었다. 대표적으로 잠수함이나 비행기가 돌고래나 새의 형태로부터 발상된 형태를 지니고 있음을 들 수 있다.

자연의 형상을 종교적 상징이나 관념적 이미지, 또는 추상적 이미지로 표현한 경우에는 구체적인 발상의 단계가 설명되지 않으면, 보는 이가 그 의미를 공유할 수 없는 경우가 많다. 그것은 관념적 이미지가 내면을 형상화한 추상작업일 경우가 많기 때문이다. 그러므로 우리는 거꾸로 자연의 형상을 인간의 정신적 세계로 고양시키는 발상의 단계를 살펴봄으로써 형태의 의미를 구체적으로 이해할 수 있는 계기를 갖게 되는 것이다.

## 3.4 형태발상의 원천

앞에서 살펴본 바와 같이 형을 추구하는 있어서는 자연으로부터 구하는 경우, 추상으로부터 구하는 경우, 새로운 형을 구하는 경우 등이 있으며, 그 외에 전통으로부터 구하는 경우도 있다. 본 절에서는 형태발상의 원천으로서 '자연으로부터의 발상'과 '전통으로부터의 발상'을 중심으로 살펴본다.

### 1) 자연으로부터의 발상

자연은 모든 사물에 근본적인 영향을 미치며, 인간생활도 자연이 허락하는 범위 내에서 자연환경의 지배를 받아왔다. 과거의 자연은 인간의 존재에 있어서 절대적인 조건이었다. 그러나 다른 생물이 어디까지나 자연의 법칙 속에서만 고정된 적응을 하는 데 비해 인간의 경우 역사적인 흐름으로 볼 때, 인간과 자연과의 사이에 제2의 자연이라고도 할 만한 인공환경을 만들어냄으로써 자연의 직접적인 위협에서 도피하려고 하였다. 인간과 자연과의 관계를 고정적인 것에서 해방시켜 그 관계를 바꿈으로써 인간과 자연의 관계를 조정하기 시작한 것이다.

**그림 6.43** 하늘을 나는 귀여운 새

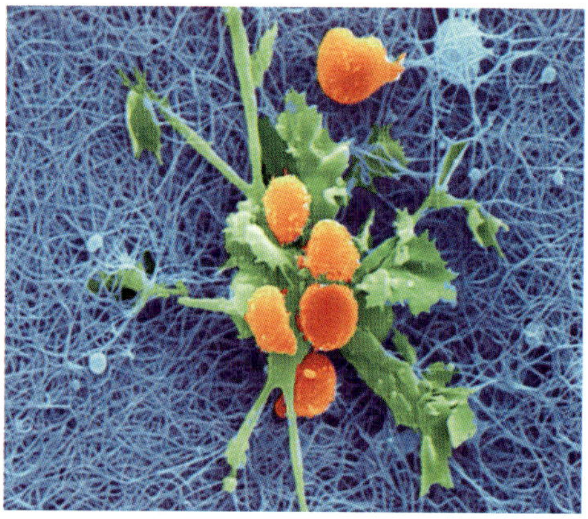

**그림 6.44** 질병과 싸우는 세포. 독일 브라운슈바이크에서 공개한 살아있는 쥐의 림프절 이미지 사진

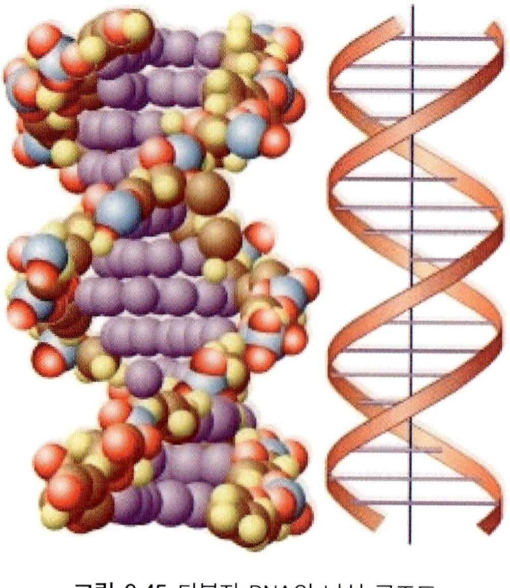

**그림 6.45** 다분자 DNA의 나선 구조도

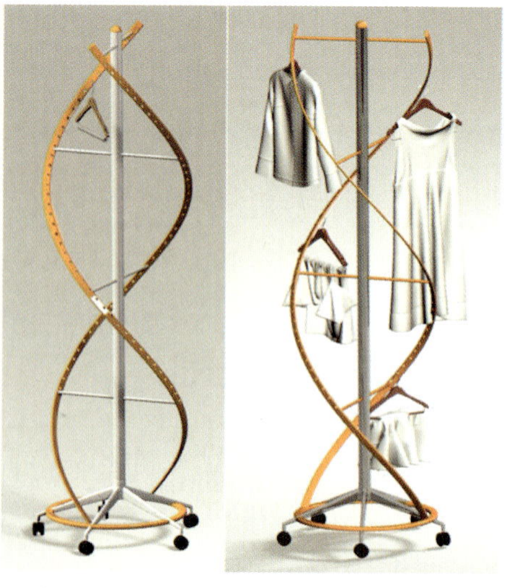

**그림 6.46** DNA의 이중 나선형 구조처럼 생긴 옷걸이

자연은 미적 아름다움의 근원일 뿐만 아니라 조형예술에 있어서의 형태발상에 가장 근원적이고도 중요한 대상이다. 특히 인간은 지구상에 생존하면서 자연의 형태를 모방 또는 재현함으로써 자연의 이미지를 직접 또는 차용하여 사용해 왔다. 이처럼 자연의 환경 및 현상은 인간의 미적 표현에 있어서 실로 중요한 위치를 점하며 지대한 영향력을 미치는 것이다.

산, 강, 하늘, 구름, 바다, 갯벌, 사막 등 무생태계의 자연환경적 요소와 나비, 새, 조개, 꽃잎, 나무 등과 같은 생태계의 생물학적 요소, 심지어는 물질의 분자, 원자구조 및 우주의 태양계, 은하계에 이르기까지 자연에서 조형의 근원이 되는 많은 요소를 찾아볼 수 있다. 자연형태는 매우 복합적이고 다양한 체계를 가지고 있으며, 자연 그 자체는 항상 변화하는 과정 속에 존재한다. 즉, 자연의 형태는 유형적으로 미시의 세계인 아주 작은 미세한 생물에서부터 우리가 살고 있는 우주나 태양계와 같은 거시적 세계까지를 포함한다.

자연의 형상은 구상적이지만 때로는 추상적인데, 가령 강물의 물결 이미지는 구상적이지만 퍼져나가는 파장은 추상적 이미지로 나타나고 있다. 산, 바다, 강물, 바위, 사막 등과 같은 자연풍경의 구성요소들에서 뿐만 아니라 동·식물과 같이 살아있는 유기체에서도 조형의 모티브를 발견할 수가 있다. 생물 염색체의 DNA가 이루고 있는 나선형 구조나 단세포 생물의 내부구조를 육안으로는 볼 수 없지만 현미경으로 확대하여 볼 수 있으며, 아주 작고 단순한 원생동물 중 아메바의 부정형 형태는 현대의 많은 예술가들이 차용해 온 대표적인 이미지로 꼽을 수 있다.

건축가들이 벌집이나 DNA구조 등의 확대된 형태로부터 돔 형태 또는 나선 형태의 건축물에 차용한 이미지를 발견할 수 있다. 또한 장식적인 표현 경향이 강한 미술공예운동, 아르누보, 아르데코 등의 양식 표현에서는 동·식물에서 볼 수 있는 유기적인 모티브를 사용하여 장식성을 극대화하는 사례가 많은데, 이처럼 자연의 이미지는 전통적으로 중요한 형태발상의

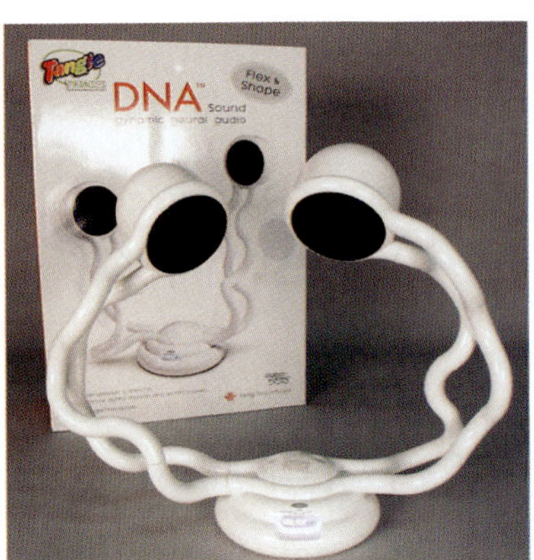


**그림 6.47** Tangle의 DNA 스피커

**그림 6.48** 오페라하우스, 시드니, 호주, 1965년

모티브가 되고 있다.

자연에서 볼 수 있는 동 · 식물의 형태와 그 구조를 살펴보면 크게 두 가지로 분류된다. 그 하나는 '골조형 骨組形'이며, 다른 하나는 '각형 殼形, Shell Type'이다. 일반적으로 건축물은 골조형으로서 기둥과 보의 골조에 의해서 천장, 벽, 지붕, 기타의 부속물에 의해 지지되고 있다. 그러므로 조형적으로는 수직과 수평의 리듬이 외관으로 나타나게 된다.

각형은 '셸구조'라고 부르며 패각 貝殼, Shell, 난각 卵殼, Eggshell과 같은 모양이 있다. 이것은 패각이나 난각처럼 타원형에 가까운 모양도 있지만 비눗방울이나 귤껍질, 인체의 두골 頭骨처럼 구형 球形에 가까운 모양이나 반구형 半球形도 생각할 수 있다. 그러나 셸구조는 주로 반구형의 모양인 돔 dome 구조와는 다르다.

셸구조는 보통 밖으로 부풀음 형상을 갖는 조형현상을 갖게 되므로 유기적이고 양감적이다. 시드니 오페라 하우스 Sydney Opera House는 많은 사람들의 흥미와 관심을 끌어온 전형적인 셸구조의 건축물이다. 이 거대한 조각적 건축물의 백색의 우아한 콘크리트 셸 형태는 구면 球面으로부터 복잡한 기하학적 변형에 의해 이루어졌다. 기단 위에 셸이 겹쳐 있으며, 정적인 빛과 동적인 조형의 상호작용으로 셸을 덮은 타일은 태양빛을 받아 빛나는 명암의 콘트라스트는 정말 아름답다. 공간을 둘러싼 셸구조는 아름답고 또한 그 역동감이 조형적이고도 논리적이다.

이와 같이 인간은 자연에서 조형적인 구성을 위하여 실로 많은 것을 배우고 차용해 왔다. 우리가 산에 들어갔다고 하자. 산은 어떻게 연이어져 있는가, 그곳에는 반복과 리듬이 있고 밸런스가 느껴질 것이다. 산에서 산으로 능선에 어떤 역동감이 보이는가를 행각해 보는 것도 구성을 위한 힌트가 될 것이다.

또한 바다에 갔다고 하자. 해안에는 바위가 어떻게 수직 · 수평으로 서있거나 누워있는가, 바위를 점 點현상, 선 線현상 혹은 면 面현상 등으로 환원시켜 보면 리듬감이나 밸런스의 탐구가 될 것이다. 그리고 논과 밭의 사진을 본다면 어떻게 조화와 통일감을 이루고 있는가, 게슈탈트 법칙 Gestalt Rule이 어떻게 이루어지는지 등을 살펴볼 수 있다. 자연은 이와 같이 형태발상을 위한 아이디어 원천이자 디자인을 위한 모티브의 원천이기도 하다.

### 2) 전통으로부터의 발상

동서고금, 시공 時空을 초월하여 인간은 어느 시대에서도 자기의 사상을 표출하고 이미지를 표현하여 왔다. 인간의 오랜 심벌화의 욕구는 변함이 없었고, 생활 속에서 끊임없이 새로운 것을 추구하며 인류의 문명을 발전시켜 왔다. '옛것을 찾아서 새것을 안다' 는 것은 매우 중요한 일이다. 우리는 옛것을 통하여 조형의 의미와 흐름을 파악하고 새로운 것을 창조하며 발전시켜나갈 수 있는 것이다.

'전통'의 사전적 의미는 '계통을 받아 전함' 또는 '관습 가운데서 역사적 배경을 가지며 특히 높은 규범적 의의를 지니고 전하여 내려오는 것'이다. 전통은 시기적인 지속성과 고유성, 가변성, 현재성을 지니고 있으며, 과거에 단절된 것이 현재에도 가능하다는 판단과 이를 되살리려는 의욕이 민족 대다수의 공감 아래 이루어진다면 이는 재생도 되고 재창조도 될 수 있다. 그러므로 전통이란 과거의 것이 아니고 현재까지 내려오는 지속적 요소이다.

디자인에 있어서 한국 전통미술의 예술성과 정서를 음미하고 되새겨 보는 것은 큰 의미가 있다. 그럼으로써 우리의 전통과 문화를 계승해 나갈 수 있는 것은 물론, 이를 토대로 하여 더욱 발전시켜 나갈 수 있는 것이다. 우리 전통문화의 계승 및 발전은 근본을 무시하지 않으면서 현대적으로 보완하고 단점을 극복해 나가는 것이며, 현대적인 접목을 통하여 새로운 디자인을 창출하는 것이다.

에카르트(Andreas Eckardt, 독일)는 그의 저서인 ≪한국미술사≫에서 한국미술의 특질을 '단순성'과 '간결성'이라고 하였다. 품위와 고아함이 어우러진 진지함, 형태를 완성시키는 고전적인 선線의 운영, 간결하고 절도 있는 억제된 형식의 표현 등은 "그리스 고전미술에서 발견되는 바와 같은 온화함과 절제"라고 높이 평가하였다.

우리는 전통예술에서 고유의 한국적인 풍류와 멋을 느끼며 오랜 세월동안 우리만의 독특한 풍속을 유지해 왔다. 한국의 산하, 기후, 풍토 등의 자연환경은 한국인으로 성장하도록 하였고, 그 속에서 지극히 한국적인 것들을 형성하고 우리의 문화를 창출하여 왔다. 한옥, 온돌, 정자, 장독대, 한복, 갓, 족두리, 버선, 부채, 화로, 수반, 항아리, 등잔, 신선로, 족자, 병풍, 옷걸이, 지게, 삼태기, 단청, 문양… 등에서 우리 전통문화의 옛 풍류와 고유의 멋을 느낄 수 있는 것이다.

**그림 6.49** 한국의 전통건축, 진남관, 여수

**그림 6.50** 고건축의 처마 단청, 민속촌, 한국

한국 전통건축의 특성을 살펴보면, 우선 건축과 주변의 자연환경이 너무나 유기적으로 잘 융합되어 있기 때문에 자연환경과 분리된 전통건축을 생각할 수 없으며, 아름다운 자연환경 속에는 으레 여기에 조화되는 건축을 연상하리만큼 건축과 자연은 불가분의 관계를 이루고 있다.

또한 우리의 전통건축은 지붕부분과 기둥부분, 기단부분이 상분 · 중분 · 하분의 수직적인 삼분체계로 하늘天, 사람人, 땅地의 의미를 가지며, 또한 삼분의 수직체계는 각기 그에 해당하는 건축요소를 가질 뿐 아니라 척도로서 조화로운 비례를 갖는 입면구성의 원칙을 보여주고 있다. 외부공간 구성은 선적 구성에 그 특징이 있다. 기둥도리 등의 목조 부재가 갖는 노출된 나뭇결로부터 이들 구조재의 선적 표현, 처마의 서까래들이 가지는 선적인 리듬, 지붕골의 선적인 구성, 그리고 입면의 대부분을 차지하는 창호의 살 짜임으로 이루어진 선적 구성들이 입면의 특징이다.

건축에서의 전통적 표현은 지나간 시대의 건축형태를 현대적 구조방식으로 모방하거나 변형했다고 해서 이루어지는 것이 아니고, 전통건축 속에 내재되어 있는 건축적 사고와 창의적 의도를 충분히 이해하고 이러한 개념들을 시대성과 조화를 이룰 수 있는 창의적인 방법으로 표현해야 한다. 이러한 개념을 '현대건축에서의 전통수용'이라고 할 수 있는데, '전통건축의 현대화'라는 또 하나의 개념을 모두 내포하는 이원론적 시각의 주장도 있다.

우리의 전통건축의장은 풍토적 요인, 생활관습적 요인, 민족정서적 요인 등에 의해 형성되어 왔다. 이러한 전통건축의장을 현대적으로 수용하는 방법으로는 모사적 방법, 절충적 방법, 추상적 방법 등이 있다.

모사적 방법이란 한옥의 형태를 전체 또는 부분을 새로운 재료에 의해 그대로 복제하여 나열 또는 재조합하여 건물의 외부형태를 구성하고 그 내부를 현대 기능으로 구획하는 것이다. 절충적 방법은 한옥의 디테일을 단순화하여 건물의 각 부분에 장식적으로 도입하는 것으

**그림 6.51** 강세황(1713~1791), 사군자, 수묵화, 조선시대

로, 이러한 방법은 모사적 방법과 추상적 방법의 중간적 표현방법이며 타협적 성격이 강하다고 할 수 있다. 그리고 추상적 방법은 한옥의장을 장식적으로 도입하기보다는 구조체 자체에서 느끼는 연상적 이미지를 추구하는 것으로, 이 방법은 현대건축에서의 전통 논의에서 가장 강조되어 왔으며 또한 건축형태로 어떻게 표현되는지에 있어서 가장 어려운 과제이다.

현대건축에서의 전통 수용은 끊임없이 논의되어 논리로 정립되어야 하며 또한 공감대를 얻을 수 있는 형태로 구체화되어야 한다. 한국이라는 장소성과 현대라는 시간성이 있는 한국 현대건축은 공간개념에서 뿐만 아니라 의장에서도 전통이 수용되어야 하며, 그 입면은 한국 전통의장에서 우리의 풍토와 생활관습, 민족정서에 맞는 형태를 찾아 현대적 요구에 맞도록 계획되어야 한다.

'구성의 심리 構成心理'는 동서고금의 조형현상에 공유되어 왔다. 그래서 '리듬과 밸런스'에 대해서 배우려고 한다면 회화, 조각, 그래픽, 텍스타일, 의상, 건축 등에 걸쳐 옛것을 살펴보는 것이 좋다. 선인들은 '리듬과 밸런스'에 대해서 어떻게 구했던가, 그것을 '구성의 심리'에서 찾아보는 것이 좋다. 그뿐만 아니라 그것으로 인해 선인들은 무엇을 호소하려고 하였는지, 조형의 의미 造形意味를 구해보는 것이 좋다. 선인들은 갔지만 선인들이 남겨놓은 작품에 그들의 작의 作意가 비장 祕藏되어 있을 것이다. 그들의 의지를 이해하려면 구성을 보아두어야 한다. 구성이 눈에 들어오면 작품의 이미지를 이해하게 될 것이다. 조형의 의미는 전문가의 입장에서 정진 精進하는 사람들에 의해 샘에서 솟아나는 물 Gushing Spring과 같이 구성을 위한 발상을 갖게 할 것이다.

오늘날 세계화의 물결은 이제 우리의 생활 곳곳에서 찾아볼 수 있다. 이로 인해 우리의 삶과 불가분의 관계를 갖고 있는 디자인에 있어서 이제는 우리 나름대로의 특성화를 만들어 나아가야 한다. 세계화가 가속화 될수록 우리의 전통적 특성의 장점을 살리는 동시에 세계화를

**그림 6.52** 선조들이 머리에 쓴 갓, 한국

**그림 6.53** 방패연, 한국

이끌고 나아갈 디자인을 부각시키는 것이 디자이너들의 연구과제이다.

미래학자 존 내스빗John Naisbitt은 "생각은 지역적으로 그러나 행동은 세계적으로 Think locally but act globally"라고 하였으며, "가장 한국적인 것이 가장 세계적인 것이다"라는 말은 전통과 관련된 문화나 디자인의 중요성을 일깨우는 좋은 표현이다. 그러나 무조건 전통적 요소의 답습이나 단순한 활용은 고도로 세계화하고 있는 디자인의 흐름과는 조화를 이룰 수 없으므로 한국적 요소 또는 한국성의 본질을 충분히 이해하고 적극적으로 현대화시키는 작업이 필요하다.

21세기의 디자인 패러다임은 현대사회의 변화와 함께 논리와 이성을 중시하는 서양 중심의 디자인 패러다임에서 감성적 가치를 중시하는 동양의 디자인 패러다임으로 변화하고 있다.

## 3.5 형태발상의 접근방법

### 1) 모사와 모방

모사Mimesis의 사전적 의미를 살펴보면, "사물을 형체 그대로 그림 또는 그런 그림", "어떤 그림을 보고 그와 똑같이 그린 그림" 등이다. 건축을 포함한 모든 예술분야에 있어서 모사를 통해 창조성을 낳을 수 없다는 것은 널리 알려져 있다. 또한 부도덕한 것으로 인정되는 복사나 표절행위도 모사행위와 더불어 부정적인 의미로 사용되고 있다.

'안토니아데스'는 그리노프Horatio Greenough가 저술한 ≪형태와 기능≫에서 주장하고 있는 중요한 테마 중 하나인, 옛것들의 이미지와 스타일을 복사하는 행위의 타당성과 모사에 관한 몇 가지의 경우를 예로 들고 있다. 특히 그는 콘크리트를 은유적 기법으로 다루어 내는 기술과 그 잠재력을 훌륭하게 표현하는 것을 통해서 형태의 아름다움을 추구하는 '르 코르뷔지에'에 대해 호의적인 태도를 보여주고 있다. 그는 창조적 작업을 하는 사람은 시각적 혹은 형태

그림 6.54 가쭈마사 야마시다, 페이스 하우스, 교토, 1974년

그림 6.55 프랭크 게리, 치아트 데이 오피스, 로스앤젤레스

적 모방과 외적인 특성들에 근거하는 것이 아니라, 어떤 형태를 논리적으로 발전시키는 데 도움을 주는 본질적인 자연법칙과 외형의 구조 및 기하학적 형태, 그리고 내적인 요구사항들에 대한 진솔한 이해 등에 바탕을 두고 창조작업을 수행해야 한다는 입장이다.

한편, 모방 Imitation의 사전적 의미는 "본떠서 함 또는 흉내를 냄"이고, "사회집단을 구성하는 개개인의 결합관계를 성립시키는 요인으로서의 반복행위"라고도 한다.

모방의 개념을 둘러싸고 논란이 일어나고 있는 실용적 측면은 물론 이론적 측면의 매우 복잡한 문제들은 우리의 회의적인 태도를 지지함과 동시에 수용성과 포괄성 쪽의 성향을 강화시켜 주고 있다. 외형적인 측면이 강조되는 모방의 경우, 우리가 비평적인 시각으로 살펴볼 때 수용할 만한 결과물을 제공하지는 않지만, 적어도 정통적인 입장을 지지하는 것과 관련된 구체적인 진술은 제공할 것이다. 많은 새로운 것들은 정통적인 규칙의 타파와 비정통적인 것의 거부 및 탐구, 그리고 이미 존재하고 있는 기존의 보다 자유로운 태도에 관한 포괄성 등을 통해 발전되고 있다.

그러므로 논리적이든 그렇지 않든 간에, 건축을 전공하는 학생들에게 어떤 학설을 거부하거나 혹은 따르게 하는 것과 같은 결정론적인 태도를 강조하는 교육보다는 모방적이고 파생적이며, 절충적인 연습과정에 몰두할 수 있는 분위기를 만들어 주는 것이 더 중요하다. 우리는 복사하는 행위는 용납할 수 없으며 표절은 비열한 행동이라는 태도를 분명히 지지하지만, 한 개인이 가지고 있는 영감의 원천을 믿고 그가 대하는 지시대상들이 명료하다면 몇몇 거장들의 수법에 내재된 비밀을 이해하고 비교를 통해 그것을 알려고 하는 노력의 일환으로 진행되는 연습과정은 권장되어야 할 것이다.

### 2) 직해적 접근방법

직해 直解의 사전적 의미는 "문장이나 구절을 글자 뜻대로 해석함"을 말한다.

**그림 6.56** 복잡하게 얽힌 나뭇잎의 줄기

**그림 6.57** 식물줄기 모양의 건축물

명확한 개념에 의해 이미지가 만들어진 지시대상에 의한 모방은 한 개인이 직해성의 문제에 관해 매우 조심스런 태도를 보일 경우 창조성에 이르는 수단으로 간주되어야 한다. 그러나 교토에 있는 '페이스 하우스', 로스앤젤레스의 '핫도그 스탠드' 등과 같은 작품들은 대부분 다른 어떤 이미지들이 배제된 상태에서 직해적 트릭과 시각적 흉내에만 전적으로 의존하고 있기 때문에 그러한 직해는 상상력을 저하시킨다. 따라서 직접적으로 시각적 모방을 시도하는 건축가들은 이미 지어진 건물들로부터 개념을 확장하거나 유추할 수 있는 능력이 부족한 사람들로 평가될 수 있다. 이러한 직해는 대부분의 사람들이 딱 한번 보고 이해하는 것으로 끝나기 때문에 권장할 만한 것이 못된다. 직해는 무감각하고 상상력이 없는 사람들을 양산하는 잠재력을 가지고 있기 때문에 건축가들은 이를 피해야 할 것이다.

그림 6-57에서 보는 바와 같이 지붕 구조체를 지지하는 기둥은 나무를 직해적으로 표현한 것임을 쉽게 알아볼 수 있다. 그러나 이것은 역학적인 구조해석에서 볼 때, 자연적인 것과 동시에 일치하고 있기 때문에 그 직해방식이 수긍되고 있는 것이다. 건축가인 알바 알토 역시 자연의 영향을 많이 받은 사람이었다. 그는 자연을 스케치하고 관찰하여 그 내용을 자신의 다양한 연구방식을 통해 변형시켰으며 건물을 구성하는 기본적인 구성인자로 이용하였다.

모방과 직해는 자극의 기원에 의존하는 많은 형태들을 취할 수 있다. 지금까지 역사적인 선행물에 뿌리를 둔 모방은 역사주의와 절충주의로 발전되었으며, 자연의 뿌리를 둔 모방은 낭만주의를 낳았으나, 기존 건축가들의 작품을 모방할 경우 그 결과물은 복사나 표절과 같은 시비에 휩쓸리기 쉽다. 건축가는 이 모든 문제들을 고려하여 직해에 관해 끊임없이 의문을 제기해야 하며, 당면한 대상의 본질적인 문제를 자신의 독창성으로 해결하려는 이러한 노력을 통해 문제들을 극복해 나가야 할 것이다.

**그림 6.58** 한스 샤로운, 베를린 필하모니 홀, 1963년

**그림 6.59** 마이클 그레이브스, 돌핀 & 스완 호텔단지, 플로리다, 미국, 1990년

### 3) 은유적 접근방법

은유 Metaphor는 서술적인 용어가 암시된 주체에 대하여 일종의 축어적인 유사성을 바탕으로 한 어떤 객체로 변환되는 언어의 도식이다. 은유는 유추와 마찬가지로 사물들 사이의 관계를 나타낸다. 그러나 이때의 관계는 실제적 literal이라기보다는 다소 추상적이다. 직유는 영어의 'like'나 'as'와 같은 단어를 사용하여 관계를 표현해 주는 비유방법이다. 유추가 있을 수 있는 실제 관계를 나타내 주는 것이라면, 은유와 직유는 있을 수 있는 유사한 관계를 밝혀주는 것이라고 볼 수 있다.

넓은 의미에서 은유적인 접근방법은 창조자들 누구에게나 유용하고 이로운 것이 될 수 있다. 그리고 이러한 접근방법은 창조자로 하여금 또 다른 시각으로 어떤 작품을 바라볼 수 있는 기회를 제공할 것이고, 새로운 질문을 던질 수 있게 하고, 새로운 해석을 가능하게 할 것이며, 창조자의 마음을 미지의 영역으로 데려갈 것이다.

안토니아데스는 ≪건축시학≫에서 은유의 접근방법을 다음과 같이 논하고 있다. 은유적 통로는 장점은 물론 단점도 가지고 있다. 중요한 것은 우리가 그 접근통로에 이르는 방법이다. 은유의 새로운 언어와 새로운 표현을 지나치게 지성화하여 주조 鑄造하려는 시도와 함께 나타나는 극단적인 비밀스러움(어딘가 다르게 보이고 세련되게 보이게 하는 성질)의 태도는 사람들을 어리둥절하게 할 것이다. 이와 같은 현상은 최근의 기호학, 언어학, 그리고 역사주의적 성향을 띠는 건축가들에게서 찾아볼 수 있다. 창조자들 사이의 의사전달에 나쁜 영향을 미쳤던 것은 이들 창조자들이 속한 집단이 주장하는 전망보다는 그 집단의 비밀스러움과 집단이 지향하는 전체적인 성향이었다.

포스트모더니즘, 특히 역사주의 포스트모더니즘은 그 이론적, 비평적 해석의 대부분이 언

**그림 6.60** 이소자키 아라타, 기타큐슈 중앙도서관, 후쿠오카, 일본, 1973~74년

**그림 6.61** 르 코르뷔지에, 필립스 파빌리온, 브뤼셀, 벨기에, 1958년. 음악적인 리듬을 은유적으로 표현함.

어학의 은유에 의존하고 있기 때문에 건축 창조성을 위한 은유의 이용에 적합한 방법을 거의 제시하지 못하고 있다. 오히려 많은 건축가와 교육자, 학생들을 난처하게 만들고 이질감만 느끼게 할 뿐이다. 더구나 관련 이론가들이 채용하는 언어의 불이해성과 비밀스러움은 이러한 역작용을 부채질하는 한 가지 요소로서 작용하고 있다.

건축 창조성을 향한 은유적 접근통로는 최근에 가장 대중적인 방법들 중의 하나가 되고 있다. 20세기에 있었던 주요 건축운동은 근대 건축가들이 채택한 은유에 의해 명명되어 왔다. 기계 Machine는 근대운동의 은유였고 파괴 Ruin는 포스트모던 운동의 은유로 이용되어 왔다. 기술이나 새로운 사회의 정열은 러시아 구성주의자들의 은유였고 의인화와 척추 형성(코어와 가슴을 가진)은 포스트모던 역사주의자들의 은유였던 반면에, 무척추형성(코어와 가슴이 없고 속이 비어 있는 주택)은 포스트모던 역사주의 계열의 피터 아이젠만 Peter Eisenman, 프랭크 게리 Frank O. Gehry 등과 같은 건축가들이 추구한 또 다른 운동의 은유였다.

핀란드 건축가인 알바 알토 Hugo Alvar Henrik Aalto는 무형적 은유를 이용하여 작품을 만들었다. 알토의 건물은 개별성과 자연성, 공동체 등의 개념에 근거한 은유적 행위로부터 발전된 것이었다. 알토가 세인들로부터 갈채를 받는 것은 아마도 모든 은유들 중의 가장 위대한 것인 인간성이라는 무형적 은유에 바탕을 둔 건물의 가능성을 보여줬다는 점에 있다. 알토는 개별성과 반권위주의, 자연의 활용 등의 은유를 통한 건축물을 디자인하였다. 가정적인 분위기의 '사이나찰로 시청사'와 로바니에미에 있는 '라피아 하우스'의 지붕선을 통해 표현된 핀란드식 경관과 수많은 인공천창을 통해 실내로 유입되는 연속적인 채광 등이 그런 작품들이다.

건축가 한스 샤로운 Hans Scharoun이 설계한 '베를린 필하모닉 홀'은 포도밭으로 덮여있는 언덕이라는 유형적 조건을 은유적으로 표현하였다. 건물 내부는 이와 같은 경관을 떠올려주고 있으며, 관객은 경사진 언덕부분의 포도이고 무대는 구릉의 낮은 부분이며, 천장은 일종의 텐트로 표현되고 있다.

건축가인 아라타 이소자키 磯崎新는 창조적 수단으로서 은유를 중요하게 생각한 작가이다. 그의 많은 작품들이 직해를 표방했는데, 특히 '후지미 컨트리클럽 하우스' 건물은 마치 의문부호처럼 보이고, '기타큐슈 중앙도서관'은 치약형태의 건물로 느껴진다. 그러나 그의 창조적 노력의 출발은 대체로 은유적이다.

## 4. 기본 발상법

인간은 태어나면서부터 다른 생물과 마찬가지로 주위로부터 끊임없는 자극을 받고 그것에 대하여 특정한 반응을 보임으로써 사유하게 된다. 사유란 무수한 '자극 – 반응'에 따른 일련의 기계적 자연현상이 인간의 뇌(대뇌피질의 언어영역)에 남긴 '흔적 Engram'을 말하게 된다. 이 흔적을 우리는 심적 영상이라고 하고 이들 심적 영상을 사유의 대상물(기호)로써 받아들일 때 아이디어 또는 관념이 생겼다고 한다.

발상이란 아이디어 창출 Idea Generation, 즉 마음속의 상想을 외부로 드러내는發 과정이다. 이것은 디자인 행위의 초기의 단계로써 대상의 테마와 그 개념구성 Conception Formation, 즉 콘셉트를 가지고 구체적 상이나 형을 얻어내는 과정이라고 할 수 있다.

아이디어는 원래 그리스어 'idein (form, look)' 가 어원이며, 볼 수 있는 실체나 형상을 의미한다. 예술 분야에서는 '구상'이라고 하고 디자인에서는 '발상'으로 번역된다. 따라서 '콘셉트'가 어떠한 사물에 대하여 일반적으로 갖는 추상적 생각(심상)이라면, '아이디어'는 어떠한 사물에 대한 구체적인 생각(심상)이라고 할 수 있다. 그런데 콘셉트나 아이디어를 만드는 근본적인 힘이 있게 되는데, 바로 이것이 심적 영상 Mental Image이다. 심상이라고 번역되는 이미지는 외계에 대한 자극으로 이루어진 지각상이라 할 수 있다.

형태에 대한 여러 방면의 연구적 접근은 형태를 도출하는 행위의 세계를 확대하는 것이다.

그림 6.62 정방형의 절단과 재구성

형태를 도출하는 기본 발상법에는 크게 조형적 방법, 실험적 방법, 적응적 방법, 사고적 방법이 있다.

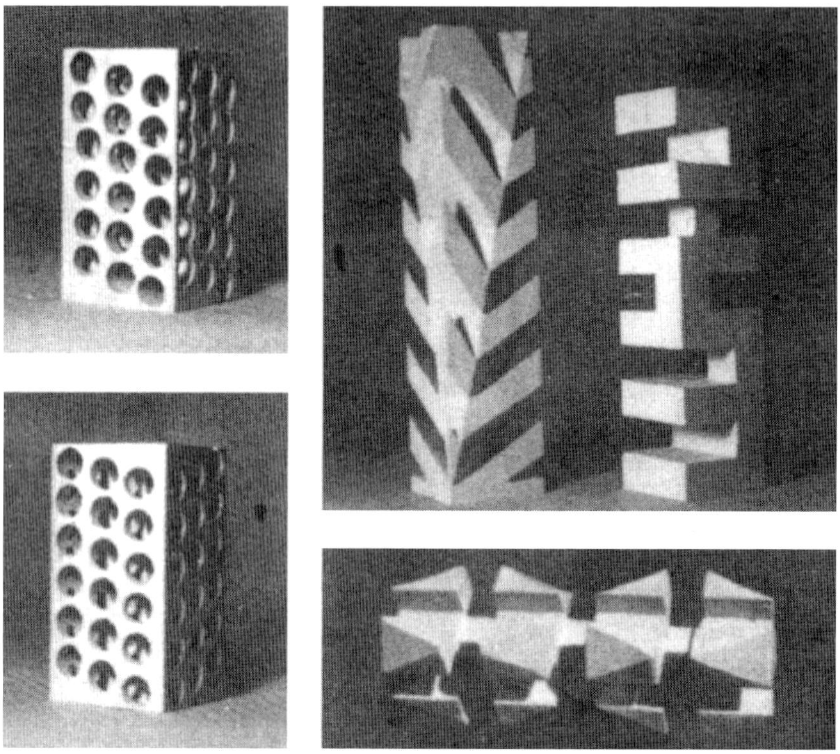

**그림 6.63** 판재 또는 괴재의 조합과 변형에 의한 형태연구

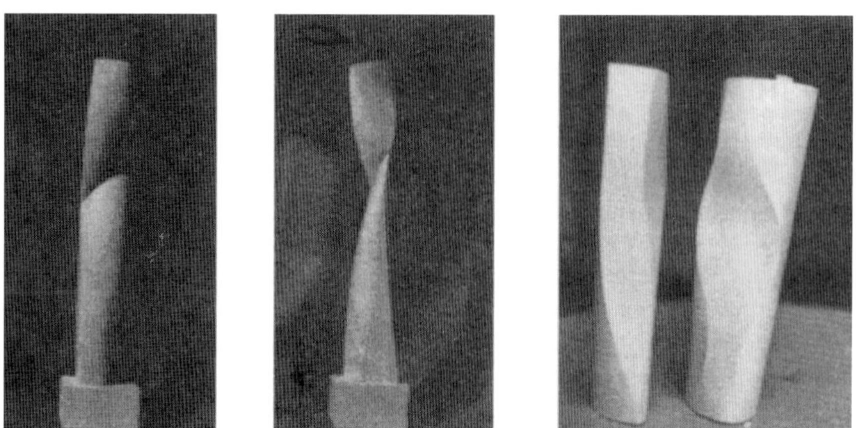

**그림 6.64** 원통형에 의한 우연의 형태와 절곡된 재질의 유기적 표현방법

## 4.1 조형적 방법

조형적 방법 Formative Approach이란 구체적인 '조형행위'에 주안을 두는 방법으로 형태의 형성과정에서 새로운 형태를 발견해가는 것이다. 이를 위해서는 구체적으로 계속해서 시도하고 변형하며, 소재를 변화시키는 등 갖가지 조건하에서 철저히 조형할 필요가 있다. 그러는 가운데서 새로운 형태를 만들어내는 것이다.

조형적 방법은 '형'으로 사고하는 태도이며 조형에 있어서 발상의 매개는 말 言이나 수 數 등도 중요한 요소이지만 여기서는 오히려 '행태 짓는' 과정이나 형의 조작을 통하여 새로운 형태를 만들어 나가는 방법이다. 예를 들면 방패를 고안함에 있어서 많은 화살이 날아올 때 화살을 피하기 위한 방패의 모양이나 크기 등을 형을 통해서 고안해보는 방법과 같은 것이다.

'형'과 '형태'의 관계 속에서 새로운 '형'과 '형태'를 생각해내고 창조하며, 머리로만 생각하는 것이 아니라 손을 통하여 '형'을 통하여 생각한다. 소재나 기술을 활용하여 갖가지 조건하에서 형을 만들어가는 갈등을 통하여 새로운 창조의 경험을 하고 새로운 조형의 세계를 열어가는 것이다. 그러기 위해서는 손을 써서 형을 만든다는 신체적 경험을 거치게 되는 것이다. 그러는 가운데 때로는 나무의 질감이나 돌의 경도 硬度를 알고, 철의 탄성을 아는 등 소재의

**그림 6.65** 일련의 형태를 소재와 표현을 바꾸어 작품화한다.

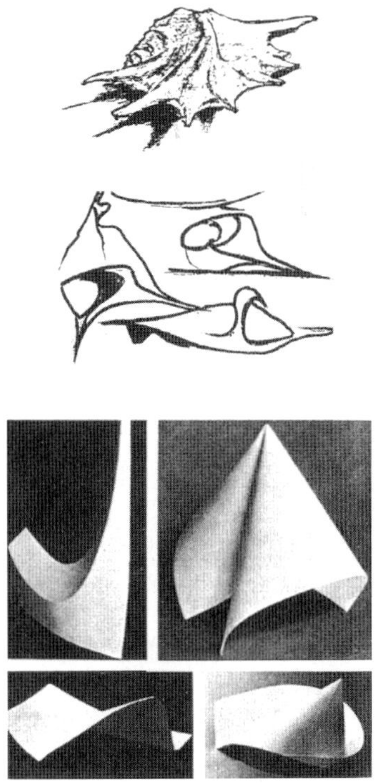

**그림 6.66** 조개의 원형을 변화시킨 구조물의 곡면 조형연구

성질을 체험하며 도구를 알게 된다. 이것은 형과 소재와의 대화이기도 한데, 그런 과정에서 형과 소재의 조형의지를 서로 만나게 하는 방법이다. 그러는 가운데에서 새로운 형태와의 만남과 창조의 결실을 얻을 수 있는 것이다.

## 4.2 실험적 방법

조형의 구조물이 무너지지 않고 안전성을 유지하려면 균형과 내력 및 안정이 고려되어야 한다. 이를 위해서는 각종 실험적 연구가 필요하다. 실험적 방법 Experimental Approach은 소재나 구조에 관한 기초적 실험, 형태의 유효성에 관한 실험, 형태 및 재질에 관한 조형방법의 실험 등으로 나누어 생각할 수 있다.

### 1) 소재나 구조에 관한 기초적 실험

종이, 목재, 플라스틱, 금속 등 소재에 따라서 그 구조는 달라진다. 각각의 소재나 용도에 알맞은 구조의 실험적 연구는 끊임없이 시도되고 연구되어야 한다. 실제로 행해지는 구조적 조형 테마는 구조를 이해하고 사고를 기르며 창조하는 것도 가능하기 때문에 그 의미는 매우 크다. 예를 들면 하중, 압축력, 인장력, 전단력, 탄성 등과 같은 구조계산이나 실험, 또는 손의 치수를 비롯한 인체치수의 조사와 범위 및 인간의 환경에 관한 필수적 데이터 등 형태조형에 영향을 미치는 기초적 실험이나 조사를 말한다.

### 2) 형태의 유효성에 관한 실험

일정한 목적에 따라 조형된 것은 그 요구를 만족시킬 수 있는 내용인 형태에 관한 실험이다. 실제 사용해서 추적조사를 하고 문제점의 발견이나 생활하는 가운데에서 생겨나는 새로

**그림 6.67** 텐트구조의 건축물

**그림 6.68** 벅민스터 풀러, 엑스포67 미국관, 몬트리올, 1967년

그림 6.69 구(球)의 유형과 기법에 따른 이미지 변화

운 가치에 관해서도 다음 번의 디자인을 위해 파악하지 않으면 안 된다.

형화形化 또는 물화物化된 것에 관해서 그 유효성을 실험하고 동시에 문제점을 탐구해야 할 필요가 있다.

그림 6.70 가리비조개의 이미지 변화

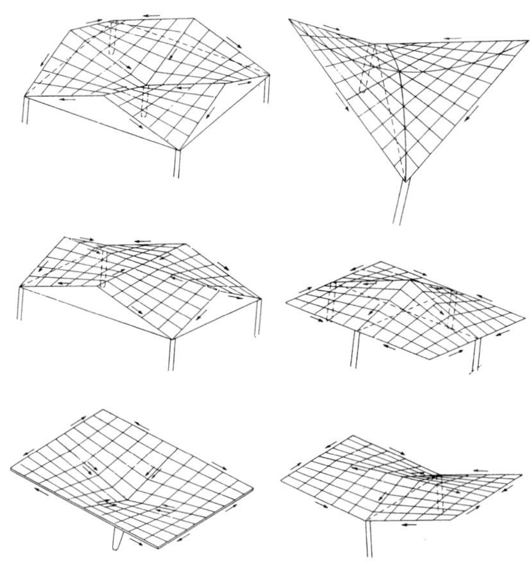

정방형 평면의 왜곡에서 하이퍼볼릭(hyperbolic)·파라볼로이드(paraboloid) 쌍곡포물선의 지붕이 생긴다. 4개의 기본요소의 결합방법에 따라 지붕의 형태가 바뀐다.

그림 6.71 구조시스템

### 3) 형태 및 재질에 관한 조형방법의 실험

조형활동에 있어서 각종 형태나 소재의 시각적, 촉각적, 심리적 등 각종 특성에 관한 실험이 필요하다. 형, 크기, 색, 방향, 재질감 등이 어떻게 지각되며 심리적 인상을 주는가 하는 것은 물론 발달단계에 따라서 다르지만 조형경험과도 깊이 관련되는 문제이며 눈, 손, 머리, 마음이라는 총체로서의 지각이기도 하기 때문에 실험을 통해 더욱 높은 조형에 대한 인식을 얻을 수 있다.

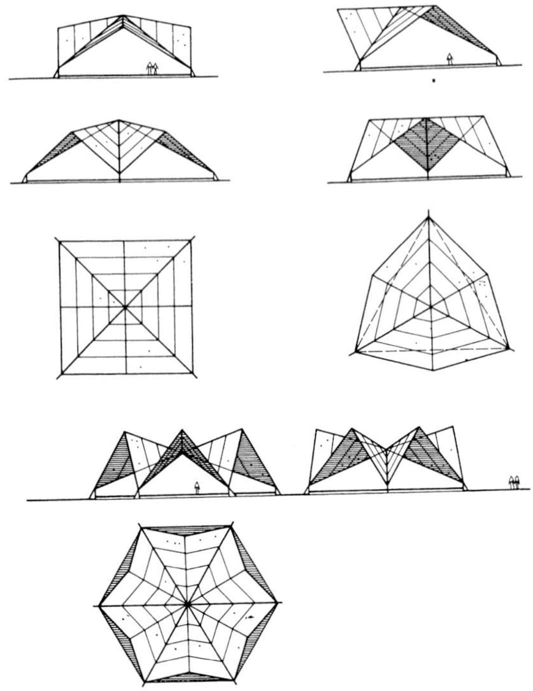

그림 6.72 사방정계(Prismatic)에 의한 구조시스템

형태 및 재질에 관한 조형방법의 실험으로는 형태 소재나 기술에 의한 실험, 형태의 목적을 위한 요소의 실험, 형태를 기본으로 하여 발상해가는 실험, 형태를 전체적 측면에서 고찰해보는 방법, 형태가 갖는 특성을 체계적으로 해보는 실험, 형태를 조형법칙에 따라 활용해보는 실험 등을 상정해 볼 수 있다.

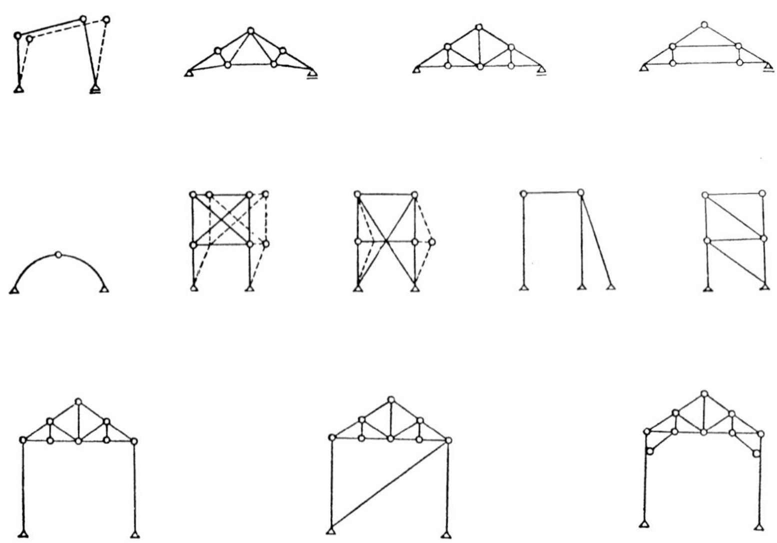

그림 6.73 구조의 여러 가지 유형

## 4.3 적응적 방법

적응적 방법 Adaptive Approach에는 구체적인 형태 자체의 적응성 발견 및 추상적인 개념을 창출하여 형태를 별도로 만든다는 두 가지가 있다. 예를 들면 새가 날아오르는 원리에서 비행기를 생각한다든가, 오징어나 가오리로부터 제트기의 형태를 발상하는 것과 같은 것이다. 또는 생물의 신진대사를 기초로 하여 발전시킨 시스템에서 기계나 건축시스템을 발상한 경우도 이 방법을 활용한 것이다.

적응성이란 주제와 형태를 적응적 관계로 만들기 위해서 적응적 변환이나 적응적 창조를 주로 하는 조형행위가 이루어지지만 이 변환이나 창조를 위한 매개가 되는 것에 대해서 생각할 필요가 있다. 그리고 이 방법은 생체공학 Bionics의 '관찰 – 유추 – 합성'의 과정을 통해 전개되며, 자연에 대한 관찰을 통해 인위적 유추과정을 중요시하는 한편, 자연을 이해하고 보다 깊은 관찰을 통해 물物 자체가 지니는 복합기능을 지녀야 한다는 점을 중요시 한다.

자연계에 있는 형태의 적응적 방법으로는 꽃잎 모양에서 조명기구를, 완두콩 꼬투리에서 팩 Pack을, 벌집구조에서 어떤 단위공간이나 군집형태를 발상하는 것 등이 있다. 또한 잠자리 눈은 180°까지 볼 수 있는데 이 원리는 180°의 범위를 촬영할 수 있는 카메라 렌즈에 대한 아이디어를 우리에게 제공하였으며, 덩굴식물의 나선형 덩굴 모양에서 착상하여 좁은 공간에 유용한 나선형 계단을 디자인하는 경우 등이 그것이다.

적응적 방법에서 중요한 것은 유효성을 찾아내기 위하여 생활 속에서 많은 문제점이나 구체적 조형을 위한 흥미와 통찰력을 갖추어야 한다. 현실에서 볼 수 있는 수많은 형태나 실험한 형태에서 얻은 이미지가 그대로 적응되는 것이 아니라 실제로 적응하기 위해서는

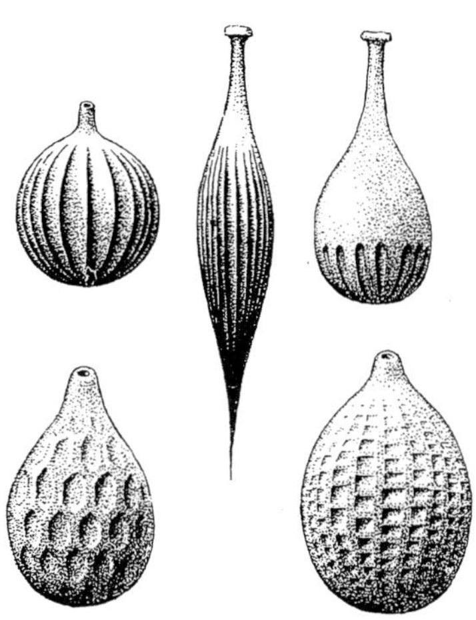

**그림 6.74** 씨앗에 나타난 구형(조명기구에 응용)

**그림 6.75** 고딕(Gothic) 건축물에서 볼 수 있는 아치 모양의 군집된 숲의 편화

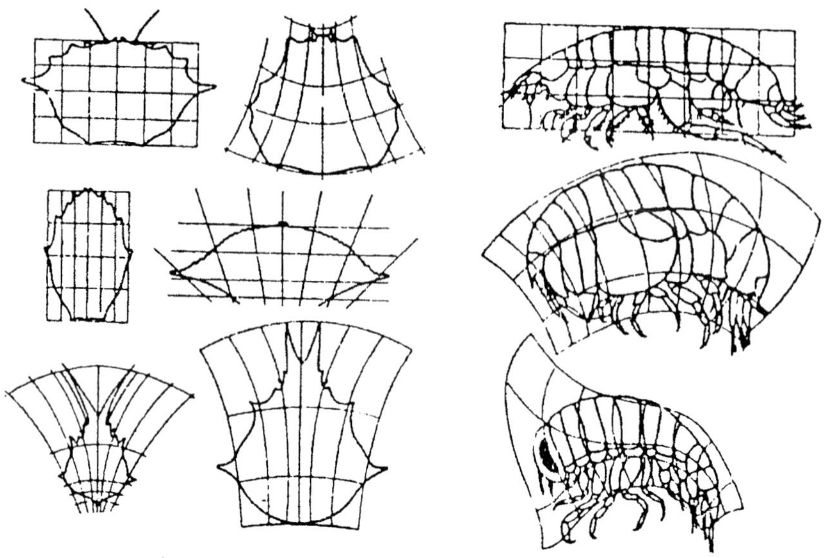

**그림 6.76** 가우디의 가구 디자인을 위한 곤충의 곡면해설

수많은 변형이 이루어진다. 그러다 보면, 전혀 별개의 형태로 바뀌는 수도 있지만 그 시작은 원래 바탕이 된 형태이며, 그럼으로써 이미지가 환기되므로 중요한 의미를 갖는다. 따라서 수많은 조형적 주제에 대한 흥미와 깊은 통찰력이 없으면 아무리 발전적 형태라 할지라도 지나쳐 버리게 된다.

적응적 방법은 그 작업이 자연유기 시스템에 근거를 둔 조형행위로서 자연계의 생물학적 원형 Biological Prototype들이 지니는 기본 존재방식을 통해 인위적 환경에 의미 있는 유기적 질서를 부여하려는 의식적인 노력의 하나이다. 이것에는 자연으로부터 유추를 통해 인위적 시스템의 발전을 꾀하려는 생물공학 Biological Engineering의 방법론적 접근과 수단으로서, 자연과의 보상적 균형관계를 통한 조형의 생태학적 접근 Ecological Approach을 그 개념적 모델로 하고 있다.

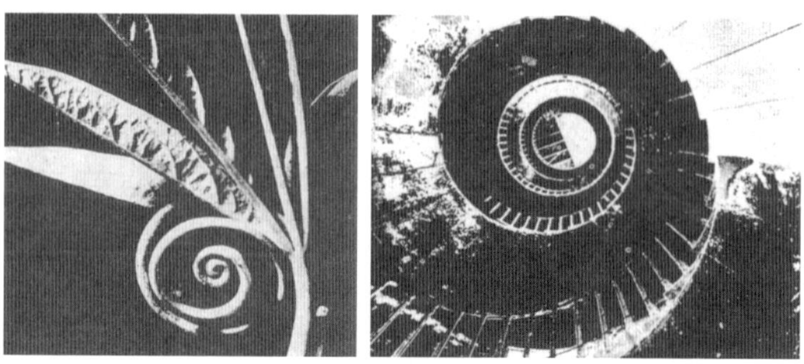

**그림 6.77** 식물의 나선형 덩굴과 좁은 공간에서 유용한 나선형 계단

자연의 유기적 형태는 살아 있는 존재와 그 부분들이 드러내주는 생명 그 자체와 결부된 형태로서, 그것은 생명 시스템의 확립과 유지에 중요할 뿐만 아니라 유

그림 6.78 에로 사리넨, 댈러스 국제공항, 1958~63

그림 6.79 동물 모양의 옥외놀이 환경조형물

그림 6.80 생물체의 골격구조를 이용한 철교 모양

기적 통합조절의 완벽한 표현인 것이다. 이것은 바로 인간환경에 있어 형태구성의 기본 질서를 말해주는 것으로 적응적 방법의 문제 해결에 이러한 통합능력과 그로 인한 변종능력의 가능성을 높이는 데 있다.

자연은 아주 단순하고 효과적인 방법으로 변화, 변형, 전환, 성장을 진행한다. 독립적으로 이루어지는 현상은 아무 것도 없으며 자연은 합리적 질서의 법칙에 따라 이루어진다. 자연형태와 조형에 관한 연구에 있어서 개념을 유효하게 되살리는 적응성의 개념은 물론 미적, 구조적, 기능적, 동적 특성 등에 대한 관찰과 분석을 해야 한다. 결국 적응적 방법은 하나의 개념을 다른 것에 유효하게 되살린다는 적응성의 발견이라는 점에 주안을 두는 방법이다.

## 4.4 사고적 방법

근대철학의 아버지인 프랑스의 데카르트Rene Descartes는 "인간은 생각한다, 고로 존재한다." 라고 하였는데, 그의 말처럼 디자이너는 인간의 한 존재이다. 그리고 디자인 과정에서 많은 생각을 하게 된다. 즉, 조형사고를 통하여 창작물을 생산하는데, 디자이너가 사고의 폭을 어떻게 가지는가 하는 것은 디자인의 방향 전개 및 결과물에 결정적 영향을 미친다.

디자인이란 미적가치 외에 효용가치를 충족하며 인간과의 조화를 통해 생활에 유익한 제품과 환경을 만들어 가는 작업이기 때문에 일반 순수회화와 다르게 구분된다. 따라서 디자이너는 자신의 의식적 자각과 사회적 요구를 정확히 파악하는 자세가 필요하다.

사고적 방법Contemplative Approach은 논리적으로 조형사고를 발전시키는 방법으로서 과학적 연구방법을 뜻한다. 형 자체를 과학의 대상으로서 해명해 가는 태도인데, '자연계의 형의 법칙' 등은 아직도 분명히 밝혀지지 않은 부분이 많기 때문에 조형이 '형을 매개로 한 행위'인 이상 물物의 세계를 가능한 한 과학적으로 명확히 해야 할 필요가 있다.

인간의 사고능력은 감각기관을 통해 얻어지게 되는데, 아른하임Rudolf Arnheim은 "인간의 감각기능은 인지 자체를 위한 도구로 창조된 것이 아니라 생존을 위한 생물학적 보조기능으로 진화되어 왔다"고 말하였다. 이 말에서 느껴지듯이 인간의 지각은 합목적적이며 선택적이라는 것을 알 수 있다. 디자이너는 일반사람과는 달리 동일 조건 속에서 어떤 일에 대한 창조욕구와 도전욕구를 가지고 있으며, 주어진 일에 대한 선택, 조직, 해석을 하는 과정에서 형태에 대한 조형성과 기능에 대한 효율성을 먼저 생각하는 지각능력을 가지고 있다. 이러한 사고의 범위는 사람마다 각기 다르지만 사고의 범위를 자유롭게 하는 것만이 현대의 경쟁사회에서 살아남는 방법일 것이다.

오늘날 교육에서는 조형적 창조를 주로 하고 자기표현을 주된 테마로 하여 시행되고 있고, 형 자체가 갖는 물성에 관한 과학을 경시하고 경멸해 왔다고 해도 과언이 아니다. 조형의 과학적 연구는 '형태조형을 위하여'라는 전제에 입각한 것이며 형의 특성, 구조(형태탐구의 과

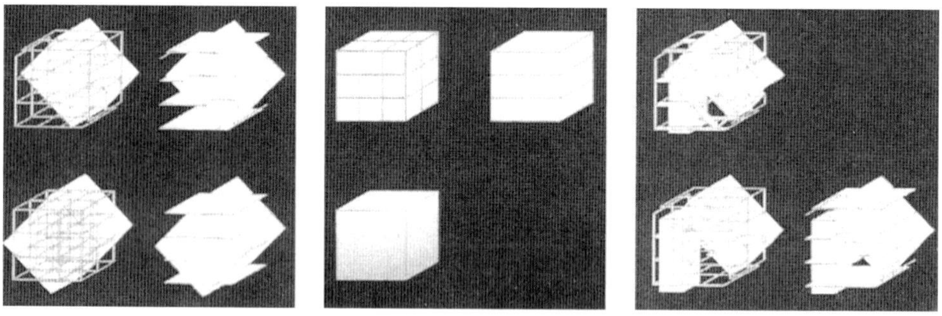

**그림 6.81** 아이젠만의 하우스3을 위한 입방체 구성의 변화과정

**그림 6.82** 일정한 속도로 회전하는 특수한 시각효과를 위한 실험

학) 등과 관련되고 '형'의 창조에 관련되는 법칙성, 구성(형태창조의 과학)으로 나누어 생각해 볼 수가 있다. 전자는 실험적 방법, 후자는 조형적 · 창조적 방법과 깊이 관련된다고 하겠다.

사고적 방법은 형태가 가지고 있는 잠재적 특성이나 자연계의 법칙 등을 체계적으로 탐구하는 연구로서, 예를 들면 입방체가 갖고 있는 형태의 특성을 각종 조건 또는 재구성에 따라 최선의 변화를 탐색해가는 방법을 뜻한다.

① 입방체의 임의의 꼭짓점에서 4개의 대각선을 긋고, 그 선에 따라 입방체를 분해하면 3개의 똑같은 사각추(네모꼴)가 생겨난다. 사각추는 밑변이 정방형이며, 4개의 면이 직삼각형으로 된다. 이러한 사각추를 '직방사각추'라고 한다.

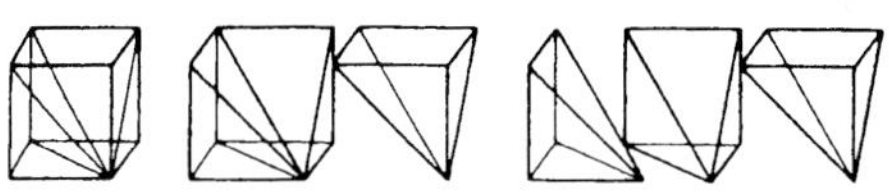

② 시점을 고정했을 때 입방체에 내재하는 사각추 모두의 모양(관계)

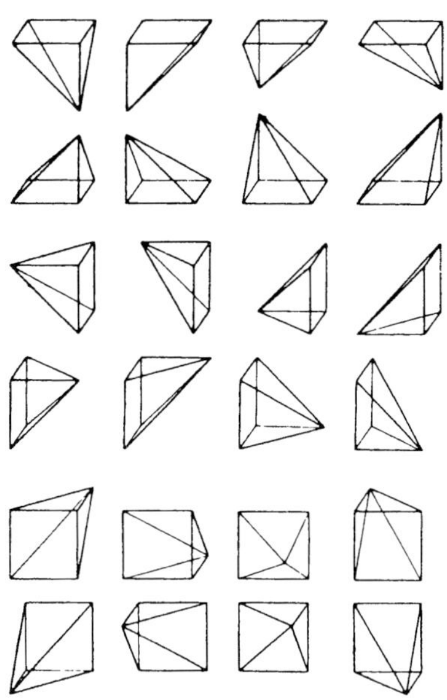

③ 이 사각추를 4개 결합하면 대형 사각추를 만들 수 있다. 사각추의 밑변은 정방형이기 때문에 평면 위에 빈틈없이 무한히 늘어놓을 수 있다.

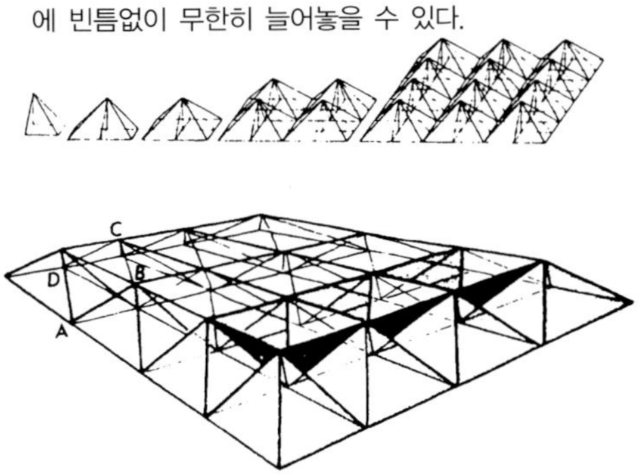


④ 또 이 8면체를 ①과 다른 방법으로 결합해 가면 별 모양의 마름모꼴 12면체를 형성할 수 있다. 그러므로 이러한 입체는 공간에 무한히 확대되어 갈 수 있다.

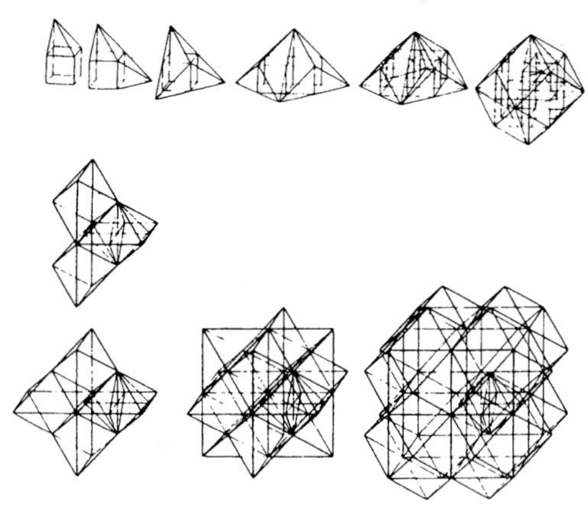

**그림 6.83** 입방체의 변환에 의한 사고적 실험

## 참고문헌


- 강건희, 건축 디자인 언어, 동명사, 1995.
- 강현주 · 최선녀 역, 20세기의 디자인, 조형교육, 1999.
- 강명구, 건축의장론, 문운당, 1999.
- 경노훈 · 윤민희, 디자인문화와 생활, 도서출판 예경, 1999.
- 고성룡, 건축조형연습, 대우출판사, 1989.
- 고성룡 · 고인룡, 디자인을 위한 조형의장자료집성, 태림문화사, 1990.
- 곽대웅 외7인, 디자인대사전, 도서출판 숭례문, 1994.
- 권영걸 · 김현중 역, 조형연습, 대우출판사, 1994.
- 권오현 역, 예술 · 디자인의 입체구성, 조형사, 1995.
- 권태문, 현대건축의 예술성, 태림문화사, 1998.
- 금용래 외5인, 건축기능사, 도서출판세화, 1998.
- 길성호, 현대건축사고론, 도서출판미건사, 1998.
- 김경호, 인테리어 아카제미, 도서출판 국제, 1997.
- 김복영 역, 미와 조형의 심리학, 도서출판조형사, 1994.
- 김수인, 건축디자인의 원점, 산업도서출판공사, 1983.
- 김수현 · 정영철, 건축설계 · 의장론, 도서출판 국제, 1990.
- 김영수, 건축계획각론, 도서출판 서우, 1998.
- 김학성 · 조열 역, 평면구성, 조형사, 1996.
- 김한수 역, 공간디자인의 원점, 기문당, 1996.
- 김현철, 몽드리앙의 조형공간 교육론, 도서출판 발언, 1996.
- 김효일, 건축의장론, 경남대학교출판부, 2001.
- 김흥곤, 건축의장 및 형태구성, 이공도서출판사, 1980.
- 김희진, 건축설계와 디자인 각론, 대우출판사, 1997.
- 도규환, 건축조형의장, 도서출판 서우, 1998.
- 동정근, 조형구성심리, 태림문화사, 1993.
- 두산동아, 세계대백과사전, 1998.
- 미술도서편찬위원회, 미술사전, 신도출판사, 1990.
- 민경우, 디자인의 이해, 미진사, 1995.
- 박광규 외, 세계건축가 인명사전, 세진사, 1993.
- 박대순, 산업디자인 -프로덕트 디자인 연구-, 도서출판 국제, 1995.
- 박대순, 현대디자인용어사전, 도서출판 디자인하우스, 1994.
- 박돈서, 도시의 색 · 건축의 색, 기문당, 2000.
- 박종순 역, 건축예술, 태림문화사, 1996.
- 박춘근, 건축계획각론, 보성각, 2000.
- 박학재, 건축철학으로서의 의장론, 한양대학교출판부, 1979.
- 박한규, 건축의장론, 기문당, 1996.
- 박한규, 건축학개론, 기문당, 1995.
- 봉상균 · 김용덕, 기초디자인, 조형사, 1994.
- 서수경 외 2인, 업무공간 디자인에 나타난 한국성 표현에 관한 연구, 한국실내디자인학회
- 논문집, 2003.
- 안연희, 현대미술사전, 미진사, 1999.
- 안영배 외4인, 건축계획론, 기문당, 1995.
- 양동양, 현대건축론, 기문당, 1995.
- 에카르트, 한국미술사, 열화당, 조선일보 2003. 11.
- 연제진 외3인, 한옥의 건축의장 요소가 현대주택 입면계획에 미치는 영향에 관한 연구(1, 2), 건축학회논문집 6권3호, 1990.

- 오인욱, 실내디자인학, 도서출판 기문당, 2002.
- 월간미술, 세계미술용어사전, (주)월간미술, 1999.
- 유희준 역, 건축총론, 세진사, 1983.
- 유희준, 건축디자인 이야기, 문운당, 1999.
- 윤도근 외 7인, 건축제도·설계입문, 문운당, 2000.
- 윤민희, 새로운 조형예술의 이해, 도서출판 예경, 2008.
- 윤재은, 실내건축 디자인 입문, 도서출판 국제, 1998.
- 이건호, 디자인개론, 산정사, 1980.
- 이건호, 디자인이야기, 유림문화사, 1999.
- 이경회, 인간환경을 위한 건축계획방법, 문운당, 1992.
- 이경훈·김은중 역, 건축의 ABC, 도서출판 국제, 2000.
- 이광로 외 14인, 건축학개론, 문운당, 1994.
- 이광로 외 4인, 건축계획, 문운당, 2000.
- 이광로 외 4인 역, 건축디자인방법론, 기문당, 1982.
- 이우성, 디자인개론, 대광서림, 1996.
- 이장복, 건축디자인, 경기공업개방대학, 1987.
- 이호진, 건축의장론, 산업도서, 1999.
- 이호진, 건축조형사고론, 산업도서, 1997.
- 장성수 역, 건축디자인 방법 세미나, 태림문화사, 1990.
- 전감 역, 건축의 형태·공간, 도서출판 창국사, 1985.
- 전영일·이한석, 건축디자인 이론, 기문당, 1997.
- 정구영·최영배, 건축계획각론, 건우사, 1987.
- 정병천, 미술대사전, 도서출판 숭례문, 1994.
- 정시화, 현대 디자인 연구, 미진사, 1980.
- 정일영, 디자인과 공간 구조형태, 대우출판사, 1997.
- 조열·김지현, 형태지각과 구성원리, 창지사, 1999.
- 조철희·김경준 역, 건축이론의 창조, 도서출판 국제, 1996.
- 주남철, 한국주택건축, 일지사, 2003.
- 진경돈 역, 건축의 법칙, 미건사, 1997.
- 최경실, 공간구조, 도서출판 국제, 1996.
- 최길렬 역, 디자인과 형태론, 도서출판 국제, 1997.
- 최길열, 디자인발상 연구, 주간 디자인신문(주), 2001.
- 최준식, 건축계획각론, 도서출판 국제, 1984.
- 최준호·이후광, 건축계획설계, 태림문화사, 2002.
- 추영수·이양섭, 도해조형미술사전, 건설도서, 1991.
- 편기봉 역, 건축형태론, 화영사, 1983.
- 한국 브리태니커, 대백과사전, 2000.
- 한석우, 입체조형, 미진사, 1994.
- 한영·김홍기 역, 현대디자인의 이해, 기문당, 1997.
- 함정도·손유찬, 공간디자인과 조형연습, 기문당.
- 허동국, 건축 DESIGN, 명성출판사, 1985.
- 허동국 외 4인, 건축의 조형·의장, 기문당, 1992.
- 현대건축연구회, 건축의 이해·제도·설계, 기문당, 1986.
- 홍익대학교 산업디자인연구소, 디자인일반, 교육부, 1997.
- 岡田光正, 空間디자인의 原點(김한수 역, 기문당, 1996).
- 宮川英二, 建築總論, 圖書出版世進社, 1983.
- 南雲治嘉, 視覺表現(박영원 역, 시각표현, 도서출판 국제, 1998).

- 森田慶一, 建築論, 양광용 역, 동명사, 1985.
- 小林重順, 建築デザイン心理學, 金景浩・金鐘石 譯, 建築디자인 心理學, 泰林文化社, 2000.
- 日本建築學會 編, 建築學便覽 I, 計劃, 第2版, 丸善株式會社, 1980.
- 竹內敏雄, 美學事典, 弘文堂, 1974(안영길 외 역, 미학예술학사전, 미진사, 1989).
- 中野 肇, 空間と人間 –文明と生活の底邊にあるもの–, 1989(최재석 역, 공간과 인간, 도서출판 국제, 1999).
- 中村吉郎, 造形の基礎(편집부 역, 조형의 기초, 국제출판공사, 1986).
- 香山壽夫, 建築意匠講義(김광현 역, 건축의장강의, 도서출판 국제, 1998).
- Ann Ferebee, A History of Design From the Victorian Era to the Present(김경준 역, 디자인의 역사, 도서출판 국제, 1987).
- Anthony C. Antoniades, Architecture and Allied Design an Environmental Design Perspective(윤도근・유희준 역, 건축・환경디자인 원리의 전개, 기문당, 1986)
- Anthony C. Antoniades, Poetics Architecture – Theory of Design, Van Nostrand Reinhold, 1990(김경준 역, 건축시학 –창조성과 디자인 이론–, 도서출판 국제, 1994).
- Bryan Lawson, How Designers Think(윤장섭 역, 디자이너의 사고방법, 기문당, 1989).
- C. Norberg-Schulz, Intentions in Architecture, The M.I.T Press(정영수 역, 건축론, 도서출판 세진사, 1997).
- Donis A. Dondis, A Primer of Visual Literacy, The MIT Press Cambridge, Massachusetts, and London, England(이영 역, 시각인식력의 입문서, 기문당, 1994).
- Edward D. Mills, Planning : The Architects' Handbook, Butterworths 10th Edition, London, 1985.
- Egon Schirmbeck, Idea, Form, and Architecture–Design Principles in Contem- porary
- Architecture–, Van Nostrand Reinhold, 1987 (조운성, 아이디어, 형태, 그리고 건축, 대건사, 1993).
- Ernst Neufert, Architects' Data, 2nd English Edition, Granada Publishing, London, 1980.
- Ernst Neufert, BAUENTWURFSLEHRE(강병근 역, 건축설계도람, 기문당, 1990).
- Ernst Burden, Elements of Architectural Design, Van Nostrand Reinhold, 1995(주승범 역, 건축디자인 요소, 도서출판 국제, 1996).
- Eugene Raskin, Architecturally Speaking, Bloch Publishing Company, New York(김창수 역, 건축이란 무엇인가?, 대우출판사, 1997).
- Forest Wilson, A Graphic Survey of Perception and Behavior for the Design Professions, Van Nostrand Reinhold Company Inc. 1984(김경준 역, 지각과 행동에 관한 도해적 연구, 도서출판 국제, 1989).
- Forest Wilson, Structure : The Essence of Architecture(박홍, 건축의 구조미, 도서출판 세진사, 1985).
- Francis D. K. Ching, Architecture : Form・Space & Order(전감 역, 건축의 형태・공간, 도서출판 창국사 1985. 11. ; 서동균 역, 형태의 공간, 대우출판사, 1990).
- Francis D. K. Ching, A Visual Dictionary of Architecture, Van Nostrand Reinhold, 1995 (강병희 외44인 역, 건축・인테리어 시각표현사전, 도서출판 국제, 1995).
- Franco Fonatti, Elementare Gestaltungspri-

nzipien in der Architektur, Akadermie der bildenden Kunste Wien, 1988(박항섭 역, 건축의 기본조형 원리, 도서출판 세진사, 1997).

- Frank H. Mahnke, Color, Environment, and Human Response, Owen Cappleman & Michael Jack Jordan, 1996(최승희 · 이명순 역, 색채, 환경, 그리고 인간의 반응, 도서출판 국제, 1998).
- Geoffrey Broadbent, Design in Architecture, John Wiley & Sons Ltd, London, 1973.
- Gregg Berryman, Notes on Graphic and Visual Communication, William Kaufmann Inc.(꾸밈편집실 역, 그래픽디자인 · 시각커뮤니케이션 노트, (주)토탈디자인, 1985).
- Heinz Kroehl, Communication Design 2000, ABC veriag. Zurich, 1987(최길렬 역, 현대커뮤니케이션 디자인, 도서출판 국제, 1993).
- John F. Pile, Interior Design, Prentice-Hall, Inc., 1995, 황연숙 · 박부미역, 인테리어 디자인, 도서출판 국제, 1997.
- J. Christopher Jones, Design Methods, 1980 (김재윤 역, 디자인 방법론, 대우출판사, 1995).
- J. R. Block & Harold E. Yuker, Can You Believe Your Eye?, Brunner/Mazel, Inc., 1992(신재원 역, 시각심리학, 도서출판 국제, 1995).
- Jurgen Joedicke, Space and Form in Architecture : A Circumspect Approach to the Past, Karl Kramer Verlag Stuttgart, 1985(윤재희 · 지연순 역, 건축의 공간과 형태, 도서출판 세진사, 1997).
- Klaus Pracht, Auβ ergewohnliche Architekturgestaltung(이상권 역, 건축의 형태의장 이해, 도서출판 국제, 1993).
- Karl Chr. Heuser, Innenarchitektur und Raumgestaltung(이상권 역, 실내건축공간계획, 문운당, 1999).
- Kurt Hanks, Dave Edwards, Larry Belliston, Design Yourself!, William Kaufmann, Inc., 1978(이훈 역, 디자인 착상, 기문당, 1987).
- Kurt Rowland, Looking and Seeing 1 – Pattern and Shape–, Ginn and Company Ltd., London and Aylesbury(신석균 · 김정 역, 패턴과 형상, 두영, 1990).
- Kurt Rowland, Looking and Seeing 2 – The Development of Shape–, Ginn and Company Ltd., London and Aylesbury(신석균 · 김정 역, 형상의 발전, 두영, 1990).
- Kurt Rowland, Looking and Seeing 3 – The Shapes We Need –, Ginn and Company Ltd., London and Aylesbury(신석균 · 김정 역, 우리가 필요로 하는 형상들, 태림문화사, 1995).
- K. W. Smithies, Principles of Design in Architecture, VAN, 1981(김광문 · 최광석 역, 건축의 디자인 원리, 대건사, 1989).
- Luigina De Grandis, Theory and Use of Color, Blandford Press, 1986(박돈서 · 민철홍 역, 색채이론과 응용, 도서출판 국제, 1999).
- Michael Collins, Towards Post-Mordernism, London, 1987(한영호, 김홍기, 현대디자인의 이해, 기문당, 1997).
- Nathan B. Winters, Architecture is Elementary (이철원 · 김문덕 역, 디자인개념의 이해, 기문당, 1991).
- Nikolaus Pevsner, The Sources of Modern Architecture and Design, Thames and Hudson, London, 1981(윤재희 · 지연순 역, 근대디자인의 원천, 도서출판 세진사, 1997)
- Norman Crowe & Paul Laseau, Visual Notes for Architects and Designers(박강철 ·

이강호 공역, 건축가를 위한 디자인 노트, 기문당, 1991).

- Omar Faruque, Graphic Communication as a Design Tool(김홍기 역, 그래픽 커뮤니케이션에 의한 디자인 방법론, 도서출판 국제, 1996).
- Owen Cappleman & Michael Jack Jordan, Foundations in Architecture–An Annotated Anthology of Beginning Design Projects–(오영근 역, 건축 디자인의 기초, 도서출판 국제, 1997).
- Paul Frankl, Principles of Architectural History, The Massachusetts Institute of Technology, 1968(김광현 역, 건축형태의 원리, 기문당, 1997).
- Paul Jacques Grillo, What is Design?(김학철 역, 디자인이란 무엇인가?, 도서출판 세진사, 1999. 1 ; 태창출판사, 1981).
- Roger K. Lewis, A Candid Guide to the Profession ARCHITECT?, Massachusetts Institute of Technology, 1998(김현중 역, 건축디자이너?, 도서출판 국제, 1999).
- Rudolf Arnheim, The Dynamics of Architectural Form(손승광 역, 건축의 력학적 형태, 도서출판 세진사, 1994).
- Sam F. Miller, Design Process : A Primer for Architectural and Interior Designers, Thomson Publishing Inc., New York, 1997(김용규 역, 디자인 프로세스, 도서출판 국제, 1997).
- Stanley Abercrombie, Architecture as Art : an Esthetic Art, Van Nostrand Reinhold, New York, 1984(최종현 · 신안준 역, 건축예술론, 도서출판 세진사, 1996 ; 박종순 역, 건축예술, 태림문화사, 1996).
- Steen Elier Rasmussen, Experiencing Architecture, The M.I.T Press, 1966(윤일주, 건축예술의 체득, 야정문화사, 1998).
- Tom Porter, Architectural Color(박재승 역, 건축의 색채디자인, 도서출판 단우, 1996)
- Vello Hubel & Diedra B. Lussow, Focus on Designing(홍석기 · 김현 · 조재경 역, 디자인 초점, 대우출판사, 1994).
- William J. Mitchell, The Logic of Architecture, The Massachusetts Institute of Technology, 1990(김경준 · 남순우 역, 건축의 형태언어, 도서출판 국제, 1993).
- Wucius Wong, Principles of Form and Design, Van Nostrand Reinhold, 1993(최길렬 역, 디자인과 형태론, 도서출판 국제, 1997).
- H. W. Janson, History of Art, Third Edition, SANDAK Inc. Stamford, Conn., 1995.
- KaiDib Films International, European New Towns and Satellite Cities, Great Britain, 1974.
- Microworld House, Masters of Architecture, Slides Sets from World Microfilms Publications & Pidgeon Audio Visual, London, 2000.
- Richard J. S. Gutman & Kellie O. Gutman, The American Roadside : Art & Architecture, MEDIA for the ARTS Photographs & Text, 1991.

〈Web Site〉

- http://100.naver.com(두산백과사전 EnCyber & EnCyber.com).
- http://ko.wikipedia.org.

## 저자 | 허병이

건국대학교 공과대학 건축공학과 졸업(공학사)
건국대학교 대학원 건축공학과 석사과정 졸업(공학석사)
건국대학교 대학원 건축공학과 박사과정 졸업(공학박사)
서울특별시, 인천광역시 지방공무원(건축직) 임용시험 출제위원
건설교통부 턴키입찰설계 심의위원(건축계획 및 설계분야)
인천광역시 지방건설심의위원회, 남동구 미술장식품 심의위원
한국산업인력관리공단 건축의장기사 실기시험 채점위원
인천광역시 부평구 도시계획위원회, 건축위원회 위원
한국토지주택공사 현상설계, 건축설계용역 사전자격 심사위원
인천대학교 도시과학대학 도시건축학부 교수(현재)

〈저서(역서) 및 논문〉
『건축 디자인 기법』, 기문당, 1985
『고대 그리스의 건축공간』, 대건사, 1987
『인간척도와 실내공간계획』, 대건사, 1995
『노인을 위한 거주공간』, 대건사, 1998
『건축설계제도』, 도서출판 국제, 1999
『건축의장론』, 도서출판 광문각, 2001
『건축계획』, 도서출판 기문당, 2003
『최신 건축설계제도』, 도서출판 서우, 2003
『주택설계-건축설계과정 및 사례』, 도서출판 기문당, 2006
『건축표현기법』, 도서출판 기문당, 2007
『건축 인테리어 디자인 표현방법』, 도서출판구미서관, 2008
『건축설계제도』, 도서출판 기문당, 2009
『건축디자인론』, 도서출판 기문당, 2011
『도시지역 노인의 생활환경계획에 관한 실증적 연구』
(박사학위 논문, 1992) 외 다수.

# 건축디자인론


2011년 2월 20일 1판 1쇄 인쇄
2011년 2월 25일 1판 1쇄 발행

| | |
|---|---|
| 저 자 | 허병이 |
| 발행인 | 강해작 |
| 발행처 | 기문당 |
| 주 소 | 서울시 성동구 무학봉 28길 4-1<br>(왕십리동 966-22) |
| 전 화 | 2295-6171(대)~5 |
| 팩 스 | 2296-8188 |
| 출판등록 | 1976. 10. 7 (1-44) |
| 홈페이지 | http : // 기문당<br>http : // www.kimoondang.com |
| I S B N | 978-89-6225-315-3 93540 |
| 정 가 | 25,000원 |